高等学校电子信息类系列教材

电磁场与电磁波基础

主　编　姜　兴　姜彦南
副主编　彭　麟　李晓峰
　　　　赵其祥　马汉清

西安电子科技大学出版社

内容简介

本书是为普通高等学校电子信息类专业基础课程“电磁场与电磁波”编写的教材，主要介绍电磁场与电磁波的基本特性及规律。全书共分为七章：矢量分析与场论、静态电场、恒定磁场、时变电磁场、均匀平面电磁波、导行电磁波、电磁辐射。本书注重基本概念、基本理论、基本解题方法的建立和掌握，以及工程方面的应用；书中所述内容力求物理概念清晰、浅显易懂。

本书可作为普通高等学校电子信息类及相关专业的本科生、研究生的教材，也可作为相关专业的科学技术人员的参考书籍。

图书在版编目(CIP)数据

电磁场与电磁波基础/姜兴，姜彦南主编．—西安：西安电子科技大学出版社，2022.7

ISBN 978－7－5606－6465－1

Ⅰ．①电…　Ⅱ．①姜…②姜…　Ⅲ．①电磁场—高等学校—教材②电磁波—高等学校—教材　Ⅳ．①O441.4

中国版本图书馆 CIP 数据核字(2022)第 080730 号

策　　划　姚　磊
责任编辑　武翠琴
出版发行　西安电子科技大学出版社(西安市太白南路 2 号)
电　　话　(029)88202421　88201467　　邮　　编　710071
网　　址　www.xduph.com　　电子邮箱　xdupfxb001@163.com
经　　销　新华书店
印刷单位　咸阳华盛印务有限责任公司
版　　次　2022 年 7 月第 1 版　2022 年 7 月第 1 次印刷
开　　本　787 毫米×1092 毫米　1/16　印张　18
字　　数　426 千字
印　　数　1～3000 册
定　　价　48.00 元
ISBN 978－7－5606－6465－1/O
XDUP 6767001－1

前　　言

本书是为高等院校电子科学与技术、通信工程等电子信息类相关专业学生编写的教学用书。希望学生通过对本书的学习，能掌握电磁场与电磁波的基本概念、基本理论与基本方法，为后续学习其他相关专业课程奠定基础。

本书首先介绍矢量分析和场论的基础知识，接着从电磁场与电磁波的基本概念和基本原理出发，介绍电磁场与电磁波的基本分析方法及其在现代信息技术领域中的应用，并结合例题使学生更好地掌握相关知识。每章均提供了习题，以便学生通过课后练习巩固所学相关知识和内容，掌握电磁场与电磁波的分析方法，提高分析问题和解决问题的能力。附录中有常用矢量公式、电磁学常用的物理量及单位等相关内容，以备参考。

电磁场与电磁波是本科教学中一门较难的课程，这归因于电磁场和电磁波很抽象，既看不见也摸不着，且麦克斯韦方程组及其求解方法贯穿始终，数学的应用量较大，因此容易让学生产生畏惧心理。本书采用浅显易懂的语言对电磁概念进行阐述，利用大量例题的求解，使学生能够更好地理解相关知识和内容。

全书共七章，分别为矢量分析与场论(所有作者联合编写)、静态电场(姜彦南执笔)、恒定磁场(彭麟执笔)、时变电磁场(赵其祥执笔)、均匀平面电磁波(姜兴执笔)、导行电磁波(李晓峰执笔)和电磁辐射(马汉清执笔)。

本书在编写和出版过程中得到了桂林电子科技大学课程建设项目(YKC201502)的资助，得到了桂林电子科技大学各级领导和校内许多同志的支持与协助，尤其是葛德彪教授、傅涛老师的大力支持，谨在此表示衷心的感谢！

由于编者水平有限，书中疏漏和不当之处在所难免，欢迎广大读者批评指正。

编　者

2022 年 1 月

目　　录

第一章　矢量分析与场论

在电磁理论中，主要研究电场强度、磁场强度、电位等物理量随空间和时间的分布及变化规律。这些物理量包括标量场和矢量场。本章主要学习有关矢量分析的基本知识，讨论标量场的梯度、矢量场的散度和旋度以及相关的散度定理、斯托克斯定理，最后引入亥姆霍兹定理，为电磁理论的学习奠定基础。

1.1　矢量的表示及代数运算

1.1.1　标量场与矢量场

1. 标量和矢量

物理量通常分为两类：标量和矢量。

1）标量

只有大小，没有方向，只用数值即可表示的量称为标量，一个标量对应一个实数。给一个标量赋予物理量纲，则成为物理标量，常见的物理标量有长度、时间、温度、电压、电荷、电流等。

2）矢量

在空间中既有大小又有方向的量叫矢量。在线性代数中，可以定义 n 维空间的矢量（或称向量），它可以用一个 n 元数组（行矢量或列矢量）表示，而本课程考虑的仅是三维矢量或退化为平面模型的二维矢量。常见的物理矢量有力、位移、速度、电场强度、磁场强度等。

为与标量区别，本书矢量采用加粗体的字母表示，例如矢量 $\mathbf{A}$，而矢量的模用不加粗的 A 表示。几何上，矢量可以用有方向的线段表示，线段的长度代表矢量的大小，也叫矢量的模，箭头的方向表示矢量的方向。如图 1.1 所示的有向线段表示 P 点处的矢量 $\mathbf{A}$。

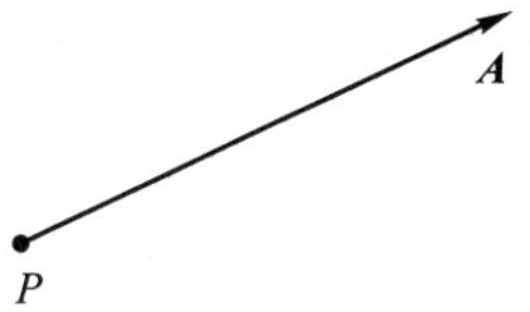

图 1.1　P 点处的矢量 $\mathbf{A}$

矢量的方向可以用单位矢量表示。单位矢量是指模为 1 的矢量，本书中单位矢量记为 $\boldsymbol{e}$，矢量 $\mathbf{A}$ 的方向可用单位矢量 $\boldsymbol{e}_A$ 表示。这样，矢量 $\mathbf{A}$ 可表示为

$$\mathbf{A}=A\boldsymbol{e}_A \tag{1.1}$$

而单位矢量 $\boldsymbol{e}_A$ 可表示为

$$\boldsymbol{e}_A=\frac{\mathbf{A}}{A} \tag{1.2}$$

2. 标量场和矢量场

为了考察物理量在空间的分布和变化规律，需要引入场的概念。对于一个确定的空间区域，若某个物理量在该空间区域内的每一点(个别点除外)都对应一个确定值，我们就说该空间区域确定了这个物理量的一个场。如果这个物理量是标量，就称之为标量场，如温度场、能量场、电位场等；如果这个物理量是矢量，就称之为矢量场，如速度场、力场、电场和磁场等。如果场中各处的物理量不随时间变化，则称该场为静态场，否则，称为动态场或时变场。

场的一个重要属性是它占有一个空间，而且在该空间域内，除有限个点或表面外，它是处处连续的。因此，场可以用一个空间和时间的函数来描述。在确定坐标系后，空间的物理量就具有了相对位置，时变的标量场和矢量场可分别表示为 $\varphi(\boldsymbol{r}, t)$ 和 $\boldsymbol{F}(\boldsymbol{r}, t)$，而静态的标量场和矢量场可分别表示为 $\varphi(\boldsymbol{r})$ 和 $\boldsymbol{F}(\boldsymbol{r})$，其中函数变量 $\boldsymbol{r}$ 表示空间位置，其在不同的坐标系中有不同的表达形式(见 1.1.3 节)。例如在直角坐标系中，一个时变电位场可以用标量函数 u 表示为 $u=u(x, y, z, t)$，而一个静电场可以表示为 $\boldsymbol{E}=\boldsymbol{E}(x, y, z)$。

3. 场的图形表示

为了直观地显示物理量在空间的分布及演化状况，可以利用图形进行描述，即利用系列曲线或曲面描绘出物理量的分布状况。

对于标量场的场图，通常用一簇等值面来形象地表示场的状态。等值面是指使场函数 φ 取恒定值的点所组成的曲面。例如，温度场的等值面是由温度相同的点组成的等温面，气压场的等值面是由气压相同的点组成的等气压面，电位场中的等值面是由电位相同的点组成的等位面。显然，标量场 φ 的等值面方程为

$$\varphi(\boldsymbol{r}, t)=C \quad (C\text{ 为常数}) \tag{1.3}$$

很明显，不同 C 值的等值面构成了等值面簇。另外，若 $\varphi_0(\boldsymbol{r}_0)$ 是标量场中某位置 $\boldsymbol{r}_0$ 处的场值，则 $\varphi(\boldsymbol{r})=\varphi_0(\boldsymbol{r}_0)$ 就是通过 $\boldsymbol{r}_0$ 的等值面，即整个空间区域由标量场的等值面簇填充。由于空间任一位置处场的大小是唯一的，因此上述等值面簇不可能相交。

实际应用中，标量场通常用二维的场图进行描述，此时的等值面就变成了等值线图。

对于矢量场，其场图是一系列矢量线。矢量线是有向曲线，线上每一点的切线方向代表该点场矢量的方向。一般来说，矢量场中的每一点均有唯一的一条矢量线通过，因此，矢量线充满矢量场的空间且不相交(不包括接收或发出矢量线的源点)，矢量线的密疏代表矢量场在空间分布的相对强弱。例如，电场中的电力线、磁场中的磁力线、气流场中的流速线等都是矢量线。

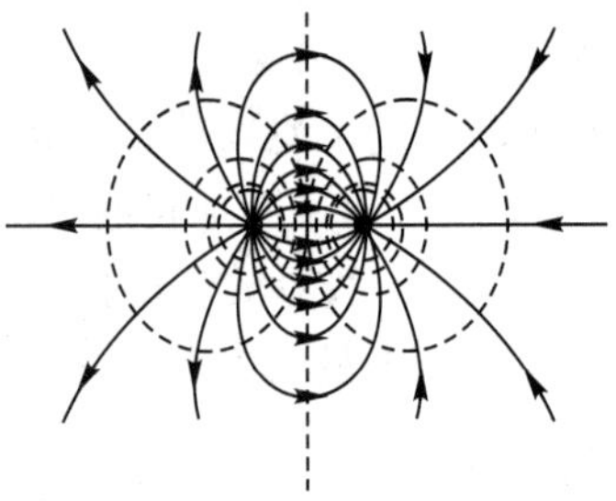

图 1.2 电力线和等位面

图 1.2 表示的是正负两个等量电荷形成的场图，其中带箭头的实线是电场强度的矢量线，即电力线；每根虚线其实是一个闭合的曲面，表示电位场的一个等位面。

1.1.2 矢量的基本运算

1. 矢量的加法和减法

两个矢量 $\boldsymbol{A}$ 和 $\boldsymbol{B}$ 相加减，可根据平行四边形法则求解。如图 1.3 所示，$\boldsymbol{A}+\boldsymbol{B}$ 可以看

作是将 $\boldsymbol{B}$ 平行移动并与 $\boldsymbol{A}$ 首尾相接而构成的；如图 1.4 所示，$\boldsymbol{A}-\boldsymbol{B}$ 可以看作是 $\boldsymbol{A}+(-\boldsymbol{B})$，$-\boldsymbol{B}$ 和 $\boldsymbol{B}$ 大小相等，方向相反。

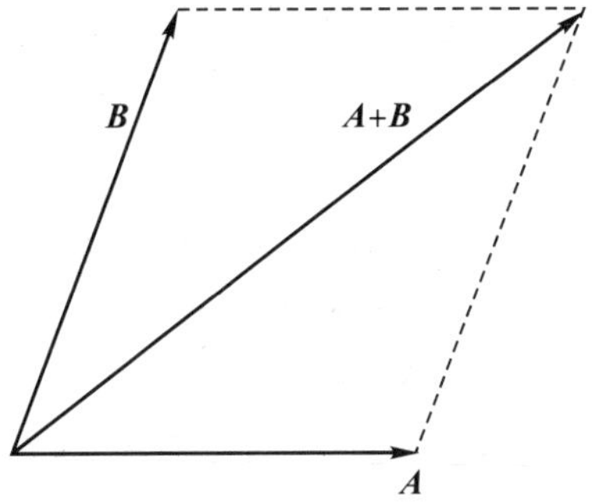

图 1.3　矢量的加法

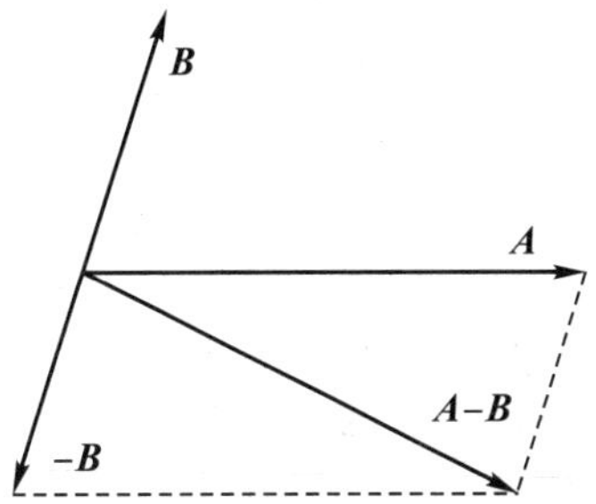

图 1.4 矢量的减法

矢量的加法服从交换律和结合律，即

$$\boldsymbol{A}+\boldsymbol{B}=\boldsymbol{B}+\boldsymbol{A}\quad\text{（交换律）}\tag{1.4}$$

$$(\boldsymbol{A}+\boldsymbol{B})+\boldsymbol{C}=\boldsymbol{A}+(\boldsymbol{B}+\boldsymbol{C})\quad\text{（结合律）}\tag{1.5}$$

2. 矢量的乘法

1）数乘

一个标量 k 与一个矢量 $\boldsymbol{A}$ 的乘积 $k\boldsymbol{A}$ 仍是一个矢量，其大小为 $k|\boldsymbol{A}|$。若 $k>0$，则 $k\boldsymbol{A}$ 与 $\boldsymbol{A}$ 同方向；反之，则 $k\boldsymbol{A}$ 与 $\boldsymbol{A}$ 反方向。

2）标量积

矢量的标量积也称为内积或点积。两个矢量 $\boldsymbol{A}$ 与 $\boldsymbol{B}$ 的标量积记为 $\boldsymbol{A}\cdot\boldsymbol{B}$，它是一个标量，等于两矢量的模之积再乘以两矢量夹角 $\theta(0\leqslant\theta\leqslant\pi)$ 的余弦，即

$$\boldsymbol{A}\cdot\boldsymbol{B}=AB\cos\theta\tag{1.6}$$

两个矢量的标量积实际上是把其中一个矢量向另一个矢量作投影然后数值相乘，如图 1.5 所示。由式(1.6)可知，当 $\theta=90°$ 时，矢量 $\boldsymbol{A}$ 与 $\boldsymbol{B}$ 垂直，其点积为 0；反之亦然，即如果两个非零矢量的点积为 0，则两矢量垂直。

矢量的标量积服从交换律和分配律，即

$$\boldsymbol{A}\cdot\boldsymbol{B}=\boldsymbol{B}\cdot\boldsymbol{A}\quad\text{（交换律）}\tag{1.7}$$

$$\boldsymbol{A}\cdot(\boldsymbol{B}+\boldsymbol{C})=\boldsymbol{A}\cdot\boldsymbol{B}+\boldsymbol{A}\cdot\boldsymbol{C}\quad\text{（分配律）}\tag{1.8}$$

3）矢量积

矢量积又称为外积或叉积。两个矢量 $\boldsymbol{A}$ 与 $\boldsymbol{B}$ 的矢量积记为 $\boldsymbol{A}\times\boldsymbol{B}$，它是一个矢量，其大小定义为 $AB\sin\theta$，其方向 $\boldsymbol{e}_{\mathrm{n}}$ 由 $\boldsymbol{A}$ 和 $\boldsymbol{B}$ 的方向按照右手螺旋法则确定，即 $\boldsymbol{e}_{\mathrm{n}}$ 垂直于包含矢量 $\boldsymbol{A}$ 和 $\boldsymbol{B}$ 的平面，且为当右手四个手指从矢量 $\boldsymbol{A}$ 到 $\boldsymbol{B}$ 旋转 θ 时大拇指的方向，如图 1.6 所示。矢量积可表示为

$$\boldsymbol{A}\times\boldsymbol{B}=\boldsymbol{e}_{\mathrm{n}}AB\sin\theta\tag{1.9}$$

由式(1.9)可知，当 $\theta=0°$ 时，矢量 $\boldsymbol{A}$ 与 $\boldsymbol{B}$ 平行，叉积为 0；当 $\theta=90°$ 时，矢量 $\boldsymbol{A}$ 与 $\boldsymbol{B}$ 垂直，叉积的大小为 AB。反之亦然，如果两个矢量的叉积为 0，则两矢量平行；如果两个矢量 $|\boldsymbol{A}\times\boldsymbol{B}|=AB$，则两矢量垂直。

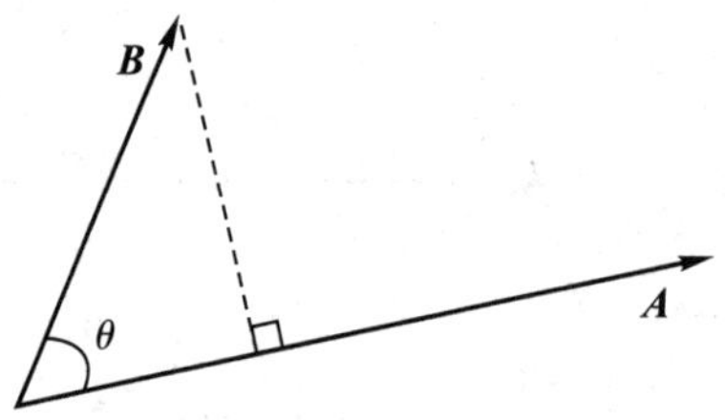

图 1.5 矢量的点积

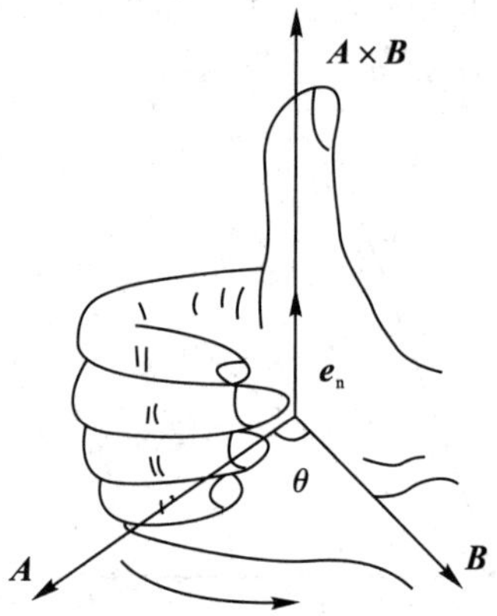

图 1.6 矢量的叉积

根据叉积的定义，显然有

$$\boldsymbol{A}\times\boldsymbol{B}=-\boldsymbol{B}\times\boldsymbol{A} \tag{1.10}$$

显然，矢量积不服从交换律，但矢量积服从分配律，即

$$\boldsymbol{A}\times(\boldsymbol{B}+\boldsymbol{C})=\boldsymbol{A}\times\boldsymbol{B}+\boldsymbol{A}\times\boldsymbol{C} \tag{1.11}$$

矢量没有除法运算，将矢量作为除数是没有意义的。矢量的混合运算与标量的代数运算规则一致，附录 1 给出了矢量运算的常用公式。

1.1.3 三种常用坐标系中标量与矢量的表示

在分析场问题时，为了表达简洁、求解容易，往往需要根据场的对称特点选择适当的坐标系。

1. 正交曲线坐标系及常用的几何矢量

电磁场理论中最常用的坐标系为直角坐标系、圆柱坐标系和球坐标系。这三种坐标系都是正交曲线坐标系(也称正交曲面坐标系)。在三维空间中，为了确定任意点 P 的位置，可选择三组曲面，使其相交于点 P，点 P 的位置通过这三组曲面的交点唯一确定。三组曲面可以有多种选择，通常选用三组正交曲面，这三组曲面形成三条相互正交的曲线，其交点唯一确定 P 点的位置。三条正交曲线称为坐标轴，描述坐标轴的量称为坐标变量。

对于一个确定的正交曲线坐标系，设三个坐标变量分别为 p_1、p_2、p_3，则空间任意一点 P 的位置即为 $P(p_1, p_2, p_3)$，P 点处三个坐标单位矢量就是沿该点坐标轴的切线并指向坐标变量增大的方向，可分别记为 $\boldsymbol{e}_1$、$\boldsymbol{e}_2$、$\boldsymbol{e}_3$。对于右手坐标系，三个单位矢量的关系遵循右手螺旋法则，即

$$\boldsymbol{e}_1\times\boldsymbol{e}_2=\boldsymbol{e}_3,\quad \boldsymbol{e}_2\times\boldsymbol{e}_3=\boldsymbol{e}_1,\quad \boldsymbol{e}_3\times\boldsymbol{e}_1=\boldsymbol{e}_2 \tag{1.12}$$

在正交曲线坐标系中，单位矢量 $\boldsymbol{e}_1$、$\boldsymbol{e}_2$、$\boldsymbol{e}_3$ 不一定是常矢量，其方向往往会随 P 点的位置而变化，而坐标变量 p_1、p_2、p_3 也不一定是长度变量。

在正交曲线坐标系中，任一矢量 $\boldsymbol{A}$ 可分解到三个坐标轴方向，表示为

$$\boldsymbol{A}=\boldsymbol{e}_1A_1+\boldsymbol{e}_2A_2+\boldsymbol{e}_3A_3 \tag{1.13}$$

其中 A_1、A_2 和 A_3 分别是矢量 $\boldsymbol{A}$ 在 $\boldsymbol{e}_1$、$\boldsymbol{e}_2$、$\boldsymbol{e}_3$ 方向上的投影。

两个非零矢量 $\boldsymbol{A}=\boldsymbol{e}_1A_1+\boldsymbol{e}_2A_2+\boldsymbol{e}_3A_3$ 与 $\boldsymbol{B}=\boldsymbol{e}_1B_1+\boldsymbol{e}_2B_2+\boldsymbol{e}_3B_3$ 的基本运算(加减、点积、叉积)可表示如下：

$$\boldsymbol{A}+\boldsymbol{B}=\boldsymbol{e}_1(A_1+B_1)+\boldsymbol{e}_2(A_2+B_2)+\boldsymbol{e}_3(A_3+B_3) \tag{1.14}$$

$$\begin{aligned}\boldsymbol{A}\cdot\boldsymbol{B}&=(\boldsymbol{e}_1A_1+\boldsymbol{e}_2A_2+\boldsymbol{e}_3A_3)\cdot(\boldsymbol{e}_1B_1+\boldsymbol{e}_2B_2+\boldsymbol{e}_3B_3)\\&=A_1B_1+A_2B_2+A_3B_3\end{aligned} \tag{1.15}$$

$$\begin{aligned}\boldsymbol{A}\times\boldsymbol{B}&=(\boldsymbol{e}_1A_1+\boldsymbol{e}_2A_2+\boldsymbol{e}_3A_3)\times(\boldsymbol{e}_1B_1+\boldsymbol{e}_2B_2+\boldsymbol{e}_3B_3)\\&=\boldsymbol{e}_1(A_2B_3-A_3B_2)+\boldsymbol{e}_2(A_3B_1-A_1B_3)+\boldsymbol{e}_3(A_1B_2-A_2B_1)\\&=\begin{vmatrix}\boldsymbol{e}_1 & \boldsymbol{e}_2 & \boldsymbol{e}_3\\ A_1 & A_2 & A_3\\ B_1 & B_2 & B_3\end{vmatrix}\end{aligned} \tag{1.16}$$

在电磁场理论中常涉及矢量关于点、线、面、体的关系和计算，因此，这里关注几个常用的几何量。

(1) 位置矢量。在坐标系中，任意点 P 的位置可以用坐标原点到 P 点的位移矢量来表示，这个矢量称为位置矢量，也称为矢径，记为 $\boldsymbol{r}$，即

$$\boldsymbol{r}=\overrightarrow{OP} \tag{1.17}$$

(2) 距离矢量。空间从 M 点到 N 点的位移可以定义为距离矢量，记为 $\boldsymbol{R}$。其大小为两点之间的距离，方向为从 M 指向 N，即

$$\boldsymbol{R}=\overrightarrow{MN}=\overrightarrow{ON}-\overrightarrow{OM}=\boldsymbol{r}_N-\boldsymbol{r}_M \tag{1.18}$$

(3) 微元矢量(也称为线元矢量)。微元矢量是一个距离矢量，只是两点间的距离趋于0，记作 $\mathrm{d}\boldsymbol{l}$ 或 $\mathrm{d}\boldsymbol{r}$。在坐标系中，长度微元可以分解到三个坐标轴方向，表示为

$$\begin{aligned}\mathrm{d}\boldsymbol{l}&=\mathrm{d}\boldsymbol{l}_1+\mathrm{d}\boldsymbol{l}_2+\mathrm{d}\boldsymbol{l}_3=\boldsymbol{e}_1\mathrm{d}l_1+\boldsymbol{e}_2\mathrm{d}l_2+\boldsymbol{e}_3\mathrm{d}l_3\\&=\boldsymbol{e}_1h_1\mathrm{d}p_1+\boldsymbol{e}_2h_2\mathrm{d}p_2+\boldsymbol{e}_3h_3\mathrm{d}p_3\end{aligned} \tag{1.19}$$

式中，$\mathrm{d}\boldsymbol{l}_1$、$\mathrm{d}\boldsymbol{l}_2$、$\mathrm{d}\boldsymbol{l}_3$ 分别为三个坐标方向的微元矢量；$\mathrm{d}l_1$、$\mathrm{d}l_2$、$\mathrm{d}l_3$ 分别为三个坐标上的弧长微分；h_1、h_2、h_3 称为度量因子(或拉梅系数)，表示弧长增量与坐标变量增量的比值。

(4) 面元矢量。对于一个面积微元 $\mathrm{d}\boldsymbol{S}$，我们定义它的法线方向 $\boldsymbol{e}_\mathrm{n}$ 为它的指向，这样构成的矢量称为面元矢量，即

$$\mathrm{d}\boldsymbol{S}=\boldsymbol{e}_\mathrm{n}\mathrm{d}S \tag{1.20}$$

在正交曲线坐标系中，面积微元可以分解到三个坐标轴方向，表示为

$$\mathrm{d}\boldsymbol{S}=\mathrm{d}\boldsymbol{S}_1+\mathrm{d}\boldsymbol{S}_2+\mathrm{d}\boldsymbol{S}_3=\boldsymbol{e}_1\mathrm{d}l_2\mathrm{d}l_3+\boldsymbol{e}_2\mathrm{d}l_1\mathrm{d}l_3+\boldsymbol{e}_3\mathrm{d}l_1\mathrm{d}l_2 \tag{1.21}$$

(5) 体积微元。体积微元是一个标量，通常记为 $\mathrm{d}V$ 或 $\mathrm{d}\tau$。在正交曲线坐标系中，体积微元是三个维度上弧长微分的乘积，即

$$\mathrm{d}V=\mathrm{d}l_1\mathrm{d}l_2\mathrm{d}l_3 \tag{1.22}$$

2. 直角坐标系

直角坐标系是我们最常用的坐标系，它的三组正交曲面都是平面，三条坐标轴都是直线，如图1.7所示。直角坐标系中三个坐标变量分别是 $p_1=x$、$p_2=y$ 和 $p_3=z$，它们都是长度变量，所以度量因子 h_x、h_y、h_z 都等于1；三个坐标单位矢量分别是 $\boldsymbol{e}_x$、$\boldsymbol{e}_y$ 和 $\boldsymbol{e}_z$，它们

都是常矢量，方向不随着坐标变量(空间位置)改变。

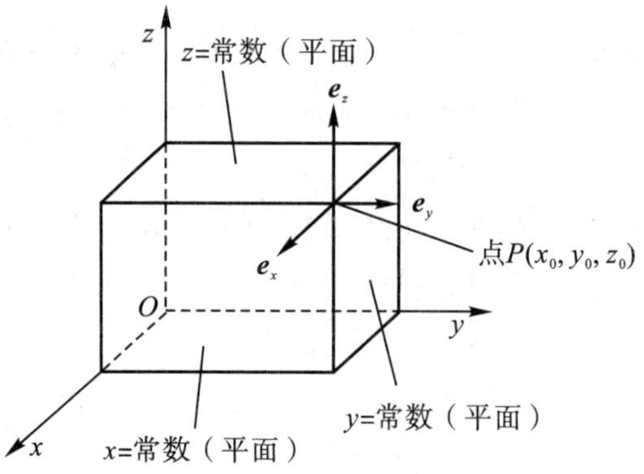

图 1.7 直角坐标系

在直角坐标系中，位置矢量和微元矢量分别为

$$\boldsymbol{r}=\boldsymbol{e}_x x+\boldsymbol{e}_y y+\boldsymbol{e}_z z \tag{1.23}$$

$$\mathrm{d}\boldsymbol{l}=\mathrm{d}\boldsymbol{r}=\boldsymbol{e}_x \mathrm{d}x+\boldsymbol{e}_y \mathrm{d}y+\boldsymbol{e}_z \mathrm{d}z \tag{1.24}$$

面元矢量和体积微元分别为

$$\mathrm{d}\boldsymbol{S}=\mathrm{d}\boldsymbol{S}_x+\mathrm{d}\boldsymbol{S}_y+\mathrm{d}\boldsymbol{S}_z=\boldsymbol{e}_x \mathrm{d}y\mathrm{d}z+\boldsymbol{e}_y \mathrm{d}x\mathrm{d}z+\boldsymbol{e}_z \mathrm{d}x\mathrm{d}y \tag{1.25}$$

$$\mathrm{d}V=\mathrm{d}x\mathrm{d}y\mathrm{d}z \tag{1.26}$$

在直角坐标系中，任一矢量 **A** 可表示为

$$\boldsymbol{A}=\boldsymbol{e}_x A_x+\boldsymbol{e}_y A_y+\boldsymbol{e}_z A_z \tag{1.27}$$

3. 圆柱坐标系

圆柱坐标系是将直角坐标系中的 xOy 坐标转换成极坐标形式，如图 1.8 所示，其中三个坐标变量分别是 $p_1=\rho(0\leqslant\rho<\infty)$、$p_2=\phi(0\leqslant\phi<2\pi)$和 $p_3=z(-\infty<z<\infty)$。

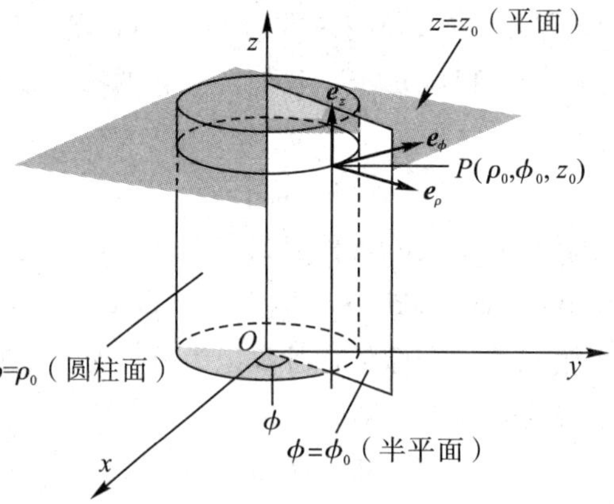

图 1.8 圆柱坐标系

三组正交曲面分别是 $\rho=\rho_0$ 的圆柱面、$\phi=\phi_0$ 的半平面(包含 z 轴)和 $z=z_0$ 的平面。

三个坐标单位矢量 $\boldsymbol{e}_\rho$、$\boldsymbol{e}_\phi$ 和 $\boldsymbol{e}_z$ 均相互正交，其中 $\boldsymbol{e}_z$ 是常矢量，而 $\boldsymbol{e}_\rho$、$\boldsymbol{e}_\phi$ 会随空间位置变化，是关于方位角度 ϕ 的函数，且有

$$\begin{cases}\dfrac{\partial \boldsymbol{e}_\rho}{\partial \phi}=\boldsymbol{e}_\phi \\ \dfrac{\partial \boldsymbol{e}_\phi}{\partial \phi}=-\boldsymbol{e}_\rho\end{cases} \tag{1.28}$$

在圆柱坐标系中，如图 1.9 所示，位置矢量和微元矢量分别为

$$\boldsymbol{r}=\boldsymbol{e}_\rho \rho+\boldsymbol{e}_z z \tag{1.29}$$

$$\begin{aligned}\mathrm{d}\boldsymbol{r}&=\mathrm{d}(\boldsymbol{e}_\rho \rho)+\mathrm{d}(\boldsymbol{e}_z z)=\boldsymbol{e}_\rho \mathrm{d}\rho+\rho \mathrm{d}\boldsymbol{e}_\rho+\boldsymbol{e}_z \mathrm{d}z \\ &=\boldsymbol{e}_\rho \mathrm{d}\rho+\boldsymbol{e}_\phi \rho \mathrm{d}\phi+\boldsymbol{e}_z \mathrm{d}z\end{aligned} \tag{1.30}$$

式(1.30)表明，圆柱坐标系中的度量因子分别为

$$\begin{cases}h_\rho=\dfrac{\mathrm{d}\rho}{\mathrm{d}\rho}=1 \\ h_\phi=\dfrac{\rho \mathrm{d}\phi}{\mathrm{d}\phi}=\rho \\ h_z=\dfrac{\mathrm{d}z}{\mathrm{d}z}=1\end{cases}$$

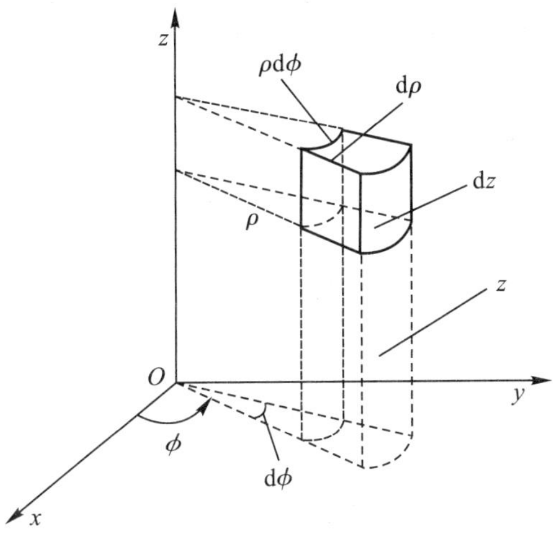

图 1.9　圆柱坐标系的几何元

圆柱坐标系中面元矢量和体积微元分别为

$$\mathrm{d}\boldsymbol{S}=\mathrm{d}\boldsymbol{S}_\rho+\mathrm{d}\boldsymbol{S}_\phi+\mathrm{d}\boldsymbol{S}_z=\boldsymbol{e}_\rho \rho \mathrm{d}\phi \mathrm{d}z+\boldsymbol{e}_\phi \mathrm{d}\rho \mathrm{d}z+\boldsymbol{e}_z \rho \mathrm{d}\rho \mathrm{d}\phi \tag{1.31}$$

$$\mathrm{d}V=\rho \mathrm{d}\rho \mathrm{d}\phi \mathrm{d}z \tag{1.32}$$

在圆柱坐标系中，任一矢量 $\boldsymbol{A}$ 可表示为

$$\boldsymbol{A}=\boldsymbol{e}_\rho A_\rho+\boldsymbol{e}_\phi A_\phi+\boldsymbol{e}_z A_z \tag{1.33}$$

4. 球坐标系

球坐标系的三个坐标变量分别是目标距离 r、俯仰角 θ 和方位角 ϕ，即 $p_1=r(0\leqslant r<\infty)$、$p_2=\theta(0\leqslant\theta\leqslant\pi)$ 和 $p_3=\phi(0\leqslant\phi\leqslant 2\pi)$。

如图 1.10 所示，确定空间点 $P(r_0, \theta_0, \phi_0)$ 位置的三组正交曲面分别是半径 $r=r_0$ 的球面(原点为球心)、$\theta=\theta_0$ 的正圆锥面和 $\phi=\phi_0$ 的半平面(包含 z 轴)。

三个坐标单位矢量 $\boldsymbol{e}_r$、$\boldsymbol{e}_\theta$ 和 $\boldsymbol{e}_\phi$ 均相互正交，分别是 r、θ 和 ϕ 增加的方向。它们都不是

常矢量，其方向都会随θ和ϕ变化，且有

$$\begin{cases}\dfrac{\partial \boldsymbol{e}_r}{\partial\theta}=\boldsymbol{e}_\theta,\ \dfrac{\partial \boldsymbol{e}_r}{\partial\phi}=\boldsymbol{e}_\phi\sin\theta\\ \dfrac{\partial \boldsymbol{e}_\theta}{\partial\theta}=-\boldsymbol{e}_r,\ \dfrac{\partial \boldsymbol{e}_\theta}{\partial\phi}=\boldsymbol{e}_\phi\cos\theta\\ \dfrac{\partial \boldsymbol{e}_\phi}{\partial\theta}=0,\ \dfrac{\partial \boldsymbol{e}_\phi}{\partial\phi}=\boldsymbol{e}_r\sin\theta-\boldsymbol{e}_\theta\cos\theta\end{cases} \tag{1.34}$$

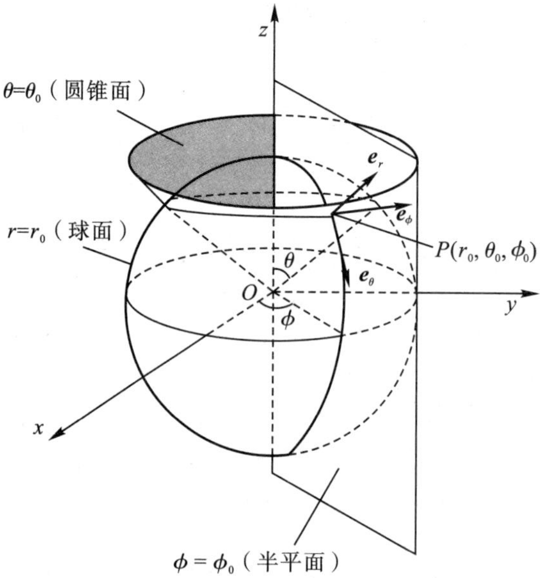

图 1.10　球坐标系

在球坐标系中，如图 1.11 所示，位置矢量和微元矢量分别为

$$\boldsymbol{r}=\boldsymbol{e}_r r \tag{1.35}$$

$$\mathrm{d}\boldsymbol{r}=\mathrm{d}(\boldsymbol{e}_r r)=\boldsymbol{e}_r\mathrm{d}r+r\mathrm{d}\boldsymbol{e}_r=\boldsymbol{e}_r\mathrm{d}r+\boldsymbol{e}_\theta r\mathrm{d}\theta+\boldsymbol{e}_\phi r\sin\theta\mathrm{d}\phi \tag{1.36}$$

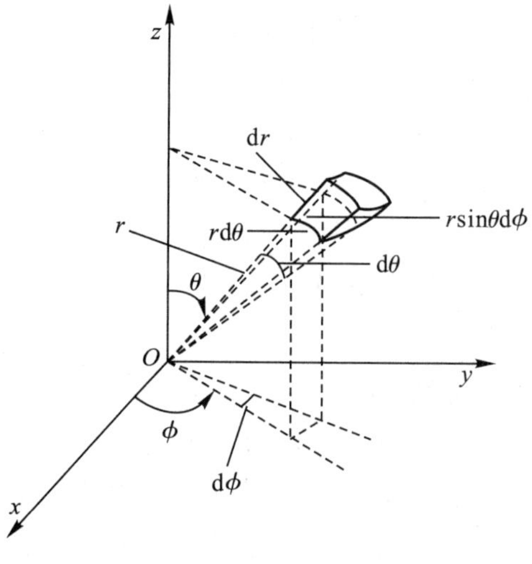

图 1.11　球坐标系的几何元

式(1.36)表明，球坐标系中的度量因子分别为

$$\begin{cases} h_r=\dfrac{\mathrm{d}\rho}{\mathrm{d}\rho}=1 \\ h_\theta=\dfrac{r\mathrm{d}\theta}{\mathrm{d}\theta}=r \\ h_\phi=\dfrac{r\sin\theta\mathrm{d}\phi}{\mathrm{d}\phi}=r\sin\theta \end{cases} \tag{1.37}$$

球坐标系中面元矢量和体积微元分别为

$$\mathrm{d}\boldsymbol{S}=\mathrm{d}\boldsymbol{S}_r+\mathrm{d}\boldsymbol{S}_\theta+\mathrm{d}\boldsymbol{S}_\phi=\boldsymbol{e}_r r^2\sin\theta\mathrm{d}\theta\mathrm{d}\phi+\boldsymbol{e}_\theta r\sin\theta\mathrm{d}r\mathrm{d}\phi+\boldsymbol{e}_\phi r\mathrm{d}r\mathrm{d}\theta \tag{1.38}$$

$$\mathrm{d}V=r^2\sin\theta\mathrm{d}r\mathrm{d}\theta\mathrm{d}\phi \tag{1.39}$$

在球坐标系中，任一矢量 $\boldsymbol{A}$ 可表示为

$$\boldsymbol{A}=\boldsymbol{e}_r A_r+\boldsymbol{e}_\theta A_\theta+\boldsymbol{e}_\phi A_\phi \tag{1.40}$$

5. 三种常用坐标系之间的转换关系

对同一个三维空间可以选用不同的坐标系，因此，不同的坐标系间存在相应的转换关系。由图 1.8 和图 1.10 可以看到，圆柱坐标系和球坐标系的设定本来就是以直角坐标系作参照，因此，可以很方便地写出圆柱坐标和直角坐标之间、球坐标和直角坐标之间的转换关系，利用这种关系可以进而得到球坐标和圆柱坐标之间的转换公式。由图 1.12 可以清楚地看出直角坐标、圆柱坐标、球坐标之间的坐标变量的相互转换关系，表 1.1 列出了三种坐标系的坐标变量和单位矢量之间的转换公式。

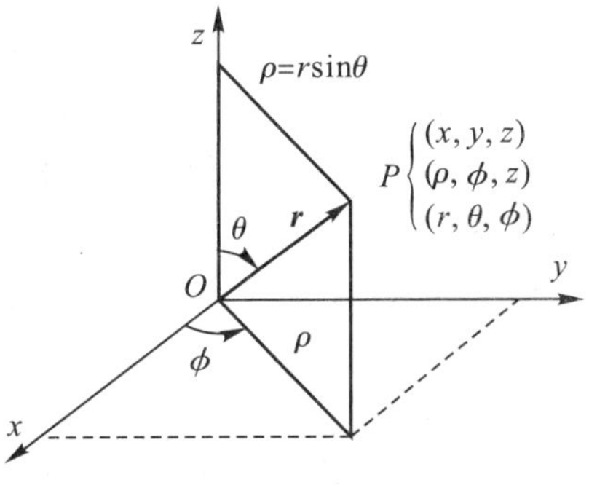

图 1.12　三种常用坐标系之间的关系

表 1.1　三种常用坐标系的转换公式

	直角坐标系	圆柱坐标系	球坐标系
直角坐标系	$x,\ y,\ z$ $\boldsymbol{e}_x,\ \boldsymbol{e}_y,\ \boldsymbol{e}_z$ $\boldsymbol{r}=\boldsymbol{e}_x x+\boldsymbol{e}_y y+\boldsymbol{e}_z z$ $\mathrm{d}\boldsymbol{r}=\boldsymbol{e}_x\mathrm{d}x+\boldsymbol{e}_y\mathrm{d}y+\boldsymbol{e}_z\mathrm{d}z$	$\begin{cases} x=\rho\cos\phi \\ y=\rho\sin\phi \\ z=z \end{cases}$ $\begin{cases} \boldsymbol{e}_x=\boldsymbol{e}_\rho\cos\phi-\boldsymbol{e}_\phi\sin\phi \\ \boldsymbol{e}_y=\boldsymbol{e}_\rho\sin\phi+\boldsymbol{e}_\varphi\cos\phi \\ \boldsymbol{e}_z=\boldsymbol{e}_z \end{cases}$	$\begin{cases} x=r\sin\theta\cos\phi \\ y=r\sin\theta\sin\phi \\ z=r\cos\theta \end{cases}$ $\begin{cases} \boldsymbol{e}_x=\boldsymbol{e}_r\sin\theta\cos\phi+\boldsymbol{e}_\theta\cos\theta\cos\phi- \\ \quad\boldsymbol{e}_\phi\sin\phi \\ \boldsymbol{e}_y=\boldsymbol{e}_r\sin\theta\sin\phi+\boldsymbol{e}_\theta\cos\theta\sin\phi+ \\ \quad\boldsymbol{e}_\phi\cos\phi \\ \boldsymbol{e}_z=\boldsymbol{e}_r\cos\theta-\boldsymbol{e}_\theta\sin\theta \end{cases}$

续表

	直角坐标系	圆柱坐标系	球坐标系
圆柱坐标系	$\begin{cases}\rho=\sqrt{x^2+y^2}\\ \phi=\arctan(y/x)\\ z=z\end{cases}$ $\begin{cases}\boldsymbol{e}_\rho=\boldsymbol{e}_x\cos\phi+\boldsymbol{e}_y\sin\phi\\ \boldsymbol{e}_\phi=-\boldsymbol{e}_x\sin\phi+\boldsymbol{e}_y\cos\phi\\ \boldsymbol{e}_z=\boldsymbol{e}_z\end{cases}$	$\rho,\ \phi,\ z$ $\boldsymbol{e}_\rho,\ \boldsymbol{e}_\phi,\ \boldsymbol{e}_z$ $\boldsymbol{r}=\boldsymbol{e}_\rho\rho+\boldsymbol{e}_z z$ $\mathrm{d}\boldsymbol{r}=\boldsymbol{e}_\rho\mathrm{d}\rho+\boldsymbol{e}_\phi\rho\mathrm{d}\phi+\boldsymbol{e}_z\mathrm{d}z$	$\begin{cases}\rho=r\sin\theta\\ \phi=\phi\\ z=r\cos\theta\end{cases}$ $\begin{cases}\boldsymbol{e}_\rho=\boldsymbol{e}_r\sin\theta+\boldsymbol{e}_\theta\cos\theta\\ \boldsymbol{e}_\phi=\boldsymbol{e}_\phi\\ \boldsymbol{e}_z=\boldsymbol{e}_r\cos\theta-\boldsymbol{e}_\theta\sin\theta\end{cases}$
球坐标系	$\begin{cases}r=\sqrt{x^2+y^2+z^2}\\ \theta=\arctan(\sqrt{x^2+y^2}/z)\\ \phi=\arctan(y/x)\end{cases}$ $\begin{cases}\boldsymbol{e}_r=\boldsymbol{e}_x\sin\theta\cos\phi+\boldsymbol{e}_y\sin\theta\sin\phi+\\ \quad\boldsymbol{e}_z\cos\theta\\ \boldsymbol{e}_\theta=\boldsymbol{e}_x\cos\theta\cos\phi+\boldsymbol{e}_y\cos\theta\sin\phi-\\ \quad\boldsymbol{e}_z\sin\theta\\ \boldsymbol{e}_\phi=-\boldsymbol{e}_x\sin\phi+\boldsymbol{e}_y\cos\phi\end{cases}$	$\begin{cases}r=\sqrt{\rho^2+z^2}\\ \theta=\arccos(\rho/z)\\ \phi=\phi\end{cases}$ $\begin{cases}\boldsymbol{e}_r=\boldsymbol{e}_\rho\sin\theta+\boldsymbol{e}_z\cos\theta\\ \boldsymbol{e}_\theta=\boldsymbol{e}_\rho\cos\theta-\boldsymbol{e}_z\sin\theta\\ \boldsymbol{e}_\phi=\boldsymbol{e}_\phi\end{cases}$	$r,\ \theta,\ \phi$ $\boldsymbol{e}_r,\ \boldsymbol{e}_\theta,\ \boldsymbol{e}_\phi$ $\boldsymbol{r}=\boldsymbol{e}_r r$ $\mathrm{d}\boldsymbol{r}=\boldsymbol{e}_r\mathrm{d}r+\boldsymbol{e}_\theta r\mathrm{d}\theta+\boldsymbol{e}_\phi r\sin\theta\mathrm{d}\phi$

6. 场量的不变性原理

前面讨论的三个坐标系均是描述三维空间的正交坐标系，但三维空间本身并不因采用不同的坐标系而改变，而仅仅是表示形式的不同。因此，标量场或矢量场不会因为坐标系的改变而发生变化，这种特性称为不变特性，即描绘物理状态空间分布的标量函数或矢量函数，在给定时刻，它们是唯一的，其大小和方向与所选择的坐标系无关。其数学表达式为

$$\begin{aligned}\boldsymbol{F}(\boldsymbol{r})&=\boldsymbol{F}(x,\ y,\ z)=\boldsymbol{e}_xF_x(x,\ y,\ z)+\boldsymbol{e}_yF_y(x,\ y,\ z)+\boldsymbol{e}_zF_z(x,\ y,\ z)\\&=\boldsymbol{F}(\rho,\ \phi,\ z)=\boldsymbol{e}_\rho F_\rho(\rho,\ \phi,\ z)+\boldsymbol{e}_\phi F_\phi(\rho,\ \phi,\ z)+\boldsymbol{e}_zF_z(\rho,\ \phi,\ z)\\&=\boldsymbol{F}(r,\ \theta,\ \phi)=\boldsymbol{e}_rF_r(r,\ \theta,\ \phi)+\boldsymbol{e}_\theta F_\theta(r,\ \theta,\ \phi)+\boldsymbol{e}_\phi F_\phi(r,\ \theta,\ \phi)\end{aligned}\tag{1.41}$$

式(1.41)仅以三个常用的坐标系为例表达出场的不变性，在任意不同的坐标中，矢量场的表达式可能不同，但其矢量的大小和方向不变。其模值为

$$\begin{aligned}|\boldsymbol{F}(\boldsymbol{r})|&=|\boldsymbol{F}(x,\ y,\ z)|=\sqrt{F_x^2(x,\ y,\ z)+F_y^2(x,\ y,\ z)+F_z^2(x,\ y,\ z)}\\&=|\boldsymbol{F}(\rho,\ \phi,\ z)|=\sqrt{F_\rho^2(\rho,\ \phi,\ z)+F_\phi^2(\rho,\ \phi,\ z)+F_z^2(\rho,\ \phi,\ z)}\\&=|F(r,\ \theta,\ \phi)|=\sqrt{F_r^2(r,\ \theta,\ \phi)+F_\theta^2(r,\ \theta,\ \phi)+F_\phi^2(r,\ \theta,\ \phi)}\end{aligned}\tag{1.42}$$

例 1.1　矢量场 $\boldsymbol{F}(\boldsymbol{r})=\boldsymbol{F}(x,\ y,\ z)=y\boldsymbol{e}_x-x\boldsymbol{e}_y$。

(1) 求矢量线方程并定性绘制该矢量场线；

(2) 在圆柱坐标系中表示 $\boldsymbol{F}$。

解　(1)在直角坐标系中，空间任一点的矢径为

$$\boldsymbol{r}=\boldsymbol{e}_xx+\boldsymbol{e}_yy+\boldsymbol{e}_zz$$

矢量线的微元为

$$\mathrm{d}\boldsymbol{r}=\boldsymbol{r}_2-\boldsymbol{r}_1=\boldsymbol{e}_x\mathrm{d}x+\boldsymbol{e}_y\mathrm{d}y+\boldsymbol{e}_z\mathrm{d}z$$

由矢量线的定义，其切线方向与场矢量平行，故有 $\mathrm{d}\boldsymbol{r}\times\boldsymbol{F}(\boldsymbol{r})=0$，将此式展开如下：

$$\mathrm{d}\boldsymbol{r}\times\boldsymbol{F}(\boldsymbol{r})=\begin{vmatrix}\boldsymbol{e}_x & \boldsymbol{e}_y & \boldsymbol{e}_z\\ \mathrm{d}x & \mathrm{d}y & \mathrm{d}z\\ F_x & F_y & F_z\end{vmatrix}$$
$$=\boldsymbol{e}_x(F_z\mathrm{d}y-F_y\mathrm{d}z)+\boldsymbol{e}_y(F_x\mathrm{d}z-F_z\mathrm{d}x)+\boldsymbol{e}_z(F_y\mathrm{d}x-F_x\mathrm{d}y)=0$$

则其各坐标分量均应等于零，即有矢量线方程

$$F_z\mathrm{d}y-F_y\mathrm{d}z=0$$
$$F_x\mathrm{d}z-F_z\mathrm{d}x=0$$
$$F_y\mathrm{d}x-F_x\mathrm{d}y=0$$

移项并整理，亦可写作

$$\frac{F_x(\boldsymbol{r})}{\mathrm{d}x}=\frac{F_y(\boldsymbol{r})}{\mathrm{d}y}=\frac{F_z(\boldsymbol{r})}{\mathrm{d}z}$$

代入场函数 $\boldsymbol{F}(\boldsymbol{r})=\boldsymbol{F}(x,\ y,\ z)=y\boldsymbol{e}_x-x\boldsymbol{e}_y$ 可得

$$x\mathrm{d}x+y\mathrm{d}y=0$$

两边积分可得

$$x^2+y^2=C^2$$

由此可知矢量线簇方程为 xOy 平面的圆，如图 1.13 所示。

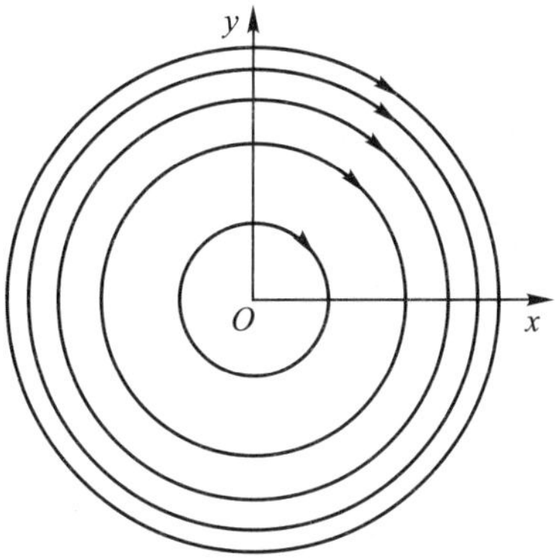

图 1.13　例题 1.1 **F** 的矢量线

(2)将 **F** 转换到圆柱坐标系中，则

$$\boldsymbol{F}(x,\ y)=y\boldsymbol{e}_x-x\boldsymbol{e}_y$$
$$=\rho\sin\theta(\boldsymbol{e}_\rho\cos\theta-\boldsymbol{e}_\phi\sin\theta)-\rho\cos\theta(\boldsymbol{e}_\rho\sin\theta+\boldsymbol{e}_\phi\cos\theta)$$
$$=-\boldsymbol{e}_\phi\rho=\boldsymbol{F}(\rho,\ \phi)$$

F 的大小正比于 ρ，方向为 $-\boldsymbol{e}_\phi$。矢量线簇的方程 $\rho=C$ $(C>0)$为 xOy 平面的圆。

例 1.2　如图 1.14 所示，已知矩形区域的电场分布为 $\boldsymbol{E}(\boldsymbol{r})=\boldsymbol{e}_y\sin\left(\frac{\pi}{a}x\right)$，若将单位电荷从 O 点沿虚线移动到 M 点，求电场力所做的功。

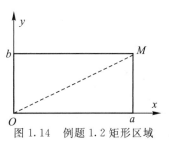

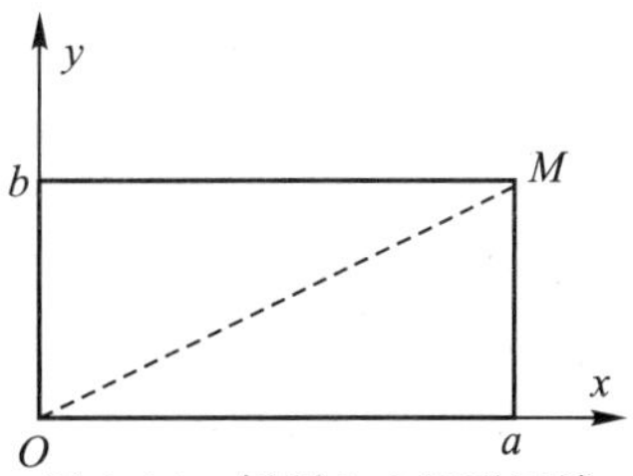

图 1.14　例题 1.2 矩形区域

解　虚线的位移微元为

$$\mathrm{d}\boldsymbol{r}=\boldsymbol{r}_2-\boldsymbol{r}_1=\boldsymbol{e}_x\mathrm{d}x+\boldsymbol{e}_y\mathrm{d}y$$

电场力沿 $\mathrm{d}\boldsymbol{r}$ 对电荷所做的功为

$$\mathrm{d}W=\boldsymbol{E}(\boldsymbol{r})\cdot\mathrm{d}\boldsymbol{r}=\sin\left(\frac{\pi}{a}x\right)\mathrm{d}y$$

虚线的方程可写为 $ay=bx$，即有

$$\mathrm{d}y=\frac{b}{a}\mathrm{d}x$$

将单位电荷从 O 点移动到 M 点电场力所做的功为

$$W=\int_{OM}\mathrm{d}W=\int_{OM}\sin\left(\frac{\pi}{a}x\right)\mathrm{d}y=\int_0^a\sin\left(\frac{\pi}{a}x\right)\frac{b}{a}\mathrm{d}x=\frac{2b}{a}$$

1.2 标量场的方向导数与梯度

在本节，我们主要学习静态(或给定时刻)的标量场随空间位置变化的分析方法，即标量场的方向导数与梯度。

1.2.1 方向导数

标量场在空间区域内某点沿一个指定方向的变化率称作标量场的方向导数。

从场图表示可知，给定空间区域内的标量场 $\varphi(\boldsymbol{r})$ 在等值面(如图 1.15 所示)上保持不变。考察图 1.15 所示的标量场 $\varphi(x, y, z)$，其中的 φ 和 $\varphi+\mathrm{d}\varphi$ 这两个等值面存在一个微元差值 $\mathrm{d}\varphi$，且 M_0 和 M 分别位于这两个等值面上。

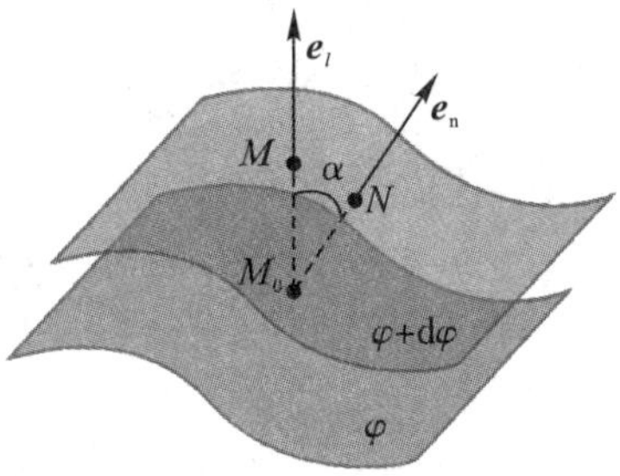

图 1.15 标量场的等值面

在直角坐标系中，标量场 $\varphi(x, y, z)$ 从 M_0 到 M 的微元可表示为

$$\begin{aligned}\mathrm{d}\varphi&=\frac{\partial\varphi}{\partial x}\mathrm{d}x+\frac{\partial\varphi}{\partial y}\mathrm{d}y+\frac{\partial\varphi}{\partial z}\mathrm{d}z\\&=\left(\boldsymbol{e}_x\frac{\partial\varphi}{\partial x}+\boldsymbol{e}_y\frac{\partial\varphi}{\partial y}+\boldsymbol{e}_z\frac{\partial\varphi}{\partial z}\right)\cdot(\boldsymbol{e}_x\mathrm{d}x+\boldsymbol{e}_y\mathrm{d}y+\boldsymbol{e}_z\mathrm{d}z)\end{aligned}\tag{1.43}$$

式(1.43)又可表示为

$$\mathrm{d}\varphi=\left(\boldsymbol{e}_x\frac{\partial\varphi}{\partial x}+\boldsymbol{e}_y\frac{\partial\varphi}{\partial y}+\boldsymbol{e}_z\frac{\partial\varphi}{\partial z}\right)\cdot\mathrm{d}\boldsymbol{l}\tag{1.44}$$

或

$$\begin{aligned}\frac{\mathrm{d}\varphi}{\mathrm{d}l}&=\left(\boldsymbol{e}_x\frac{\partial\varphi}{\partial x}+\boldsymbol{e}_y\frac{\partial\varphi}{\partial y}+\boldsymbol{e}_z\frac{\partial\varphi}{\partial z}\right)\cdot\frac{\mathrm{d}\boldsymbol{l}}{\mathrm{d}l}\\&=\boldsymbol{G}\cdot\boldsymbol{e}_l=G\boldsymbol{e}_\mathrm{n}\cdot\boldsymbol{e}_l\end{aligned}\tag{1.45}$$

其中，$\mathrm{d}\boldsymbol{l}$ 表示线元矢量，如式(1.24)所示；$\boldsymbol{e}_l$ 表示从 M_0 到 M 方向的单位矢量；$\mathrm{d}\varphi/\mathrm{d}l$ 是标量场 φ 沿着 $\boldsymbol{e}_l$ 方向的方向导数。在式(1.45)中，

$$\boldsymbol{G}=\boldsymbol{e}_x\frac{\partial\varphi}{\partial x}+\boldsymbol{e}_y\frac{\partial\varphi}{\partial y}+\boldsymbol{e}_z\frac{\partial\varphi}{\partial z}\tag{1.46}$$

明显可以看出，当 $\boldsymbol{e}_l$ 与 $\boldsymbol{G}$ 方向相一致时，方向导数取得最大值，即

$$\left.\frac{\mathrm{d}\varphi}{\mathrm{d}l}\right|_{\max}=G \tag{1.47}$$

在式(1.47)中，为了获得最大的 $\mathrm{d}\varphi/\mathrm{d}l$ 值，要求经 M_0 从等值面 φ 到等值面 $\varphi+\mathrm{d}\varphi$ 的线元最短。从图 1.15 可知，最短的线元是 M_0N，即当 $\boldsymbol{e}_l$ 垂直于等值面时存在最短的线元并因此得到最大的方向导数 $\mathrm{d}\varphi/\mathrm{d}l$，此时 M_0N 的单位矢量为 $\boldsymbol{e}_\mathrm{n}$。这说明，$\boldsymbol{G}$ 是垂直于等值面的。

1.2.2　梯度

我们将最大的方向导数及其对应的方向定义为梯度，用 $\mathrm{grad}\varphi$ 表示，即

$$\mathrm{grad}\varphi=\boldsymbol{e}_{l\max}\left.\frac{\partial\varphi}{\partial l}\right|_{\max} \tag{1.48}$$

式中，$\boldsymbol{e}_{l\max}$ 为方向导数取得最大值的方向上的单位矢量。结合图 1.15 和式(1.45)可知，标量场 φ 的梯度如式(1.46)所示。通常，标量场 φ 的梯度又可写作 $\nabla\varphi$，即

$$\mathrm{grad}\varphi=\nabla\varphi=\boldsymbol{e}_x\frac{\partial\varphi}{\partial x}+\boldsymbol{e}_y\frac{\partial\varphi}{\partial y}+\boldsymbol{e}_z\frac{\partial\varphi}{\partial z} \tag{1.49}$$

其中，∇ 读作“del”或“nabla”，被称作矢量微分算符，也称为哈密尔顿算符或哈密尔顿算子，可以表示为

$$\nabla=\boldsymbol{e}_x\frac{\partial}{\partial x}+\boldsymbol{e}_y\frac{\partial}{\partial y}+\boldsymbol{e}_z\frac{\partial}{\partial z} \tag{1.50}$$

需要指出的是，矢量微分算符本身无意义，但当其作用于一个标量场时可得到一个矢量场。需要强调的是，从式(1.44)和式(1.49)可得

$$\mathrm{d}\varphi=\nabla\varphi\cdot\mathrm{d}\boldsymbol{l} \tag{1.51}$$

或

$$\frac{\mathrm{d}\varphi}{\mathrm{d}l}=\nabla\varphi\cdot\boldsymbol{e}_l \tag{1.52}$$

式(1.52)表明，标量场 φ 沿着 $\boldsymbol{e}_l$ 方向的方向导数等于其梯度在该方向上的投影。

梯度存在如下性质：① 梯度垂直于标量场的等值面；② 标量场沿梯度方向上的变化率最大；③ 梯度与等值面的值增大的方向一致；④ 标量场的方向导数等于梯度与该方向单位矢量的点积。

在圆柱坐标系和球坐标系中，梯度的计算式分别为

$$\nabla\varphi=\boldsymbol{e}_\rho\frac{\partial\varphi}{\partial\rho}+\boldsymbol{e}_\phi\frac{\partial\varphi}{\rho\partial\phi}+\boldsymbol{e}_z\frac{\partial\varphi}{\partial z} \tag{1.53}$$

和

$$\nabla\varphi=\boldsymbol{e}_r\frac{\partial\varphi}{\partial r}+\boldsymbol{e}_\theta\frac{\partial\varphi}{r\partial\theta}+\boldsymbol{e}_\phi\frac{1}{r\sin\theta}\frac{\partial\varphi}{\partial\phi} \tag{1.54}$$

从上述分析可知，梯度是个矢量，在电磁场问题中具有重要的作用。例如，电场强度 $\boldsymbol{E}$ 可以用其中的电位分布 u 来表示，它们满足 $\boldsymbol{E}=-\nabla u$，即电场是电位的负梯度；电力线总是指向电位下降最快的方向，即电力线垂直于等值面，见图 1.2。

例 1.3　若空间标量场可用函数 $\varphi(x, y, z)=x^2+y^2-3z$ 描述，试求：

(1) 在点 $M_0(3, 3, 1)$处的梯度；

(2) 在点 M_0 处，φ 沿矢量 $\boldsymbol{A}=\boldsymbol{e}_x\cos45^\circ+\boldsymbol{e}_y\cos60^\circ+\boldsymbol{e}_z\cos60^\circ$ 方向上的方向导数。

解 (1) 由式(1.49)可求得 M_0 处的梯度为

$$\nabla\varphi\big|_{M_0}=\left[\left(\boldsymbol{e}_x\frac{\partial}{\partial x}+\boldsymbol{e}_y\frac{\partial}{\partial y}+\boldsymbol{e}_z\frac{\partial}{\partial z}\right)(x^2+y^2-3z)\right]_{M_0}$$
$$=(\boldsymbol{e}_x2x+\boldsymbol{e}_y2y-\boldsymbol{e}_z3)\big|_{(3,3,1)}=6\boldsymbol{e}_x+6\boldsymbol{e}_y-3\boldsymbol{e}_z$$

(2) 从描述方向导数与梯度之间关系的式(1.52)可知，沿 $\boldsymbol{A}$ 方向的方向导数为梯度在该方向上的投影；又因为 $|\boldsymbol{A}|=1$，所以

$$\boldsymbol{e}_A=\frac{\boldsymbol{A}}{A}=\boldsymbol{A}=\frac{\sqrt{2}}{2}\boldsymbol{e}_x+\frac{1}{2}\boldsymbol{e}_y+\frac{1}{2}\boldsymbol{e}_z$$

可得

$$\frac{\partial\varphi}{\partial l}=\nabla\varphi\cdot\boldsymbol{e}_A=(\boldsymbol{e}_x2x+\boldsymbol{e}_y2y-\boldsymbol{e}_z3)\cdot\left(\frac{\sqrt{2}}{2}\boldsymbol{e}_x+\frac{1}{2}\boldsymbol{e}_y+\frac{1}{2}\boldsymbol{e}_z\right)=\sqrt{2}x+y-\frac{3}{2}$$

则给定点 M_0 处沿 $\boldsymbol{A}$ 方向的方向导数为

$$\frac{\partial\varphi}{\partial l}\bigg|_{M_0}=\sqrt{2}x+y-\frac{3}{2}\bigg|_{(3,3,1)}=\frac{6\sqrt{2}+3}{2}$$

例 1.4 在电磁场问题中，通常用矢量 $\boldsymbol{r}'=x'\boldsymbol{e}_x+y'\boldsymbol{e}_y+z'\boldsymbol{e}_z$ 和 $\boldsymbol{r}=x\boldsymbol{e}_x+y\boldsymbol{e}_y+z\boldsymbol{e}_z$ 分别表示源点和场点的位置，并用 $\boldsymbol{R}=\boldsymbol{r}-\boldsymbol{r}'=\boldsymbol{e}_x(x-x')+\boldsymbol{e}_y(y-y')+\boldsymbol{e}_z(z-z')$ 表示二者之间的距离矢量。若 $R=|\boldsymbol{R}|$，$f(R)=1/R$，试证明如下关系：

(1) $\nabla R=\dfrac{\boldsymbol{R}}{R}$；

(2) $\nabla\left(\dfrac{1}{R}\right)=-\dfrac{\boldsymbol{R}}{R^3}$；

(3) $\nabla f(R)=-\nabla' f(R)$。

其中，$\nabla=\boldsymbol{e}_x\dfrac{\partial}{\partial x}+\boldsymbol{e}_y\dfrac{\partial}{\partial y}+\boldsymbol{e}_z\dfrac{\partial}{\partial z}$ 和 $\nabla'=\boldsymbol{e}_x\dfrac{\partial}{\partial x'}+\boldsymbol{e}_y\dfrac{\partial}{\partial y'}+\boldsymbol{e}_z\dfrac{\partial}{\partial z'}$ 分别表示对场点坐标变量 (x, y, z) 和源点坐标变量 (x', y', z') 的运算。

解 (1)将 $R=|\boldsymbol{R}|=\sqrt{(x-x')^2+(y-y')^2+(z-z')^2}$ 代入式(1.49)得

$$\nabla R=\boldsymbol{e}_x\frac{\partial R}{\partial x}+\boldsymbol{e}_y\frac{\partial R}{\partial y}+\boldsymbol{e}_z\frac{\partial R}{\partial z}$$
$$=\frac{\boldsymbol{e}_x(x-x')+\boldsymbol{e}_y(y-y')+\boldsymbol{e}_z(z-z')}{\sqrt{(x-x')^2+(y-y')^2+(z-z')^2}}=\frac{\boldsymbol{R}}{R}$$

(2) 将 $\dfrac{1}{R}=\dfrac{1}{\sqrt{(x-x')^2+(y-y')^2+(z-z')^2}}$ 代入式(1.49)可得

$$\nabla\left(\frac{1}{R}\right)=\boldsymbol{e}_x\frac{\partial}{\partial x}\left(\frac{1}{R}\right)+\boldsymbol{e}_y\frac{\partial}{\partial y}\left(\frac{1}{R}\right)+\boldsymbol{e}_z\frac{\partial}{\partial z}\left(\frac{1}{R}\right)$$
$$=-\frac{\boldsymbol{e}_x(x-x')+\boldsymbol{e}_y(y-y')+\boldsymbol{e}_z(z-z')}{\left[\sqrt{(x-x')^2+(y-y')^2+(z-z')^2}\right]^3}$$
$$=-\frac{\boldsymbol{R}}{R^3}$$

(3) 根据式(1.49)可得

$$\nabla f(R)=\boldsymbol{e}_x\frac{\partial f(R)}{\partial x}+\boldsymbol{e}_y\frac{\partial f(R)}{\partial y}+\boldsymbol{e}_z\frac{\partial f(R)}{\partial z}$$
$$=\boldsymbol{e}_x\frac{\partial f(R)}{\partial R}\frac{\partial R}{\partial x}+\boldsymbol{e}_y\frac{\partial f(R)}{\partial R}\frac{\partial R}{\partial y}+\boldsymbol{e}_z\frac{\partial f(R)}{\partial R}\frac{\partial R}{\partial z}$$
$$=\frac{\partial f(R)}{\partial R}\nabla R=\frac{\partial f(R)}{\partial R}\frac{\boldsymbol{R}}{R}$$

同理

$$\nabla' f(R)=\frac{\partial f(R)}{\partial R}\nabla' R$$
$$=\frac{\partial f(R)}{\partial R}\frac{-\boldsymbol{e}_x(x-x')-\boldsymbol{e}_y(y-y')-\boldsymbol{e}_z(z-z')}{\sqrt{(x-x')^2+(y-y')^2+(z-z')^2}}$$
$$=-\frac{\partial f(R)}{\partial R}\frac{\boldsymbol{R}}{R}$$

故得

$$\nabla f(R)=-\nabla' f(R)$$

1.3　矢量场的通量与散度

上节用梯度分析了标量场在空间的变化特性，本节我们通过矢量场的通量和散度分析矢量场发散源的空间分布特性，并讨论电磁场理论中一个十分重要的定理——散度定理(高斯定理)。

1.3.1　通量

在介绍通量之前，我们先介绍两个术语：有向曲线和有向曲面。在场分析中，为了讨论方便，需要区分曲线和曲面的方向。指定了方向的曲线称为有向曲线，线上每一点的方向可用该点的切线矢量表示；指定了方向的曲面称为有向曲面，面上每一点的方向为该点面元的法线方向。对于封闭曲面，通常取外侧为正方向；对于非闭合曲面，其正方向通常与围成它的边界曲线取向相关联，符合右手螺旋关系，即右手四指绕边界线方向而大拇指指向曲面正向。如图 1.16 所示，边界线按照逆时针方向绕行，曲面右侧为正向，曲面上每一点处面元矢量的方向为该面元的法线方向并指向曲面 S 的右侧。

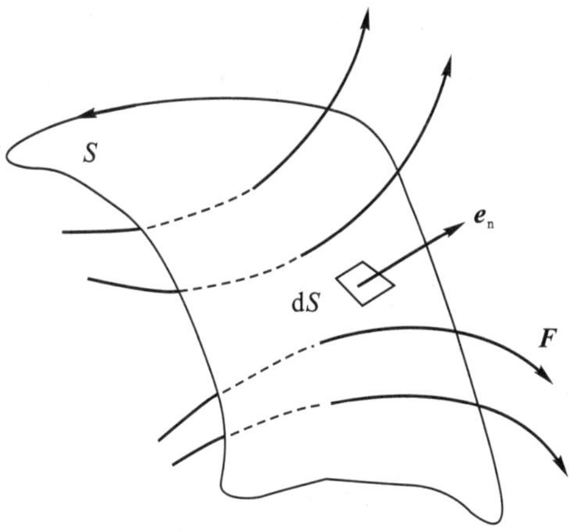

图 1.16　矢量 $\boldsymbol{F}$ 穿过曲面 S 的通量

矢量场的通量是指对于一个指定的曲面，矢量穿过该面的总量。例如，穿过曲面的磁感应强度矢量的通量称为磁通量，单位时间内穿过一个截面的电荷量称为电流通量(简称电流)。

通量是矢量场穿过整个面的总量，它由穿过该面各部分所有面元的通量累加(积分)而成。显然，场矢量 $\boldsymbol{F}$ 穿过一个面元的通量等于该点处的场矢量与该面元矢量 $\mathrm{d}\boldsymbol{S}$ 的标量积，即 $\boldsymbol{F}\cdot\mathrm{d}\boldsymbol{S}$。因此，矢量 $\boldsymbol{F}$ 穿过曲面 S 的总的通量可表示为

$$\Psi=\int_S\boldsymbol{F}\cdot\mathrm{d}\boldsymbol{S}=\int_S\boldsymbol{F}\cdot\boldsymbol{e}_{\mathrm{n}}\mathrm{d}S=\int_S|\boldsymbol{F}|\cos\theta\mathrm{d}S \tag{1.55}$$

式中，θ 为矢量场 $\boldsymbol{F}$ 与面元法向单位矢量 $\boldsymbol{e}_{\mathrm{n}}$ 的夹角。

通量是一个标量。由通量的定义可以看出，当矢量 $\boldsymbol{F}$ 从面元矢量 $\mathrm{d}\boldsymbol{S}$ 的负侧穿到 $\mathrm{d}\boldsymbol{S}$ 的正侧时，$\boldsymbol{F}$ 与 $\boldsymbol{e}_{\mathrm{n}}$ 相交成锐角，则通过面元矢量 $\mathrm{d}\boldsymbol{S}$ 的通量为正值；反之，当 $\boldsymbol{F}$ 从面元矢量 $\mathrm{d}\boldsymbol{S}$ 的正侧穿到 $\mathrm{d}\boldsymbol{S}$ 的负侧时，$\boldsymbol{F}$ 与 $\boldsymbol{e}_{\mathrm{n}}$ 相交成钝角，则通过面元矢量 $\mathrm{d}\boldsymbol{S}$ 的通量为负值。因此，矢量通过某一曲面的通量既与矢量的大小有关，又与矢量的方向有关。

很多情况下，需要求闭合曲面的通量，例如，灯泡、太阳会发出光线和辐射，如果求灯泡或者太阳发出的总光线，就要把包围灯泡或者太阳的闭合面上的光线加起来(闭合面积分)。通过闭合曲面 S 的总通量表示为

$$\Psi=\oint_S\boldsymbol{F}\cdot\mathrm{d}\boldsymbol{S}=\oint_S\boldsymbol{F}\cdot\boldsymbol{e}_{\mathrm{n}}\mathrm{d}S \tag{1.56}$$

式中的 Ψ 表示穿出闭合曲面 S 的正通量与进入闭合曲面 S 的负通量的代数和，即穿出曲面 S 的净通量。净通量存在以下三种情况：

(1) 当 $\oint_S\boldsymbol{F}\cdot\mathrm{d}\boldsymbol{S}>0$ 时，表示有净通量流出，这说明闭合曲面 S 内必有发出矢量线的正通量源(正源)，如图 1.17(a) 所示。例如，静电场中的正电荷就是发出电场线的正源。

(2) 当 $\oint_S\boldsymbol{F}\cdot\mathrm{d}\boldsymbol{S}<0$ 时，表示有净通量流入，这说明闭合曲面 S 内必有汇聚矢量线的负通量源(负源)，如图 1.17(b) 所示。例如，静电场中的负电荷就是汇聚电场线的负源。

(3) 当 $\oint_S\boldsymbol{F}\cdot\mathrm{d}\boldsymbol{S}=0$ 时，表示无净通量流出和流入。这有两种可能，一是无通量穿过闭合曲面，二是流入闭合曲面的通量等于流出的通量，如图 1.17(c) 所示。例如，磁场穿过任意闭合曲面的通量都为零，此时闭合曲面 S 内无源，或正通量源与负通量源的代数和为零。

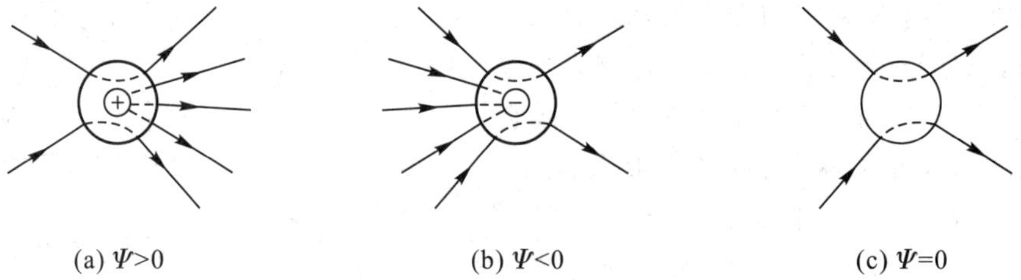

图 1.17　通量的意义

1.3.2　散度

矢量场穿过闭合曲面的通量是一个积分量，它反映了在某一空间内场源的整体特性，但它不能反映出空间某点场源分布的特性。为了研究此问题，我们引入矢量场的散度概念。

在矢量场 $\boldsymbol{F}$ 中的任一点 M 处作一个包围该点的任意闭合曲面 S，令 S 所限定的体积 ΔV 以任意方式趋近于 0，则闭合曲面 S 上的通量在体积 ΔV 上的平均量（ΔV 表面通量的体密度）为 $\dfrac{\oint_S \boldsymbol{F}\cdot \mathrm{d}\boldsymbol{S}}{\Delta V}$，其极限称为矢量场 $\boldsymbol{F}$ 在点 M 处的散度，并记作 $\mathrm{div}\boldsymbol{F}$，即

$$\mathrm{div}\boldsymbol{F} = \lim_{\Delta V\to 0}\frac{\oint_S \boldsymbol{F}\cdot \mathrm{d}\boldsymbol{S}}{\Delta V} \tag{1.57}$$

由散度的定义可知，矢量场 $\boldsymbol{F}$ 的散度是一个标量，它表示从该点单位体积内散发出来的矢量 $\boldsymbol{F}$ 的通量。若 $\mathrm{div}\boldsymbol{F}>0$，则该点有发出矢量线的正通量源，如图 1.18(a)所示；若 $\mathrm{div}\boldsymbol{F}<0$，则该点有汇聚矢量线的负通量源，如图 1.18(b)所示；若 $\mathrm{div}\boldsymbol{F}=0$，则该点无通量源，如图 1.18(c)所示。同时，散度的大小表明了源的强弱，散度的值越大，表明通量源越强。

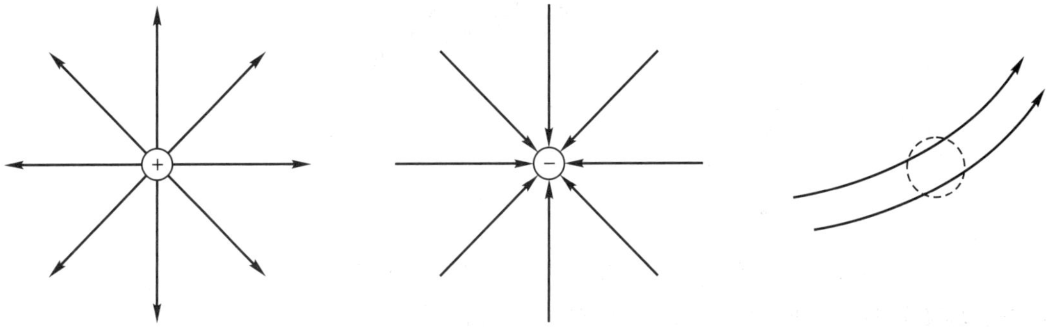

(a) $\mathrm{div}\boldsymbol{F}>0$　　(b) $\mathrm{div}\boldsymbol{F}<0$　　(c) $\mathrm{div}\boldsymbol{F}=0$

图 1.18　散度的意义

根据散度的定义，$\mathrm{div}\boldsymbol{F}$ 与闭合面的形状无关，在取极限过程中，闭合面包围的体积元 ΔV 以任意方式趋于 0。以直角坐标系为例，体积元 ΔV 取为六面体，中心点为 $M(x, y, z)$，各边的长度分别为 Δx、Δy、Δz，构成闭合面的六个面元分别以数字序号 1～6 标记，如图 1.19 所示。矢量场 $\boldsymbol{F}$ 穿出该六面体的表面 S 的通量为

$$\begin{aligned}\Psi &= \oint_S \boldsymbol{F}\cdot \mathrm{d}\boldsymbol{S} = \left[\int_1 + \int_2 + \int_3 + \int_4 + \int_5 + \int_6\right]\boldsymbol{F}\cdot \mathrm{d}\boldsymbol{S}\\ &= \int_1 \boldsymbol{F}\cdot \boldsymbol{e}_x \mathrm{d}S_1 + \int_2 \boldsymbol{F}\cdot(-\boldsymbol{e}_x)\mathrm{d}S_2 + \int_3 \boldsymbol{F}\cdot(-\boldsymbol{e}_y)\mathrm{d}S_3 +\\ &\quad \int_4 \boldsymbol{F}\cdot \boldsymbol{e}_y \mathrm{d}S_4 + \int_5 \boldsymbol{F}\cdot \boldsymbol{e}_z \mathrm{d}S_5 + \int_6 \boldsymbol{F}\cdot(-\boldsymbol{e}_z)\mathrm{d}S_6\\ &= \int_1 F_x \mathrm{d}y\mathrm{d}z - \int_2 F_x \mathrm{d}y\mathrm{d}z - \int_3 F_y \mathrm{d}x\mathrm{d}z + \int_4 F_y \mathrm{d}x\mathrm{d}z + \int_5 F_z \mathrm{d}x\mathrm{d}y - \int_6 F_z \mathrm{d}x\mathrm{d}y\end{aligned}$$

由于六个面均很小，所以

$$\int_1 F_x \mathrm{d}y\mathrm{d}z \approx F_x\left(x+\frac{\Delta x}{2}, y, z\right)\Delta y\Delta z$$

$$\int_2 F_x \mathrm{d}y\mathrm{d}z \approx F_x\left(x-\frac{\Delta x}{2}, y, z\right)\Delta y\Delta z$$

将 $F_x\left(x+\dfrac{\Delta x}{2}, y, z\right)$ 及 $F_x\left(x-\dfrac{\Delta x}{2}, y, z\right)$ 在 M 点分别按泰勒级数展开，且略去高次项，得

$$F_x\left(x+\frac{\Delta x}{2}, y, z\right)\approx F_x(x, y, z)+\frac{\partial F_x(x, y, z)}{\partial x}\frac{\Delta x}{2}$$

$$F_x\left(x-\frac{\Delta x}{2}, y, z\right)\approx F_x(x, y, z)-\frac{\partial F_x(x, y, z)}{\partial x}\frac{\Delta x}{2}$$

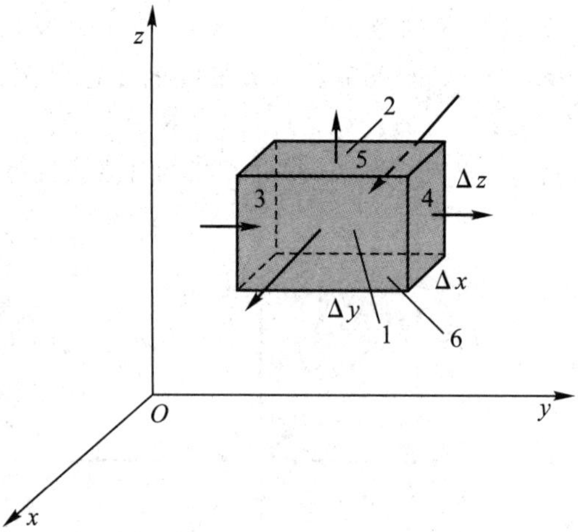

图 1.19　在直角坐标系中计算矢量场的散度

则矢量场 $\boldsymbol{F}$ 通过 x 方向的前、后两个面(1、2 面)的通量和为

$$\int_1 F_x\mathrm{d}y\mathrm{d}z-\int_2 F_x\mathrm{d}y\mathrm{d}z\approx\frac{\partial F_x(x, y, z)}{\partial x}\Delta x\Delta y\Delta z$$

同理，可得

$$-\int_3 F_y\mathrm{d}x\mathrm{d}z+\int_4 F_y\mathrm{d}x\mathrm{d}z\approx\frac{\partial F_y(x, y, z)}{\partial y}\Delta x\Delta y\Delta z$$

$$\int_5 F_z\mathrm{d}x\mathrm{d}y-\int_6 F_z\mathrm{d}x\mathrm{d}y\approx\frac{\partial F_z(x, y, z)}{\partial z}\Delta x\Delta y\Delta z$$

因此，矢量场 $\boldsymbol{F}$ 穿出包围 M 点的六面体表面 S 的总通量为

$$\Psi=\oint_S\boldsymbol{F}\cdot\mathrm{d}\boldsymbol{S}=\left(\frac{\partial F_x}{\partial x}+\frac{\partial F_y}{\partial y}+\frac{\partial F_z}{\partial z}\right)\Delta x\Delta y\Delta z$$

根据式(1.57)，得到散度在直角坐标系中的表达式为

$$\mathrm{div}\boldsymbol{F}=\lim_{\Delta V\to 0}\frac{\oint_S\boldsymbol{F}\cdot\mathrm{d}\boldsymbol{S}}{\Delta V}=\frac{\partial F_x}{\partial x}+\frac{\partial F_y}{\partial y}+\frac{\partial F_z}{\partial z}\tag{1.58}$$

利用哈密尔顿算符∇，可将 div $\boldsymbol{F}$ 表示为

$$\mathrm{div}\boldsymbol{F}=\left(\boldsymbol{e}_x\frac{\partial F_x}{\partial x}+\boldsymbol{e}_y\frac{\partial F_y}{\partial y}+\boldsymbol{e}_z\frac{\partial F_z}{\partial z}\right)\cdot(\boldsymbol{e}_xF_x+\boldsymbol{e}_yF_y+\boldsymbol{e}_zF_z)=\nabla\cdot\boldsymbol{F}\tag{1.59}$$

同理，可推出圆柱坐标系和球坐标系中的散度表达式分别为

$$\nabla\cdot\boldsymbol{F}=\frac{1}{\rho}\frac{\partial}{\partial\rho}(\rho F_\rho)+\frac{1}{\rho}\frac{\partial F_\phi}{\partial\phi}+\frac{\partial F_z}{\partial z}\tag{1.60}$$

$$\nabla\cdot\boldsymbol{F}=\frac{1}{r^2}\frac{\partial}{\partial r}(r^2F_r)+\frac{1}{r\sin\theta}\frac{\partial}{\partial\theta}(\sin\theta F_\theta)+\frac{1}{r\sin\theta}\frac{\partial F_\phi}{\partial\phi}\tag{1.61}$$

从圆柱坐标系和球坐标系的散度表达式可以看出，拉梅系数在不同坐标系中仍然扮演着重要的角色。

1.3.3　散度定理

矢量场 $\boldsymbol{F}$ 的散度代表的是其通量的体密度，因此可直观地知道，$\boldsymbol{F}$ 的散度的体积分等于 $\boldsymbol{F}$ 穿过包围该体积的表面的总通量，即

$$\int_V\nabla\cdot\boldsymbol{F}\mathrm{d}V=\oint_S\boldsymbol{F}\cdot\mathrm{d}\boldsymbol{S}\tag{1.62}$$

式中 V 表示任意空间区域，S 表示 V 的闭合边界面。式(1.62)称为散度定理，也称为高斯定理。散度定理是矢量分析中的一个重要定理，在电磁理论中应用十分广泛。

现在来证明这个定理。如图 1.20 所示，将闭合面 S 包围的体积 V 分成许多体积元，如 $\mathrm{d}V_1$、$\mathrm{d}V_2$ 等，计算每个体积元的小闭合面 $S_i(i=1, 2, \cdots)$上穿出的 $\boldsymbol{F}$ 的通量，然后叠加。由于相邻两体积元有一个公共表面，这个公共表面上的通量对这两个体积元来说恰好等值异号，故求和时互相抵消。除了邻近 S 面的那些体积元外，所有体积元都是由若干个与相邻体积元间的公共表面包围而成的，这些体积元的通量的总和为 0。而邻近 S 面的那些体积元，它们有部分表面是 S 面上的面元，这部分表面的通量没有被抵消，其总和恰好等于从闭合面 S 穿出的通量，因此有

$$\oint_S\boldsymbol{F}\cdot\mathrm{d}\boldsymbol{S}=\oint_{S_1}\boldsymbol{F}\cdot\mathrm{d}\boldsymbol{S}+\oint_{S_2}\boldsymbol{F}\cdot\mathrm{d}\boldsymbol{S}+\cdots$$

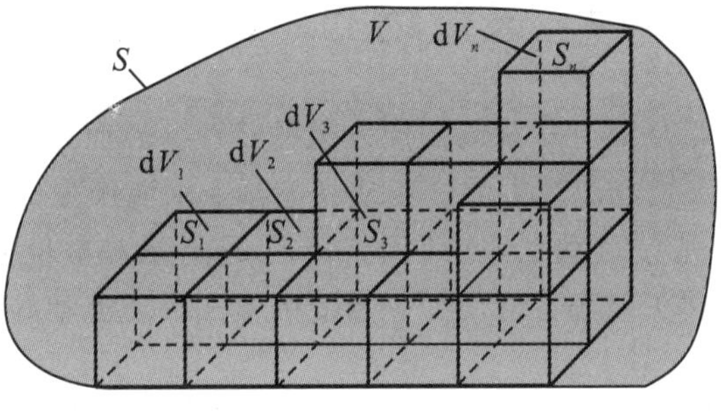

图 1.20　体积的微元划分示意图

由散度定义式(1.57)，得到

$$\oint_{S_i}\boldsymbol{F}\cdot\mathrm{d}\boldsymbol{S}=\nabla\cdot\boldsymbol{F}\mathrm{d}V_i\quad(i=1, 2, \cdots)$$

故得到

$$\oint_S\boldsymbol{F}\cdot\mathrm{d}\boldsymbol{S}=\nabla\cdot\boldsymbol{F}\mathrm{d}V_1+\nabla\cdot\boldsymbol{F}\mathrm{d}V_2+\cdots=\int_V\nabla\cdot\boldsymbol{F}\mathrm{d}V$$

这就证明了式(1.62)。

高斯定理表明了矢量场的散度$\nabla\cdot\boldsymbol{F}$ 在体积 V 上的体积分等于矢量场 $\boldsymbol{F}$ 在限定该体积的闭合面 S 上的面积分。从场的观点来看，高斯定理建立了某一区域中标量场$\nabla\cdot\boldsymbol{F}$ 与该区域边界面上的矢量场 $\boldsymbol{F}$ 之间的关系。

例 1.5 设点电荷 q 位于坐标原点，在周围空间任一点 $M(x, y, z)$ 处产生的电场强度矢量为

$$\boldsymbol{E}=\frac{q}{4\pi\varepsilon r^3}\boldsymbol{r}$$

式中，ε 为介电常数，$r=|\boldsymbol{r}|$，位置矢量 $\boldsymbol{r}=\boldsymbol{e}_x x+\boldsymbol{e}_y y+\boldsymbol{e}_z z$，$r=|\boldsymbol{r}|$。求：

(1) 电场强度 $\boldsymbol{E}$ 在 $r\neq 0$ 处的散度；

(2) 电场强度 $\boldsymbol{E}$ 穿过球心为原点、半径为 R 的球面的通量。

解 (1) 根据散度的计算公式(1.59)，有

$$\begin{aligned}\nabla\cdot\boldsymbol{E}&=\frac{q}{4\pi\varepsilon}\left[\frac{\partial}{\partial x}\left(\frac{x}{r^3}\right)+\frac{\partial}{\partial y}\left(\frac{y}{r^3}\right)+\frac{\partial}{\partial z}\left(\frac{z}{r^3}\right)\right]\\&=\frac{q}{4\pi\varepsilon}\left[\frac{1}{r^3}-\frac{3x^2}{r^5}+\frac{1}{r^3}-\frac{3y^2}{r^5}+\frac{1}{r^3}-\frac{3z^2}{r^5}\right]\\&=0\end{aligned}$$

(2) 根据闭合曲面通量的计算公式(1.56)，有

$$\Psi=\oint_S\boldsymbol{E}\cdot\mathrm{d}\boldsymbol{S}$$

由于球面的法线方向为 $\boldsymbol{e}_r$，因此

$$\begin{aligned}\Psi&=\oint_S\boldsymbol{E}\cdot\mathrm{d}\boldsymbol{S}=\oint_S\frac{q}{4\pi\varepsilon r^3}|\boldsymbol{r}|\mathrm{d}S=\frac{q}{4\pi\varepsilon R^2}\oint_S\mathrm{d}S\\&=\frac{q}{4\pi\varepsilon R^2}4\pi R^2=\frac{q}{\varepsilon}\end{aligned}$$

1.4 矢量场的环流与旋度

点电荷所产生的矢量场具有从源向四周发散的特性。然而，自然界中也有一些矢量场具有不同的特性，如恒定线电流产生的磁场或龙卷风、水流产生的旋涡等，这些场并不是发散的，而是围绕源/中心呈旋涡状态。因此，单单是通量和散度并不能完全描述矢量场的特性。本节将介绍描述矢量场特性的另一重要的量——环流和旋度。

1.4.1 环流和环流密度

为描述矢量场 $\boldsymbol{F}$ 的旋涡特性，可以将矢量场 $\boldsymbol{F}$ 沿场中的一条闭合路径 C(如图 1.21 所示)作曲线积分，这就是矢量场 $\boldsymbol{F}$ 沿闭合曲线 C 的环流 Γ，即

$$\Gamma=\oint_C\boldsymbol{F}\cdot\mathrm{d}\boldsymbol{l}=\oint_C F\cos\theta\mathrm{d}l \tag{1.63}$$

式中，$\mathrm{d}\boldsymbol{l}$ 是 C 上的线元矢量，其大小为 $\mathrm{d}l$，方向为 C 的切线方向；θ 为 $\boldsymbol{F}$ 与 $\mathrm{d}\boldsymbol{l}$ 的夹角。

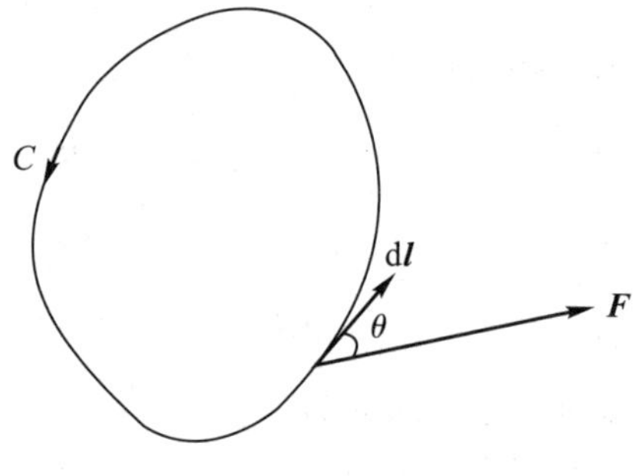

图 1.21 闭合路径

为便于理解环流的概念，我们讨论两个特例。图 1.22(a)所示为点电荷 Q 产生的电场 $\boldsymbol{E}$，若闭合路径 C 为以 Q 所在点为圆心的圆，则由式(1.63)计算得到 $\Gamma=0$。实际上，在第二章中，我们将会看到静电场沿任意闭合路径的环流都为零。

图 1.22(b)所示为恒定线电流 I 及其所产生的磁场 $\boldsymbol{H}$。建立如图所示的圆形闭合路径 C，且闭合路径 C 与 $\boldsymbol{H}$ 的磁力线完全重合，则 C 上的磁场 $\boldsymbol{H}$ 处处大小相等，由式(1.63)计算得到 $\Gamma=Hl$，其中 l 为 C 的周长。实际上，由安培环路定理，围绕恒定电流 I 的任意闭合路径上的环流为 $\Gamma=I$。可见，电流 I 产生的磁场与点电荷 Q 所产生的电场具有不同的性质，前者的矢量线是闭合曲线，这种类型的场通常称为旋涡场。

如上所述，只要闭合路径 C 是包围 I 的，则 $\boldsymbol{H}$ 沿 C 的环流就等于电流 I，即使 C 取不同路径也得到相同的值，这时 $\boldsymbol{H}$ 沿整个路径 C 的积分所呈现的状态并不反映 C 上每一点的环流特性。在实际工程中，往往需要确定每一点附近的环流状态。对于任意点 M，取包含它的一个面元 $\Delta\boldsymbol{S}=\boldsymbol{e}_n\Delta S$，面元 $\Delta\boldsymbol{S}$ 的边界线为闭合路径 C。为确定矢量场 $\boldsymbol{F}$ 在 M 点的环流特性，令面元 ΔS 向点 M 处无限缩小，并将 $\boldsymbol{F}$ 沿 C 的环流与面元面积之比定义为环流面密度，即

$$\mathrm{rot}_n\boldsymbol{F}=\lim_{\Delta S\to 0}\frac{\oint_C \boldsymbol{F}\cdot \mathrm{d}\boldsymbol{l}}{\Delta S} \tag{1.64}$$

式中，$\mathrm{rot}_n\boldsymbol{F}$ 为环流在点 M 处沿方向 $\boldsymbol{e}_n$ 的面密度。由定义可见，环流面密度与面元 ΔS 的法线方向 $\boldsymbol{e}_n$ 有关。

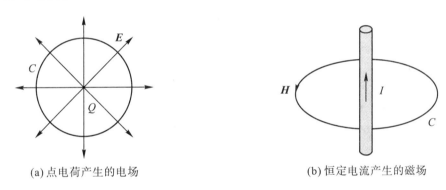

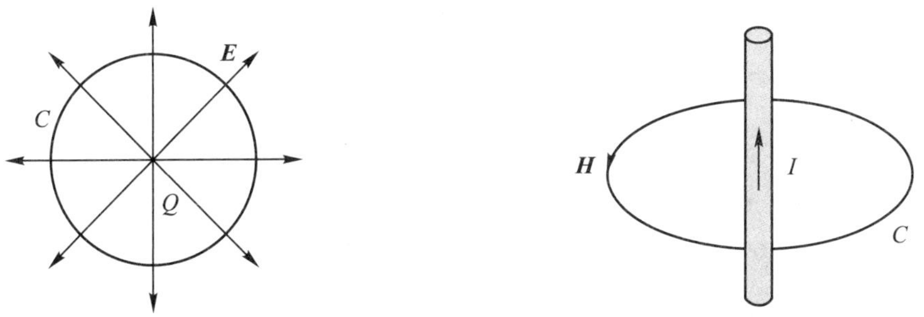

(a) 点电荷产生的电场　　(b) 恒定电流产生的磁场

图 1.22　特殊场的环流示意图

1.4.2　旋度

对图 1.22(b)所示的磁场 $\boldsymbol{H}$，环流面密度为

$$\mathrm{rot}_n\boldsymbol{H}=\lim_{S\to 0}\frac{\oint_C \boldsymbol{H}\cdot \mathrm{d}\boldsymbol{l}}{S}=\lim_{S\to 0}\frac{I}{S}=\lim_{S\to 0}\frac{\int_S \boldsymbol{J}\cdot \mathrm{d}\boldsymbol{S}}{S} \tag{1.65}$$

式中，$\boldsymbol{J}$ 为导线中的电流密度矢量。由式(1.65)可见，当面元方向与电流方向一致时，环流面密度有最大值；若面元方向与电流方向有一夹角，则环流面密度小于最大值；当面元方向与电流方向垂直时，环流面密度等于 0。因此，矢量场在点 M 处的环流面密度并不具备唯一性，其值与面元 ΔS 的法线方向 $\boldsymbol{e}_n$ 有关。这种非唯一性不利于对空间 M 点环流特性的描述。但是，从上述对式(1.65)的讨论容易知道，M 点沿 $\boldsymbol{e}_n$ 的环流面密度是该点最大环流面密度沿 $\boldsymbol{e}_n$ 方向的投影，如图 1.23 所示。只要确定了 M 点的最大环流面密度，则任意方向的环流面密度即可确定。因此，使用最大的环流面密度及其方向来描述矢量场 $\boldsymbol{F}$ 在 M 点的环流特性十分方便。

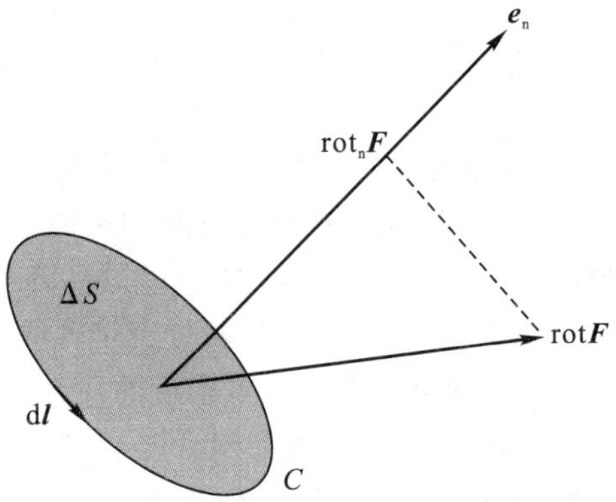

图 1.23　$\mathrm{rot}\boldsymbol{F}$ 在 $\boldsymbol{e}_n$ 方向上的投影

为了描述最大的环流面密度及其对应的方向，引入旋度的概念，即

$$\mathrm{rot}\boldsymbol{F}=\boldsymbol{e}_{\mathrm{nmax}}\lim_{\Delta S\to 0}\frac{1}{\Delta S}\oint_C \boldsymbol{F}\cdot\mathrm{d}\boldsymbol{l}\Big|_{\max} \tag{1.66}$$

式中，$\boldsymbol{e}_{\mathrm{nmax}}$是环流面密度取得最大值的面元正法线单位矢量。矢量场 $\boldsymbol{F}$ 在点 M 处的旋度是一个矢量，记作 $\mathrm{rot}\boldsymbol{F}$(或 $\mathrm{curl}\boldsymbol{F}$)。

从上述的讨论容易知道旋度有以下几个特点：

(1) 矢量场 $\boldsymbol{F}$ 在点 M 处沿方向 $\boldsymbol{e}_n$ 的环流面密度 $\mathrm{rot_n}\boldsymbol{F}$ 等于 $\mathrm{rot}\boldsymbol{F}$ 在该方向上的投影，如图 1.23 所示，即

$$\mathrm{rot_n}\boldsymbol{F}=\boldsymbol{e}_n\cdot\mathrm{rot}\boldsymbol{F} \tag{1.67}$$

(2) 若 $\mathrm{rot}\boldsymbol{F}=0$，则说明该矢量场为无旋涡场，如前述点电荷 Q 所产生的电场 $\boldsymbol{E}$ 即为无旋涡场。

(3) 若 $\mathrm{rot}\boldsymbol{F}>0$，则说明该矢量场为有旋涡场，旋涡场的旋向与有向曲线的方向一致。

(4) 若 $\mathrm{rot}\boldsymbol{F}<0$，则说明该矢量场为有旋涡场，旋涡场的旋向与有向曲线的方向相反。

旋度的定义式中并未指定具体的坐标系，这说明旋度的定义与坐标系无关。式(1.66)可清晰地表示出旋度的物理意义和几何含义，然而利用该定义式来计算旋度的值并不方便，因此，需要推导旋度的简便计算式。首先，推导旋度在直角坐标系中的表达式。

在直角坐标系中，旋度矢量可以表示为

$$\mathrm{rot}\boldsymbol{F}=\boldsymbol{e}_x\ \mathrm{rot}_x\boldsymbol{F}+\boldsymbol{e}_y\ \mathrm{rot}_y\boldsymbol{F}+\boldsymbol{e}_z\ \mathrm{rot}_z\boldsymbol{F} \tag{1.68}$$

式中，$\mathrm{rot}_x\boldsymbol{F}$、$\mathrm{rot}_y\boldsymbol{F}$ 和$\mathrm{rot}_z\boldsymbol{F}$ 分别是沿 $\boldsymbol{e}_x$、$\boldsymbol{e}_y$ 和 $\boldsymbol{e}_z$ 方向的环流密度，也就是旋度$\mathrm{rot}\boldsymbol{F}$ 分别在三个坐标轴方向上的投影(分量)。

对于$\mathrm{rot}_x\boldsymbol{F}$，可以从其定义出发推导。在矢量场 $\boldsymbol{F}$ 的空间中，以点 M 为顶点在 yOz 平面内作矩形面元 $\boldsymbol{e}_x\Delta S_x=\boldsymbol{e}_x\Delta y\Delta z$，面元边界线为回路 C，如图 1.24 所示，则矢量 $\boldsymbol{F}=\boldsymbol{e}_xF_x+\boldsymbol{e}_yF_y+\boldsymbol{e}_zF_z$沿回路 C 的环流为

$$\begin{aligned}\oint_C\boldsymbol{F}\cdot\mathrm{d}\boldsymbol{l}&=F_y\Delta y+\left(F_z+\frac{\partial F_z}{\partial y}\Delta y\right)\Delta z-\left(F_y+\frac{\partial F_y}{\partial z}\Delta z\right)\Delta y-F_z\Delta z\\&=\frac{\partial F_z}{\partial y}\Delta y\Delta z-\frac{\partial F_y}{\partial z}\Delta z\Delta y\end{aligned}$$

根据环流密度的定义，令该面元向 M 点无限收缩，可得

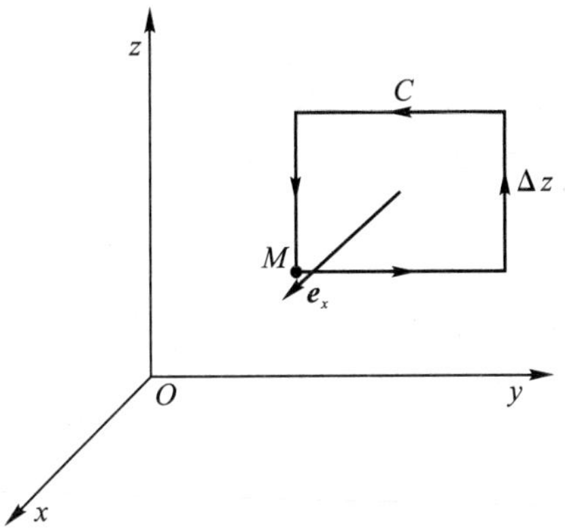

图 1.24　在直角坐标系中计算 rot**F**

$$\lim_{\Delta S_x \to 0} \frac{1}{\Delta S_x} \oint_C \boldsymbol{F} \cdot \mathrm{d}\boldsymbol{l} = \frac{\partial Fz}{\partial y} - \frac{\partial Fy}{\partial z} = \mathrm{rot}_x \boldsymbol{F}$$

同理，rot**F** 在 $\boldsymbol{e}_y$ 和 $\boldsymbol{e}_z$ 上的分量分别为

$$\mathrm{rot}_y \boldsymbol{F} = \lim_{\Delta S_y \to 0} \frac{1}{\Delta S_y} \oint_C \boldsymbol{F} \cdot \mathrm{d}\boldsymbol{l} = \frac{\partial F_x}{\partial z} - \frac{\partial F_z}{\partial x}$$

$$\mathrm{rot}_z \boldsymbol{F} = \lim_{\Delta S_z \to 0} \frac{1}{\Delta S_z} \oint_C \boldsymbol{F} \cdot \mathrm{d}\boldsymbol{l} = \frac{\partial F_y}{\partial x} - \frac{\partial F_x}{\partial y}$$

由式(1.68)，得到

$$\begin{aligned} \mathrm{rot}\boldsymbol{F} &= \boldsymbol{e}_x \mathrm{rot}_x \boldsymbol{F} + \boldsymbol{e}_y \mathrm{rot}_y \boldsymbol{F} + e_z \mathrm{rot}_z \boldsymbol{F} \\ &= \boldsymbol{e}_x \left(\frac{\partial F_z}{\partial y} - \frac{\partial F_y}{\partial z} \right) + \boldsymbol{e}_y \left(\frac{\partial F_x}{\partial z} - \frac{\partial F_z}{\partial x} \right) + \boldsymbol{e}_z \left(\frac{\partial F_y}{\partial x} - \frac{\partial F_x}{\partial y} \right) \end{aligned} \tag{1.69}$$

利用哈密尔顿算符∇，可将 rot**F** 表示为

$$\begin{aligned} \mathrm{rot}\boldsymbol{F} &= \left(\boldsymbol{e}_x \frac{\partial}{\partial x} + \boldsymbol{e}_y \frac{\partial}{\partial y} + \boldsymbol{e}_z \frac{\partial}{\partial z} \right) \times (\boldsymbol{e}_x F_x + \boldsymbol{e}_y F_y + \boldsymbol{e}_z F_z) \\ &= \nabla \times \boldsymbol{F} \end{aligned} \tag{1.70}$$

上式亦可写成

$$\nabla \times \boldsymbol{F} = \begin{vmatrix} \boldsymbol{e}_x & \boldsymbol{e}_y & \boldsymbol{e}_z \\ \dfrac{\partial}{\partial x} & \dfrac{\partial}{\partial y} & \dfrac{\partial}{\partial z} \\ F_x & F_y & F_z \end{vmatrix} \tag{1.71}$$

在圆柱坐标系和球坐标系中，旋度计算式的推导方法类似，这里不再赘述，仅给出其表达式。在圆柱坐标系中：

$$\nabla \times \boldsymbol{F} = \boldsymbol{e}_\rho \left(\frac{1}{\rho} \frac{\partial F_z}{\partial \phi} - \frac{\partial F_\phi}{\partial z} \right) + \boldsymbol{e}_\phi \left(\frac{\partial F_\rho}{\partial z} - \frac{\partial F_z}{\partial \rho} \right) + \boldsymbol{e}_z \frac{1}{\rho} \left[\frac{\partial (\rho F_\phi)}{\partial \rho} - \frac{\partial F_\rho}{\partial \phi} \right] \tag{1.72}$$

或

$$\nabla \times \boldsymbol{F} = \frac{1}{\rho} \begin{vmatrix} \boldsymbol{e}_\rho & \rho \boldsymbol{e}_\phi & \boldsymbol{e}_z \\ \dfrac{\partial}{\partial \rho} & \dfrac{\partial}{\partial \phi} & \dfrac{\partial}{\partial z} \\ F_\rho & \rho F_\phi & F_z \end{vmatrix} \tag{1.73}$$

在球坐标系中：

$$\nabla\times\boldsymbol{F}=\boldsymbol{e}_r\frac{1}{r\sin\theta}\left[\frac{\partial}{\partial\theta}(\sin\theta F_\phi)-\frac{\partial F_\theta}{\partial\phi}\right]+\boldsymbol{e}_\theta\frac{1}{r}\left[\frac{1}{\sin\theta}\frac{\partial F_r}{\partial\phi}-\frac{\partial(rF_\phi)}{\partial r}\right]+\boldsymbol{e}_\phi\frac{1}{r}\left[\frac{\partial(rF_\theta)}{\partial r}-\frac{\partial F_r}{\partial\theta}\right]\tag{1.74}$$

或

$$\nabla\times\boldsymbol{F}=\frac{1}{r^2\sin\theta}\begin{vmatrix}\boldsymbol{e}_r & r\boldsymbol{e}_\theta & r\sin\theta\boldsymbol{e}_\phi\\ \dfrac{\partial}{\partial r} & \dfrac{\partial}{\partial\theta} & \dfrac{\partial}{\partial\phi}\\ F_r & rF_\theta & r\sin\theta F_\phi\end{vmatrix}\tag{1.75}$$

1.4.3 斯托克斯定理

由旋度的定义可以看出，旋度$\nabla\times\boldsymbol{F}$的计算与环流$\oint_C\boldsymbol{F}\cdot\mathrm{d}\boldsymbol{l}$的计算密切相关，事实上，它们之间的数学关系正是斯托克斯定理，其表达式为

$$\int_S\nabla\times\boldsymbol{F}\cdot\mathrm{d}\boldsymbol{S}=\oint_C\boldsymbol{F}\cdot\mathrm{d}\boldsymbol{l}\tag{1.76}$$

式中，S为任意一个以曲线C为周界的曲面，曲面S的方向与曲线C的方向满足右手螺旋法则，该曲面位于矢量场$\boldsymbol{F}$所在的空间中。

为证明式(1.76)，将曲面S划分成许多小面元，包围每个面元的边界记为C_i，如图1.25所示。可见，相邻面元之间公共边的方向相对于两个面元边界回路是相反的，两个回路的环流叠加时$\boldsymbol{F}$沿公共边的积分互相抵消，因此，所有沿小回路积分的总和等于沿大回路C的积分，即

$$\oint_C\boldsymbol{F}\cdot\mathrm{d}\boldsymbol{l}=\oint_{C_1}\boldsymbol{F}\cdot\mathrm{d}\boldsymbol{l}+\oint_{C_2}\boldsymbol{F}\cdot\mathrm{d}\boldsymbol{l}+\cdots$$

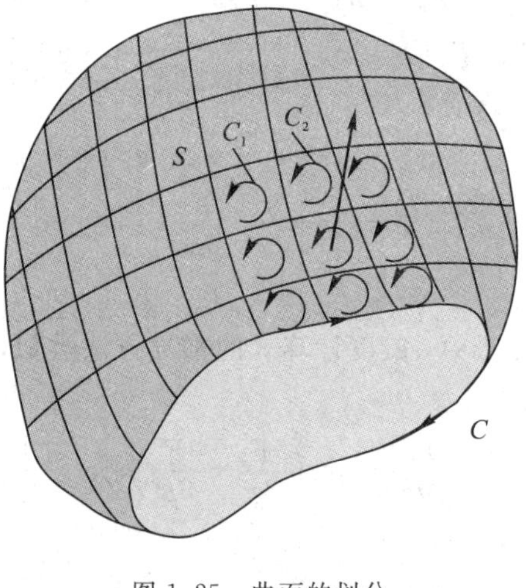

图 1.25 曲面的划分

由环流面密度的定义，沿小回路的积分为

$$\oint_{C_1}\boldsymbol{F}\cdot\mathrm{d}\boldsymbol{l}=(\mathrm{rot}_1\boldsymbol{F})\mathrm{d}S_1=\mathrm{rot}\boldsymbol{F}\cdot\boldsymbol{e}_{1\mathrm{n}}\mathrm{d}S_1=\nabla\times\boldsymbol{F}\cdot\mathrm{d}\boldsymbol{S}_1$$

$$\oint_{C_2} \boldsymbol{F} \cdot \mathrm{d}\boldsymbol{l} = (\mathrm{rot}_2 \boldsymbol{F}) \mathrm{d}S_2 = \nabla \times \boldsymbol{F} \cdot \mathrm{d}S_2$$

$$\cdots$$

将上面所有式子相加，得到

$$\oint_C \boldsymbol{F} \cdot \mathrm{d}\boldsymbol{l} = \nabla \times \boldsymbol{F} \cdot \mathrm{d}\boldsymbol{S}_1 + \nabla \times \boldsymbol{F} \cdot \mathrm{d}\boldsymbol{S}_2 + \cdots = \int_S \nabla \times \boldsymbol{F} \cdot \mathrm{d}\boldsymbol{S}$$

故定理得以证明。斯托克斯定理表明旋度$\nabla \times \boldsymbol{F}$在曲面$S$上的通量等于矢量场$\boldsymbol{F}$在限定曲面的闭合曲线$C$上的环流。该式也可在面积分和线积分中转换，这样的转换能简化很多电磁计算。

例 1.6　求矢量场$\boldsymbol{A}=\boldsymbol{e}_x x(z-y)+\boldsymbol{e}_y y(x-z)+\boldsymbol{e}_z z(y-x)$在点$M(1, 0, 1)$处的旋度以及沿$\boldsymbol{n}=2\boldsymbol{e}_x+6\boldsymbol{e}_y+3\boldsymbol{e}_z$方向的环流面密度。

解　根据直角坐标系中旋度的计算公式：

$$\mathrm{rot}\boldsymbol{A}=\nabla \times \boldsymbol{A}=\begin{vmatrix} \boldsymbol{e}_x & \boldsymbol{e}_y & \boldsymbol{e}_z \\ \dfrac{\partial}{\partial x} & \dfrac{\partial}{\partial y} & \dfrac{\partial}{\partial z} \\ x(z-y) & y(x-z) & z(y-x) \end{vmatrix}=\boldsymbol{e}_x(z+y)+\boldsymbol{e}_y(x+z)+\boldsymbol{e}_z(y+x)$$

则$\boldsymbol{A}$在点M (1, 0, 1)处的旋度为

$$\mathrm{rot}\boldsymbol{A}\big|_M=\boldsymbol{e}_x+2\boldsymbol{e}_y+\boldsymbol{e}_z$$

$\boldsymbol{n}$方向的单位矢量为

$$\boldsymbol{e}_n=\frac{1}{\sqrt{2^2+6^2+3^2}}(2\boldsymbol{e}_x+6\boldsymbol{e}_y+3\boldsymbol{e}_z)=\frac{2}{7}\boldsymbol{e}_x+\frac{6}{7}\boldsymbol{e}_y+\frac{3}{7}\boldsymbol{e}_z$$

在点$M(1, 0, 1)$处沿$\boldsymbol{n}$方向的环流面密度为

$$\nabla \times \boldsymbol{A}\big|_M \cdot \boldsymbol{e}_n=\frac{2}{7}+\frac{6}{7}\times 2+\frac{3}{7}=\frac{17}{7}$$

1.5　亥姆霍兹定理

一般物理场分为标量场和矢量场。从物理因果关系看，无论是标量场还是矢量场，都是源激励的结果，“源”是产生“场”的原因。矢量场的散度和旋度反映了产生矢量场的两种不同性质的源，相应地，不同性质的源产生的矢量场也具有不同的性质。亥姆霍兹定理表明了源和场之间的关系，并明确了场分布的唯一性原则。

1.5.1　标量场的性质

标量场的性质可完全由其梯度描述，梯度的大小表示了场量的最大变化率，梯度的方向指向场量增长最快的方向。

标量场的一个重要性质是其梯度的旋度恒等于零，即有

$$\nabla \times (\nabla u) \equiv 0 \tag{1.77}$$

下面我们在直角坐标系中证明式(1.77)。对∇u进行旋度运算，有

$$\nabla\times(\nabla u)=\left(\boldsymbol{e}_x\frac{\partial}{\partial x}+\boldsymbol{e}_y\frac{\partial}{\partial y}+\boldsymbol{e}_z\frac{\partial}{\partial z}\right)\times\left(\boldsymbol{e}_x\frac{\partial u}{\partial x}+\boldsymbol{e}_y\frac{\partial u}{\partial y}+\boldsymbol{e}_z\frac{\partial u}{\partial z}\right)$$
$$=\boldsymbol{e}_x\left(\frac{\partial}{\partial y}\frac{\partial u}{\partial z}-\frac{\partial}{\partial z}\frac{\partial u}{\partial y}\right)+\boldsymbol{e}_y\left(\frac{\partial}{\partial z}\frac{\partial u}{\partial x}-\frac{\partial}{\partial x}\frac{\partial u}{\partial z}\right)+\boldsymbol{e}_z\left(\frac{\partial}{\partial x}\frac{\partial u}{\partial y}-\frac{\partial}{\partial y}\frac{\partial u}{\partial x}\right)$$
$$=0$$

由于梯度和旋度的定义都与坐标系无关，所以式(1.77)具有普遍的意义。

标量场的梯度是矢量，令

$$\boldsymbol{F}=\nabla u \tag{1.78}$$

则有$\nabla\times\boldsymbol{F}=\nabla\times\nabla u=0$，即 $\boldsymbol{F}$ 为无旋场。

反之，对于一个旋度处处为 0 的矢量场 $\boldsymbol{F}$，总可以把它表示为某一标量场的梯度，即对于$\nabla\times\boldsymbol{F}=0$，则有 $\boldsymbol{F}=\nabla u$。无旋场 $\boldsymbol{F}$ 称为保守场，相应的标量场 u 称为位场或势场。

由斯托克斯定理可知，无旋场 F 沿任意闭合路径 C 的环流等于 0，即

$$\oint_C \boldsymbol{F}\cdot \mathrm{d}\boldsymbol{l}=\int_S \nabla\times\boldsymbol{F}\cdot \mathrm{d}\boldsymbol{S}=0$$

用两条曲线连接空间两点 P_1 和 P_2，由 P_1 点经 C_1 到达 P_2 点，由 P_2 点经 C_2 到达 P_1 点，形成闭合回路 C，如图 1.26 所示。在此闭合回路中将上式展开可得

$$\oint_C \boldsymbol{F}\cdot \mathrm{d}\boldsymbol{l}=\oint_C \nabla u\cdot \mathrm{d}\boldsymbol{l}=\int_{P_1C_1P_2}\nabla u\cdot \mathrm{d}\boldsymbol{l}+\int_{P_2C_2P_1}\nabla u\cdot \mathrm{d}\boldsymbol{l}=0$$

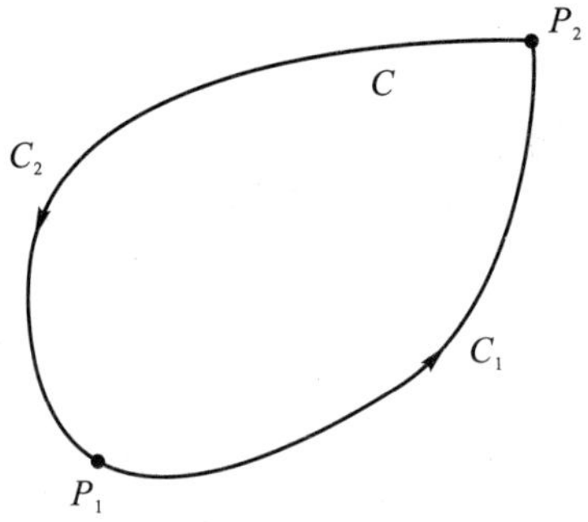

图 1.26　两条曲线连接两点的闭合回路示意图

因此有

$$\int_{P_1C_1P_2}\nabla u\cdot \mathrm{d}\boldsymbol{l}=-\int_{P_2C_2P_1}\nabla u\cdot \mathrm{d}\boldsymbol{l}=\int_{P_1C_2P_2}\nabla u\cdot \mathrm{d}\boldsymbol{l}$$

由上式可知，在无旋场中，场在两点之间的线积分结果与积分路径无关。故有

$$\int_{P_1C_1P_2}\nabla u\cdot \mathrm{d}\boldsymbol{l}=\int_{P_1}^{P_2}\frac{\partial u}{\partial l}\mathrm{d}l=\int_{P_1}^{P_2}\mathrm{d}u=u(P_2)-u(P_1)$$

这一结论等价于无旋场 $\boldsymbol{F}$ 的曲线积分 $\int_{P_1}^{P_2}\boldsymbol{F}\cdot\mathrm{d}\boldsymbol{l}$ 只与起点 P_1 和终点 P_2 有关。假设 P_1 点的位函数 $u(x_1,\ y_1,\ z_1)$ 为已知，则 P_2 点的位函数 $u(x,\ y,\ z)$ 为

$$u(x,\ y,\ z)=\int_{P_1}^{P_2}\boldsymbol{F}\cdot \mathrm{d}\boldsymbol{l}+u(x_1,\ y_1,\ z_1)=\int_{P_1}^{P_2}\boldsymbol{F}\cdot \mathrm{d}\boldsymbol{l}+C \tag{1.79}$$

这就是标量位 u 的积分表达式，其中任意常数 $C=u(x_1,\ y_1,\ z_1)$取决于参考点 P_1 的选择。在电场中，这个位函数对应于电位函数，如果参考点选择接地点，则 $C=0$。工程上也经常

选择接地点为参考点。

1.5.2　矢量场的性质

通过散度和旋度的学习，我们认识到散度对应的是矢量场的发散源(标量源)，旋度对应的是矢量场的旋涡源(矢量源)。相应地，由发散源产生的场为有散场，由旋涡源产生的场为有旋场。从矢量线的角度来看，发散源产生的矢量线是非闭合曲线，其起点或终点正是发散源；而旋涡源所产生的矢量线是闭合曲线，没有起点和终点。矢量线的类型仅有这两种情形，产生矢量场的源也仅有两种：发散源(标量源)和旋涡源(矢量源)。因此，一个矢量场可以由它的散度和旋度完全确定。

由于两种场的性质完全不同，彼此独立，因此可分别研究。一般情况下，对于一个连续矢量场 $\boldsymbol{F}$，可将其分解为两个部分，即

$$\boldsymbol{F}=\boldsymbol{F}_{\mathrm{d}}+\boldsymbol{F}_{\mathrm{c}} \tag{1.80}$$

式中，$\boldsymbol{F}_{\mathrm{d}}$ 为无旋度分量，即其旋度为零，散度不为零，散度源设为 $\rho(\boldsymbol{r})$；$\boldsymbol{F}_{\mathrm{c}}$ 为无散度分量，其散度为零，旋度不为零，旋度源设为 $\boldsymbol{J}(\boldsymbol{r})$。因此对 $\boldsymbol{F}_{\mathrm{d}}$ 有

$$\nabla\times\boldsymbol{F}_{\mathrm{d}}=0,\quad \nabla\cdot\boldsymbol{F}_{\mathrm{d}}=\rho \tag{1.81}$$

同理，对 $\boldsymbol{F}_{\mathrm{c}}$ 有

$$\nabla\cdot\boldsymbol{F}_{\mathrm{c}}=0,\quad \nabla\times\boldsymbol{F}_{\mathrm{c}}=\boldsymbol{J} \tag{1.82}$$

则对于矢量 $\boldsymbol{F}$，其散度和旋度分别为

$$\nabla\cdot\boldsymbol{F}=\nabla\cdot\boldsymbol{F}_{\mathrm{d}}=\rho \tag{1.83}$$

$$\nabla\times\boldsymbol{F}=\nabla\times\boldsymbol{F}_{\mathrm{c}}=\boldsymbol{J} \tag{1.84}$$

根据场源的不同，矢量场可分为下面几种基本类型。

1. 无旋场

如果一个矢量场 $\boldsymbol{F}$ 的旋度处处为 0，但其散度不为零，即

$$\nabla\times\boldsymbol{F}=0,\quad \nabla\cdot\boldsymbol{F}=\rho\neq 0 \tag{1.85}$$

则称此场为无旋场或保守场。式中 ρ 为产生无旋场的标量源。由式(1.77)和式(1.78)，这个矢量场可由某个标量场的梯度表示，即 $\boldsymbol{F}=\nabla u$。

由斯托克斯定理，无旋场中

$$\oint_C \boldsymbol{F}\cdot\mathrm{d}\boldsymbol{l}=0 \tag{1.86}$$

无旋场的场图中，场线呈非闭合状态。例如，点电荷产生的静电场就是一种无旋场。

2. 无散场(旋涡场)

如果一个矢量场 $\boldsymbol{F}$ 的散度处处为 0，但其旋度不为零，即

$$\nabla\times\boldsymbol{F}=\boldsymbol{J}\neq 0,\quad \nabla\cdot\boldsymbol{F}=0 \tag{1.87}$$

则称此场为无散场或旋涡场，也称为有旋场。式中 $\boldsymbol{J}$ 为产生旋涡场的矢量源。

矢量场的旋度有一个重要性质，就是矢量场旋度的散度恒等于 0，即

$$\nabla\cdot(\nabla\times\boldsymbol{A})=0 \tag{1.88}$$

下面在直角坐标系中证明这个等式。

$$\nabla\cdot(\nabla\times\boldsymbol{A})=\left(\boldsymbol{e}_x\frac{\partial}{\partial x}+\boldsymbol{e}_y\frac{\partial}{\partial y}+\boldsymbol{e}_z\frac{\partial}{\partial z}\right)\cdot\left[\boldsymbol{e}_x\left(\frac{\partial A_z}{\partial y}-\frac{\partial A_y}{\partial z}\right)+\boldsymbol{e}_y\left(\frac{\partial A_x}{\partial z}-\frac{\partial A_z}{\partial x}\right)+\boldsymbol{e}_z\left(\frac{\partial A_y}{\partial x}-\frac{\partial A_x}{\partial y}\right)\right]$$
$$=\frac{\partial}{\partial x}\left(\frac{\partial A_z}{\partial y}-\frac{\partial A_y}{\partial z}\right)+\frac{\partial}{\partial y}\left(\frac{\partial A_x}{\partial z}-\frac{\partial A_z}{\partial x}\right)+\frac{\partial}{\partial z}\left(\frac{\partial A_y}{\partial x}-\frac{\partial A_x}{\partial y}\right)$$
$$=0$$

根据这一性质，对于一个散度处处为 0 的矢量场 $\boldsymbol{F}$，总可以把它表示为某一矢量场的旋度，即如果 $\nabla\cdot\boldsymbol{F}=0$，则总存在某个矢量函数 $\boldsymbol{A}$，使得

$$\boldsymbol{F}=\nabla\times\boldsymbol{A} \tag{1.89}$$

函数 $\boldsymbol{A}$ 称为无散场 $\boldsymbol{F}$ 的矢量位函数，简称矢量位。

由散度定理可知，无散场 $\boldsymbol{F}$ 通过任何闭合曲面 S 的通量等于 0，即

$$\oint_S \boldsymbol{F}\cdot \mathrm{d}\boldsymbol{S}=0 \tag{1.90}$$

在电磁场分析中，由恒定电流产生的磁场为无散场。

3. 调和场

如果在一个有限的空间区域内矢量场 $\boldsymbol{F}$ 的散度和旋度都等于零，则这样的场称为调和场，这样的空间区域称为无源区域。

在很多情况下，尤其是在电磁波传播问题研究中，经常需要对无源区域进行分析。例如，在移动通信中，从基站到移动终端之间电波传播的路径为无源区域，可采用调和场进行分析。

在调和场中，由于$\nabla\times\boldsymbol{F}=0$，因此有 $\boldsymbol{F}=\nabla u$，又由$\nabla\cdot\boldsymbol{F}=0$，可得

$$\nabla\cdot\nabla u=\nabla^2 u=0 \tag{1.91}$$

式中$\nabla^2=\nabla\cdot\nabla$称为拉普拉斯算子或拉普拉斯算符，式(1.91)也称为拉普拉斯方程。即在调和场中，位场 u 满足拉普拉斯方程。

由拉普拉斯方程和边界上的场分布即可求解位场 u，再由位场的梯度即可求解调和场 $\boldsymbol{F}$。因此，调和场 $\boldsymbol{F}$ 的求解可以转化为一个标量场的拉普拉斯方程边值问题的求解。

由式(1.49)和式(1.50)，将梯度算式代入散度算式，可得拉普拉斯运算在直角坐标系中的表达式为

$$\nabla^2 u=\nabla\cdot\left(\boldsymbol{e}_x\frac{\partial u}{\partial x}+\boldsymbol{e}_y\frac{\partial u}{\partial y}+\boldsymbol{e}_z\frac{\partial u}{\partial z}\right)=\frac{\partial^2 u}{\partial x^2}+\frac{\partial^2 u}{\partial y^2}+\frac{\partial^2 u}{\partial z^2} \tag{1.92}$$

同理，拉普拉斯运算在圆柱坐标系和球坐标系中的表达式分别为

$$\nabla^2 u=\frac{1}{\rho}\frac{\partial}{\partial\rho}\left(\rho\frac{\partial u}{\partial\rho}\right)+\frac{1}{\rho^2}\frac{\partial^2 u}{\partial\phi^2}+\frac{\partial^2 u}{\partial z^2} \tag{1.93}$$

$$\nabla^2 u=\frac{1}{r^2}\frac{\partial}{\partial r}\left(r^2\frac{\partial u}{\partial r}\right)+\frac{1}{r^2\sin\theta}\frac{\partial}{\partial\theta}\left(\sin\theta\frac{\partial u}{\partial\theta}\right)+\frac{1}{r^2\sin^2\theta}\frac{\partial^2 u}{\partial\phi^2} \tag{1.94}$$

值得注意的是，对于整个空间而言，矢量场必由源产生，则其散度和旋度必有一项不是处处为零。

1.5.3 亥姆霍兹定理

亥姆霍兹定理：当一个矢量函数的散度代表的源 ρ 和旋度代表的源 $\boldsymbol{J}$ 在空间的分布已确定时，在整个空间中，矢量场本身也就唯一地确定了。

由于场的空间环境复杂，因此我们经常只能结合实际应用对有限空间的场进行计算分析。限定空间的亥姆霍兹定理：在有限区域内的任一矢量场，由它在此区域的散度(源 ρ)、旋度(源 $\boldsymbol{J}$)和边界条件(即限定区域 V 的闭合面 S 上矢量场的分布)唯一地确定。

亥姆霍兹定理表明了解的唯一性，即无论用何种方法求解，只要所求得的解能满足场方程和边界条件，那么该解就是其唯一正确的解。

由于 $\boldsymbol{F}=\boldsymbol{F}_d+\boldsymbol{F}_c$，对于无散场(旋涡场)有 $\boldsymbol{F}_c=\nabla\times\boldsymbol{A}$，对于无旋场(发散场)有 $\boldsymbol{F}_d=\nabla u$，因此，矢量场可表示为

$$\boldsymbol{F}(\boldsymbol{r})=-\nabla u(\boldsymbol{r})+\nabla\times\boldsymbol{A}(\boldsymbol{r}) \tag{1.95}$$

式(1.95)即为亥姆霍兹定理。它表明矢量场 $\boldsymbol{F}$ 可以用一个标量场 u 的梯度和一个矢量场 $\boldsymbol{A}$ 的旋度之和来表示。

亥姆霍兹定理总结了矢量场的基本性质，同时也指明了分析矢量场的基本方法，即：从矢量场的散度和旋度着手，得到的散度方程和旋度方程组成了矢量场的基本微分方程；或者从矢量场沿闭合曲面的通量和沿闭合路径的环流着手，得到矢量场的基本积分方程。

例 1.7　已知矢量场 $\boldsymbol{A}=\boldsymbol{e}_x(2x+5)+\boldsymbol{e}_y y^3+\boldsymbol{e}_z z^2$ 和 $\boldsymbol{B}=\boldsymbol{e}_x y^2+\boldsymbol{e}_y(z^2+2x)+\boldsymbol{e}_z(x^2+y)$，试分析矢量场 $\boldsymbol{A}$ 和 $\boldsymbol{B}$ 的性质。

解　(1) 矢量场 $\boldsymbol{A}$ 的散度为

$$\nabla\cdot\boldsymbol{A}=\frac{\partial A_x}{\partial x}+\frac{\partial A_y}{\partial y}+\frac{\partial A_z}{\partial z}=\frac{\partial(2x+5)}{\partial x}+\frac{\partial y^3}{\partial y}+\frac{\partial z^2}{\partial z}=2+3y^2+2z$$

矢量场 $\boldsymbol{A}$ 的旋度为

$$\nabla\times\boldsymbol{A}=\begin{vmatrix}\boldsymbol{e}_x & \boldsymbol{e}_y & \boldsymbol{e}_z\\ \dfrac{\partial}{\partial x} & \dfrac{\partial}{\partial y} & \dfrac{\partial}{\partial z}\\ 2x+5 & y^3 & z^2\end{vmatrix}$$

$$=\boldsymbol{e}_x\left(\frac{\partial z^2}{\partial y}-\frac{\partial y^3}{\partial z}\right)+\boldsymbol{e}_y\left(\frac{\partial(2x+5)}{\partial z}-\frac{\partial z^2}{\partial x}\right)+\boldsymbol{e}_z\left(\frac{\partial y^3}{\partial x}-\frac{\partial^2(2x+5)}{\partial y}\right)=0$$

可见，矢量场 $\boldsymbol{A}$ 的旋度为零，但散度不处处为零，因此 $\boldsymbol{A}$ 为无旋场(保守场)。

(2) 矢量场 $\boldsymbol{B}$ 的散度为

$$\nabla\cdot\boldsymbol{B}=\frac{\partial y^2}{\partial x}+\frac{\partial(z^2+2x)}{\partial y}+\frac{\partial(x^2+y)}{\partial z}=0$$

矢量场 $\boldsymbol{B}$ 的旋度为

$$\nabla\times\boldsymbol{B}=\begin{vmatrix}\boldsymbol{e}_x & \boldsymbol{e}_y & \boldsymbol{e}_z\\ \dfrac{\partial}{\partial x} & \dfrac{\partial}{\partial y} & \dfrac{\partial}{\partial z}\\ y^2 & z^2+2x & x^2+y\end{vmatrix}=\boldsymbol{e}_x(1-2z)+\boldsymbol{e}_y(-2x)+\boldsymbol{e}_z(2-2y)$$

可见，矢量 $\boldsymbol{B}$ 的散度为零，但旋度不处处为零，因此 $\boldsymbol{B}$ 为无散场(旋涡场)。

习　题

1.1　若 $\boldsymbol{A}=3\boldsymbol{e}_x-\boldsymbol{e}_y+2\boldsymbol{e}_z$，求模值 A 和单位矢量 $\boldsymbol{e}_A$。

1.2　设 $\boldsymbol{A}=5\boldsymbol{e}_x+a\boldsymbol{e}_y+b\boldsymbol{e}_z$，$\boldsymbol{B}=4\boldsymbol{e}_x+2\boldsymbol{e}_y+2\boldsymbol{e}_z$，若使 $\boldsymbol{A}/\!/\boldsymbol{B}$，则 a 和 b 应为多少？

1.3 已知$\boldsymbol{A}=2\boldsymbol{e}_x+3\boldsymbol{e}_y+2\boldsymbol{e}_z$，$\boldsymbol{B}=5\boldsymbol{e}_x+3\boldsymbol{e}_y$，$\boldsymbol{C}=4\boldsymbol{e}_y+6\boldsymbol{e}_z$，求：

(1) $\boldsymbol{A}\cdot(\boldsymbol{B}\times\boldsymbol{C})$ 和 $(\boldsymbol{A}\times\boldsymbol{B})\cdot\boldsymbol{C}$；

(2) $(\boldsymbol{A}\times\boldsymbol{B})\times\boldsymbol{C}$ 和 $\boldsymbol{A}\times(\boldsymbol{B}\times\boldsymbol{C})$。

1.4 已知在球坐标系中一点 P 的位置$(3, \pi/3, \pi/3)$，求 P 点在直角坐标系中的坐标和在圆柱坐标系中的坐标。

1.5 一条曲线的参数方程为：$x=5\sin 2t$，$y=5\cos t$，$z=5\sin^2 t$。求曲线在 $t=\pi/3$ 处的切向矢量。

1.6 已知标量函数 $u=xyz+z^2-5$ 描述的是电场空间中电位分布的情况。试求：

(1) 电场强度 $\boldsymbol{E}$；

(2) 在哪些位置处电场强度 $\boldsymbol{E}$ 为 0？

(3) 在点 $M(0, 1, -1)$处方向导数的最大(小)值。

1.7 求函数 $\varphi=\ln\left(x+\sqrt{y^2+z^2}\right)$在点 $M(1, 0, 1)$处沿着点 $M_0(3, -2, 2)$方向的方向导数。

1.8 在 $\boldsymbol{A}=\boldsymbol{e}_x x^2+\boldsymbol{e}_y xy+\boldsymbol{e}_z yz$ 的矢量场中，对于以每边为单位长的立方体，其中一个顶点在坐标原点，如图 1.27 所示，试求从六面体内穿出的净通量，并验证高斯散度定理。

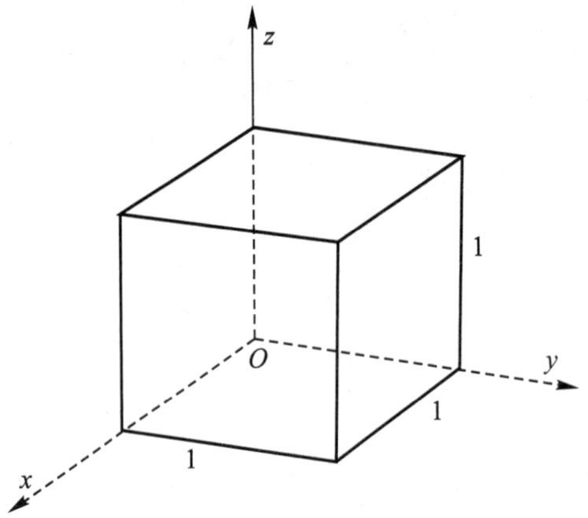

图 1.27 题 1.8 参考图

1.9 求下面矢量场 $\boldsymbol{F}$ 的散度。

(1) $\boldsymbol{F}=\boldsymbol{e}_x(x^3+yz)+\boldsymbol{e}_y(y^2+xz)+\boldsymbol{e}_z(z^2+xy)$；

(2) $\boldsymbol{F}=\boldsymbol{e}_x(2z-3y)+\boldsymbol{e}_y(3x-z)+\boldsymbol{e}_z(y-2x)$；

(3) $\boldsymbol{F}=\boldsymbol{e}_x(1+y\sin x)+\boldsymbol{e}_y(x\cos y+y)$。

1.10 已知矢量 $\boldsymbol{A}=\boldsymbol{e}_x x^2+\boldsymbol{e}_y(xy)^2+\boldsymbol{e}_z 24x^2y^2z^3$。求：

(1) 矢量 $\boldsymbol{A}$ 的散度；

(2) $\nabla\cdot\boldsymbol{A}$ 对中心在原点的一个单位立方体的积分；

(3) $\boldsymbol{A}$ 对此立方体表面的积分，并验证散度定理。

1.11 证明：

(1) $\nabla\cdot(\boldsymbol{A}+\boldsymbol{B})=\nabla\cdot\boldsymbol{A}+\nabla\cdot\boldsymbol{B}$；

(2) $\nabla\cdot(\varphi\boldsymbol{A})=\varphi\nabla\cdot\boldsymbol{A}+\boldsymbol{A}\cdot\nabla\varphi$。

1.12 如果 $f(x, y, z)$是一个连续可微标函数，证明$\nabla\times(\nabla f)=0$。

1.13　若 $\boldsymbol{F}=\boldsymbol{e}_x(2z+5)+\boldsymbol{e}_y(3x-2)+\boldsymbol{e}_z(4x-1)$，试在半球 $x^2+y^2+z^2=4$ 和 $z\geqslant 0$ 区域(见图 1.28)验证斯托克斯定理。

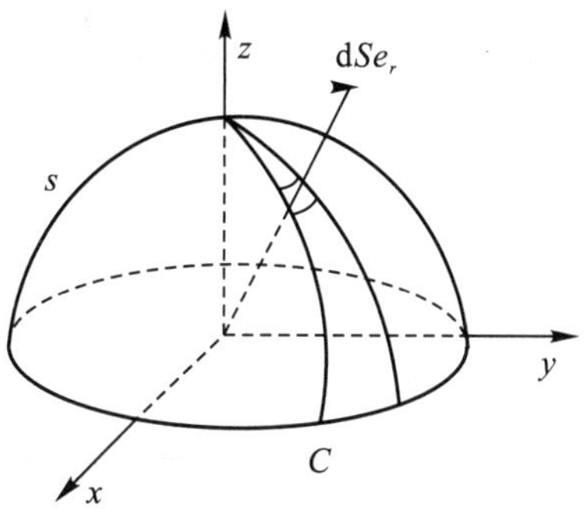

图 1.28　题 1.13 参考图

1.14　在坐标原点处放置一点电荷 q，它在自由空间产生的电场强度矢量为

$$\boldsymbol{E}=\frac{q}{4\pi\varepsilon r^3}\boldsymbol{r}=\frac{q}{4\pi\varepsilon r^3}(x\boldsymbol{e}_x+y\boldsymbol{e}_y+z\boldsymbol{e}_z)$$

求自由空间任意点($r\neq 0$)电场强度的旋度$\nabla\times\boldsymbol{E}$。

1.15　已知位函数为

$$u=\frac{Q}{4\pi\varepsilon_0 r}+C,\ r\neq 0$$

试求由其梯度表示的矢量场 $\boldsymbol{F}$。

1.16　已知矢量场 $\boldsymbol{A}=\boldsymbol{e}_x(x^2+5x)+\boldsymbol{e}_y y^3+\boldsymbol{e}_z(y+z)$，$\boldsymbol{B}=\boldsymbol{e}_x z^3+\boldsymbol{e}_y(2z^2+x)+\boldsymbol{e}_z(x+y^3)$，试求矢量场 $\boldsymbol{A}$ 和 $\boldsymbol{B}$ 是什么性质的场。

1.17　推导拉普拉斯方程在直角坐标系中的表达式。

第二章 静 态 电 场

麦克斯韦方程(Maxwell's Equations)阐述了宏观电磁场的基本规律，构建了电磁场及电磁波核心的约束关系，它是在库仑定律、安培力定律以及法拉第电磁感应定律三个实验定律和位移电流的基础之上，利用电场相关矢量及磁场相关矢量的散度(通量)及旋度(环量)的形式归纳总结得到的一组方程。本章主要阐述静态电场的物理定律和实际应用，及其分析和求解方法，再结合第三章中的静态磁场相关物理定律，为第四章引出麦克斯韦方程奠定基础。

2.1 电荷与电流

2.1.1 电荷及电荷密度

自然科学的一个重要内容是探究自然界中事物之间的因果联系和约束关系。在电磁场与电磁波领域，电荷和电流是“源”，是产生电磁场的原因，如图 2.1 所示。其中，静止电荷产生静电场，运动电荷产生电流，因此电磁场最根本的源是电荷。

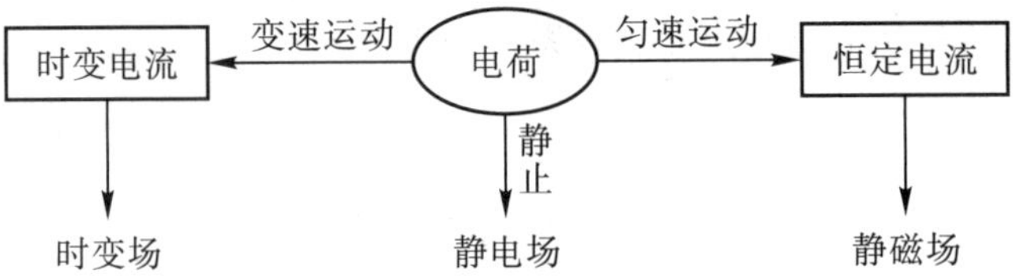

图 2.1 电磁场与电磁波中的场源关系

电荷(单位：库仑，C)是物质基本元素之一，有正负之分，如原子中质子和电子分别为正电荷和负电荷。1897 年，英国的约瑟夫・约翰・汤姆逊(Joseph John Thomson)在实验中发现了电子；1907 至 1913 年间，美国的罗伯特・密立根(Robert Millikan)通过油滴实验，精确测定出单个电子电荷的量值为 $e=1.60217733\times10^{-19}$ C，单个质子和单个电子电荷量值近似相等。

按几何分布形式，电荷分为四种基本模型，即点分布电荷、体分布电荷、面分布电荷和线分布电荷，如图 2.2 所示。从宏观视角来看，带电体上的电荷可以认为是连续分布的。电荷分布情况可用电荷密度(charge density)来度量，体分布、面分布和线分布的电荷可分别用电荷体密度、电荷面密度和电荷线密度来度量。

1. 点分布电荷

点电荷是一个没有大小和形状的带电几何点。尽管实际中任何带电体都有大小和形状，但如果带电体本身几何尺度远小于其与考察点之间的距离，则带电体的形状、大小和电荷分布的影响就可以忽略不计，此时可以把带电体简化为点分布电荷模型。因此，实际物理问题中点电荷是一个相对的概念。

如图 2.2(a)所示的空间位置 $\boldsymbol{r}'$处，有一电荷量为 q 的点电荷，则空间任意位置 $\boldsymbol{r}$ 处的电荷密度可表示为

$$\rho(\boldsymbol{r})=q\delta(\boldsymbol{r}-\boldsymbol{r}') \tag{2.1}$$

因此空间总电荷量(total charge)为

$$\int_{V\to\infty}\rho(\boldsymbol{r})\mathrm{d}V=q\int_{V\to\infty}\delta(\boldsymbol{r}-\boldsymbol{r}')\mathrm{d}V=q \tag{2.2}$$

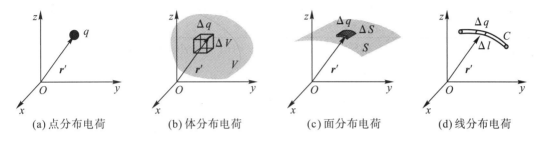

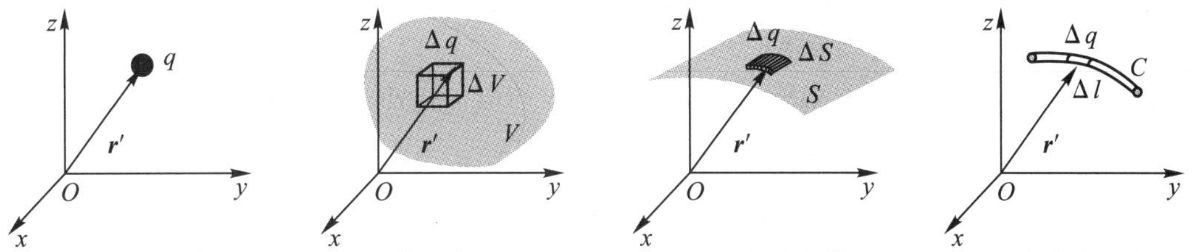

图 2.2　四种电荷模型示意图

2. 体分布电荷

如图 2.2(b)所示的空间体积 V 内存在体分布形式的电荷，在空间位置 $\boldsymbol{r}'$处的体积元 ΔV 内的电荷量为 Δq，则 $\boldsymbol{r}'$处的电荷体密度可表示为

$$\rho(\boldsymbol{r}')=\frac{\Delta q(\boldsymbol{r}')}{\Delta V}\bigg|_{\Delta V\to 0}=\frac{\mathrm{d}q(\boldsymbol{r}')}{\mathrm{d}V} \tag{2.3}$$

其单位为 $\mathrm{C/m^3}$(库仑/米^3)，而空间总电荷量 q 与电荷体密度的关系为

$$q=\int_V\rho(\boldsymbol{r}')\mathrm{d}V \tag{2.4}$$

3. 面分布电荷

如图 2.2(c)所示的不计厚度的曲面 S 上存在面分布形式的电荷，在空间位置 $\boldsymbol{r}'$处的面元 ΔS 内的电荷量为 Δq，则 $\boldsymbol{r}'$处的电荷面密度可表示为

$$\rho_{\mathrm{s}}(\boldsymbol{r}')=\frac{\Delta q(\boldsymbol{r}')}{\Delta S}\bigg|_{\Delta S\to 0}=\frac{\mathrm{d}q(\boldsymbol{r}')}{\mathrm{d}S} \tag{2.5}$$

其单位为 $\mathrm{C/m^2}$(库仑/米^2)，则面 S 上总电荷量 q 与电荷面密度的关系为

$$q=\int_S\rho_{\mathrm{s}}(\boldsymbol{r}')\mathrm{d}S \tag{2.6}$$

例如，若在良导体球内充一定量的同性电荷，根据电荷同性相斥的特性，则可以近似把这些电荷视作以面分布形式均匀分布在导体球的表面。

4. 线分布电荷

如图 2.2(d)所示的无限细的线 C 上存在线分布形式的电荷，在空间位置 $\boldsymbol{r}'$处的线元 Δl 内的电荷量为 Δq，则 $\boldsymbol{r}'$处的电荷线密度可表示为

$$\rho_{\mathrm{l}}(\boldsymbol{r}')=\frac{\Delta q(\boldsymbol{r}')}{\Delta l}\bigg|_{\Delta l\to 0}=\frac{\mathrm{d}q(\boldsymbol{r}')}{\mathrm{d}l} \tag{2.7}$$

其单位为 $\mathrm{C/m}$(库仑/米)，则线上总电荷量 q 与电荷线密度的关系为

$$q = \int_C \rho_l(\boldsymbol{r}')\mathrm{d}l \tag{2.8}$$

2.1.2 电流及电流密度

电荷运动形成电流，电流大小为单位时间内通过某个面上的电荷量。电流密度是矢量，大小为单位面积上通过的电流，方向与正电荷运动方向一致。显然，电流是电流密度穿过一个面的通量。

电荷以速度 $\boldsymbol{v}=v\boldsymbol{e}_v$运动，形成 $\boldsymbol{J}=J\boldsymbol{e}_v$的电流密度。如图 2.3 所示，在垂直于电流方向取大小为 ΔS 的面元，设 Δt 时间内流过该面元的电荷量为 Δq，且流动最大距离为 Δl。很显然，在 Δt 时间内所有流过面元 ΔS 的电荷均在以 ΔS 为底、以 Δl 为高的柱体内。若电荷密度为 ρ，则柱体内电荷量 $\Delta q=\rho\Delta S\Delta l$，所以通过 ΔS 的电流大小 $\Delta i=\Delta q/\Delta t=\rho\Delta S(\Delta l/\Delta t)=\rho v\Delta S$，因此可得到流过面元的电流密度为

$$\boldsymbol{J}=J\boldsymbol{e}_v=\frac{\Delta i}{\Delta S}\boldsymbol{e}_v=\rho v\boldsymbol{e}_v=\rho\boldsymbol{v} \tag{2.9}$$

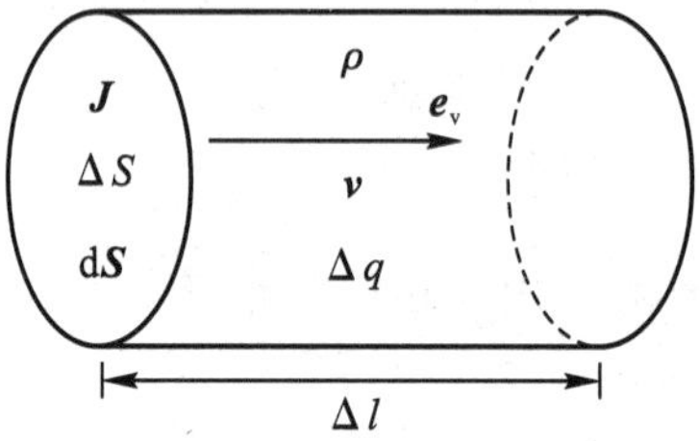

图 2.3 电荷运动与电流

注意：式(2.9)中的 $\boldsymbol{J}$ 为体电流密度，但其单位为面密度形式，即 $\mathrm{A/m^2}$(安培/米^2)。进一步可以推导如下：

$$\boldsymbol{J}=\boldsymbol{e}_v\frac{\mathrm{d}i}{\mathrm{d}S} \tag{2.10}$$

则

$$\mathrm{d}i=\boldsymbol{J}\cdot\mathrm{d}\boldsymbol{S} \tag{2.11}$$

则得到电流大小与电流密度之间的关系为

$$i=\int_S\boldsymbol{J}\cdot\mathrm{d}\boldsymbol{S} \tag{2.12}$$

其中，$\mathrm{d}\boldsymbol{S}=\mathrm{d}S\boldsymbol{e}_v$为沿电荷运动方向的面元矢量。另外，对于体积元 $\mathrm{d}V$，则 $\boldsymbol{J}\mathrm{d}V$ 为体电流元。

以上是电荷在某一体积内定向运动形成的体电流分布，若电流在一个表面上流动则形成面电流分布，若电流在一个横截面大小可以忽略的细线中流动则形成线电流。

面分布形式的电流可用面电流密度 $\boldsymbol{J}_s$ 表示，其方向为正电荷运动的方向 $\boldsymbol{e}_t$，如图 2.4 所示，其中 $\boldsymbol{e}_n$ 表示考察点处面的法向单位矢量，并满足 $\boldsymbol{e}_l=\boldsymbol{e}_n\times\boldsymbol{e}_t$。$\boldsymbol{J}_s$ 的大小等于沿 $\boldsymbol{e}_l$ 方向的单位长度上的电流强度，即

$$\boldsymbol{J}_s=\boldsymbol{e}_t\lim_{\Delta l\to 0}\frac{\Delta i}{\Delta l}=\boldsymbol{e}_t\frac{\mathrm{d}i}{\mathrm{d}l} \tag{2.13}$$

式(2.13)中的 $\boldsymbol{J}_s$为面电流密度，但其单位为线密度形式，即 A/m(安培/米)。对于面积元

dS，则 $\boldsymbol{J}\mathrm{d}S$ 为面电流元。

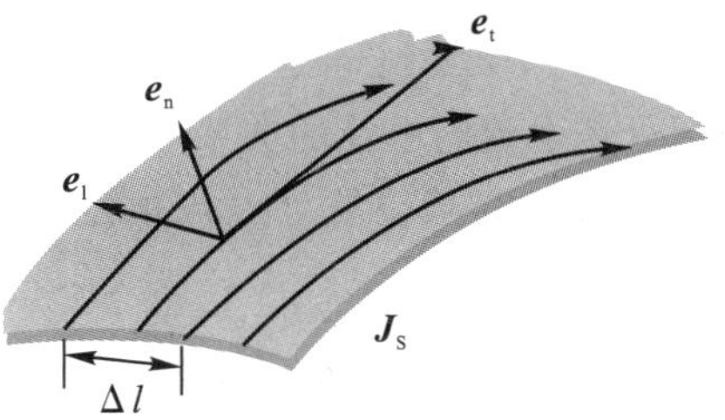

图 2.4　面电流示意图

对于线电流分布，不存在线电流密度形式。若沿线的电流强度为 I，线元矢量为 $\mathrm{d}\boldsymbol{l}$，则称 $I\mathrm{d}\boldsymbol{l}$ 为电流元，其为后续章节中常用的一个概念。

2.1.3　电流连续性方程

电荷守恒(charge conservation)定律是宏观电磁理论中的基本定律之一，物理上的描述是：电荷不会凭空产生和消失，只会从一个地方运动到另一个地方。

如图 2.5 所示，若任意闭合曲面 S 包围的体积 V 中的电荷向闭曲面外流动，则在闭合曲面 S 上产生电流 I，很显然体积 V 中电荷量 q 会减小。设在 Δt 的时间内有 Δq 的电荷量流出闭合曲面 S，且 S 上的电流密度为 $\boldsymbol{J}$，根据电荷守恒定律，体积 V 内电荷减少量也为 Δq，则

$$I = \oint_S \boldsymbol{J} \cdot \mathrm{d}\boldsymbol{S} = -\frac{\Delta q}{\Delta t}\bigg|_{\Delta t \to 0} = -\frac{\mathrm{d}q}{\mathrm{d}t} \tag{2.14}$$

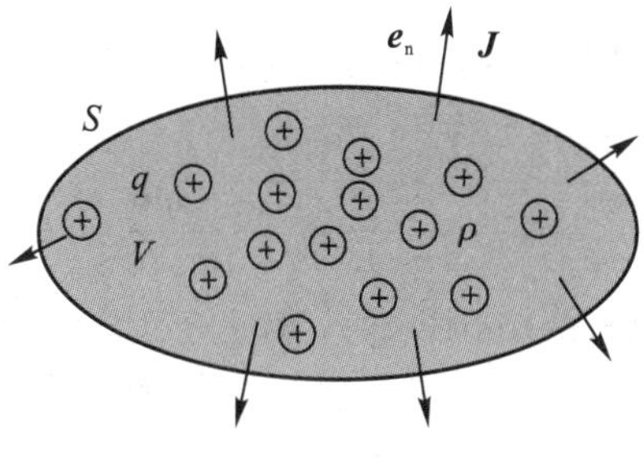

图 2.5　电荷守恒示意图

结合式(2.14)得积分形式的电流连续性方程(continuity equation)为

$$\oint_S \boldsymbol{J} \cdot \mathrm{d}\boldsymbol{S} = -\frac{\mathrm{d}}{\mathrm{d}t}\int_V \rho \mathrm{d}V \tag{2.15}$$

这表明，流出闭合曲面 S 的电流等于体积 V 内单位时间减少的电荷量。

依据矢量散度定理可得如下关系：

$$\int_V \nabla \cdot \boldsymbol{J} \mathrm{d}V = \oint_S \boldsymbol{J} \cdot \mathrm{d}\boldsymbol{S} = -\frac{\mathrm{d}}{\mathrm{d}t}\int_V \rho \mathrm{d}V = \int_V \left(-\frac{\mathrm{d}\rho}{\mathrm{d}t}\right)\mathrm{d}V$$

上式成立是因为式(2.15)中的 S 为任意闭合曲面，与时间 t 无关，即时间微分算符和空间积分算符可以调换次序。一般情况下，积分相等不等于被积函数相等，但上式中闭合面是任意取的，即在任何相同体积中，都要求两个函数的积分相等，故其被积函数相等。因此

可得微分形式的电流连续性方程为

$$\nabla \cdot \boldsymbol{J}(\boldsymbol{r},t) = -\frac{\partial \rho(\boldsymbol{r},t)}{\partial t} \tag{2.16}$$

即式(2.16)给出了空间某位置处体电流与电荷的关系。

在恒定电流情况下，为了维持空间某位置处电流恒定，则要保证该处电荷体密度不变，此时恒定电流的连续性方程为

$$\begin{cases} \oint_S \boldsymbol{J} \cdot \mathrm{d}\boldsymbol{S} = 0 \\ \nabla \cdot \boldsymbol{J} = 0 \end{cases} \tag{2.17}$$

这表明，恒定电流是无散场，电流线是连续的闭合曲线(即电流线无起点也无终点)。

2.2　真空中的静电场

静电场由静止电荷产生，它的一个重要特征是会对其中的电荷有电场力的作用，且满足库仑定律(Coulomb's law)。

2.2.1　库仑定律

库仑定律由法国物理学家查尔斯·奥古斯丁·库仑(Charles-Augustin de Coulomb)于1785年发现而命名的一条物理学定律，它是电学发展史上第一个里程碑式的定量规律，使得电学的研究从定性进入定量阶段。库仑定律阐明，在真空中两个静止点电荷之间的相互作用力与距离平方成反比，与电量乘积成正比，作用力的方向在它们的连线上，同号电荷相斥，异号电荷相吸。

如图2.6(a)所示，真空中两个静止点电荷 q 和 q_0(或原电荷和试验电荷)，分别位于 $\boldsymbol{r}'$ 和 $\boldsymbol{r}$ 处，则 q 与 q_0 间的作用力可表示为

$$\boldsymbol{F} = \frac{q_0 q}{4\pi\varepsilon_0 R^2}\boldsymbol{e}_R = \frac{q_0 q \boldsymbol{R}}{4\pi\varepsilon_0 R^3} \tag{2.18}$$

其中，ε_0 为真空中的介电常数(permittivity)，且 $\varepsilon_0 = 1/(36\pi)\times 10^{-9}$(F/m，法拉/米)；$\boldsymbol{R}$ 为点电荷的位置矢量 $\boldsymbol{r}$ 与 $\boldsymbol{r}'$ 间的距离矢量，满足 $R=|\boldsymbol{R}|=|\boldsymbol{r}-\boldsymbol{r}'|$。式(2.18)就是库仑定律的数学描述，由于其表述的是电荷之间力的关系，因此又称为库仑力定律。

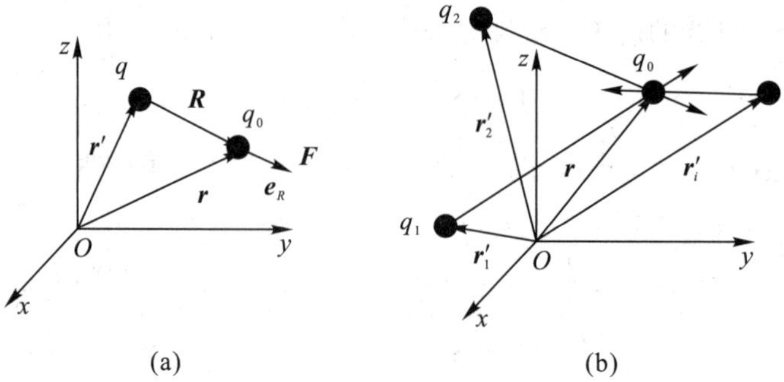

图2.6　点电荷间力的作用示意图

力是矢量，遵循矢量运算规则。如图 2.6(b)所示，若真空中存在 N 个原电荷 q_1，q_2，…，q_i，…，q_N 及试验电荷 q_0，分别位于 $\boldsymbol{r}'_1$，$\boldsymbol{r}'_2$，…，$\boldsymbol{r}'_i$，…，$\boldsymbol{r}'_N$ 和 $\boldsymbol{r}$ 处，则这 N 个原电荷对试验电荷 q_0 的作用力为

$$\boldsymbol{F}_{q_0} = \sum_{i=1}^{N} \boldsymbol{F}_{q_i q_0} = \sum_{i=1}^{N} \frac{q_0 q_i \boldsymbol{R}_i}{4\pi\varepsilon_0 R_i^3} \quad (\boldsymbol{R}_i = \boldsymbol{r} - \boldsymbol{r}'_i) \tag{2.19}$$

值得注意的是，上述库仑定律适用的条件是：① 无界真空环境；② 点电荷。

2.2.2 电场强度

在如图 2.6(a)所示的真空中，试验电荷 q_0 受到力的作用，证明在 q_0 处客观存在一种能量场。由于在该空间中，仅存在原电荷 q，这表明该能量场是由原电荷 q 产生的，定义这种能量场为静电场，用电场强度(electric field intensity)进行度量。为了定量描述电场的性质，用试验电荷的电荷量对式(2.18)所述的库仑力进行归一化，消除试验电荷的影响，得到空间任意位置 $\boldsymbol{r}'$ 处的点电荷 q 在空间 $\boldsymbol{r}(\boldsymbol{r}\neq\boldsymbol{r}')$ 处产生的电场强度为

$$\boldsymbol{E}(\boldsymbol{r}) = \frac{q}{4\pi\varepsilon_0 R^2}\boldsymbol{e}_R = \frac{q}{4\pi\varepsilon_0}\frac{\boldsymbol{R}}{R^3} \tag{2.20}$$

式中，$\boldsymbol{R}=\boldsymbol{r}-\boldsymbol{r}'$，$\boldsymbol{e}_R=\boldsymbol{R}/R$。电场强度的单位为 V/m(伏特/米)或 N/C(牛顿/库仑)。

由于库仑定律仅适用于真空中的点电荷，因此式(2.20)也仅适用于点电荷在真空中产生的电场。对于图 2.2(b)所示的体分布电荷，当 $\Delta V\to 0$ 时，把小体积 ΔV 内的电荷 Δq 视作点电荷，满足式(2.20)的要求，则产生的电场强度为

$$\Delta\boldsymbol{E} = \boldsymbol{e}_R \left.\frac{\Delta q}{4\pi\varepsilon_0 R^2}\right|_{\Delta V\to 0} = \left.\frac{\Delta V\rho(\boldsymbol{r}')}{4\pi\varepsilon_0}\frac{\boldsymbol{R}}{R^3}\right|_{\Delta V\to 0}$$

因此体积 V 内体电荷在空间产生的电场强度为

$$\boldsymbol{E}(\boldsymbol{r}) = \sum \frac{\Delta V\rho(\boldsymbol{r}')\boldsymbol{R}}{4\pi\varepsilon_0 R^3} = \frac{1}{4\pi\varepsilon_0}\int_V \frac{\rho(\boldsymbol{r}')\boldsymbol{R}}{R^3}\mathrm{d}V \tag{2.21}$$

同理，面分布电荷和线分布电荷在空间产生的电场强度如下：

$$\boldsymbol{E}_s(\boldsymbol{r}) = \frac{1}{4\pi\varepsilon_0}\int_S \frac{\rho_s(\boldsymbol{r}')\boldsymbol{R}}{R^3}\mathrm{d}S \tag{2.22}$$

$$\boldsymbol{E}_c(\boldsymbol{r}) = \frac{1}{4\pi\varepsilon_0}\int_C \frac{\rho_l(\boldsymbol{r}')\boldsymbol{R}}{R^3}\mathrm{d}l \tag{2.23}$$

2.2.3 真空中静电场的性质

从上一小节可以看出，静电场是矢量场，用电场强度进行度量。静电场的性质可用电场强度矢量的散度(或通量)和旋度(或环量)进行阐述。

1. 静电场的通量与散度

设真空中存在任意闭合曲面 S 和点电荷 q，而点电荷产生的电场强度满足式(2.20)，则其在闭合曲面 S 上的通量为

$$\oint_S \boldsymbol{E}\cdot\mathrm{d}\boldsymbol{S} = \frac{q}{4\pi\varepsilon_0}\oint_S \frac{\boldsymbol{R}\cdot\mathrm{d}\boldsymbol{S}}{R^3} = \frac{q}{4\pi\varepsilon_0}\oint_S \mathrm{d}\Omega$$

其中，$\mathrm{d}\Omega$ 为面元 $\mathrm{d}\boldsymbol{S}$ 对 q 所张的立体角。

立体角(solid angle)是一个曲面对特定点的三维空间角度，是平面角在三维空间中的

类比。定义为

$$\mathrm{d}\Omega=\frac{\mathrm{d}\boldsymbol{S}\cdot\boldsymbol{e}_R}{R^2}$$

其中，$\mathrm{d}\boldsymbol{S}$ 为面元矢量，$\boldsymbol{e}_R$和 R 分别为特定点到该面元的单位矢量和距离，$\mathrm{d}\Omega$ 为面元 $\mathrm{d}\boldsymbol{S}$ 对特定点所张的立体角。立体角的单位为球面度。

如图 2.7 所示，对于一个特定的观察点(O 点)，在该观察点附近的一个小面($\mathrm{d}\boldsymbol{S}$)有可能和远处的一个大面($\mathrm{d}\boldsymbol{S}'$)有着相同的立体角($\mathrm{d}\Omega$)。此外，由于 S 和 S'都是闭合曲面，则它们对 O 点所张立体角相同。由 1.1.3 节可知，球面面元矢量为 $\mathrm{d}\boldsymbol{S}=r^2\sin\theta\mathrm{d}\theta\mathrm{d}\phi\boldsymbol{e}_R$，则其对圆心所张立体角为 $\mathrm{d}\Omega=\sin\theta\mathrm{d}\theta\mathrm{d}\phi$。因此，闭合球面对球心 O 所张的立体角为

$$\Omega=\int_0^{2\pi}\int_0^{\pi}\sin\theta\mathrm{d}\theta\mathrm{d}\phi=4\pi$$

即任意封闭曲面对曲面内任意一点所张的立体角为 4π。

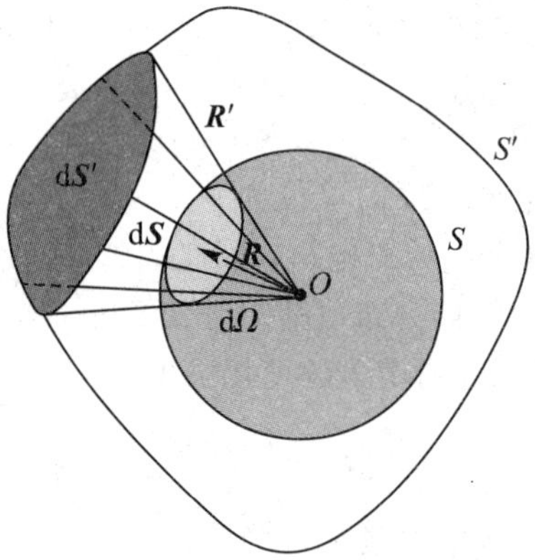

图 2.7　立体角示意图

需要指出的是：如果 O 点不在球面内，则球面对其所张的立体角为 0，即任意封闭曲面对曲面外任意一点所张的立体角为 0。

因任意闭合曲面对其内任意点所张立体角为 4π，对曲面外任意一点所张的立体角为 0，故得

$$\oint_S\boldsymbol{E}\cdot\mathrm{d}\boldsymbol{S}=\frac{1}{\varepsilon_0}q\big|_S \tag{2.24}$$

当闭合曲面 S 内有 N 个点电荷时，根据叠加原理有

$$\begin{aligned}\oint_S\boldsymbol{E}\cdot\mathrm{d}\boldsymbol{S}&=\oint_S\boldsymbol{E}_1\cdot\mathrm{d}\boldsymbol{S}+\oint_S\boldsymbol{E}_2\cdot\mathrm{d}\boldsymbol{S}+\cdots+\oint_S\boldsymbol{E}_N\cdot\mathrm{d}\boldsymbol{S}\\&=\frac{1}{\varepsilon_0}(q_1+q_2+\cdots+q_N)=\frac{1}{\varepsilon_0}\sum_{i=1}^{N}q_i\Big|_S\end{aligned}$$

进一步，若闭合曲面 S 所包围的区域 V 内体分布电荷密度为 ρ，则得

$$\oint_S\boldsymbol{E}\cdot\mathrm{d}\boldsymbol{S}=\frac{1}{\varepsilon_0}\int_V\rho\mathrm{d}V \tag{2.25}$$

这是真空中静电场高斯定律(Gauss' law)的积分形式。式(2.25)表明：静电场在闭合曲面上的通量与闭合曲面包围的电荷量有关，与闭合曲面外的电荷无关。应用散度定理可得微分形式为

$$\nabla \cdot \boldsymbol{E}(\boldsymbol{r})=\frac{\rho(\boldsymbol{r})}{\varepsilon_0} \tag{2.26}$$

式(2.26)表明：任意一点处电场强度的散度正比于该处的电荷密度；静电荷是电场的散度源。

2. 静电场的环量与旋度

两点之间的距离矢量 $\boldsymbol{R}$ 满足关系$\dfrac{\boldsymbol{R}}{R^3}=\dfrac{\boldsymbol{e}_R}{R^2}=-\nabla\left(\dfrac{1}{R}\right)$，则式(2.21)可以表示为

$$\boldsymbol{E}(\boldsymbol{r})=-\frac{1}{4\pi\varepsilon_0}\int_V \rho(\boldsymbol{r}')\nabla\left(\frac{1}{R}\right)\mathrm{d}V \tag{2.27}$$

对式(2.27)两端取旋度运算，则得

$$\begin{aligned}\nabla\times\boldsymbol{E}(\boldsymbol{r})&=-\frac{1}{4\pi\varepsilon_0}\nabla\times\int_V \rho(\boldsymbol{r}')\nabla\left(\frac{1}{R}\right)\mathrm{d}V\\&=-\frac{1}{4\pi\varepsilon_0}\int_V \nabla\times\left[\rho(\boldsymbol{r}')\nabla\left(\frac{1}{R}\right)\right]\mathrm{d}V\\&=-\frac{1}{4\pi\varepsilon_0}\int_V \rho(\boldsymbol{r}')\left[\nabla\times\nabla\left(\frac{1}{R}\right)\right]\mathrm{d}V\end{aligned} \tag{2.28}$$

式(2.28)第二个等号成立的原因是旋度算符($\nabla\times$)是对场位置变量($\boldsymbol{r}$)做运算，而积分是对源位置变量($\boldsymbol{r}'$)做运算，二者相互独立；又因 $\rho(\boldsymbol{r}')$是源位置变量($\boldsymbol{r}'$)的函数，因此第三个等号成立。由矢量运算性质$\nabla\times\nabla\varphi\equiv 0$ 可知，任意标量函数的梯度的旋度恒等于 0，因此可得静电场的电场强度旋度如下：

$$\nabla\times\boldsymbol{E}(\boldsymbol{r})=0 \tag{2.29}$$

从式(2.20)～式(2.23)可以看出，四种电荷模型下的电场强度均存在 $\boldsymbol{R}/R^3$ 项，可得式(2.29)适用于所有电荷分布模型产生的静电场。进一步对式(2.29)两端在任意闭合曲线 C 所包围的曲面 S 上做积分运算，结合斯托克斯定理可得

$$\oint_C \boldsymbol{E}(\boldsymbol{r})\cdot\mathrm{d}\boldsymbol{l}=0 \tag{2.30}$$

从式(2.29)和式(2.30)可知，静电场是无旋场(保守场)，电荷沿静电场中任一闭合回路运动一周电场力(qE)不做功。

例 2.1 半径为 a 的均匀带电线环，线电荷密度为 ρ_l，求线环轴线上距环心 z 位置处的电场强度。

解 如图 2.8 所示的带电线环，建立柱坐标系，坐标原点 O 位于环中心，则 z 轴上点 M 的坐标为(0，0，z)。考虑式(2.23)所示的线分布电荷产生的电场强度 $\boldsymbol{E}_c$，其中场点 $M(0，0，z)$的位置矢量 $\boldsymbol{r}=z\boldsymbol{e}_z$，源点位置矢量 $\boldsymbol{r}'=a\boldsymbol{e}_\rho$，$\boldsymbol{R}=\boldsymbol{r}-\boldsymbol{r}'=z\boldsymbol{e}_z-a\boldsymbol{e}_\rho$，线源矢量 $\mathrm{d}\boldsymbol{l}=\mathrm{d}l\boldsymbol{e}_\phi=a\mathrm{d}\phi\boldsymbol{e}_\phi$，则

$$\begin{aligned}\boldsymbol{E}_c(\boldsymbol{r})&=\frac{1}{4\pi\varepsilon_0}\oint_C\frac{\rho_l(\boldsymbol{r}')\boldsymbol{R}}{R^3}\mathrm{d}l=\frac{\rho_l}{4\pi\varepsilon_0}\int_0^{2\pi}\frac{z\boldsymbol{e}_z-a\boldsymbol{e}_\rho}{(z^2+a^2)^{3/2}}a\mathrm{d}\phi\\&=\frac{a\rho_l z}{2\varepsilon_0(a^2+z^2)^{3/2}}\boldsymbol{e}_z\end{aligned}$$

即，线环轴线上任意点处仅有 z 方向的电场。这是由于线环是轴对称的，对于线环任意线元 $\mathrm{d}\boldsymbol{l}_1$ 上电荷产生的电场 $\mathrm{d}\boldsymbol{E}_1$，则必存在对称的位置处线元 $\mathrm{d}\boldsymbol{l}_2$(若满足$|\mathrm{d}\boldsymbol{l}_2|=|\mathrm{d}\boldsymbol{l}_1|$)上电

荷产生的电场 $\mathrm{d}\boldsymbol{E}_2$，二者径向分量大小相等方向相反，使得矢量叠加后仅存在 $\boldsymbol{e}_z$ 分量。

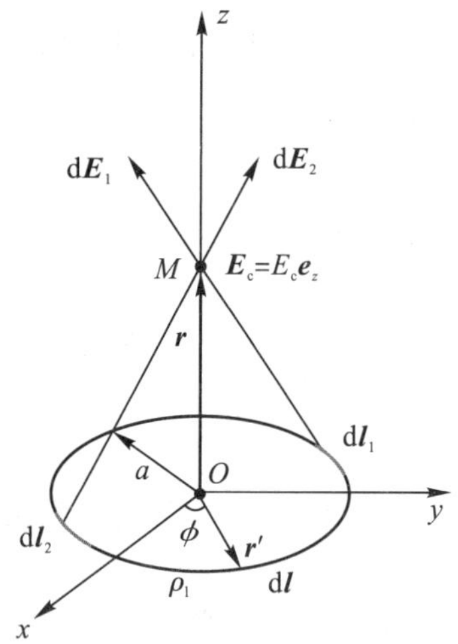

图 2.8 求均匀带电线环轴线上电场

例 2.2 求电荷线密度为 ρ_l 的无限长带电线产生的电场强度。

解 鉴于无限长均匀带电线模型的轴对称性，我们在柱坐标系中进行求解。如图 2.9 所示，考虑空间任意一点 M，线上任意线元 $\mathrm{d}l_1$ 上电荷在 M 处产生电场强度 $\mathrm{d}\boldsymbol{E}_1$，由于带电线无限长，则在对称位置处必存在线元 $\mathrm{d}l_2$（若满足 $|\mathrm{d}\boldsymbol{l}_2|=|\mathrm{d}\boldsymbol{l}_1|$）且其上电荷产生电场 $\mathrm{d}\boldsymbol{E}_2$，二者在 $\boldsymbol{e}_z$ 方向的分量大小相等方向相反，仅剩下 $\boldsymbol{e}_\rho$ 方向分量，也就是说空间任意点处电场强度仅存在 $\boldsymbol{e}_\rho$ 分量，设其表达式为 $\boldsymbol{E}=E\boldsymbol{e}_\rho$。

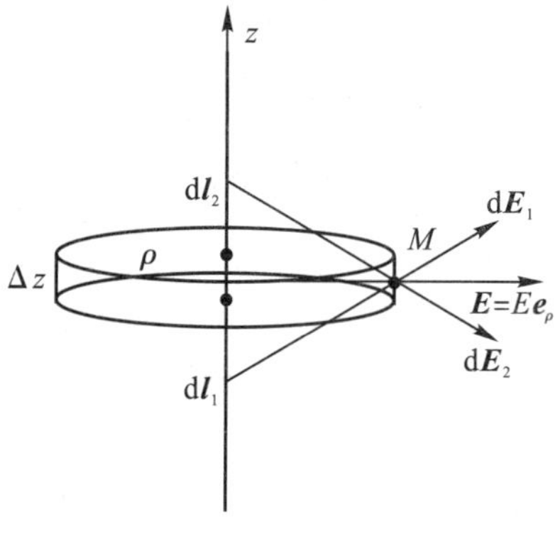

图 2.9 无限长带电线产生的电场

以无限长带电线为轴心，以 M 到轴心距 ρ 为半径，取高为 Δz 的圆柱。根据式(2.25)，空间电场强度在该闭合柱面上的通量与该柱内的电荷有关。则

$$\oint_{\text{ClosedSurface}} \boldsymbol{E}\cdot\mathrm{d}\boldsymbol{S}=\int_{\text{TopSurface}} \boldsymbol{E}\cdot\mathrm{d}\boldsymbol{S}+\int_{\text{BottomSurface}} \boldsymbol{E}\cdot\mathrm{d}\boldsymbol{S}+\int_{\text{SideSurface}} \boldsymbol{E}\cdot\mathrm{d}\boldsymbol{S}=\frac{\Delta z\rho_l}{\varepsilon_0}$$

其中，上、下表面法向分别为 $\boldsymbol{e}_z$ 和 $-\boldsymbol{e}_z$，与空间电场分量相互垂直，即

$$\int_{\text{TopSurface}} \boldsymbol{E}\cdot\mathrm{d}\boldsymbol{S}=\int_{\text{BottomSurface}} \boldsymbol{E}\cdot\mathrm{d}\boldsymbol{S}=0$$

可得

$$\int_{\text{SideSurface}} \boldsymbol{E} \cdot \mathrm{d}\boldsymbol{S} = \frac{\Delta z \rho_1}{\varepsilon_0}$$

又由于电荷源模型的轴对称性，圆柱侧面上任意点处的电场强度大小相等，且侧面上面元矢量为 $\mathrm{d}\boldsymbol{S}=\mathrm{d}S\boldsymbol{e}_\rho$，则进一步可得

$$\int_{\text{SideSurface}} \boldsymbol{E} \cdot \mathrm{d}\boldsymbol{S} = E\int_{\text{SideSurface}} \mathrm{d}S = 2\pi\rho\Delta z E = \frac{\Delta z \rho_1}{\varepsilon_0}$$

即空间任一点(距带电线 ρ)处的电场强度为

$$\boldsymbol{E}=\frac{\rho_1}{2\pi\rho\varepsilon_0}\boldsymbol{e}_\rho$$

例 2.3　电偶极子(electric dipole)是两个相距很近的等值异号点电荷构成的系统，其正负电荷的电荷量均为 q，从负电荷到正电荷的距离矢量为 $\boldsymbol{l}$，则电偶极子的电偶极矩为 $\boldsymbol{p}=q\boldsymbol{l}$。求电偶极子在空间产生的静电场。

解　如图 2.10(a)所示，距离矢量为 $\boldsymbol{l}=l\boldsymbol{e}_z$。相对于电偶极子中心，场点位置矢量 $\boldsymbol{r}=r\boldsymbol{e}_r$，$+q$ 和 $-q$ 点电荷位置矢量分别为 $+\boldsymbol{l}/2$ 和 $-\boldsymbol{l}/2$。根据矢量关系可知，$+q$ 和 $-q$ 至场点的位置矢量分别是 $\boldsymbol{R}_1=\boldsymbol{r}-\boldsymbol{l}/2$ 和 $\boldsymbol{R}_2=\boldsymbol{r}+\boldsymbol{l}/2$。依据库仑定律和场叠加原理，$\boldsymbol{r}$ 处的电场强度为

$$\boldsymbol{E}(\boldsymbol{r})=\frac{q}{4\pi\varepsilon_0}\left(\frac{\boldsymbol{R}_1}{R_1^3}-\frac{\boldsymbol{R}_2}{R_2^3}\right)=\frac{q}{4\pi\varepsilon_0}\left(\frac{\boldsymbol{r}-\boldsymbol{e}_z\dfrac{l}{2}}{\left|\boldsymbol{r}-\boldsymbol{e}_z\dfrac{l}{2}\right|^3}-\frac{\boldsymbol{r}+\boldsymbol{e}_z\dfrac{l}{2}}{\left|\boldsymbol{r}+\boldsymbol{e}_z\dfrac{l}{2}\right|^3}\right)$$

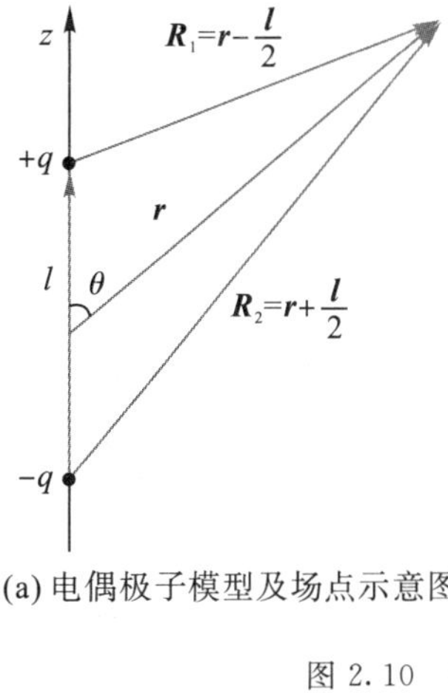

(a) 电偶极子模型及场点示意图

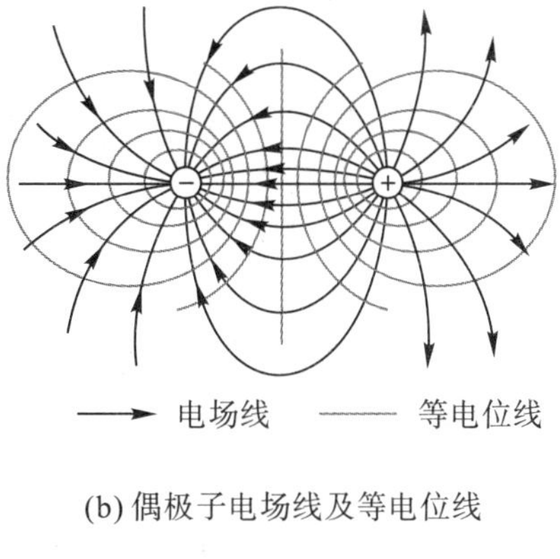

(b) 偶极子电场线及等电位线

图 2.10　电偶极子在空间产生的静电场

由于电偶极子很小，满足 $l \ll r$，则

$$\left|\boldsymbol{r}-\boldsymbol{e}_z\frac{l}{2}\right|^{-3}=\left[\left(\boldsymbol{r}-\boldsymbol{e}_z\frac{l}{2}\right)\cdot\left(\boldsymbol{r}-\boldsymbol{e}_z\frac{l}{2}\right)\right]^{-\frac{3}{2}}=\left(r^2-\boldsymbol{r}\cdot\boldsymbol{e}_z l+\frac{l^2}{4}\right)^{-\frac{3}{2}}$$

$$=r^{-3}\left[1-\boldsymbol{r}\cdot\boldsymbol{e}_z\frac{l}{r^2}+\frac{l^2}{4r^2}\right]^{-\frac{3}{2}}$$

由于 $l \ll r$，则 $l^2/r^2 \approx 0$，上式近似为

$$\left|\boldsymbol{r}-\boldsymbol{e}_z\frac{l}{2}\right|^{-3}\approx r^{-3}\left[1-\boldsymbol{r}\cdot\boldsymbol{e}_z\frac{l}{r^2}\right]^{-\frac{3}{2}}$$

进一步对上式采用 Taylor 级数(二项式定理公式)展开，忽略高阶小项，则得

$$\left|\boldsymbol{r}-\boldsymbol{e}_z\frac{l}{2}\right|^{-3}\approx r^{-3}\left[1-\boldsymbol{r}\cdot\boldsymbol{e}_z\frac{l}{r^2}\right]^{-\frac{3}{2}}\approx r^{-3}\left[1+\boldsymbol{r}\cdot\boldsymbol{e}_z\frac{3l}{2r^2}\right]$$

同理

$$\left|\boldsymbol{r}+\boldsymbol{e}_z\frac{l}{2}\right|^{-3}\approx r^{-3}\left[1+\boldsymbol{r}\cdot\boldsymbol{e}_z\frac{l}{r^2}\right]^{-\frac{3}{2}}\approx r^{-3}\left[1-\boldsymbol{r}\cdot\boldsymbol{e}_z\frac{3l}{2r^2}\right]$$

则电偶极子在空间产生的静电场为

$$\boldsymbol{E}(\boldsymbol{r})\approx\frac{q}{4\pi\varepsilon_0 r^3}\left[\frac{3\boldsymbol{r}\cdot\boldsymbol{l}}{r^2}\boldsymbol{r}-\boldsymbol{l}\right]=\frac{1}{4\pi\varepsilon_0 r^3}\left[\frac{3\boldsymbol{r}\cdot\boldsymbol{p}}{r^2}\boldsymbol{r}-\boldsymbol{p}\right]$$

考虑球坐标系中的 $\boldsymbol{p}=\boldsymbol{e}_z p=(\boldsymbol{e}_r\cos\theta-\boldsymbol{e}_\theta\sin\theta)p$ 和 $\boldsymbol{r}=r\boldsymbol{e}_r$，则

$$\boldsymbol{E}(\boldsymbol{r})\approx\frac{p}{4\pi\varepsilon_0 r^3}(\boldsymbol{e}_r 2\cos\theta+\boldsymbol{e}_\theta\sin\theta)$$

其电场线分布如图 2.10(b)所示。

2.3 电介质中的静电场

在第 2.2 节学习了真空中的静电场及其性质。本节阐述电介质中的静电场及其性质。

2.3.1 电介质中的极化

电介质中的静电场问题涉及物质的微观元素——电荷。根据物质中电荷移动的难易程度，可将物质分为超导体、导体、半导体和绝缘体等，其中具备理想绝缘性能(电阻率无限大或电导率为零)的材料称为理想介质(电介质或直接简称介质)，如干燥气体、橡胶、陶瓷、塑料等。导体的特征是具有一定量的自由电荷，而电介质则将电子约束在分子结构中，使得电子做绕核运动而不能突破分子结构。

依据构成物质分子的电特性不同，电介质又分为极性电介质、非极性电介质和铁电体。在没有外加电场的情况下，若构成电介质的分子的正负电荷等效中心重合，则这样的电介质称为非极性电介质(或称为无极分子电介质)，如 O_2、N_2 等分子。如若构成电介质的分子的正负电荷中心不重合，形成电偶极子，则这样的电介质称为极性电介质(又称为有极分子电介质)，如 H_2O、CO 等分子。铁电体指的是存在自发定向电偶极子的材料，在外加电场的作用下自发定向电偶极子可以被反转或重新定向，通常具有非线性特性，如钛酸钡($BaTiO_3$)等。

考虑线性电介质，无外加电场($\boldsymbol{E}_e=0$)情况下，非极性电介质的无极分子的正负电荷相重合(如图 2.11(a)所示)，各分子电偶极矩为 0，明显地，此类电介质不具有极性；而极性电介质的有极分子的正负电荷相互分开组成电偶极子，各电偶极子具有各自的电偶极矩，但所有电偶极子在空间杂乱无章地随机排布，使得电介质整体上不显极性(如图 2.11(b)所示)。在外加电场($\boldsymbol{E}_e\neq 0$)情形下，无极分子原本重合的正负电荷中心被拉开，且呈规律性的排布(如图 2.11(c)所示)，称此种现象为位移极化；原本杂乱无章随机分布的有极分子电偶极矩因受到力矩作用而发生定向转向(如图 2.11(d)所示)，形成取向极化。在外加电场情况下，无论是取向极化还是位移极化，都将使原本不显电性的介质拥有一系列定向排布的

等效电偶极子，呈现出宏观电效应，这种现象叫介质的极化(dielectric polarization)。

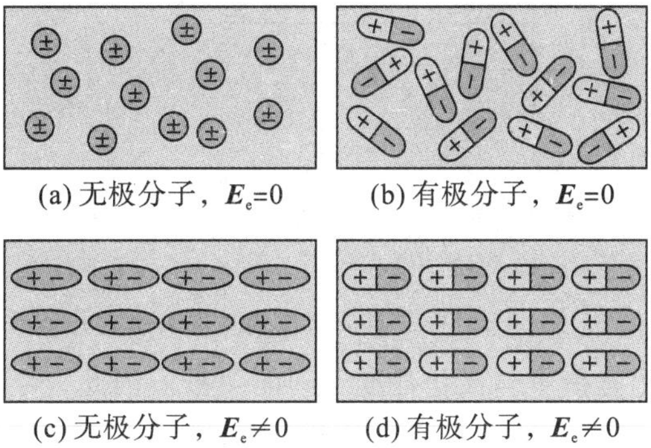

图 2.11 介质极化示意图

2.3.2 极化强度与极化电荷

很明显，介质受极化程度的大小是由介质内受极化的分子的电偶极矩多少决定的。这里用单位体积内受极化的分子的电偶极矩之和，即电偶极矩体密度——极化强度矢量 $\boldsymbol{P}$ 来度量：

$$\boldsymbol{P}=\lim_{\Delta V\to 0}\frac{\sum \boldsymbol{p}_i}{\Delta V}=n\boldsymbol{p} \tag{2.31}$$

其中，$\boldsymbol{p}$ 为每个偶极子的平均偶极矩，n 为单位体积内的电偶极子数。极化强度反映了介质中分子的有序化程度，单位为 $\mathrm{C/m^2}$(库仑/米^2)。均匀介质在均匀外场作用下，所有受极化的分子的电偶极矩相等，即 $\boldsymbol{p}_1=\boldsymbol{p}_2=\cdots=\boldsymbol{p}$，则

$$\sum_i \boldsymbol{p}_i=N\boldsymbol{p}=Nq\boldsymbol{l} \tag{2.32}$$

其中，q 为电偶极子对中正/负电荷的电荷量；$\boldsymbol{l}=l\boldsymbol{e}_l$ 为电偶极子中从负电荷指向正电荷的距离矢量，l 为受极化分子正负电荷的平均中心距；N 为 ΔV 体积内受极化的分子总数，即 $n=\lim_{\Delta V\to 0}(N/\Delta V)$，则得

$$\boldsymbol{P}=n\boldsymbol{p} \tag{2.33}$$

从图 2.11(c)和(d)可以看出，介质受极化之后的左右两侧面会有净余的电荷积累，形成极化面电荷密度，而在平行于电偶极子方向的界面上无净余的电荷，也就是说介质受极化后，介质分界面上也可能出现净余的极化电荷，用极化电荷面密度 ρ_{sp} 度量。此外，均匀介质在均匀外场情形下，介质内部受极化的分子的正负电荷抵消，不存在净余的体电荷，但若非均匀介质在均匀外场或者均匀介质在非均匀外场等情况下，介质内部受极化的分子的正负电荷可能无法抵消，使得存在净余的体电荷。因此也可以说，介质受极化后，介质内部也可能出现净余的极化电荷，这里用极化电荷体密度 ρ_{p} 度量。

下面以位移极化为例阐述极化体电荷和面电荷与极化强度的关系。如图 2.12 所示，在介质中沿极化方向取长为 l、底面为 $\mathrm{d}S$(单位矢量：$\boldsymbol{e}_{\mathrm{n}}$)的斜柱，凡是柱外因极化穿过面元 $\mathrm{d}\boldsymbol{S}=\mathrm{d}S\boldsymbol{e}_{\mathrm{n}}$ 的电偶极子，正电荷必然在柱内，则该柱内极化电荷量为 $\mathrm{d}q'_{\mathrm{p}}=nq\mathrm{d}V=nql\mathrm{d}S\cos\theta$。图 2.12 中，明显地存在关系 $\cos\theta=\boldsymbol{e}_l\cdot\boldsymbol{e}_{\mathrm{n}}$，则进一步可得

$$dq'_p = nql\boldsymbol{e}_l \cdot \boldsymbol{e}_n dS = nq\boldsymbol{l} \cdot d\boldsymbol{S} = n\boldsymbol{p} \cdot d\boldsymbol{S} = \boldsymbol{P} \cdot d\boldsymbol{S} \tag{2.34}$$

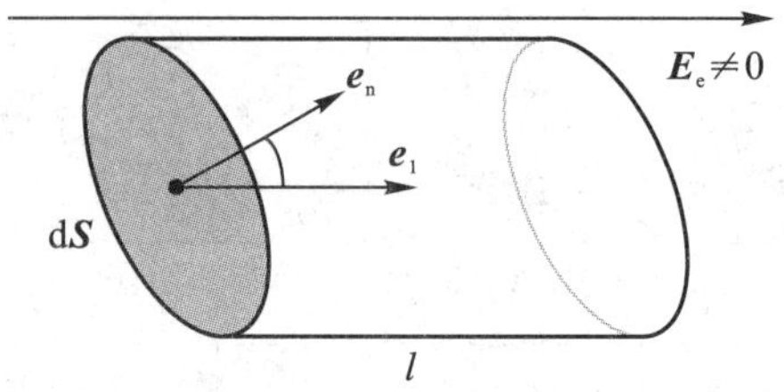

图 2.12 用于求解极化电荷与极化强度关系的几何示意图

这是穿出面元 d$\boldsymbol{S}$ 的极化电荷量与极化强度之间的关系。因此，对于任意一个闭合曲面 S，穿出该闭合曲面的极化电荷总量为极化强度矢量在该闭合曲面上的通量，即

$$q'_p = \oint_S \boldsymbol{P} \cdot d\boldsymbol{S} \tag{2.35}$$

由电荷守恒定律可知，经闭合曲面 S 穿出的极化电荷总量应与闭合曲面内净余极化电荷量相等，电性相反，即闭合曲面 S 内净余极化电荷 $q_p = -q'_p$，则

$$q_p = -\oint_S \boldsymbol{P} \cdot d\boldsymbol{S} \tag{2.36}$$

这就是极化体电荷与极化强度关系的积分形式。由矢量散度定理易得极化电荷体密度与极化强度关系的微分形式为

$$\rho_p = -\nabla \cdot \boldsymbol{P} \tag{2.37}$$

表明介质中任意点处的极化电荷体密度等于该点处极化强度矢量散度的负数。对于在均匀极化情况下的均匀介质，介质内部各处的极化强度矢量恒定，即不存在净余的极化体电荷。进一步，考虑如图 2.12 所示的面元 d$\boldsymbol{S}$ 位于分界面处，则穿过 d$\boldsymbol{S}$ 的极化电荷聚集在分界面附近，形成极化面电荷分布，由式(2.34)可知该面元上极化面电荷量为 $dq_{sp} = dq'_p = \boldsymbol{P} \cdot \boldsymbol{e}_n dS$，易得极化电荷面密度表示为

$$\rho_{sp} = \boldsymbol{P} \cdot \boldsymbol{e}_n \tag{2.38}$$

表明介质面上某位置处极化电荷面密度等于该处极化强度矢量与面元单位矢量的点积。很明显，基于式(2.38)，在图 2.11(c)和(d)所示的上下表面上，由于面元单位矢量与极化强度矢量相垂直，使得极化电荷面密度为 0；而在左右两侧面元单位矢量与极化强度矢量不垂直，则存在极化面电荷。

无论是何种极化类型，电荷都被紧紧地束缚在分子之内，不能自由移动，故又称为束缚电荷。

2.3.3 电介质中静电场的性质

在真空中，既不存在无极分子也不存在有极分子，也就是说不存在束缚电荷和所谓的极化现象，即外加静电场不会受到真空的影响而发生改变。然而，由例 2.3 可知，在介质中，极化后形成的定向排布的电偶极子会激发电场，介质中的总电场是由外加电场与束缚电荷产生的场叠加而成的，这使得电介质中的电场不同于真空中的电场。推而广之，极化强度的大小与介质材料有关，即若某种介质易于被极化，则施加外电场时单位体积内受极化分子数较多。实验发现，对于线性、各向同性介质，极化强度与外加电场强度呈正

比，即

$$\boldsymbol{P}=\varepsilon_0\chi_e\boldsymbol{E} \tag{2.39}$$

其中χ_e称为介质的电极化率，它是一个无量纲的常数。此外，介质极化激发的电场强度 $\boldsymbol{E}_p$ 也与外加电场强度 $\boldsymbol{E}_e$ 有关，且呈正比关系，则可得总电场强度 $\boldsymbol{E}$ 满足如下关系：

$$\boldsymbol{E}=\boldsymbol{E}_e+\boldsymbol{E}_p\propto\boldsymbol{E}_e \tag{2.40}$$

相对于真空，介质中电场强度的改变是因极化引入极化电荷导致的，因此介质中的总电场强度 $\boldsymbol{E}$ 与电荷量满足关系

$$\oint_S\boldsymbol{E}\cdot d\boldsymbol{S}=\frac{1}{\varepsilon_0}\int_V(\rho+\rho_p)dV \tag{2.41}$$

其中，ρ 和 ρ_p 分别为闭合曲面 S 内的自由电荷和极化电荷体密度。结合式(2.37)并应用矢量散度定理可得

$$\oint_S(\varepsilon_0\boldsymbol{E}+\boldsymbol{P})\cdot d\boldsymbol{S}=\int_V\rho dV \tag{2.42}$$

令

$$\boldsymbol{D}=\varepsilon_0\boldsymbol{E}+\boldsymbol{P} \tag{2.43}$$

为电位移(electric displacement)或电通密度(electric flux density)，单位为 C/m^2(库仑/米^2)。可得高斯定律的积分形式为

$$\oint_S\boldsymbol{D}\cdot d\boldsymbol{S}=\int_V\rho dV \tag{2.44}$$

其物理意义是电位移矢量穿过介质中某一闭合曲面 S 的通量等于 S 内包围的自由电荷量。考虑矢量散度定理可得电位移矢量满足高斯定律微分形式

$$\nabla\cdot\boldsymbol{D}=\rho \tag{2.45}$$

这表明空间某点处电位移矢量散度与该点处的自由电荷密度相等。很明显：空间电位移矢量满足的高斯定律与介质和极化电荷无关。进一步考虑式(2.39)可得

$$\boldsymbol{D}=\varepsilon_0(1+\chi_e)\boldsymbol{E}=\varepsilon_0\varepsilon_r\boldsymbol{E}=\varepsilon\boldsymbol{E} \tag{2.46}$$

其中，$\varepsilon_r=1+\chi_e$ 是介质的相对介电常数(无量纲)；ε 是介质的介电常数，单位为 F/m(法拉/米)。在真空中，$\chi_e=0$，$\varepsilon_r=1$，$\varepsilon=\varepsilon_0$。式(2.46)又称为介质中电场强度满足的本构关系，因此满足

$$\nabla\cdot\boldsymbol{E}=\frac{\rho}{\varepsilon} \tag{2.47}$$

值得指出的是，对比式(2.45)和式(2.47)的形式可以看出，前者与介质介电常数无关，后者与介电常数相关。对于点电荷 q，电位移和电场满足的关系如下：

$$\nabla\cdot\boldsymbol{D}(\boldsymbol{r})=q\delta(\boldsymbol{r}-\boldsymbol{r}') \tag{2.48}$$

$$\nabla\cdot\boldsymbol{E}(\boldsymbol{r})=\frac{q}{\varepsilon}\delta(\boldsymbol{r}-\boldsymbol{r}') \tag{2.49}$$

其中 $\delta(\boldsymbol{r}-\boldsymbol{r}')$ 为狄拉克函数。参考式(2.20)可得上述两式的解为

$$\boldsymbol{D}(\boldsymbol{r})=\frac{q}{4\pi R^2}\boldsymbol{e}_R=\frac{q}{4\pi R^3}\boldsymbol{R}$$

$$\boldsymbol{E}(\boldsymbol{r})=\frac{q}{4\pi\varepsilon R^2}\boldsymbol{e}_R=\frac{q}{4\pi\varepsilon R^3}\boldsymbol{R}$$

需要注意的是，介质中静电场的旋度与环量依然满足式(2.29)与式(2.30)。

对于非线性介质，极化状态不仅取决于外加电场，还与极化强度有关；对于各向异性介质，沿着不同的方向，介质的电极化率可能不同，进而形成张量形式的介电常数。

例 2.4 自由空间中存在半径为 R_0、相对介电常数为 ε_r 的球。

(1) 若球内均匀分布着密度为 ρ_0 的体电荷，求空间的电场强度分布；

(2) 若在球所处空间中施加均匀的外电场 $\boldsymbol{E}=E\boldsymbol{e}_z$，求空间的极化电荷分布。

解 (1) 由题意可知模型具有球对称性，导致空间电场分布同样具有球对称性，因此选择球坐标系；又因空间中既存在介质又存在真空，故考虑采用式(2.44)所示的电位移矢量满足的高斯定律积分形式。

设介质球球心位于球坐标系原点，空间场点位置矢量 $\boldsymbol{r}=r\boldsymbol{e}_r$。因空间电荷分布的不连续性，这里考虑球内 $r\leqslant R_0$ 和球外 $r>R_0$ 两个区域，如图 2.13 所示。鉴于场分布的球对称性，无论是球内还是球外，在半径为 r 的球面上任意点处的电位移矢量大小相等，方向为 $\boldsymbol{e}_r$，设其为 $\boldsymbol{D}=D\boldsymbol{e}_r$，又因球面上面元矢量为 $\mathrm{d}\boldsymbol{S}=\mathrm{d}S\boldsymbol{e}_r$，则

$$\oint_S \boldsymbol{D}\cdot\mathrm{d}\boldsymbol{S}=D\oint_S \mathrm{d}S=\rho_0\int_V \mathrm{d}V \tag{2.50}$$

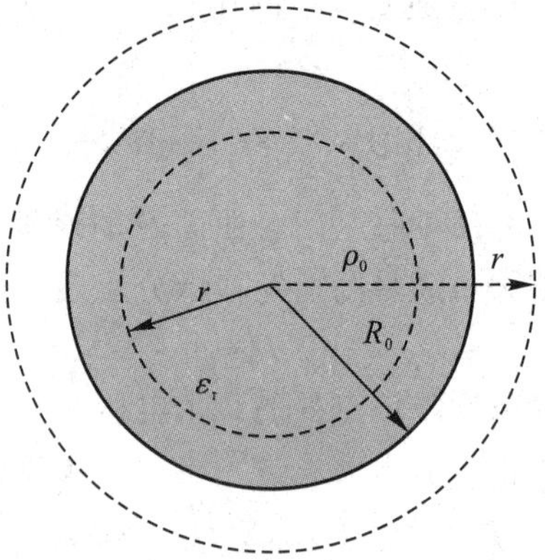

图 2.13 带电介质球示意图

① $r\leqslant R_0$(球内)时：

半径为 r 的球满足 $\oint_S \mathrm{d}S=4\pi r^2$ 和 $\int_V \mathrm{d}V=\dfrac{4}{3}\pi r^3$，则由式(2.50)可得

$$D=\frac{\rho_0}{3}r$$

② $r>R_0$(球外)时：

因电荷源仅分布在半径为 R_0 的球内，式(2.50)的右端项如下：

$$\rho_0\int_V \mathrm{d}V=\frac{4\rho_0}{3}\pi R_0^3$$

则得

$$D=\frac{\rho_0 R_0^3}{3r^2}$$

所以，由电场本构关系可得空间电场强度分布为

$$\boldsymbol{E}=E\boldsymbol{e}_r=\begin{cases}\dfrac{\rho_0}{3\varepsilon}r\boldsymbol{e}_r & r\leqslant R_0\\[2ex] \dfrac{\rho_0}{3\varepsilon_0}\dfrac{R_0^3}{r^2}\boldsymbol{e}_r & r>R_0\end{cases}$$

(2) 如图 2.14 所示，设外加均匀电场 $\boldsymbol{E}=E\boldsymbol{e}_z$。由电场本构关系可知，球内外的电位移矢量分别如下所示。

① 球内：

$$\boldsymbol{D}=\varepsilon_0\varepsilon_r\boldsymbol{E}$$

则极化强度矢量为

$$\boldsymbol{P}=\boldsymbol{D}-\varepsilon_0\boldsymbol{E}=(\varepsilon_r-1)\varepsilon_0\boldsymbol{E}$$

因此，球内的极化电荷体密度为 $\rho_p=-\nabla\cdot\boldsymbol{P}=0$。

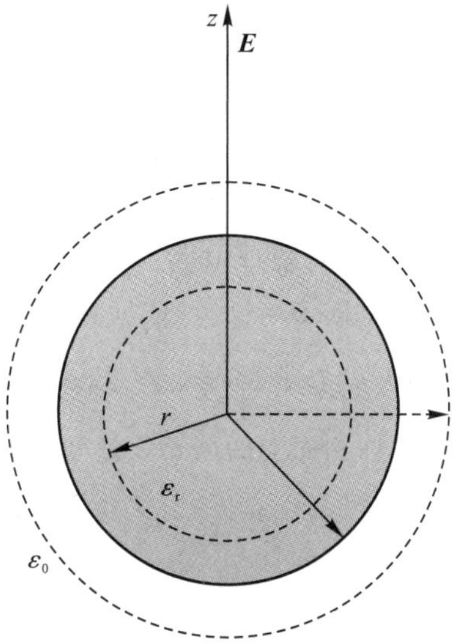

图 2.14　介质球置于均匀外场示意图

② 球外：

$$\boldsymbol{D}=\varepsilon_0\boldsymbol{E}$$

则极化强度矢量为

$$\boldsymbol{P}=\boldsymbol{D}-\varepsilon_0\boldsymbol{E}=0$$

因此，球外的极化电荷体密度也为 0。

在球表面，存在极化面电荷分布，即

$$\rho_{sp}=\boldsymbol{P}\cdot\boldsymbol{e}_r=(\varepsilon_r-1)\varepsilon_0E\boldsymbol{e}_z\cdot\boldsymbol{e}_r=(\varepsilon_r-1)\varepsilon_0E\boldsymbol{e}_z\cdot\boldsymbol{e}_z\cos\theta=(\varepsilon_r-1)\varepsilon_0E\cos\theta$$

例 2.5　图 2.15(a)所示为无限长的同轴线。设内导体半径为 a，外导体无限薄且半径为 b；内外导体间填充介电常数为 ε 的介质；内外导体上电荷均匀分布于导体表面，且单位长度的电荷量分别为 $+q$ 和 $-q$。求空间电场分布。

解　图 2.15(b)所示的是同轴线沿轴向的截面。考虑内外导体之间($a<r<b$)、内导体内部($r<a$)和外导体外部($r>b$)这三个区域。

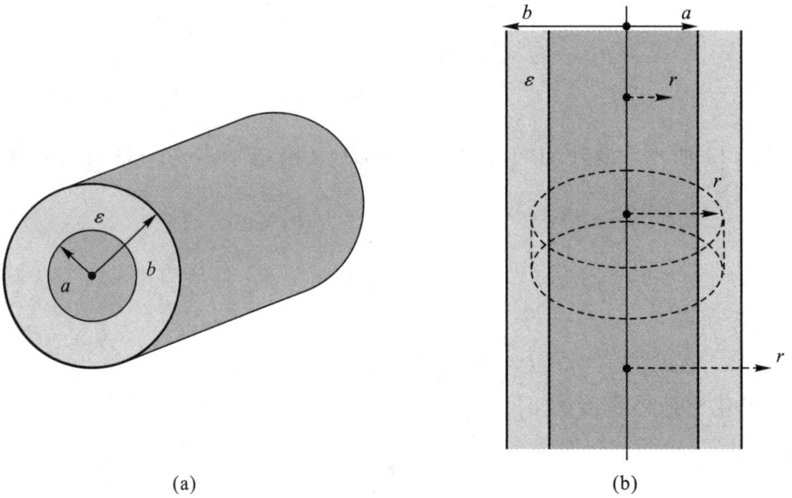

图 2.15　同轴线及其截面

(1) $a<r<b$ 时：

在图 2.15(b)中，虚线勾绘的是半径为 r、长为 L 的柱体，且与同轴线共轴，由题意可知其内包含电荷量 $+qL$。由结构的轴对称性可知，长为 L 的柱体侧面各点处的电场的电位移矢量大小相等，方向沿着径向，即 $\boldsymbol{D}=D\boldsymbol{e}_\rho$。依据高斯定律的积分形式

$$\oint_S \boldsymbol{D}\cdot \mathrm{d}\boldsymbol{S}=D\oint_S \mathrm{d}S=D\cdot 2\pi rL=qL$$

其中，图 2.15(b)中虚线勾绘的柱体侧面上的面元矢量 $\mathrm{d}\boldsymbol{S}=\mathrm{d}S\boldsymbol{e}_\rho$。因此可得

$$D=\frac{q}{2\pi r}$$

即

$$\boldsymbol{E}=\frac{q}{2\pi\varepsilon r}\boldsymbol{e}_\rho$$

(2) $r<a$ 时：

同样，取半径为 r、长为 L 的柱体，且与同轴线共轴。由于内导体电荷分布于导体表面，因此柱体表面构成的闭合曲面包围的电荷量为 0，即

$$\oint_S \boldsymbol{D}\cdot \mathrm{d}\boldsymbol{S}=D\oint_S \mathrm{d}S=0$$

则

$$\boldsymbol{E}=0$$

(3) $r>b$ 时：

再次取半径为 r、长为 L 的柱体，且与同轴线共轴。尽管柱体表面构成的闭合曲面包围的内外导体上的电荷量分别为 $+qL$ 和 $-qL$，但电荷总量为 0，同理可得

$$\boldsymbol{E}=0$$

综上所述，可得

$$
\boldsymbol{E}=\begin{cases}0 & r<a \\ \dfrac{q}{2\pi\varepsilon r}\boldsymbol{e}_\rho & a<r<b \\ 0 & r>b\end{cases}
$$

2.4　静电场的电位

由“静电场是无旋场”的特点引入静电场标量电位(或电势，又称作势或位)函数，简称电位或电势。导出并求解标量电位函数满足的微分方程，再根据电场与电位函数的关系即可间接求解出空间电场分布。由于电位是标量函数，求解相对简单，故常用于静电场问题的分析。

2.4.1　静电场的电位及其与电场的关系

对于任意一个标量函数 v，必存在关系$\nabla\times\nabla v\equiv 0$，这表明任意一个无旋场均可通过引入一个标量函数并用其梯度来描述。从静电场性质可知，静电场是无旋场，满足$\nabla\times\boldsymbol{E}(\boldsymbol{r})=0$。因此，我们引入标量函数 φ 来描述静电场，且令

$$
\boldsymbol{E}=-\nabla\varphi \tag{2.51}
$$

其中标量函数 φ 称为静电场的电位，单位为 V(伏特)。式(2.51)中的“$-$”表示 $\boldsymbol{E}$ 与$\nabla\varphi$ 反向，如图 2.16 所示，即静电场指向电位下降最快的方向。这表明，静电场的电场强度矢量等于电位梯度的负数。式(2.51)是从静电场满足的旋度方程得到的，因此其适用于所有静态电场。

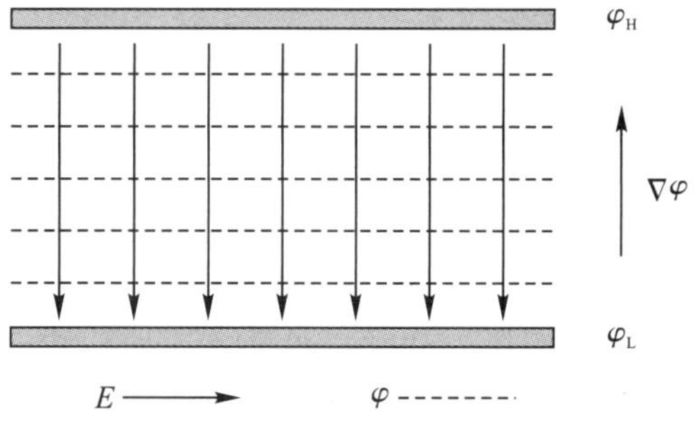

图 2.16　电场与电位梯度关系示意图

由方向导数和梯度的关系可得

$$
\frac{\mathrm{d}\varphi}{\mathrm{d}l}=\nabla\varphi\cdot\boldsymbol{e}_l=-\boldsymbol{E}\cdot\boldsymbol{e}_l
$$

因此 $d\varphi=-\boldsymbol{E}\cdot\mathrm{d}\boldsymbol{l}$，即

$$
\varphi=-\int\boldsymbol{E}\cdot\mathrm{d}\boldsymbol{l} \tag{2.52}
$$

则进一步可以定义任意两点 A 与 B 间的电位差(电压)U_{AB}为

$$
U_{AB}=\varphi_A-\varphi_B=-\int_B^A\boldsymbol{E}\cdot\mathrm{d}\boldsymbol{l}=\int_A^B\boldsymbol{E}\cdot\mathrm{d}\boldsymbol{l} \tag{2.53}
$$

其物理意义为当一个单位电荷从点 A 沿任意路径移动到点 B 时，电场力对该电荷所做的功。从式(2.53)可以看出，电场力对其中电荷所做功的大小与路径无关，仅与始点和终点

有关，即静电场是保守场。若考虑静电场中单位正电荷沿任意一个闭合曲线 L 移动一周，如图 2.17 所示，则电场力对其所做的功为

$$\oint_L \boldsymbol{E}\cdot \mathrm{d}\boldsymbol{l}=\int_{AL_1BL_2A}\boldsymbol{E}\cdot \mathrm{d}\boldsymbol{l}=\int_{AL_1B}\boldsymbol{E}\cdot \mathrm{d}\boldsymbol{l}+\int_{BL_2A}\boldsymbol{E}\cdot \mathrm{d}\boldsymbol{l}=\int_{AL_1B}\boldsymbol{E}\cdot \mathrm{d}\boldsymbol{l}-\int_{AL_2B}\boldsymbol{E}\cdot \mathrm{d}\boldsymbol{l}\equiv 0$$

即静电场中电荷沿任意一个闭合曲线运动一周，电场力不做功。

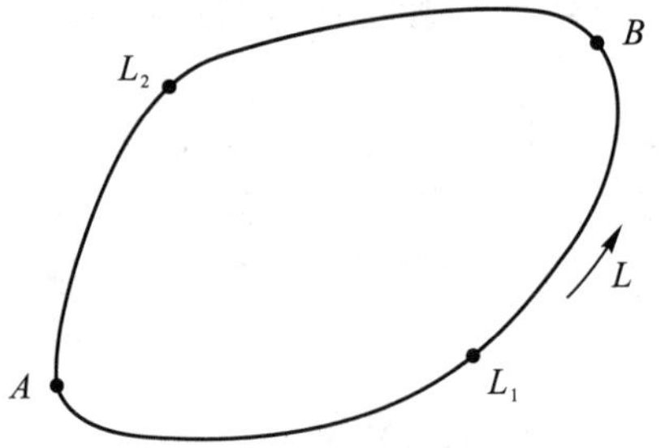

图 2.17 静电场中的闭合回路 L

从式(2.53)易得，A 点处的电位可表示为

$$\varphi_A=\int_A^B \boldsymbol{E}\cdot \mathrm{d}\boldsymbol{l}+\varphi_B \tag{2.54}$$

其中 φ_B 为参考点 B 处的电位。选定参考点的基本原则为：① 应使电位表达式有物理意义；② 应使电位表达式最简单；③ 同一个问题中只能有一个参考点。

对于点电荷，其电场强度可表示为

$$\boldsymbol{E}=\frac{q}{4\pi\varepsilon}\frac{\boldsymbol{R}}{R^3}=-\frac{q}{4\pi\varepsilon}\nabla\left(\frac{1}{R}\right)=-\nabla\left(\frac{q}{4\pi\varepsilon}\frac{1}{R}\right)$$

则可得点电荷 q 产生的电位为

$$\varphi=\frac{q}{4\pi\varepsilon R}+C_0 \tag{2.55}$$

类似地，多点电荷、体电荷、面电荷和线电荷产生的电位分别为

$$\varphi=\frac{1}{4\pi\varepsilon}\sum_{i=1}^{N}\frac{q_i}{R}+C_1 \tag{2.56}$$

$$\varphi=\frac{1}{4\pi\varepsilon}\int_V \frac{\rho(\boldsymbol{r}')}{R}\mathrm{d}V+C_2 \tag{2.57}$$

$$\varphi=\frac{1}{4\pi\varepsilon}\int_S \frac{\rho_s(\boldsymbol{r}')}{R}\mathrm{d}S+C_3 \tag{2.58}$$

$$\varphi=\frac{1}{4\pi\varepsilon}\int_C \frac{\rho_l(\boldsymbol{r}')}{R}\mathrm{d}l+C_4 \tag{2.59}$$

其中，$\boldsymbol{R}=\boldsymbol{r}-\boldsymbol{r}'$，$\boldsymbol{r}$ 和 $\boldsymbol{r}'$ 分别为场点和源点的位置矢量；$C_i(i=0, 1, \cdots, 4)$可由参考点电位确定。

对比式(2.20)～式(2.23)可以看出，电位函数的引入将对矢量函数 $\boldsymbol{E}$ 的求解转化为对标量函数 φ 的求解，而后再应用式(2.51)求解静电场。

2.4.2 电位函数的求解

在介质中，由 $\boldsymbol{E}=-\nabla\varphi$ 和 $\boldsymbol{D}=\varepsilon\boldsymbol{E}$，结合静电场满足的高斯定律 $\nabla\cdot\boldsymbol{D}=\rho$，便可得电位

函数满足的微分方程，即

$$\nabla^2\varphi=-\frac{\rho}{\varepsilon} \tag{2.60}$$

式(2.60)称为静电场中电位函数满足的泊松方程，它从微观视角描述了静电场中各点处电位的空间变化与该点处电荷体密度之间的普遍关系。在无源($\rho=0$)情况下，该方程变为

$$\nabla^2\varphi=0 \tag{2.61}$$

式(2.61)称作拉普拉斯方程，很显然它是泊松方程的特例。

可以证明，式(2.55)～式(2.59)是泊松方程的解，但利用这些式子求解电位的前提是必须知道全部电荷的分布，而实际模型通常很复杂，空间电荷分布一般未知，很难通过积分运算实现电位函数的求解。幸运的是，很多情况下考察区域为有限空间，该空间内不存在自由电荷，电位满足拉普拉斯方程。通过求解拉普拉斯方程，并结合约束条件可求解空间电位分布，进一步用式(2.51)得到静电场分布。

为了使电场中的电位具有确定性，需要结合一定的约束条件进行处理，通常选定场中某一固定点作为电位参考点，并令参考点处的电位为0。如式(2.53)中选定 B 点为参考点，即 $\varphi_B=0$，则 A 点处的电位为

$$\varphi_A=\int_A^B \boldsymbol{E}\cdot \mathrm{d}\boldsymbol{l} \tag{2.62}$$

常见零电位的选择有以下几种情况：

(1)“地”及接“地”的导体电位为0。

(2) 若电荷源分布在有限区域内，其在无穷远处产生的电位为0，则静电场中某点 A 处的电位为

$$\varphi_A=\int_A^\infty \boldsymbol{E}\cdot \mathrm{d}\boldsymbol{l} \tag{2.63}$$

(3) 在均匀电场 $\boldsymbol{E}_0$ 中，为了保证场区内的电位为有限值，且相对于坐标原点($r=0$)具有对称性，可取坐标原点 O 处为零电位，则 A 点处电位为

$$\varphi_A=\int_A^O \boldsymbol{E}\cdot \mathrm{d}\boldsymbol{l}+\varphi_O=-\int_O^A \boldsymbol{E}\cdot \mathrm{d}\boldsymbol{l}=-\boldsymbol{E}_0\cdot\boldsymbol{r}$$

例如，在球坐标系中，取极轴方向与均匀电场 $\boldsymbol{E}_0$ 方向一致，即 $\boldsymbol{E}_0=\boldsymbol{e}_z E_0$，则

$$\varphi_A=-\boldsymbol{E}_0\cdot\boldsymbol{r}=-\boldsymbol{e}_z\cdot\boldsymbol{r}E_0=-E_0 r\cos\theta$$

(4) 在线电荷密度为 ρ_l 的无限长均匀带电导线的静电场中，可取距轴线单位长度处为零电位线(无限个点组成)，此时距离轴线 r 处的电位为

$$\varphi_r=-\frac{\rho_l}{2\pi\varepsilon}\ln r=\frac{\rho_l}{2\pi\varepsilon}\ln\frac{1}{r} \tag{2.64}$$

若空间存在多条无限长均匀带电线，则由于同一个问题中只能有一个参考点，因此应以不定积分

$$\varphi_i=C_i-\frac{\rho_l}{2\pi\varepsilon}\ln r \tag{2.65}$$

表示第 i 条均匀带电线产生的电位，然后用叠加原理表示总电位，再根据“应使电位表达式最简单”的原则，选定适当的零电位点确定 C_i。

例 2.6 求例2.3中电偶极子产生的电位分布。

解 考虑无穷远处为零电位参考点，则点电荷产生的电位分布为 $\varphi=\dfrac{q}{4\pi\varepsilon R}$。

真空是线性媒质，其中的电位分布满足叠加原理，故电偶极子在空间某点处产生的电位是两个点电荷在该点处产生的电位的叠加，即

$$\varphi=\varphi_1+\varphi_2=\frac{q}{4\pi\varepsilon_0}\left(\frac{1}{R_1}-\frac{1}{R_2}\right)=\frac{q}{4\pi\varepsilon_0}\left(\frac{1}{\left|\boldsymbol{r}-\boldsymbol{e}_z\frac{l}{2}\right|}-\frac{1}{\left|\boldsymbol{r}+\boldsymbol{e}_z\frac{l}{2}\right|}\right)$$

其中

$$\left|\boldsymbol{r}-\boldsymbol{e}_z\frac{l}{2}\right|^{-1}\approx r^{-1}\left[1+\boldsymbol{r}\cdot\boldsymbol{e}_z\frac{l}{2r^2}\right]$$

$$\left|\boldsymbol{r}+\boldsymbol{e}_z\frac{l}{2}\right|^{-1}\approx r^{-1}\left[1-\boldsymbol{r}\cdot\boldsymbol{e}_z\frac{l}{2r^2}\right]$$

则

$$\varphi=\frac{ql}{4\pi\varepsilon_0 r^3}\boldsymbol{r}\cdot\boldsymbol{e}_z=\frac{p}{4\pi\varepsilon_0}\frac{\cos\theta}{r^2}$$

考虑球坐标系，其中的电场强度为

$$\boldsymbol{E}(\boldsymbol{r})=-\nabla\varphi=-\left(\boldsymbol{e}_r\frac{\partial}{\partial r}+\boldsymbol{e}_\theta\frac{\partial}{r\partial\theta}+\boldsymbol{e}_\phi\frac{\partial}{r\sin\theta\partial\phi}\right)\varphi$$

$$\approx\frac{p}{4\pi\varepsilon_0 r^3}(\boldsymbol{e}_r 2\cos\theta+\boldsymbol{e}_\theta\sin\theta)$$

电偶极子电场线和等电位线的分布如图 2.10(b)所示。

2.5 静电场中的边界条件

实际电磁场问题都是在一定的物理空间内进行考察，该空间可能是由多种不同媒质组成的。不同媒质的分界面上的电磁场量满足的关系称作边界条件，它是在不同媒质分界面上电磁场的基本属性。

从物理角度来看，由于在分界面两侧介质的特性参数发生突变，场在界面两侧也发生突变，场量满足的微分形式(散度和旋度)在分界面没有意义。从数学上考虑，求解空间场量的散度和旋度方程是微分方程，其通解是不确定的，边界条件用于定解的求解。

尽管场量微分方程在边界处失效，但其积分形式在不同媒质的分界面上仍然适用，由此可导出电磁场矢量在不同媒质分界面上的边界条件。静电场中电场积分形式的方程为

$$\oint_S\boldsymbol{D}\cdot\mathrm{d}\boldsymbol{S}=\int_V\rho\mathrm{d}V \tag{2.66}$$

$$\oint_C\boldsymbol{E}(\boldsymbol{r})\cdot\mathrm{d}\boldsymbol{l}=0 \tag{2.67}$$

其中，V 是闭合曲面 S 所包围的体积。

2.5.1 媒质分界面上静电场的法向边界条件

为考察媒质分界面上静电场满足的法向关系，在如图 2.18 所示的媒质交界面上，建立一个跨越媒质分界面的薄圆柱，若柱高 Δh 趋于 0，则圆柱侧面面积也趋于 0。若圆

柱上下表面面积均为ΔS，且二者外法向单位矢量分别为$\boldsymbol{e}_{n1}$和$\boldsymbol{e}_{n2}$，则上下表面面元矢量分别为$\Delta\boldsymbol{S}_1=\Delta S\boldsymbol{e}_{n1}=\Delta S\boldsymbol{e}_n$和$\Delta\boldsymbol{S}_2=\Delta S\boldsymbol{e}_{n2}=-\Delta S\boldsymbol{e}_n$。另外，若薄圆柱内存在自由电荷，则必以面电荷形式分布于分界面上。假设自由电荷面密度为ρ_s，则在该薄圆柱上应用式(2.66)可得

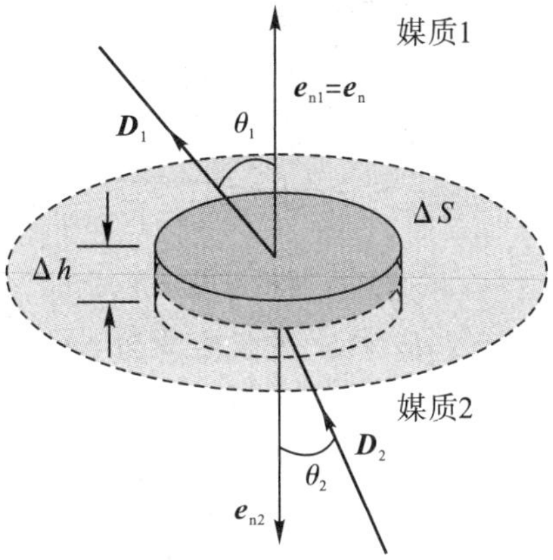

图 2.18　两种媒质分界面

$$
\begin{aligned}
\oint_S \boldsymbol{D}\cdot d\boldsymbol{S} &= \int_{\text{TopSurface}} \boldsymbol{D}\cdot d\boldsymbol{S} + \int_{\text{BottomSurface}} \boldsymbol{D}\cdot d\boldsymbol{S} + \int_{\text{SideSurface}} \boldsymbol{D}\cdot d\boldsymbol{S} \\
&= \boldsymbol{D}_1\cdot\Delta\boldsymbol{S}_1 + \boldsymbol{D}_2\cdot\Delta\boldsymbol{S}_2 + 0 = (\boldsymbol{D}_1-\boldsymbol{D}_2)\cdot\boldsymbol{e}_n\Delta S \\
&= \int_V \rho dV = \rho_s\Delta S
\end{aligned} \tag{2.68}
$$

从式(2.68)可以得到

$$(\boldsymbol{D}_1-\boldsymbol{D}_2)\cdot\boldsymbol{e}_n=\rho_s \tag{2.69}$$

其中，$\boldsymbol{e}_n$为媒质2指向媒质1的法向单位矢量。式(2.69)又可表示为

$$D_{1n}-D_{2n}=\rho_s \tag{2.70}$$

或

$$D_1\cos\theta_1-D_2\cos\theta_2=\rho_s \tag{2.71}$$

式(2.69)～式(2.71)称为介质分界面处电位移矢量满足的法向边界条件，又称法向条件。它们表明，若介质分界面上积累自由电荷，则两种媒质中的电位移矢量在介质分界面处的法向分量不连续，差值等于分界面上的自由电荷面密度。

若分界面上无自由面电荷，即$\rho_s=0$，则

$$D_{1n}=D_{2n} \tag{2.72}$$

这表明法向电位移矢量在无自由面电荷的分界面处连续。若两种媒质的介电常数分别为ε_1和ε_2，则应用本构关系从式(2.72)进一步可得

$$\frac{E_{1n}}{E_{2n}}=\frac{\varepsilon_2}{\varepsilon_1} \tag{2.73}$$

2.5.2　媒质分界面上静电场的切向边界条件

考虑如图2.19所示的两种媒质分界面。为考察在分界面上静电场满足的切向关系，跨越媒质分界面建立小的闭合回路$abcd$。其中：ab和cd分别在媒质1和媒质2中，长度

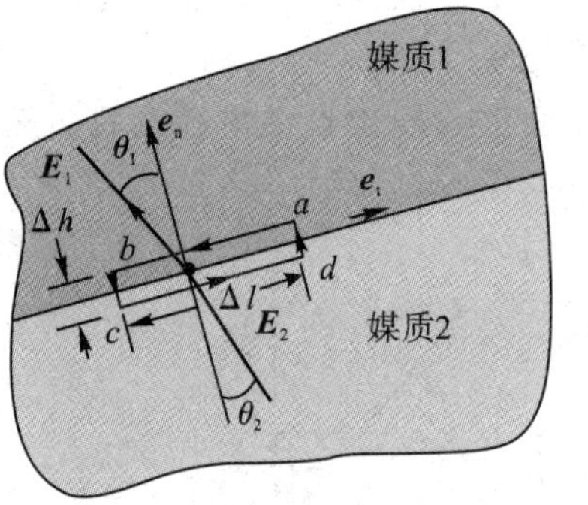

图 2.19 两种媒质分界面

均为 Δl，且与分界面切向 $\boldsymbol{e}_t$ 平行；da 和 bc 的长度均为 Δh 并趋于 0，即二者对场量在闭合回路 $abcd$ 上的积分贡献可忽略。则在闭合回路 $abcd$ 中应用如式(2.67)所示的积分可得

$$\oint_C \boldsymbol{E}\cdot \mathrm{d}\boldsymbol{l}=\oint_{abcda}\boldsymbol{E}\cdot \mathrm{d}\boldsymbol{l}=\boldsymbol{E}_1\cdot\Delta\boldsymbol{l}+\boldsymbol{E}_2\cdot(-\Delta\boldsymbol{l})$$
$$=(\boldsymbol{E}_1-\boldsymbol{E}_2)\cdot\boldsymbol{e}_t(\Delta l)=0$$

整理得

$$\boldsymbol{e}_t\cdot(\boldsymbol{E}_1-\boldsymbol{E}_2)=0 \tag{2.74}$$

式(2.74)又可表示为

$$E_{1t}=E_{2t} \tag{2.75}$$

或

$$E_1\sin\theta_1=E_2\sin\theta_2 \tag{2.76}$$

式(2.74)～式(2.76)称为介质分界面处电场强度满足的切向边界条件，又称切向条件。它们表明，任意两种媒质中的电场强度矢量在介质分界面处的切向分量是连续的。

结合电场的本构关系可得

$$\frac{D_{1t}}{D_{2t}}=\frac{\varepsilon_1}{\varepsilon_2} \tag{2.77}$$

2.5.3 电位的边界条件

由本构关系及梯度与方向导数的关系可得

$$D_n=\varepsilon E_n=-\varepsilon\,\nabla\varphi\cdot\boldsymbol{e}_n=-\varepsilon\frac{\partial\varphi}{\partial n} \tag{2.78}$$

则电位移矢量满足的法向边界条件可用电位函数表示为

$$-\varepsilon_1\frac{\partial\varphi_1}{\partial n}+\varepsilon_2\frac{\partial\varphi_2}{\partial n}=\rho_s \tag{2.79}$$

若分界面上没有积累自由面电荷，则

$$\varepsilon_1\frac{\partial\varphi_1}{\partial n}=\varepsilon_2\frac{\partial\varphi_2}{\partial n} \tag{2.80}$$

同理，依据电场矢量满足的切向条件，由于所有切向上的方向导数都相等，可得边界处的电位函数满足

$$\varphi_1=\varphi_2 \tag{2.81}$$

2.5.4　导体表面的边界条件

若导体置于静电场中，则导体中的自由电荷将受电场力作用，从而移动并积累至导体表面，这些积累的电荷将额外产生电场，直至额外电场与原有电场大小相等，方向相反，使得导体中总电场为零，达到静电平衡状态。

静电平衡状态下，导体内部不存在净余的自由电荷，导体为等位体，导体内各处电场为 0。若媒质 2 为导体，则 $\boldsymbol{E}_2=\boldsymbol{D}_2=0$，从式(2.70)可得导体表面的静电场满足

$$D_{\mathrm{n}}=\rho_{\mathrm{s}} \tag{2.82}$$

或

$$E_{\mathrm{n}}=\frac{\rho_{\mathrm{s}}}{\varepsilon} \tag{2.83}$$

此外，导体表面不存在切向电场分量，否则在切向电场力作用下导体表面的电荷将会运动，即

$$E_{\mathrm{t}}=0 \tag{2.84}$$

这表明，静电场垂直于导体表面。用电位函数表示如下：

$$\frac{\partial\varphi}{\partial n}=-\frac{\rho_{\mathrm{s}}}{\varepsilon} \tag{2.85}$$

$$\varphi=\mathrm{const} \tag{2.86}$$

其中，ε 为包围导体的介质介电常数。若导体总电荷量为 q，则由式(2.85)可得

$$q=\oint_S \rho_{\mathrm{s}}\mathrm{d}S=-\oint_S \varepsilon\frac{\partial\varphi}{\partial n}\mathrm{d}S \tag{2.87}$$

例 2.7　如图 2.20 所示，区域 1 和区域 3 为真空，区域 2 是体电荷密度为 ρ 的“无限大”均匀带电平面层，其厚度为 $2d$，介电常数为 ε。求各区域的电位和场强。

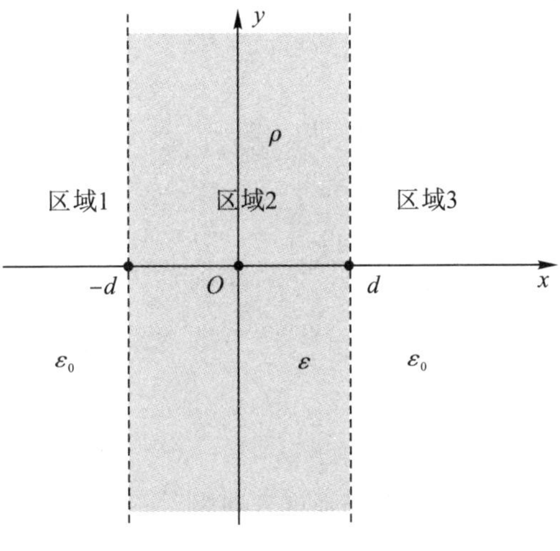

图 2.20　例 2.7 模型

解　由题意可知模型具有对称性且在 yOz 面方向上无限大，因此在垂直于 x 轴的平面内，各点的电位相同，故电位与坐标 y 和 z 无关，即 $\partial\varphi/\partial y=\partial\varphi/\partial z=0$。在区域 1 和区域 3 内，$\rho=0$，电位满足拉普拉斯方程，即

$$\frac{\partial^2 \varphi_1}{\partial x^2}=\frac{\partial^2 \varphi_3}{\partial x^2}=0$$

则二者的通解为

$$\varphi_1(x)=C_1 x+D_1$$
$$\varphi_3(x)=C_3 x+D_3$$

其中 C_1、C_3、D_1 和 D_3 为待定常数。在区域 2 中，电位函数满足泊松方程，即

$$\frac{\partial^2 \varphi_2}{\partial x^2}=-\frac{\rho}{\varepsilon}$$

其通解为

$$\varphi_2(x)=-\frac{\rho}{2\varepsilon}x^2+C_2 x+D_2$$

(1) 取 $x=0$ 的平面为零电位参考点，即 $\varphi_2(x=0)=0$，可得 $D_2=0$。

(2) 在图 2.20 中，电位函数关于 yOz 面对称，即 $\varphi_2(x)=\varphi_2(-x)$，可得 $C_2=0$；同理，可得 $C_1=-C_3$，$D_1=D_3$。

(3) 在区域 1 和区域 2 的界面上电位连续，即

$$\varphi_1(-d)=\varphi_2(-d)$$

解得

$$C_1 d-D_1=\frac{\rho d^2}{2\varepsilon}$$

(4) 由于区域 2 存在体密度为 ρ 的电荷，则其表面电荷面密度为 0，在区域 1 和区域 2 的界面上满足式(2.80)，即

$$\varepsilon_0 \left.\frac{\partial \varphi_1}{\partial x}\right|_{x=-d}=\varepsilon \left.\frac{\partial \varphi_2}{\partial x}\right|_{x=-d}$$

解得 $\varepsilon_0 C_1=\rho d$。由此可得

$$C_1=-C_3=\frac{\rho d}{\varepsilon_0}$$

$$D_1=D_3=\frac{\rho d^2}{\varepsilon_0}-\frac{\rho d^2}{2\varepsilon}$$

将上述系数代入通解，即得

$$\varphi_1(x)=\rho d\left(\frac{1}{\varepsilon_0}x+\frac{d}{\varepsilon_0}-\frac{d}{2\varepsilon}\right)\quad x<-d$$

$$\varphi_2(x)=-\frac{\rho}{2\varepsilon}x^2\quad -d<x<d$$

$$\varphi_3(x)=\rho d\left(-\frac{1}{\varepsilon_0}x+\frac{d}{\varepsilon_0}-\frac{d}{2\varepsilon}\right)\quad x>d$$

故由 $\boldsymbol{E}=-\nabla\varphi=-\frac{\partial\varphi}{\partial x}\boldsymbol{e}_x$ 可得各区域电场强度分别为

$$\boldsymbol{E}_1=-\frac{\rho d}{\varepsilon_0}\boldsymbol{e}_x,\ \boldsymbol{E}_2=\frac{\rho x}{\varepsilon}\boldsymbol{e}_x,\ \boldsymbol{E}_3=\frac{\rho d}{\varepsilon_0}\boldsymbol{e}_x$$

以上结果表明：若 $\rho>0$，则在区域 1 和区域 3 内都是背离带电层的均匀场；若 $\rho<0$，则在区域 1 和区域 3 内都是指向带电层的均匀场；在区域 2 内场强值与坐标 x 呈正比。

2.6　静电场中的电容与能量

2.6.1　导体系统的电容

1. 单(孤立)导体系统

从 2.5.4 节可以知道，单(孤立)导体在静电场中是等位体，导体表面的电荷分布应使导体内总的电场为零。若令此状态下导体上的总电荷为 q，电位为 φ，当总的电荷量增加 k 倍时，将导致电荷面密度也增加 k 倍，但在保持静电平衡状态下电荷分布并无变化。从式(2.58)可知，单(孤立)导体的电位与其总电荷量呈正比。反过来，从式(2.51)也可以看出，如果电位增加 k 倍，则 $\boldsymbol{E}$ 也增加 k 倍，结合式(2.82)可得其电荷密度增加了 k 倍，即电荷总量也增加 k 倍。

上述分析表明，单(孤立)导体系统的电位与其总电荷量呈正比，即 q/φ 保持不变，可表示为

$$q=C\varphi \tag{2.88}$$

其中，定义常数 C 为单(孤立)导体的电容，单位为库仑/伏特(或法拉)。

2. 双导体系统

实际问题中应用较多的是如图 2.21 所示的双导体系统构成的电容器，其中两个导体之间填充真空或介质。当一个直流电压源与该电容器连接时，在电压源作用下会向电容器充电，直至双导体间的电压与源电压相等。可以看出，在两导体所处的空间将产生电场，且电场线垂直于导体表面。此时，电荷量 q 与电压 U 之间满足

$$C=\frac{q}{U} \tag{2.89}$$

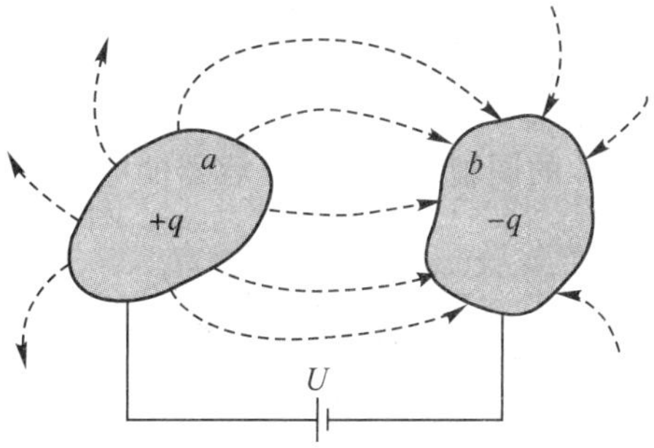

图 2.21　双导体电容

其中，定义常数 C 为双导体电容器的电容，它是双导体电容器固有的一个物理属性。若导体表面的电荷密度为 ρ_s，导体间电场强度为 $\boldsymbol{E}$，结合式(2.83)，可将式(2.89)进一步写为

$$C=\frac{\int_S \rho_s \mathrm{d}S}{-\int_b^a \boldsymbol{E}\cdot \mathrm{d}\boldsymbol{l}}=\frac{\int_S \varepsilon E_n \mathrm{d}S}{-\int_b^a \boldsymbol{E}\cdot \mathrm{d}\boldsymbol{l}} \tag{2.90}$$

电容器的电容由导体几何参数、双导体间距及所处空间介质的介电常数决定，与其是否充电、充电多少及外加电压无关。因此，我们可以采用两种方式计算电容器的电容：① 假定导体或双导体带电荷 q 或 $\pm q$，求导体或双导体间的电位 φ 或电压 U，再应用式(2.88)或式(2.89)计算；② 假定导体或双导体间的电位 φ 或电压 U，求导体所带电量 q，再应用式(2.88)或式(2.89)计算。

例 2.8　间距为 d 的平行板电容器，平行金属板的面积为 S，板间介质介电常数为 ε，

求该平行板电容器的电容。

解 假设$+q$和$-q$的电荷量分别均匀分布在两个平行板上，由于异性电荷相互吸引，则它们分布于导体板与介质的交界面上，且电荷面密度为

$$\rho_s=\frac{q}{S}$$

忽略平行金属板的边缘效应，则板间电场为均匀电场。依据式(2.83)所示的边界条件，可得板间介质中的电场为

$$E=\frac{q}{S\varepsilon}$$

进一步可得两平行导体板间电压为

$$U=-\int \boldsymbol{E}\cdot \mathrm{d}\boldsymbol{r}=\frac{qd}{S\varepsilon}$$

所以，平行板电容器的电容为

$$C=\frac{q}{U}=\frac{\varepsilon S}{d} \tag{2.91}$$

例 2.9 求例 2.5 中同轴线的电容。

解 从例 2.5 的求解可知，电场仅分布在内外导体之间，则内外导体间的电位差为

$$U=-\int_{r=b}^{r=a}\boldsymbol{E}\cdot \mathrm{d}\boldsymbol{r}=-\int_{r=b}^{r=a}\frac{q}{2\pi\varepsilon r}\boldsymbol{e}_r\cdot\boldsymbol{e}_r\mathrm{d}r=\frac{q}{2\pi\varepsilon}\ln\left(\frac{b}{a}\right)$$

因此，单位长同轴线形式的电容器的电容为

$$C=\frac{q}{U}=\frac{2\pi\varepsilon}{\ln(b/a)}$$

长为L的同轴线形式的电容器的电容为

$$C=\frac{Lq}{U}=\frac{2\pi\varepsilon L}{\ln(b/a)} \tag{2.92}$$

例 2.10 求如图 2.22 所示的无限长平行双导线的电容。其中，双导线位于介电常数为ε的介质中，二者间距为D，导线半径为a，满足$a\ll D$。

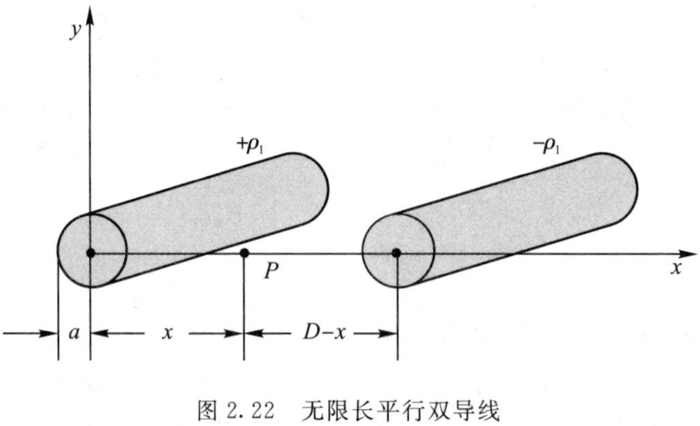

图 2.22 无限长平行双导线

解 由于$a\ll D$，若导线上存在电荷则可以忽略电场力对其分布的影响，因此可设两导线上均匀分布着密度为$+\rho_l$和$-\rho_l$的电荷。考察两导线间任意的P点，距离两导线分别为x和$D-x$，依据积分形式的静电场高斯定律，可得P点处的电场强度为

$$E(x)=e_x\frac{\rho_l}{2\pi\varepsilon}\left(\frac{1}{x}+\frac{1}{D-x}\right)$$

两导线间的电压为

$$U=-\int_{D-a}^{a}\boldsymbol{E}\cdot\mathrm{d}\boldsymbol{x}=\frac{\rho_l}{2\pi\varepsilon}\int_{a}^{D-a}\left(\frac{1}{x}+\frac{1}{D-x}\right)\boldsymbol{e}_x\cdot\boldsymbol{e}_x\mathrm{d}x=\frac{\rho_l}{\pi\varepsilon}\ln\frac{D-a}{a}$$

进一步可得介电常数为 ε 的空间中单位长度平行双导线的电容为

$$C=\frac{\rho_l}{U}=\frac{\pi\varepsilon}{\ln[(D-a)/a]}\approx\frac{\pi\varepsilon}{\ln(D/a)} \tag{2.93}$$

例 2.11 求如图 2.23 所示的同心导体球壳电容器的电容。

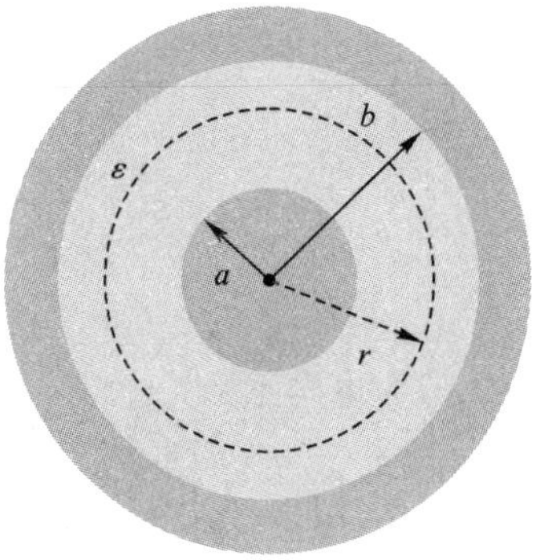

图 2.23 同心导体球壳电容器

解 内导体半径为 a，外导体球壳内半径为 b，内外导体之间分布着介电常数为 ε 的介质。设 $+q$ 和 $-q$ 的电荷量均匀分布在内导体外表面和外导体内表面，依据球坐标系下积分形式的高斯定律，则两导体间的电场强度为

$$\boldsymbol{E}=\frac{q}{4\pi\varepsilon r^2}\boldsymbol{e}_r$$

进一步可得两导体之间的电压为

$$\begin{aligned}U&=-\int_{r=b}^{r=a}\boldsymbol{E}\cdot\mathrm{d}\boldsymbol{r}\\&=-\int_{r=b}^{r=a}\frac{q}{4\pi\varepsilon r^2}\boldsymbol{e}_r\cdot\boldsymbol{e}_r\mathrm{d}r\\&=\frac{q}{4\pi\varepsilon}\left(\frac{1}{a}-\frac{1}{b}\right)\end{aligned}$$

因此可得同心导体球壳电容器的电容为

$$C=\frac{q}{U}=\frac{4\pi\varepsilon}{\dfrac{1}{a}-\dfrac{1}{b}} \tag{2.94}$$

对于半径为 a 的单(孤立)导体球电容器，$b\to\infty$，则 $C=4\pi\varepsilon a$。

3. 多导体系统与部分电容

考虑如图 2.24 所示的多导体构成的系统，其中可取大地为零电位参考点。很明显，根据叠加原理，任意一个导体上存在的电荷会对其他导体的电位产生影响。由于电位与电荷量呈现线性关系，故 N 个导体上的电荷量 $q_1, q_2, \cdots, q_N$ 及其电位 $\varphi_1, \varphi_2, \cdots, \varphi_N$ 满足关系：

$$\begin{pmatrix}\varphi_1\\\varphi_2\\\vdots\\\varphi_N\end{pmatrix}=\begin{pmatrix}p_{11}&p_{12}&\cdots&p_{1N}\\p_{21}&p_{22}&\cdots&p_{2N}\\\vdots&\vdots&&\vdots\\p_{N1}&p_{N2}&\cdots&p_{NN}\end{pmatrix}\begin{pmatrix}q_1\\q_2\\\vdots\\q_N\end{pmatrix} \tag{2.95}$$

其中，p_{ij} 为电位系数，与各导体形状、位置及所处空间介质的介电常数有关。对于多导体构成的电容系统，各导体上的电荷量满足关系：

$$q=q_1+q_2+\cdots+q_N=0 \tag{2.96}$$

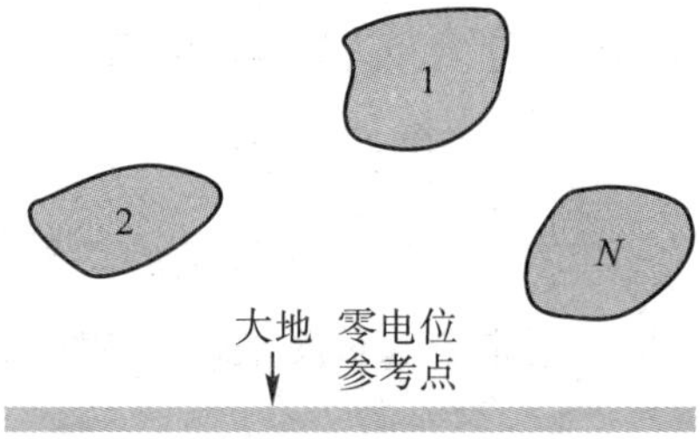

图 2.24　多导体系统

其中 q 表示多导体系统中的电荷总量。式(2.95)可以表示成如下关系：

$$\begin{pmatrix} q_1 \\ q_2 \\ \vdots \\ q_N \end{pmatrix} = \begin{pmatrix} c_{11} & c_{12} & \cdots & c_{1N} \\ c_{21} & c_{22} & \cdots & c_{2N} \\ \vdots & \vdots & & \vdots \\ c_{N1} & c_{N2} & \cdots & c_{NN} \end{pmatrix} \begin{pmatrix} \varphi_1 \\ \varphi_2 \\ \vdots \\ \varphi_N \end{pmatrix} \tag{2.97}$$

其中，c_{ii} 为电容系数；$c_{ij}(i\neq j)$为感应系数，与电位系数 p_{ij} 有关。如果第 i 个导体上存在正的电荷量($+q_i$)，则电位 φ_i 为正，但第 $j(i\neq j)$个导体上存在负的电荷量($-q_j$)。因此，电容系数 c_{ii} 为正，而感应系数 c_{ij} 为负。对于各向同性介质空间内的多导体系统，满足互易关系 $p_{ij}=p_{ji}$ 和 $c_{ij}=c_{ji}$。

在图 2.24 所示的多导体构成的系统中，考虑 $N=3$ 的情况来建立 c_{ii} 和 c_{ij} 的物理含义。

第 1、2 和 3 导体之间及它们与零电位参考点所构成的电容系统关系如图 2.25 所示，其中三个"·"表示三个导体，C_{10}、C_{20} 和 C_{30} 为三个导体与零电位参考点间的部分电容(自电容)，C_{12}、C_{23} 和 C_{13} 为三个导体之间的部分电容(互电容)。若令 q_1、q_2 和 q_3 及 φ_1、φ_2 和 φ_3 分别为三个导体上的电荷量及电位，根据式(2.97)可得电容系数表示的关系如下：

$$\begin{pmatrix} q_1 \\ q_2 \\ q_3 \end{pmatrix} = \begin{pmatrix} c_{11} & c_{12} & c_{13} \\ c_{21} & c_{22} & c_{23} \\ c_{31} & c_{32} & c_{33} \end{pmatrix} \begin{pmatrix} \varphi_1 \\ \varphi_2 \\ \varphi_3 \end{pmatrix} \tag{2.98}$$

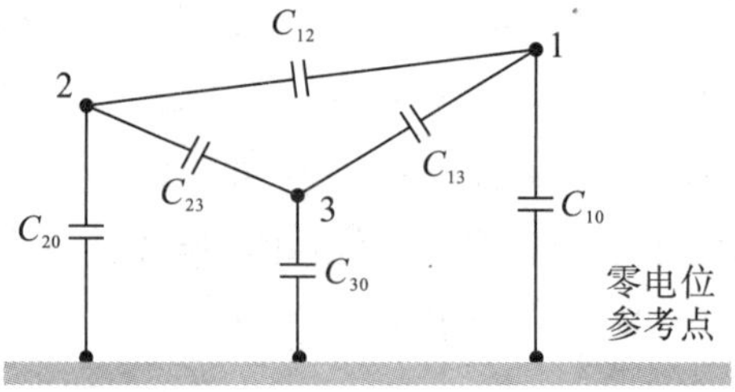

图 2.25　三导体与零电位参考点构成的电容器电容示意图

其中，在各向同性空间内的系统中，满足关系 $c_{ij}=c_{ji}$。此外，依据图 2.25，我们可以用电容把 q_1、q_2 和 q_3 及 φ_1、φ_2 和 φ_3 的关系写成如下形式：

$$\begin{cases} q_1=C_{10}\varphi_1+C_{12}(\varphi_1-\varphi_2)+C_{13}(\varphi_1-\varphi_3) \\ q_2=C_{12}(\varphi_2-\varphi_1)+C_{20}\varphi_2+C_{23}(\varphi_2-\varphi_3) \\ q_3=C_{13}(\varphi_3-\varphi_1)+C_{23}(\varphi_3-\varphi_2)+C_{30}\varphi_3 \end{cases} \tag{2.99}$$

可把式(2.99)重新整理成如下形式：

$$\begin{pmatrix} q_1 \\ q_2 \\ q_3 \end{pmatrix} = \begin{pmatrix} C_{10}+C_{12}+C_{13} & -C_{12} & -C_{13} \\ -C_{12} & C_{20}+C_{12}+C_{23} & -C_{23} \\ -C_{13} & -C_{23} & C_{30}+C_{13}+C_{23} \end{pmatrix} \begin{pmatrix} \varphi_1 \\ \varphi_2 \\ \varphi_3 \end{pmatrix} \tag{2.100}$$

对比式(2.98)和式(2.100)可得电容器电容与电容系数之间的关系为

$$\begin{cases} c_{11}=C_{10}+C_{12}+C_{13} \\ c_{22}=C_{20}+C_{12}+C_{23} \\ c_{33}=C_{30}+C_{13}+C_{23} \end{cases} \tag{2.101}$$

及

$$\begin{cases} c_{12}=-C_{12} \\ c_{13}=-C_{13} \\ c_{23}=-C_{23} \end{cases} \tag{2.102}$$

从式(2.101)可以看出，电容系数 c_{ii} 为第 i 个导体与该系统中其他导体及零电位参考点之间电容之和，感应系数 $c_{ij}(i\neq j)$ 为负的互电容。同样可用电容系数表示自电容，形式如下：

$$\begin{cases} C_{11}=c_{11}+c_{12}+c_{13} \\ C_{22}=c_{12}+c_{22}+c_{23} \\ C_{33}=c_{13}+c_{23}+c_{33} \end{cases} \tag{2.103}$$

2.6.2　静电场的能量

1. 电位表示法

在库仑力作用下，电荷从 A 点运动到 B 点，静电场对电荷做的功为

$$W_2=\int_A^B \boldsymbol{F}\cdot \mathrm{d}\boldsymbol{l}=\int_A^B q\boldsymbol{E}\cdot \mathrm{d}\boldsymbol{l}=q\int_A^B \boldsymbol{E}\cdot \mathrm{d}\boldsymbol{l} \tag{2.104}$$

由于 $\boldsymbol{E}=-\nabla\varphi$ 及静电场为保守场，式(2.104)可进一步写为

$$W_2=q(\varphi_A-\varphi_B) \tag{2.105}$$

在点电荷 q_1 产生的电场中，若沿电场线把点电荷 q_2 从无穷远的 B 处($\varphi_B=0$)移至距 q_1 为 R_{12} 的位置处，则点电荷 q_2 增加的功为

$$W_2=q_2\varphi_2=q_2\frac{q_1}{4\pi\varepsilon R_{12}}=q_1\frac{q_2}{4\pi\varepsilon R_{12}}=q_1\varphi_1 \tag{2.106}$$

其中，φ_i 为点电荷 q_i 处的电位。式(2.106)表明，点电荷 q_2 从无穷远处移至距 q_1 为 R_{12} 的位置处增加的功与点电荷 q_1 从无穷远处移至距 q_2 为 R_{12} 的位置处增加的功相等。因此双导体系统的总能量为

$$W_2=\frac{1}{2}(q_1\varphi_1+q_2\varphi_2) \tag{2.107}$$

对于双导体系统电容器，导体 1 和导体 2 上的电荷分别为 $+q$ 和 $-q$，电位分别为 φ_1 和 φ_2，则其总能量为

$$W=\frac{1}{2}q(\varphi_1-\varphi_2)=\frac{1}{2}qU \tag{2.108}$$

或

$$W=\frac{q^2}{2C} \tag{2.109}$$

又或

$$W=\frac{1}{2}CU^2 \tag{2.110}$$

假设再将点电荷 q_3 从无穷远处移至某位置处，该位置距 q_1 为 R_{13}，距 q_2 为 R_{23}，则相应增加的功为

$$\Delta W=q_3\varphi_3=q_3\left(\frac{q_1}{4\pi\varepsilon R_{13}}+\frac{q_2}{4\pi\varepsilon R_{23}}\right) \tag{2.111}$$

则三导体系统的总能量为

$$W_3=W_2+\Delta W=\frac{1}{4\pi\varepsilon}\left(\frac{q_1q_2}{R_{12}}+\frac{q_1q_3}{R_{13}}+\frac{q_2q_3}{R_{23}}\right) \tag{2.112}$$

式(2.112)可以进一步整理为

$$W_3=\frac{1}{2}\left[q_1\left(\frac{q_2}{4\pi\varepsilon R_{12}}+\frac{q_3}{4\pi\varepsilon R_{13}}\right)+q_2\left(\frac{q_1}{4\pi\varepsilon R_{12}}+\frac{q_3}{4\pi\varepsilon R_{23}}\right)+q_3\left(\frac{q_1}{4\pi\varepsilon R_{13}}+\frac{q_2}{4\pi\varepsilon R_{23}}\right)\right]$$

即

$$W_3=\frac{1}{2}(q_1\varphi_1+q_2\varphi_2+q_3\varphi_3) \tag{2.113}$$

可以类推，在 N 个点电荷构成的系统中，系统的总能量是

$$W_e=\frac{1}{2}\sum_{k=1}^{N}q_k\varphi_k \tag{2.114}$$

式中，φ_k 为系统中其他电荷在 q_k 处产生的电位，即

$$\varphi_k=\frac{1}{4\pi\varepsilon}\sum_{\substack{j=1\\j\neq k}}^{N}\frac{q_j}{R_{jk}} \tag{2.115}$$

能量的单位是 J(焦耳)。另一个常用的能量单位为 eV，即电子伏，满足 1 eV≈1.60×10^{-19} J。

依据式(2.114)可以进一步推广到体分布电荷系统的总能量为

$$W_e=\frac{1}{2}\int_V\rho\varphi\mathrm{d}V \tag{2.116}$$

其中，ρ 和 φ 分别为电荷空间 V 内的电荷体密度分布和电位分布。由于电荷分布在有限区域内，若选择的积分区域包含所有的电荷源，则积分区域的选择并不影响式(2.116)的计算结果，换句话说，可以选择任意包含电荷源的区域对式(2.116)进行积分。

2. 场表示法

我们把式(2.45)代入式(2.116)得

$$W_e=\frac{1}{2}\int_V(\nabla\cdot\boldsymbol{D})\varphi\mathrm{d}V \tag{2.117}$$

依据恒等式 $\nabla\cdot(\varphi\boldsymbol{D})=\varphi\nabla\cdot\boldsymbol{D}+\boldsymbol{D}\cdot\nabla\varphi$ 可把式(2.117)写为

$$\begin{aligned}W_e&=\frac{1}{2}\int_V[\nabla\cdot(\varphi\boldsymbol{D})-\boldsymbol{D}\cdot\nabla\varphi]\mathrm{d}V\\&=\frac{1}{2}\oint_S(\varphi\boldsymbol{D})\cdot\mathrm{d}\boldsymbol{S}+\frac{1}{2}\int_V(\boldsymbol{D}\cdot\boldsymbol{E})\mathrm{d}V\end{aligned} \tag{2.118}$$

假设选择的积分区域为无限大，即半径 $r\to\infty$，鉴于 $\varphi\propto 1/r$，$|\boldsymbol{D}|\propto 1/r^2$，而闭合曲面面积 $S\propto r^2$，因此式(2.118)的第一项满足如下关系：

$$\frac{1}{2}\oint_S(\varphi\boldsymbol{D})\cdot\mathrm{d}\boldsymbol{S}\propto\left.\frac{1}{r}\right|_{r\to\infty}\to 0 \tag{2.119}$$

因此式(2.118)可简化为

$$W_e=\frac{1}{2}\int_{V\to\infty}(\boldsymbol{D}\cdot\boldsymbol{E})\mathrm{d}V \tag{2.120}$$

其中，$V\to\infty$表示整个空间。结合如式(2.46)所示的线性各向同性媒质空间内本构关系，式(2.120)可以表示为

$$W_e=\frac{1}{2}\int_V\varepsilon E^2\mathrm{d}V=\frac{1}{2}\int_V\frac{D^2}{\varepsilon}\mathrm{d}V \tag{2.121}$$

因此可以引入静电场能量密度为

$$w_e=\frac{1}{2}\boldsymbol{D}\cdot\boldsymbol{E} \tag{2.122}$$

或对于各向同性物质满足

$$w_e=\frac{1}{2}\varepsilon E^2 \tag{2.123}$$

或

$$w_e=\frac{D^2}{2\varepsilon} \tag{2.124}$$

静电场能量密度 w_e 的单位是 $\mathrm{J/m^3}$(焦耳/米^3)。

2.6.3 尖端放电

尖端放电是电磁能量的一种释放方式，在日常生活中存在诸多应用，例如避雷针、燃气罩的点火装置、汽油发动机用的火花塞、飞机静电放电刷等。

考虑如图 2.26 所示的两个相距无限远的金属球，二者用导线相连构成等位体。由静电感应可知，电荷分布在球的表面，形成面电荷分布。又由于它们相距无限远，忽略两金属球对其上电荷分布的影响，即电荷均匀分布在金属球表面。再假设两个导体球半径分别为 R_A和 R_B，且 $R_A<R_B$，可推导得两导体上的面电荷密度 $\rho_{As}>\rho_{Bs}$。这表明，若等位体存在电荷，则半径越小的部位面电荷分布越密。

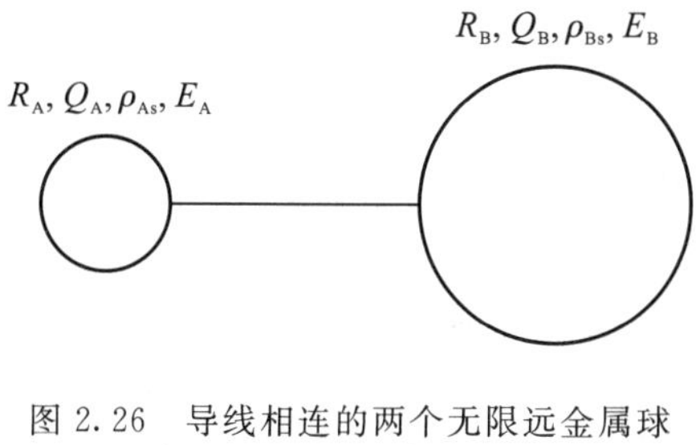

图 2.26　导线相连的两个无限远金属球

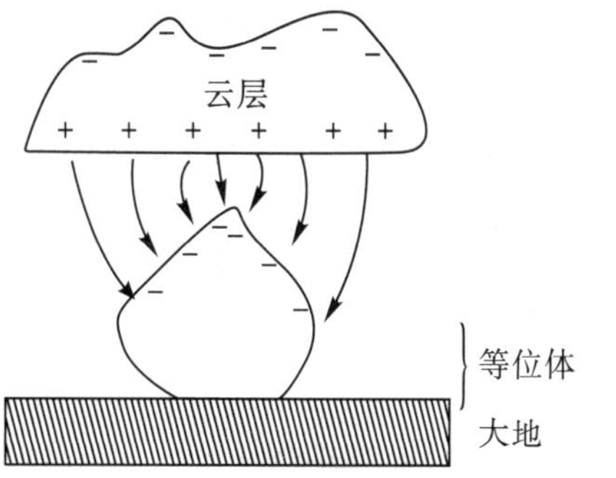

图 2.27　避雷针放电示意图

进一步考虑如图 2.27 所示的与地相连的尖端导体，当带电云层靠近导体时，由静电感应可知在导体上感应出面电荷分布，此外通过式(2.83)可得到导体附近的电场强度。从前面分析可以看出，导体上越尖锐(半径越小)的部位，面电荷密度越大，导体尖锐部位附近的场强越强。当导体与云层间的电位差(电压)超过大气的击穿电压时，出现放电(闪电)现象；尖端处场强最强，最容易发生击穿电压，最容易出现放电。这样就可在导体尖端处释放云层内积累的大量电荷与能量，保护附近低矮的物体，这也是避雷针的工作原理。

2.7 恒定电场

首先考虑如图 2.28 所示的两种模型。在图 2.28(a)中，导体置于外加偏置电压源的电容器中，且导体与电容器的两个极板不相连，此种情况下导体最终呈现静电平衡状态(见 2.5.4 小节)，即导体内部电场为 0($\boldsymbol{E}'=-\boldsymbol{E}$)。反观图 2.28(b)所示的情况，导体置于外加偏置电压源的电容器中，且导体与电容器的两个极板相连接，很明显它可等效为一个电阻，从而形成回路。在该回路中，静态偏置电压源在导体中形成恒定电场，导体中的电荷在恒定电场作用下定向运动形成恒定电流。这是导体中的恒定电场问题。

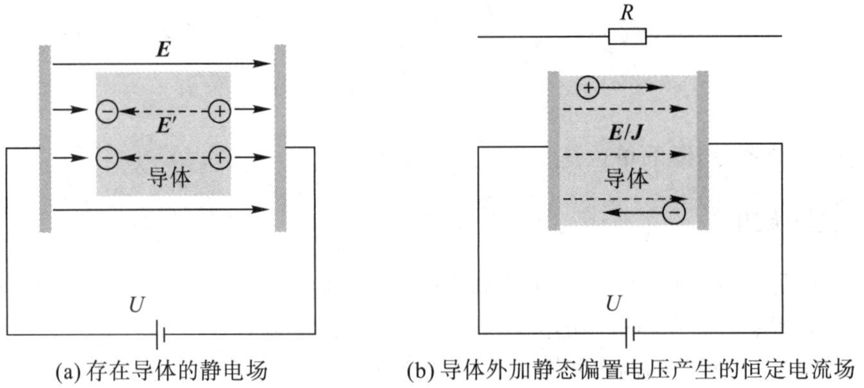

图 2.28 静电场与恒定电流场

在图 2.28(b)中，各向同性导体中的正负电荷定向运动速度分别为 $\boldsymbol{v}^+$ 和 $\boldsymbol{v}^-$，它们与 $\boldsymbol{E}$ 呈正比，即 $\boldsymbol{v}^+=K^+\boldsymbol{E}$ 和 $\boldsymbol{v}^-=K^-\boldsymbol{E}$，其中 K^+ 和 K^- 是由导体性质决定的自由电荷迁移率。根据式(2.9)可得

$$\boldsymbol{J}=\rho^+\boldsymbol{v}^++\rho^-\boldsymbol{v}^-=(K^+\rho^++K^-\rho^-)\boldsymbol{E}=\sigma\boldsymbol{E} \tag{2.125}$$

式(2.125)为欧姆定律的微分形式，又称作导电媒质中的本构关系。其中，σ 是导体的电导率，是用以描述导体导电能力的参数，其单位为 S/m(西门子/米)。

2.7.1 恒定电场的基本方程

对于恒定电场，满足如式(2.17)所示的连续性方程，重写公式如下：

$$\oint_S \boldsymbol{J}\cdot d\boldsymbol{S}=0 \tag{2.126}$$

$$\nabla\cdot\boldsymbol{J}=0 \tag{2.127}$$

从上述分析可知，为维持恒定电流，导体中的电场 $\boldsymbol{E}$ 恒定，由此可以认定恒定电场 $\boldsymbol{E}$ 同时

也是保守场，其沿任意一个闭合路径的线积分为 0，即

$$\begin{cases}\oint_C \boldsymbol{E}\cdot \mathrm{d}\boldsymbol{l}=0\\ \nabla\times\boldsymbol{E}=0\end{cases}\tag{2.128}$$

把式(2.125)代入式(2.127)可得

$$\nabla\cdot\sigma\boldsymbol{E}=\sigma\,\nabla\cdot\boldsymbol{E}+\boldsymbol{E}\cdot\nabla\sigma=0$$

在均匀介质中，$\nabla\sigma=0$，则可得

$$\nabla\cdot\boldsymbol{E}=0\tag{2.129}$$

与静电场类似，恒定电场与其中的电位函数 φ 满足如下关系：

$$\boldsymbol{E}=-\nabla\varphi\tag{2.130}$$

将式(2.130)代入式(2.129)可得

$$\nabla^2\varphi=0\tag{2.131}$$

这表明均匀导体中恒定电场的电位分布满足拉普拉斯方程。

2.7.2　恒定电场的边界条件

与 2.5 节过程类似，从式(2.126)和式(2.128)可得恒定电场中满足的边界条件为

$$\boldsymbol{e}_n\cdot(\boldsymbol{J}_1-\boldsymbol{J}_2)=0\tag{2.132}$$

$$\boldsymbol{e}_n\times(\boldsymbol{E}_1-\boldsymbol{E}_2)=0\tag{2.133}$$

其中，$\boldsymbol{e}_n$ 为媒质 2 指向媒质 1 的法向单位矢量。式(2.132)又可表示为

$$J_{1n}=J_{2n}\tag{2.134}$$

或

$$J_1\cos\theta_1=J_2\cos\theta_2\tag{2.135}$$

另外，式(2.133)又可表示为

$$E_{1t}=E_{2t}\tag{2.136}$$

或

$$E_1\sin\theta_1=E_2\sin\theta_2\tag{2.137}$$

下标中的 n 和 t 分别表示分界面的法向和切向，θ_1 和 θ_2 分别表示媒质 1 和媒质 2 中场矢量与法向之间的夹角，如图 2.29 所示。式(2.134)表明跨越两导体分界面的电流密度 $\boldsymbol{J}$ 法向分量连续。根据式(2.125)，式(2.136)又可写为

$$\frac{J_{1t}}{\sigma_1}=\frac{J_{2t}}{\sigma_2}\tag{2.138}$$

式(2.138)表明跨越两导体分界面的电流密度切向分量之比等于两导体的电导率之比。

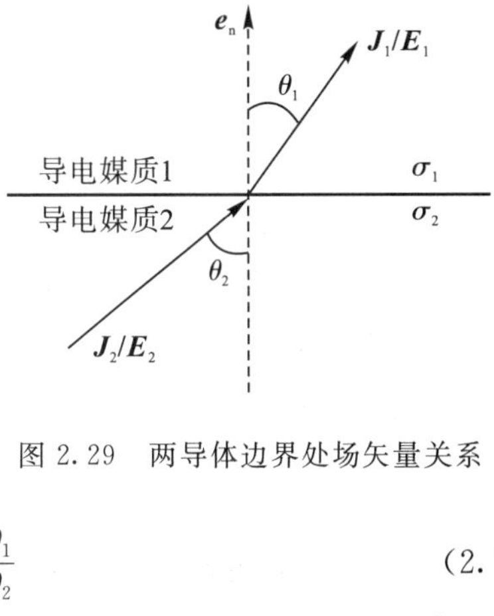

图 2.29　两导体边界处场矢量关系

结合式(2.134)、式(2.138)和图 2.29 可得

$$\frac{\sigma_1}{\sigma_2}=\frac{J_{1t}/J_{1n}}{J_{2t}/J_{2n}}=\frac{\tan\theta_1}{\tan\theta_2}\tag{2.139}$$

考虑下半空间为理想导体，即 $\sigma_2=\infty$，从式(2.138)及式(2.139)可知 $J_{1t}=0$ 或 $\theta_1=0$，表明理想导电媒质 1 中的电流密度仅有法向分量。

与静电场类似，恒定电场中也可用电位函数表征导体边界条件。依据式(2.125)和式(2.130)可得 $\boldsymbol{J}=-\sigma\nabla\varphi$，结合式(2.134)和式(2.136)可得

$$\sigma_1\frac{\partial\varphi_1}{\partial n}=\sigma_2\frac{\partial\varphi_2}{\partial n} \tag{2.140}$$

和

$$\varphi_1=\varphi_2 \tag{2.141}$$

2.7.3　恒定电场与静电场的类比

对比导体中的恒定电场与介质中的静电场，无论是基本方程还是本构关系，在无源(静电场指的是电荷密度为0，而恒定电场指的是除电源外)情况下的数学关系式中，存在可类比对照之处，并在边界条件中得到进一步印证，具体类比对照情况如表2.1所示。

表 2.1　恒定电场与静电场类比对照

数学关系		电源之外导体中的恒定电场	无源介质中的静电场	类比对照关系
基本方程	通量/散度	$\begin{cases}\oint_S \boldsymbol{J}\cdot d\boldsymbol{S}=0\\ \nabla\cdot\boldsymbol{J}=0\end{cases}$	$\begin{cases}\oint_S \boldsymbol{D}\cdot d\boldsymbol{S}=0\\ \nabla\cdot\boldsymbol{D}=0\end{cases}$	$\boldsymbol{J}\leftrightarrow\boldsymbol{D}$
	环量/旋度	$\begin{cases}\oint_C \boldsymbol{E}(\boldsymbol{r})\cdot d\boldsymbol{l}=0\\ \nabla\times\boldsymbol{E}(\boldsymbol{r})=0\end{cases}$	$\begin{cases}\oint_C \boldsymbol{E}(\boldsymbol{r})\cdot d\boldsymbol{l}=0\\ \nabla\times\boldsymbol{E}(\boldsymbol{r})=0\end{cases}$	$\boldsymbol{E}\leftrightarrow\boldsymbol{E}$
	位函数方程	$\nabla^2\varphi=0$	$\nabla^2\varphi=0$	$\varphi\leftrightarrow\varphi$
本构关系		$\boldsymbol{J}=\sigma\boldsymbol{E}$	$\boldsymbol{D}=\varepsilon\boldsymbol{E}$	$\sigma\leftrightarrow\varepsilon$
边界条件	法向关系	$J_{1n}=J_{2n}$ $\sigma_1\frac{\partial\varphi_1}{\partial n}=\sigma_2\frac{\partial\varphi_2}{\partial n}$	$D_{1n}=D_{2n}$ $\varepsilon_1\frac{\partial\varphi_1}{\partial n}=\varepsilon_2\frac{\partial\varphi_2}{\partial n}$	$\boldsymbol{J}\leftrightarrow\boldsymbol{D}$ $\sigma\leftrightarrow\varepsilon$ $\varphi\leftrightarrow\varphi$
	切向关系	$E_{1t}=E_{2t}$ $\varphi_1=\varphi_2$	$E_{1t}=E_{2t}$ $\varphi_1=\varphi_2$	$\boldsymbol{E}\leftrightarrow\boldsymbol{E}$ $\varphi\leftrightarrow\varphi$

另外，在导体中，电导 G 与电阻 R 可表示为如下关系：

$$G=\frac{1}{R}=\frac{I}{U}=\frac{\int_S \boldsymbol{J}\cdot d\boldsymbol{S}}{-\int_L \boldsymbol{E}\cdot d\boldsymbol{l}}=\frac{\int_S \sigma\boldsymbol{E}\cdot d\boldsymbol{S}}{-\int_L \boldsymbol{E}\cdot d\boldsymbol{l}} \tag{2.142}$$

其中，U 表示导体区域 V 中垂直于电场 $\boldsymbol{E}$ 的两个等位面间的电压，I 表示导体区域 V 中通过垂直于电场 $\boldsymbol{E}$ 的等位面上总的电流。类比式(2.90)和式(2.142)可得

$$G=\frac{\sigma}{\varepsilon}C \tag{2.143}$$

式(2.143)给出了某装置的电容与电导之间的求解关系。

例 2.12　重新考虑例2.8～例2.11所示的模型，若其中的媒质导电且电导率为 σ，求各模型相应的电导。

解 结合式(2.143)，从式(2.91)～式(2.94)可得各对应模型装置的电导分别为：

(1) 平行平板双导体：$G=\dfrac{\sigma S}{d}$。

(2) 同轴线：$G=\dfrac{2\pi\sigma L}{\ln(b/a)}$。

(3) 平行双导线：$G\approx\dfrac{\pi\sigma}{\ln(D/a)}$。

(4) 同心导体球壳：$G=\dfrac{4\pi\sigma ab}{b-a}$。

2.7.4 焦耳定律

电荷体密度为 ρ 的导电媒质中，在电场 $\boldsymbol{E}$ 作用下，电荷运动的平均速度为 $\boldsymbol{v}$，则体积元 $\mathrm{d}V$ 中电荷所受的电场力为

$$\mathrm{d}\boldsymbol{F}=\boldsymbol{E}\rho\mathrm{d}V \tag{2.144}$$

在 $\mathrm{d}t$ 时间内电荷运动距离矢量 $\mathrm{d}\boldsymbol{l}=\boldsymbol{v}\mathrm{d}t$，即电场力所做的功为

$$\mathrm{d}W=\mathrm{d}\boldsymbol{F}\cdot\mathrm{d}\boldsymbol{l}=\rho\boldsymbol{v}\cdot\boldsymbol{E}\mathrm{d}V\mathrm{d}t=\boldsymbol{J}\cdot\boldsymbol{E}\mathrm{d}V\mathrm{d}t \tag{2.145}$$

因此，电场力提供的功率为

$$\mathrm{d}p=\frac{\mathrm{d}W}{\mathrm{d}t}=\boldsymbol{J}\cdot\boldsymbol{E}\mathrm{d}V \tag{2.146}$$

则体积 V 内电场力的功率为

$$P=\int_V p\,\mathrm{d}V=\int_V \boldsymbol{J}\cdot\boldsymbol{E}\mathrm{d}V \tag{2.147}$$

其中的功率密度 p 定义如下：

$$p=\boldsymbol{J}\cdot\boldsymbol{E} \tag{2.148}$$

对于传导电流，单位体积产生的热功率即焦耳热损耗，式(2.147)和式(2.148)分别称作焦耳定律的积分和微分形式。

结合式(2.125)又可得导电媒质中功率损耗的微分和积分形式分别为

$$p=\sigma\boldsymbol{E}\cdot\boldsymbol{E}=\sigma E^2 \tag{2.149}$$

和

$$P=\int_V \sigma\boldsymbol{E}\cdot\boldsymbol{E}\mathrm{d}V=\int_V \sigma E^2\,\mathrm{d}V \tag{2.150}$$

例 2.13 如图 2.30 所示，阴影部分为内外半径分别为 $r=a$ 和 $r=b$、厚度为 h 的四分之一导体圆弧，导体电导率为 σ，求导体在 $\phi=0$ 与 $\phi=\pi/2$ 面间的电阻。

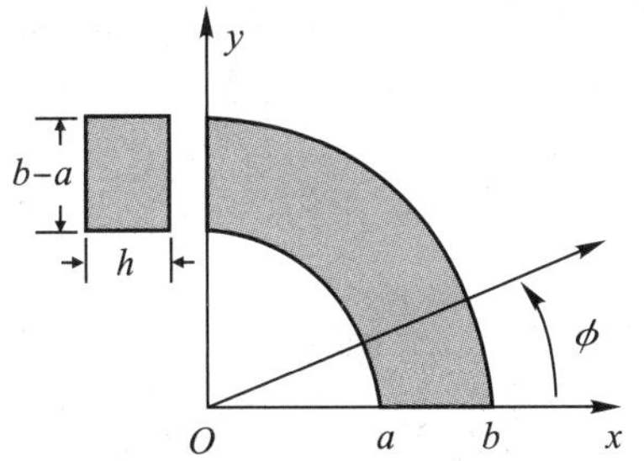

图 2.30 例 2.13 模型示意图

解 考虑柱坐标系。首先假设在 $\phi=0$ 与 $\phi=\pi/2$ 两个面上设置电位分别为 0 和 U_0，即在两个面之间的电压为 U_0，则满足边界条件

$$\varphi|_{\phi=0}=0 \tag{2.151}$$

$$\varphi|_{\phi=\pi/2}=U_0 \tag{2.152}$$

在导体上，电位满足式(2.131)所示的拉普拉斯方程。由于电位 φ 仅是变量 ϕ 的函数，则拉普拉斯方程变为

$$\frac{\mathrm{d}^2\varphi}{\mathrm{d}\phi^2}=0 \tag{2.153}$$

式(2.153)的解为

$$\varphi=A\phi+B$$

结合式(2.151)和式(2.152)可得

$$\varphi=\frac{2U_0}{\pi}\phi$$

因此，在流过 $\phi=\text{const}$ 的平面上，体电流密度为

$$\boldsymbol{J}=\sigma\boldsymbol{E}=-\sigma\nabla\varphi=-\boldsymbol{e}_\phi\sigma\frac{\partial\varphi}{r\partial\phi}=-\boldsymbol{e}_\phi\frac{2\sigma U_0}{\pi r}$$

则总电流 I 为

$$I=\int_{\phi=\text{const}}\boldsymbol{J}\cdot\mathrm{d}\boldsymbol{S}=\frac{2\sigma U_0 h}{\pi}\int_a^b\frac{\mathrm{d}r}{r}=\frac{2\sigma U_0 h}{\pi}\ln\frac{b}{a}$$

根据式(2.142)可得导体在 $\phi=0$ 与 $\phi=\pi/2$ 面间的电阻为

$$R=\frac{U_0}{I}=\frac{\pi}{2\sigma h\ln(b/a)}$$

2.8 静态场中的唯一性定理

首先考虑如图 2.31(a)所示的电场，其中点电荷 $+q$ 与无限大接地金属板的距离为 d，电场线起始于正的点电荷 $+q$，终止于接地金属板上感应的面电荷，在金属板右侧 $x>0$ 的空间中电场是由点电荷与接地金属板上感应出的面电荷产生的电场叠加而成的，电场线分布如图中虚线所示。

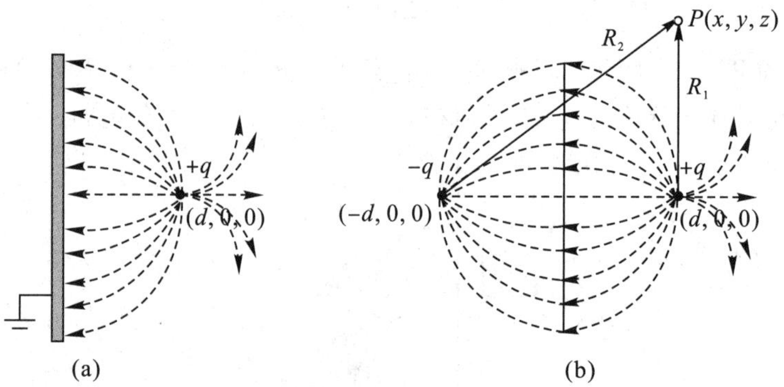

图 2.31 无限大接地金属板附近电荷产生的电场

如果移除图 2.31(a)中的无限大接地金属板，并在点电荷 $+q$ 相对于无限大金属板的对称位置放置 $-q$ 的点电荷，如图 2.31(b)所示，则 $x>0$ 的空间中的电场线分布是否与图 2.31(a)中的相同呢？实验表明，两种情况下的电场线分布完全相同。既然如此，是否可以认定这两种情况下 $x>0$ 的空间中的电位分布是相同的呢？要回答这个问题，必须从理论上理解确定电场分布的充分必要条件，这也是唯一性定理所要阐述的内容。

唯一性定理指出了边值问题中，在给定场域的边界条件时，泊松方程(或拉普拉斯方程)的解是唯一的。

2.8.1 边值问题的类型

依据场域边界条件的形式，边值问题可分成以下三类：

(1) 若已知边界 S 上的电位，则称为第一类边值条件(Dirichlet 条件)，即

$$\varphi(S)=f_1(S) \tag{2.154}$$

(2) 若已知边界 S 上的电位法向的导数，则称为第二类边值条件(Neumann 条件)，即

$$\frac{\partial\varphi(S)}{\partial n}=f_2(S) \tag{2.155}$$

(3) 若已知边界 S 上的边值条件是上述两种边值条件的组合形式，则称为第三类边值条件(混合边值条件)，即

$$\varphi(S_1)=f_1(S_1) \tag{2.156}$$

$$\frac{\partial\varphi(S_2)}{\partial n}=f_2(S_2) \tag{2.157}$$

其中 $S=S_1+S_2$。

此外，若源分布于有限区域内，则其在无穷远处的电位应满足自然边值条件，即电位函数在空间的分布与距离成反比，因此存在如下关系：

$$\lim_{r\to\infty} r\varphi=\text{const} \tag{2.158}$$

2.8.2 唯一性定理的证明

唯一性定理详述的是：对于区域 V，若其内的源(自由电荷体密度为 ρ)确定，且其边界 S_i 上的电位 φ 或电位法向导数 $\partial\varphi/\partial n$ 已知，则区域 V 内泊松方程(或拉普拉斯方程)具有唯一的解。简单地说，已知区域 V 内源的分布及边值条件，场在区域 V 内的解唯一。

为证明唯一性定理，考虑图 2.32，假设 V 是由任意闭合曲面 S_0 包围的体积，内部包含系列导体，它们的外表面分别是 S_1，S_2，…，S_n。若假设闭合曲面 S_0 的场解不唯一，泊松方程存在两组解，分别是 φ_1 和 φ_2，则

$$\nabla^2\varphi_1=-\frac{\rho}{\varepsilon} \tag{2.159}$$

$$\nabla^2\varphi_2=-\frac{\rho}{\varepsilon} \tag{2.160}$$

进一步假设 φ_1 和 φ_2 在 S_0，S_1，S_2，…，S_n 上满足相同的边值条件，二者电位差为

$$\varphi_{\mathrm{d}}=\varphi_1-\varphi_2 \tag{2.161}$$

从式(2.159)和式(2.160)可知 φ_{d} 满足拉普拉斯方程

$$\nabla^2\varphi_{\mathrm{d}}=0 \tag{2.162}$$

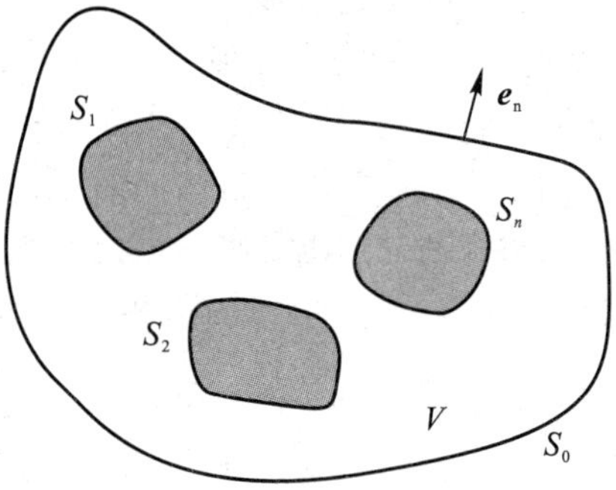

图 2.32 闭合曲面 S_i 包围的体积 V

并且在导体的边界 S_0，S_1，S_2，…，S_n上满足

$$\varphi_d|_S=0 \tag{2.163}$$

结合矢量恒等式

$$\nabla\cdot(u\boldsymbol{A})=u\nabla\cdot\boldsymbol{A}+\boldsymbol{A}\cdot\nabla u \tag{2.164}$$

令 $u=\varphi_d$ 及 $\boldsymbol{A}=\nabla\varphi_d$，则

$$\nabla\cdot(\varphi_d\nabla\varphi_d)=\varphi_d\nabla^2\varphi_d+|\nabla\varphi_d|^2 \tag{2.165}$$

结合式(2.162)，对式(2.165)两端在 V 内作体积分并应用矢量的散度定理可得

$$\int_V|\nabla\varphi_d|^2\mathrm{d}V=\oint_S(\varphi_d\nabla\varphi_d)\cdot\mathrm{d}\boldsymbol{S} \tag{2.166}$$

其中 $\mathrm{d}\boldsymbol{S}=\boldsymbol{e}_n\mathrm{d}S$，$\boldsymbol{e}_n$ 为闭合曲面外法向单位矢量，S 是由 S_0，S_1，S_2，…，S_n构成的。

鉴于 S_0为任意闭合曲面，若令其为包含全空间的无限大闭合面，则在该面上，式(2.166)右端是在半径为 R 的很大球面上的积分。因 φ_1 和 φ_2 正比于 $1/R$，则 φ_d 也正比于 $1/R$，而$\nabla\varphi_d$ 正比于 $1/R^2$，因此被积函数 $\varphi_d\nabla\varphi_d$ 正比于 $1/R^3$。又因闭合曲面 S_0的面积正比于 R^2，使得式(2.166)右端的计算结果正比于 $1/R$，即在无限大的闭合曲面上其积分结果为 0，可得

$$\int_V|\nabla\varphi_d|^2\mathrm{d}V=0 \tag{2.167}$$

若 S_0为包含 S_1，S_2，…，S_n的有限大闭合面，则式(2.166)右端为

$$\oint_S(\varphi_d\nabla\varphi_d)\cdot\mathrm{d}\boldsymbol{S}=\oint_S\left(\varphi_d\frac{\partial\varphi_d}{\partial n}\right)\mathrm{d}S \tag{2.168}$$

由于 φ_1 和 φ_2 在 S_0，S_1，S_2，…，S_n上满足相同的边值条件，结合式(2.161)可以看出，无论是第一类还是第二类边值条件，式(2.168)右端的被积函数均为 0，同样可以得到如式(2.167)所示的结果。

鉴于$|\nabla\varphi_d|\geqslant 0$，当且仅当$|\nabla\varphi_d|$处处(包括边界、参考点等)为 0 时式(2.167)才得以成立，即

$$\varphi_d=\varphi_1-\varphi_2=\text{const}$$

对于第一类边值问题，在边界上 const=0，故在整个区域 V 内均有 $\varphi_d=\varphi_1-\varphi_2=0$，即 $\varphi_1=\varphi_2$；对于第二类边值问题，无论 φ_1 还是 φ_2，在参考点处 const=0，故在整个区域 V 内也有 $\varphi_1=\varphi_2$；第三类边值问题是第一类和第二类边值问题的混合形式，所以也必定满足 const=0，故在整个区域 V 内均满足 $\varphi_1=\varphi_2$。

以上分析表明，在给定边界条件的区域 V 内仅存在唯一的解。

2.8.3 唯一性定理的重要性

唯一性定理对于解决实际问题具有十分重要的作用：唯一性定理给出了电磁场问题具有唯一解的条件，为场问题的各种求解方法提供了理论基础，并为求解结果的正确与否提供了判断依据。

回顾图 2.31(b)，移除无限大接地金属板后，在点电荷 $+q$ 相对该金属板表面对称位置处放置 $-q$ 的点电荷，两个点电荷与该表面上任意点的距离相等，且电量相等、电性相反，因此在金属板表面上各点($x=0$)均满足 $\varphi=0$，与图 2.31(a)原问题一致(无限大金属板接地)。就 $x\geqslant 0$ 空间而言，其内部电荷分布和边界条件均未发生变化。依据唯一性定理，图 2.31(a)和(b)中 $x>0$ 空间内场分布相同，这就是下一节要学习的镜像法求解思路。

人们依据唯一性定理，针对不同的情况，找到了求解电磁场的诸多方法，如镜像法、分离变量法、有限差分法等。值得指出的是，针对确定的约束方程和边界条件，计算结果与方法无关，即在满足解的唯一性的前提条件下，各种求解方法的计算结果必须一致。

2.9 镜 像 法

在图 2.31(a)中，$x>0$ 空间内的电位是由两部分叠加而成的：① 点电荷 $+q$ 产生的电位；② 无限大导体上感应的非均匀电荷产生的电位。点电荷 $+q$ 产生的电位可容易由式(2.55)求得，但非均匀感应电荷产生的电位求解往往十分困难，对于球面、柱面等模型更是如此。

从 2.8.3 节可知，因为图 2.31(b)与图 2.31(a)在 $x\geqslant 0$ 的区域内具有相同的源分布和相同的边界条件，依据唯一性定理，二者在 $x>0$ 空间内待求解的场相同。实际中，在点电荷 $+q$ 相对于无限大金属板的对称位置处的点电荷 $-q$ 并不存在，故称之为镜像(虚拟)电荷，相应的点电荷 $+q$ 称作原(真实)电荷，因此图 2.31(a)中非均匀感应电荷(在介质中称作极化电荷)产生的电位集中由镜像(虚拟)点电荷产生的电位替代，这样将使复杂问题简单化。虚拟电荷类似于原(真实)电荷相对于以无限大理想导体为镜面的镜像，故称这种求解方法为镜像法。

镜像法的关键要素包括：① 确定镜像(虚拟)电荷的个数、位置和电荷量；② 明确有效的求解区域。以上两个关键点需确保两个“不变”，即：① 保持待求问题的边界条件不变；② 镜像(虚拟)电荷必须位于待求解区域外，从而使得待求解区域中源的分布不变(满足的拉普拉斯方程或泊松方程不变)。

镜像法可以求解不同介质空间(理想导体、电/磁介质等)和不同形状分界面(平面、柱形、球形等)的问题。在本节中，我们主要给出无限大接地导体附近的点电荷(如图 2.31 所示)、平行于导体的无限长线电荷或点电荷(如图 2.33(a)、(b)所示)、不同走向的电偶极子(如图 2.33(c)所示)和磁偶极子(如图 2.33(d)所示)等简单模型的镜像法求解或分析过程。

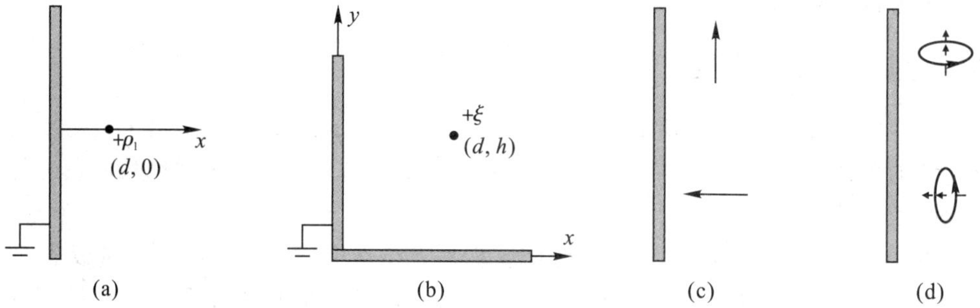

图 2.33 几种典型模型

1. 点电荷在无限大导体平面附近的电位

在图 2.31 所示的模型中，为满足唯一性条件，电荷量为$-q$的镜像点电荷与真实点电荷相对于无限大理想导体表面呈对称分布。这里用$-q$的点电荷集中代替无限大接地导体的作用，则有效求解区域$x>0$空间中的电位可表示为两个点电荷产生电位的叠加，即

$$\varphi=\frac{q}{4\pi\varepsilon}\left(\frac{1}{R_1}-\frac{1}{R_2}\right)=\frac{q}{4\pi\varepsilon}\left(\frac{1}{\sqrt{(x-d)^2+y^2+z^2}}-\frac{1}{\sqrt{(x+d)^2+y^2+z^2}}\right)\quad x\geqslant 0 \tag{2.169}$$

当$x=0$(考察点在无限大导体面上)时，$\varphi=0$；此外，$x>0$空间内电荷分布未改变。依据唯一性定理，式(2.169)即为图 2.31(a)中$x>0$空间内的电位分布函数。

进一步，利用关系$\boldsymbol{E}=-\nabla\varphi$可得求解区域中电场分布(读者可尝试自行求解)。在$x=0$(无限大接地金属板表面)处的电场为

$$\boldsymbol{E}\big|_{x=0}=-\frac{qd}{2\pi\varepsilon\ (d^2+y^2+z^2)^{3/2}}\boldsymbol{e}_x$$

即导体表面的电场垂直于导体表面，这与式(2.84)的结果一致，负号表示场强沿着$-x$方向。

另外，依据边界条件即式(2.85)可求出导体表面感应的面电荷分布为

$$\rho_s=-\varepsilon\frac{\partial\varphi}{\partial x}\bigg|_{x=0}=\varepsilon E_x\big|_{x=0}=-\frac{qd}{2\pi\ (d^2+y^2+z^2)^{3/2}}$$

因此可求得导体表面上总的感应电荷为

$$q_{ic}=\int_S\rho_s\mathrm{d}S=-\frac{qd}{2\pi}\iint_S\frac{\mathrm{d}y\mathrm{d}z}{(d^2+y^2+z^2)^{3/2}}=-q$$

2. 无限长线电荷在无限大导体平面附近的电位

对于如图 2.33(a)所示的线密度为$+\rho_l$的平行于无限大导体平面的无限长线电荷，为满足唯一性条件，镜像电荷是线密度为$-\rho_l$且依然无限长的线电荷，如图 2.34 所示，它与真实无限长线电荷相对于$x=0$(无限大理想导体表面)对称分布。依据式(2.64)可得有效求解区域($x>0$)中任意点$P(x, y, z)$处的电位为

$$\varphi=\frac{\rho_l}{2\pi\varepsilon_0}\ln\frac{R_2}{R_1}=\frac{\rho_l}{2\pi\varepsilon_0}\ln\frac{\sqrt{(x+d)^2+y^2}}{\sqrt{(x-d)^2+y^2}} \tag{2.170}$$

很明显，对于无限大理想导体表面，$R_1=R_2$，即$\varphi(0,y)=0$；此外，在有效求解区域($x>0$)中，源分布相较于图 2.33(a)并未改变。依据唯一性定理，图 2.33(a)和图 2.34 中

$x>0$ 空间内的电位分布相同。

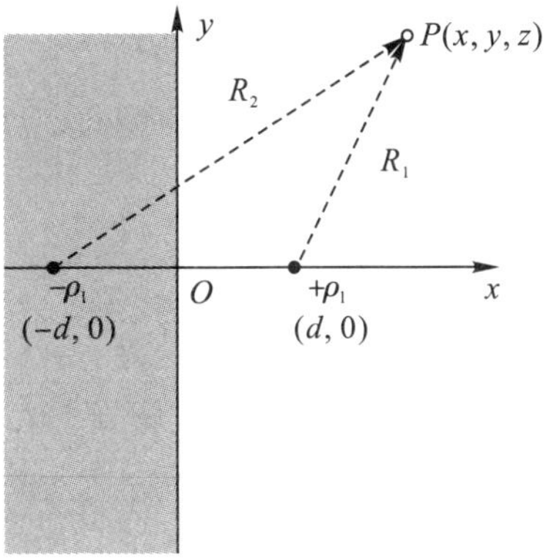

图 2.34 无限大导体表面附近的无限长线电荷及镜像电荷

3. 无限大且表面相互正交的接地理想导体附近电荷产生的电位

1) 无限长均匀线电荷

设线电荷密度为 $+\rho_l$，即图 2.33(b)中的 $\xi=\rho_l$。为满足唯一性条件，镜像线电荷分布如图 2.35 所示，即：设想把两导体板抽去，在第二象限内相对于 $x=0$ 对称的位置上放置密度为 $-\rho_l$ 的无限长镜像线电荷，此时使得 $x=0$ 处的电位为 0，但 $y=0$ 处的电位不为 0；再在第四象限内相对于 $y=0$ 对称的位置上放置密度为 $-\rho_l$ 的无限长镜像线电荷，此时使得 $y=0$ 处的电位为 0，但 $x=0$ 处的电位不为 0；若再在第三象限内相对于原点 O 对称的位置上放置密度为 $+\rho_l$ 的无限长镜像线电荷，将使得 $x=0$ 与 $y=0$ 处的电位均为 0。在图 2.35 中，有效求解区域(第一象限)内电荷分布及边界条件($x=0$ 和 $y=0$ 处的电位)与图 2.33(b)相同，因此电位分布相同，同样依据式(2.64)可得有效求解区域(第一象限)中任意点 $P(x, y, z)$处的电位为

$$\varphi=\frac{\rho_l}{2\pi\varepsilon_0}\ln\frac{R_2R_4}{R_1R_3}=\frac{\rho_l}{2\pi\varepsilon_0}\ln\frac{\sqrt{(x+d)^2+(y-h)^2}\sqrt{(x-d)^2+(y+h)^2}}{\sqrt{(x-d)^2+(y-h)^2}\sqrt{(x+d)^2+(y+h)^2}}$$

很明显，在 $x=0$ 或 $y=0$ 处的电位均为 0，与原问题边值一致。

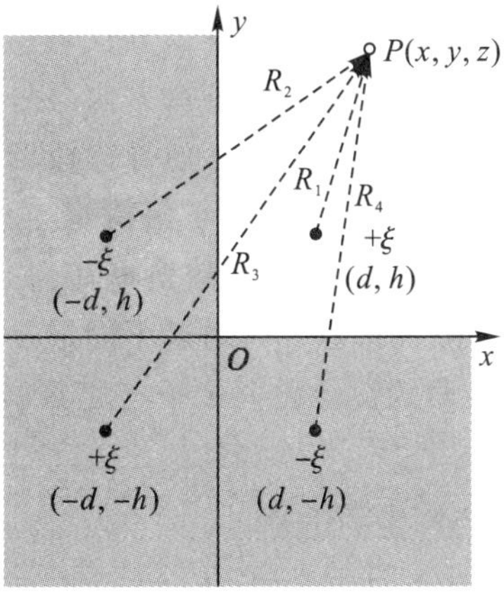

图 2.35 无限大相互正交的理想导体附近的电荷及镜像电荷分布

2）点电荷

设点电荷为$+q$，即图 2.33(b)中的$\xi=q$。分析过程与图 2.35 类似，即通过在第二、第三和第四象限内，在相对于无限大相互正交的理想导体表面的对称位置处，分别设置$-q$、$+q$和$-q$的点电荷，与在接地的理想导体表面上感应的面电荷等效，则有效求解区域(第一象限)中任意点$P(x, y, z)$处的电位为

$$
\begin{aligned}
\varphi &= \frac{q}{4\pi\varepsilon}\left(\frac{1}{R_1}-\frac{1}{R_2}+\frac{1}{R_3}-\frac{1}{R_4}\right)\\
&= \frac{q}{4\pi\varepsilon}\left(\frac{1}{\sqrt{(x-d)^2+(y-h)^2+z^2}}-\frac{1}{\sqrt{(x+d)^2+(y-h)^2+z^2}}\right.\\
&\quad \left.+\frac{1}{\sqrt{(x+d)^2+(y+h)^2+z^2}}-\frac{1}{\sqrt{(x-d)^2+(y+h)^2+z^2}}\right)
\end{aligned}
$$

4. * 无限大接地导体附近不同走向的电/磁偶极子的镜像

电偶极子指的是两个相距很近的等值异号点电荷构成的系统，方向从负电荷指向正电荷，与理想导体板相互平行和垂直的电偶极子如图 2.33(c)中的两个模型所示。根据镜像原理，为了保持唯一性，电偶极子中两个等值异号点电荷的镜像电荷如图 2.36(a)所示。再根据电偶极子方向性的定义，可得无限大接地导体附近不同走向的电偶极子的镜像电偶极子方向，即平行于无限大接地导体表面的镜像电偶极子与真实电偶极子反向，而垂直的镜像电偶极子则与真实电偶极子同向。

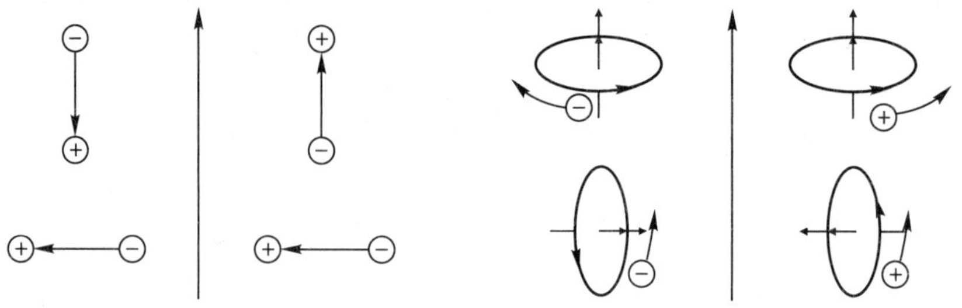

(a) 电偶极子　　(b) 磁偶极子

图 2.36　不同走向电/磁偶极子镜像

类似地，磁偶极子指的是相距很近的两个等值异性磁荷构成的系统，通常还可用载有电流的小圆形回路作为磁偶极子的等效模型，电流方向与磁偶极子方向满足右手法则。为了便于理解，此处采用后者定义磁偶极子。与理想导体板相互平行和垂直的磁偶极子如图 2.33(d)中的两个模型所示。根据镜像原理，为了保持唯一性，磁偶极子中等效电流(沿圆周运动的正电荷)的镜像电流(沿圆周镜像运动的负电荷)如图 2.36(b)所示。再根据磁偶极子与电流方向的关系，可得无限大接地导体附近不同走向的磁偶极子的镜像磁偶极子方向，即平行于无限大接地导体表面的镜像磁偶极子与原磁偶极子同向，而垂直的镜像磁偶极子与原磁偶极子反向。

5. 无限大双层介质中点电荷产生的电位

在如图 2.37(a)所示的模型中，双层介质(半空间)中，上下半空间介电常数分别为ε_1和ε_2，分界面为S。在上半空间距离S为d的位置P处有一点电荷q，下面用镜像法分析

整个半空间的电位分布。

设上下半空间的电位分别为 φ_1 和 φ_2，它们满足如下条件：

(1) 除 P 点外，φ_1 和 φ_2 分别满足方程 $\nabla^2\varphi_1=0$，$\nabla^2\varphi_2=0$。

(2) 在远离 P 点处，$\varphi_1\to0$ 和 $\varphi_2\to0$；在趋于 P 点处，φ_1 趋于 $q/(4\pi\varepsilon r)$。

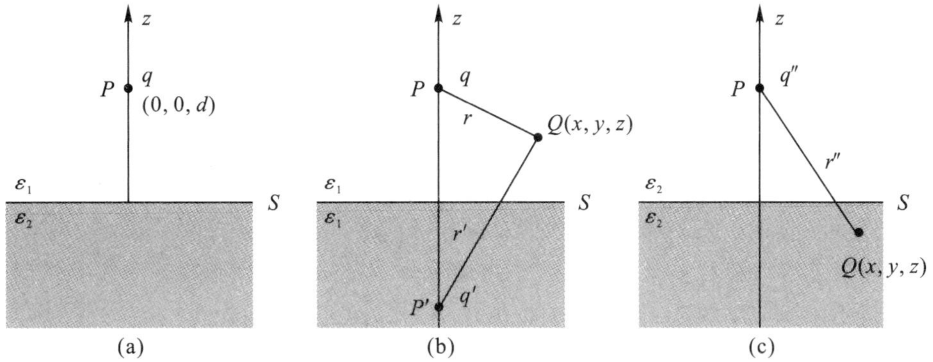

图 2.37　半空间介质中的镜像法示意图

(3) 在界面 S 处有

$$\varphi_1\big|_S=\varphi_2\big|_S$$
$$\varepsilon_1\frac{\partial\varphi_1}{\partial z}\bigg|_S=\varepsilon_2\frac{\partial\varphi_2}{\partial z}\bigg|_S$$

如图 2.37(b)所示，在计算 φ_1 时，把 ε_2 换成 ε_1，且在下半空间 $P'(0, 0, -d)$处放置像电荷 q'，以代替界面上束缚电荷的作用，此时认为界面不存在，有效求解区域(上半空间)中的 φ_1 是由 q 及像电荷 q' 在均匀无限大、介电常数为 ε_1 的介质中所产生；类似地，如图 2.37(c)所示，在计算 φ_2 时，把 ε_1 换成 ε_2，并在 P 点处放置一镜像电荷，设此镜像电荷与 q 的总电荷量为 q''，认为有效求解区域(下半空间)中的 φ_2 是 q'' 在均匀无限大、介电常数为 ε_2 的介质中所产生。很明显，不论 q' 和 q'' 的数值是多少，均能满足上述的条件(1)和条件(2)。通过条件(3)确定 q' 和 q''，依据唯一性定理，设置镜像后的电位函数唯一。

由条件(3)可得

$$\left(\frac{q}{4\pi\varepsilon_1 r}+\frac{q'}{4\pi\varepsilon_1 r'}\right)\bigg|_{z=0}=\frac{q''}{4\pi\varepsilon_2 r''}\bigg|_{z=0}$$
$$\left(\frac{q(z-d)}{r^3}+\frac{q'(z+d)}{r'^3}\right)\bigg|_{z=0}=\frac{q''(z-d)}{r''^3}\bigg|_{z=0}$$

于是

$$\frac{q}{\varepsilon_1}+\frac{q'}{\varepsilon_1}=\frac{q''}{\varepsilon_2}$$
$$q-q'=q''$$

联立上述两式可得

$$q'=\left(\frac{\varepsilon_1-\varepsilon_2}{\varepsilon_1+\varepsilon_2}\right)q=\xi_{12}q$$

$$q''=\left(1-\frac{\varepsilon_1-\varepsilon_2}{\varepsilon_1+\varepsilon_2}\right)q=(1-\xi_{12})q$$

其中，ξ_{12}为介质 2 对介质 1 的反射系数，是像电荷 q'与 q 之比；$1-\xi_{12}$为介质 1 到介质 2 的透射系数，是像电荷 q''与 q 之比。因此，可得两层介质中的电位函数分别为

$$\varphi_1=\frac{q}{4\pi\varepsilon_1 r}+\frac{\xi_{12}q}{4\pi\varepsilon_1 r'}$$

$$\varphi_2=\frac{(1-\xi_{12})q}{4\pi\varepsilon_2 r''}$$

2.10 分离变量法

分离变量法指的是将待求函数写成多个未知一维函数的乘积，其中每个一维函数仅与某一个坐标变量有关，把多函数乘积的形式代入拉普拉斯方程并分离变量，得到各未知一维函数满足的常微分方程，而后依据这些常微分方程和边界条件确定各未知一维函数，从而实现对待求函数的求解。

分离变量法的主要步骤如下：

(1) 依据边界面形状选择合适的坐标系，并写出相应坐标系中拉普拉斯方程的表达式；

(2) 令待求函数为各坐标变量函数的乘积，并代入拉普拉斯方程，得到各坐标变量函数满足的常微分方程；

(3) 求解常微分方程，得出各坐标变量函数的一系列特解(这些特解已在数学中求出，可直接利用)，并把各坐标变量函数分别表述为上述特解的线性叠加(通解)；

(4) 把各通解分别代入坐标变量函数与待求函数，得到待求函数表达式，然后依据待求问题的边界条件及对应函数的性质确定待定系数，从而求解出待求函数。

电位函数常用的边界条件如下：

(1) 在两不同媒质的交界面上有

$$\varphi_1=\varphi_2$$

$$-\varepsilon_1\frac{\partial\varphi_1}{\partial n}+\varepsilon_2\frac{\partial\varphi_2}{\partial n}=\rho_s$$

(2) 电荷分布在有限区域，则无穷远处的电位为零，即 $\varphi(\infty)=0$；

(3) 如果坐标原点无点电荷，则坐标原点的场为有限值，即 $\varphi(0)\neq\infty$。

2.10.1 直角坐标系中的分离变量法

在直角坐标系中，标量电位函数 φ 满足的拉普拉斯方程为

$$\nabla^2\varphi=\frac{\partial^2\varphi}{\partial x^2}+\frac{\partial^2\varphi}{\partial y^2}+\frac{\partial^2\varphi}{\partial z^2}=0 \tag{2.171}$$

为应用分离变量法，我们令 $\varphi(x, y, z)$表示为如下乘积形式：

$$\varphi(x,y,z)=X(x)Y(y)Z(z) \tag{2.172}$$

其中 $X(x)$、$Y(y)$和 $Z(z)$分别是坐标变量 x、y 和 z 的函数。将式(2.172)代入式(2.171)，再除以 $X(x)Y(y)Z(z)$可得

$$\frac{1}{X(x)}\frac{\mathrm{d}^2X(x)}{\mathrm{d}x^2}+\frac{1}{Y(y)}\frac{\mathrm{d}^2Y(y)}{\mathrm{d}y^2}+\frac{1}{Z(z)}\frac{\mathrm{d}^2Z(z)}{\mathrm{d}z^2}=0 \tag{2.173}$$

值得注意的是，式(2.173)左端的三项分别仅是一个坐标变量的函数，若要其对任意坐标变量(空间位置)均成立，则这三项均必须为常数，即

$$\frac{1}{X(x)}\frac{\mathrm{d}^2X(x)}{\mathrm{d}x^2}=\pm k_x^2 \tag{2.174}$$

$$\frac{1}{Y(y)}\frac{\mathrm{d}^2Y(y)}{\mathrm{d}y^2}=\pm k_y^2 \tag{2.175}$$

$$\frac{1}{Z(z)}\frac{\mathrm{d}^2Z(z)}{\mathrm{d}z^2}=\pm k_z^2 \tag{2.176}$$

其中，必须满足

$$k_x^2+k_y^2+k_z^2=0 \tag{2.177}$$

即 $k_\xi(\xi=x,y,z)$中的一项由另外两项决定，如两项为实数，则另外一项必为纯虚数。

式(2.174)～式(2.176)等号右端的“+”或“−”是任意的，就如 $k_\xi(\xi=x, y, z)$可为0、实数或纯虚数一样，具体与边值条件有关。这是因为，当式(2.174)中取 $-k_x^2$ 时：① 若 $k_x=0$，则 $X(x)=A_0x+B_0$，与式(2.174)等号右端形式无关；② 若 k_x 为纯虚数，即把 k_x 替换成 $\mathrm{j}k_x$(后者中的 k_x 为前者的虚部)，则相当于直接在式(2.174)等号右端取 $+k_x^2$。

当取 $-k_x^2$ 时，式(2.174)变为

$$X''(x)+k_x^2X(x)=0 \tag{2.178}$$

则 $\exp(+\mathrm{j}k_xx)$、$\exp(-\mathrm{j}k_xx)$或 $\sin(k_xx)$、$\cos(k_xx)$均为上述微分方程的特解，即通解为

$$X(x)=A\exp(+\mathrm{j}k_xx)+B\exp(-\mathrm{j}k_xx) \tag{2.179}$$

或

$$X(x)=A\sin(k_xx)+B\cos(k_xx) \tag{2.180}$$

当取 $+k_x^2$ 时，式(2.174)变为

$$X''(x)-k_x^2X(x)=0 \tag{2.181}$$

则 $\exp(+k_xx)$、$\exp(-k_xx)$或 $\sinh(k_xx)$、$\cosh(k_xx)$(如图2.38所示)均为上述微分方程的特解，即通解为

$$X(x)=A\exp(+k_xx)+B\exp(-k_xx) \tag{2.182}$$

或

$$X(x)=A\sinh(k_xx)+B\cosh(k_xx) \tag{2.183}$$

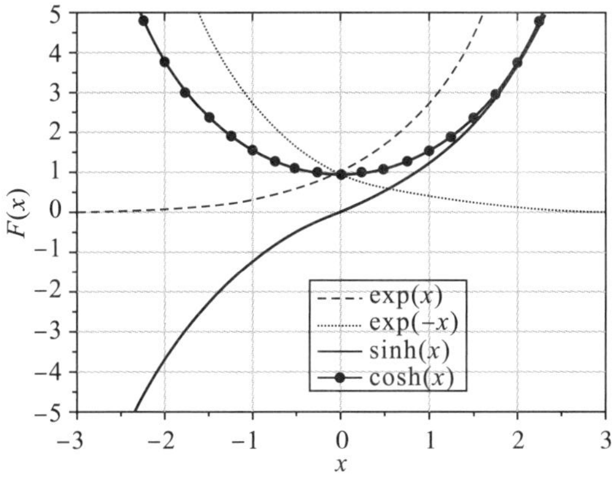

图2.38　指数及双曲正余弦曲线图

具体的形式与边值条件有关，常见的有如下情况：

• 情况 1：若 $X(x)$为定值 const，即与坐标变量 x 无关，则 $A_0=0$ 且 $B_0=\text{const}$。

• 情况 2：针对周期性问题，若 $X|_{边界1}=X|_{边界2}=0$，则在式(2.180)中取 $\sin(k_x x)$项；若 $X|_{边界1}=X|_{边界2}\neq 0$，则在式(2.180)中取 $\cos(k_x x)$项。

• 情况 3：针对周期性问题，若已知 $x=0$ 处 $X(x)$呈对称性，则在式(2.180)中取 $\cos(k_x x)$项。

• 情况 4：① 若 $X|_{\infty}=0$，则在式(2.182)中取 $\exp(-k_x x)$；若 $X|_{-\infty}=0$，则在式(2.182)中取 $\exp(+k_x x)$。② 若 $X(x)$为虚数，则在式(2.182)中的待定系数为虚数。

• 情况 5：若 $X|_{边界1}=0$ 且 $X|_{边界2}\neq 0$，则在式(2.183)中取 $\sinh(k_x x)$项。

式(2.175)和式(2.176)中与 $Y(y)$和 $Z(z)$相关的过程与此过程类似。

例 2.14 求解如图 2.39 所示的 z 方向无限长矩形金属槽内的电位分布。

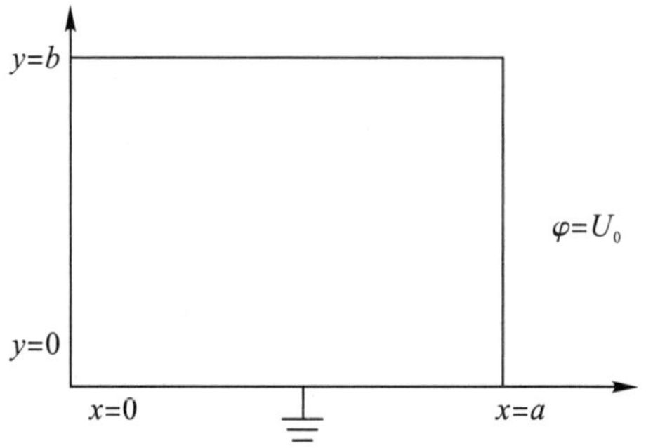

图 2.39 z 方向无限长矩形金属槽

解 因金属槽沿 z 方向无限长，故槽内的电位 φ 与坐标变量 z 无关。同时，由于槽内无源，故电位 φ 满足二维拉普拉斯方程，即

$$\nabla^2\varphi=\frac{\partial^2\varphi}{\partial x^2}+\frac{\partial^2\varphi}{\partial y^2}=0 \tag{2.184}$$

采用分离变量法，令

$$\varphi(x,y)=X(x)Y(y) \tag{2.185}$$

把式(2.185)代入式(2.184)并整理得到

$$\frac{1}{X(x)}\frac{\mathrm{d}^2X(x)}{\mathrm{d}x^2}+\frac{1}{Y(y)}\frac{\mathrm{d}^2Y(y)}{\mathrm{d}y^2}=0 \tag{2.186}$$

当且仅当上式左端两项均等于常数时才能成立。在图 2.39 中，由于

$$\varphi|_{y=0}=\varphi|_{y=b}=0$$

$$\varphi|_{x=0}=0$$

$$\varphi|_{x=a}=U_0\neq 0$$

而依据情况 2 和情况 5 所示的形式，将与 y 变量相关的项等于常数 $-k^2(k\geqslant 0)$，则

$$\begin{cases}\dfrac{1}{Y(y)}\dfrac{\mathrm{d}^2Y(y)}{\mathrm{d}y^2}=-k^2\\[2ex]\dfrac{1}{X(x)}\dfrac{\mathrm{d}^2X(x)}{\mathrm{d}x^2}=+k^2\end{cases} \tag{2.187}$$

将上述两方程的特解作线性叠加，得到式(2.184)的通解为

$$\varphi(x,y)=(A_0x+B_0)(A'_0y+B'_0)+$$
$$\sum_{m=1}^{\infty}[A_m\sinh(kx)+B_m\cosh(kx)][A'_m\sin(ky)+B'_m\cos(ky)] \qquad (2.188)$$

等式右端第一项和第二项分别表示 $k=0$ 和 $k\neq0$ 的情况。

下面利用图 2.39 所示的边界条件确定式(2.188)中的待定系数。

(1) 由于 $\varphi(0,y)=0$，则

$$B_0(A'_0y+B'_0)+\sum_{m=1}^{\infty}B_m[A'_m\sin(ky)+B'_m\cos(ky)]=0$$

上式对任意 y 值均成立，必有 $B_m=0(m=0,1,2,\cdots)$。

(2) 由于 $\varphi(x,0)=0$，则

$$B'_0(A_0x)+\sum_{m=1}^{\infty}B'_mA_m\sinh(kx)=0$$

上式对任意 x 值均成立，可得 $B'_m=0(m=0,1,2,\cdots)$。

注：$A_m\neq0$，否则式(2.188)恒为 0；此处也可取 $A_0=0$ 且 $B'_m=0(m=1,2,\cdots)$，但最终结果相同。

(3) 由于 $\varphi(x,b)=0$，则

$$(A_0x)(A'_0b)+\sum_{m=1}^{\infty}[A_m\sinh(kx)][A'_m\sin(kb)]=0$$

上式对任意 x 值均成立，可得 $A'_0=0$，$\sin(kb)=0$(注：$A'_m\neq0$，否则式(2.188)恒为 0)，可得

$$k=\frac{m\pi}{b},\quad m=1,2,3,\cdots$$

因此可得

$$\varphi(x,y)=\sum_{m=1}^{\infty}A_mA'_m\sinh\left(\frac{m\pi}{b}x\right)\sin\left(\frac{m\pi}{b}y\right)$$

(4) 另外，$\varphi(a,y)=U_0$，则

$$\sum_{m=1}^{\infty}E_m\sin\left(\frac{m\pi}{b}y\right)=U_0$$

其中，$E_m=A_mA'_m\sinh\left(\frac{m\pi}{b}a\right)$。用基函数 $\sin\left(\frac{n\pi}{b}y\right)$同乘上式的两端，并在 0 至 b 范围内积分可得

$$\sum_{m=1}^{\infty}\int_0^bE_m\sin\left(\frac{m\pi}{b}y\right)\sin\left(\frac{n\pi}{b}y\right)\mathrm{d}y=\int_0^bU_0\sin\left(\frac{n\pi}{b}y\right)\mathrm{d}y$$

依据三角函数的正交性

$$\int_0^b\sin\left(\frac{m\pi}{b}y\right)\sin\left(\frac{n\pi}{b}y\right)\mathrm{d}y=\begin{cases}0 & (m\neq n)\\ \dfrac{b}{2} & (m=n)\end{cases}$$

且

$$\int_0^b\sin\left(\frac{n\pi}{b}y\right)\mathrm{d}y=\frac{b}{n\pi}[1-\cos(n\pi)]$$

则

$$\frac{b}{2}E_m=\frac{U_0 b}{m\pi}[1-\cos(m\pi)]$$

即

$$E_m=\begin{cases}\dfrac{4U_0}{m\pi} & (m=1,3,5,\cdots)\\ 0 & (m=2,4,6,\cdots)\end{cases}$$

故

$$A_mA'_m=\frac{E_m}{\sinh\left(\dfrac{m\pi}{b}a\right)}=\frac{4U_0}{m\pi\sinh\left(\dfrac{m\pi}{b}a\right)}$$

将以上系数代入式(2.188)可得

$$\varphi(x,y)=\sum_{m=1}^{\infty}\frac{4U_0\sinh\left(\dfrac{m\pi}{b}x\right)\sin\left(\dfrac{m\pi}{b}y\right)}{m\pi\sinh\left(\dfrac{m\pi}{b}a\right)}$$

其中，$m=1, 3, 5, \cdots$。

例 2.15　求解图 2.40 所示的 z 和 $-x$ 方向均无限长的矩形金属槽内的电位分布。

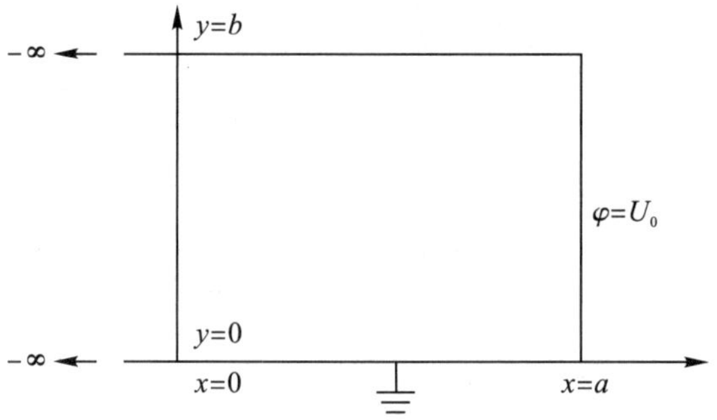

图 2.40　z 和 $-x$ 方向无限长矩形金属槽

解　在图 2.40 中满足 $\varphi(-\infty,y)=0$，结合情况 4，在式(2.188)中与 x 变量相关的级数取式(2.182)所示的形式，即

$$\varphi(x,y)=(A_0x+B_0)(A'_0y+B'_0)+\sum_{m=1}^{\infty}[A_m\exp(+kx)+B_m\exp(-kx)][A'_m\sin(ky)+B'_m\cos(ky)]$$

则

(1) $\varphi(x,0)=0\Rightarrow B'_m=0(m=0,1,2,\cdots)$；

(2) $\varphi(-\infty,y)=0\Rightarrow A_0=0,\ B_m=0(m=0,1,2,\cdots)$；

(3) $\varphi(x,b)=0\Rightarrow k=\dfrac{m\pi}{b},m=1,2,3,\cdots$；

(4) $\varphi(a,y)=U_0\Rightarrow A_mA'_m=\dfrac{E_m}{\exp\left(\dfrac{m\pi}{b}a\right)}=\dfrac{4U_0}{m\pi\exp\left(\dfrac{m\pi}{b}a\right)}$。

则求得的电位函数为

$$\varphi(x,y)=\sum_{m=1}^{\infty}\frac{4U_0\exp\left(\frac{m\pi}{b}x\right)\sin\left(\frac{m\pi}{b}y\right)}{m\pi\exp\left(\frac{m\pi}{b}a\right)}$$

其中，$m=1, 3, 5, \cdots$。

2.10.2 圆柱坐标系中的分离变量法

对于轴对称问题，通常在圆柱坐标系中求解问题。圆柱坐标系中，电位函数 φ 满足的拉普拉斯方程为

$$\nabla^2\varphi=\frac{1}{\rho}\frac{\partial}{\partial\rho}\left(\rho\frac{\partial\varphi}{\partial\rho}\right)+\frac{1}{\rho^2}\frac{\partial^2\varphi}{\partial\phi^2}+\frac{\partial^2\varphi}{\partial z^2}=0 \tag{2.189}$$

应用分离变量法，设 $\varphi(\rho, \phi, z)$ 表示为如下乘积形式：

$$\varphi(\rho, \phi, z)=B(\rho, \phi)Z(z) \tag{2.190}$$

将式(2.190)代入式(2.189)并整理可得

$$\frac{\mathrm{d}^2Z(z)}{\mathrm{d}z^2}-k_z^2Z(z)=0 \tag{2.191}$$

$$\frac{1}{\rho}\frac{\mathrm{d}}{\mathrm{d}\rho}\left(\rho\frac{\mathrm{d}B}{\mathrm{d}\rho}\right)+\frac{1}{\rho^2}\frac{\mathrm{d}^2B}{\mathrm{d}\phi^2}+k_z^2B=0 \tag{2.192}$$

其中，式(2.191)在形式上可类比式(2.178)或式(2.181)，通过 k_z 是实数还是纯虚数区分。进一步将分离变量的乘积形式

$$B(\rho,\phi)=R(\rho)\Phi(\phi) \tag{2.193}$$

代入式(2.192)，整理得

$$\frac{\mathrm{d}^2\Phi(\phi)}{\mathrm{d}\phi^2}+k_\phi^2\Phi(\phi)=0 \tag{2.194}$$

$$\frac{1}{\rho}\frac{\mathrm{d}}{\mathrm{d}\rho}\left(\rho\frac{\mathrm{d}R}{\mathrm{d}\rho}\right)+\left(k_z^2-\frac{k_\phi^2}{\rho^2}\right)R=0 \tag{2.195}$$

因电位的空间连续性以及任意位置处解的唯一性，要求满足 $\Phi(\phi)=\Phi(\phi+2\pi)$，且 $\Phi(\phi)$ 为有限值，故可取 $k_\phi^2=m^2$(其中 m 为整数)，则式(2.194)的通解为

$$\Phi(\phi)=A_m\cos(m\phi)+B_m\sin(m\phi) \tag{2.196}$$

此外，根据常数 k_z 的不同，式(2.191)和式(2.195)的解有不同形式，存在如下几种特殊情况。

(1) 若待求解问题沿 z 向均匀或变化很小，则可认为 φ 与 z 无关($k_z=0$)，此时问题可简化为二维情形，式(2.189)所示的拉普拉斯方程退化为

$$\nabla^2\varphi=\frac{1}{\rho}\frac{\partial}{\partial\rho}\left(\rho\frac{\partial\varphi}{\partial\rho}\right)+\frac{1}{\rho^2}\frac{\partial^2\varphi}{\partial\phi^2}=0 \tag{2.197}$$

则式(2.195)变为

$$\rho^2\frac{\mathrm{d}^2R}{\mathrm{d}\rho^2}+\rho\frac{\mathrm{d}R}{\mathrm{d}\rho}-m^2R=0 \tag{2.198}$$

该式是欧拉方程式，其通解有两种情况。

① 若 $m=0$，则

$$R=C'\ln\rho+D' \tag{2.199}$$

且式(2.196)变为

$$\Phi(\phi)=A_0 \tag{2.200}$$

即与坐标变量 ϕ 无关，故

$$\varphi(\rho)=A_0(C'\ln\rho+D')=C\ln\rho+D \tag{2.201}$$

此解适用于沿 z 轴有均匀电荷密度分布、轴对称性问题等特殊情况。

② 若 $m\neq 0$，则

$$R=C_m\rho^m+D_m\rho^{-m} \tag{2.202}$$

故根据叠加原理可得

$$\varphi(\rho)=\sum_{m=1}^{\infty}[A_m\cos(m\phi)+B_m\sin(m\phi)][C_m\rho^m+D_m\rho^{-m}] \tag{2.203}$$

当存在圆柱轴心(即 $\rho=0$)边值条件时，$D_m=0$；若考察问题为无限远处边值问题，则 $C_m=0$；若考察问题在 $\phi=0$ 处对称，则 $B_m=0$。

(2) 若柱体上下底面具有非齐次边界条件，$Z(z)$的解不可是三角函数形式，仅可为指数形式，则结合式(2.181)的通解形式可令 $k_z^2=n^2$，于是

$$Z(z)=E_n\exp(nz)+F_n\exp(-nz) \tag{2.204}$$

而式(2.192)的解为

$$R(\rho)=C_mJ_m(n\rho)+D_mN_m(n\rho) \tag{2.205}$$

式中的 $J_m(n\rho)$和 $N_m(n\rho)$分别表示 m 阶贝塞尔函数和 m 阶诺曼函数(又称为第一类贝塞尔函数和第二类贝塞尔函数)。根据叠加原理，电位的通解为

$$\varphi(\rho,\ \phi,\ z)=\sum_m\sum_n\left\{\begin{matrix}[A_m\cos(m\phi)+B_m\sin(m\phi)]\cdot\\ [C_mJ_m(n\rho)+D_mN_m(n\rho)][E_n\exp(nz)+F_n\exp(-nz)]\end{matrix}\right\} \tag{2.206}$$

(3) 若柱体上下底面具有齐次边界条件，$Z(z)$的解不可是指数形式，仅可为三角函数形式，则结合式(2.178)的通解形式可令 $k_z^2=(\mathrm{i}n)^2=-n^2<0$，于是

$$Z(z)=E_n\cos(nz)+F_n\sin(nz) \tag{2.207}$$

$$R(\rho)=C_mI_m(n\rho)+D_mK_m(n\rho) \tag{2.208}$$

式中的 $I_m(n\rho)$和 $K_m(n\rho)$分别为第一类和第二类 m 阶虚宗量贝塞尔函数。根据叠加原理，电位的通解为

$$\varphi(\rho,\phi,z)=\sum_m\sum_n\left\{\begin{matrix}[A_m\cos(m\phi)+B_m\sin(m\phi)]\cdot\\ [C_mI_m(n\rho)+D_mK_m(n\rho)][E_n\cos(nz)+F_n\sin(nz)]\end{matrix}\right\} \tag{2.209}$$

当存在圆柱轴心(即 $\rho=0$)边值条件时，$I_0(0)=1$，$I_{m\geqslant 1}(0)=0$，$K_m(0)=\infty$；当存在无穷远(即 $\rho\to\infty$)的边值条件时，$I_m(0)=\infty$，$K_m(0)=0$。

例 2.16 求如图 2.41 所示的无限长同轴线内外导体间的电位分布。

解 由于结构为无限长，故电位分布与 z 变量无关；鉴于问题呈对称性，电位分布与 ϕ 也无关，即式(2.198)中的 $m=0$，则空间的电位分布仅与 ρ 变量有关，形式如式(2.201)所示。从图 2.41 可知，满足边值条件

$$\varphi(a)=C\ln a+D=U_0$$

$$\varphi(b)=C\ln b+D=0$$

可求得

$$C=-\frac{U_0}{\ln(b/a)}$$

$$D=\frac{U_0\ln b}{\ln(b/a)}$$

则

$$\varphi(\rho)=\frac{U_0}{\ln(b/a)}\ln(b/\rho)\quad a\leqslant\rho\leqslant b$$

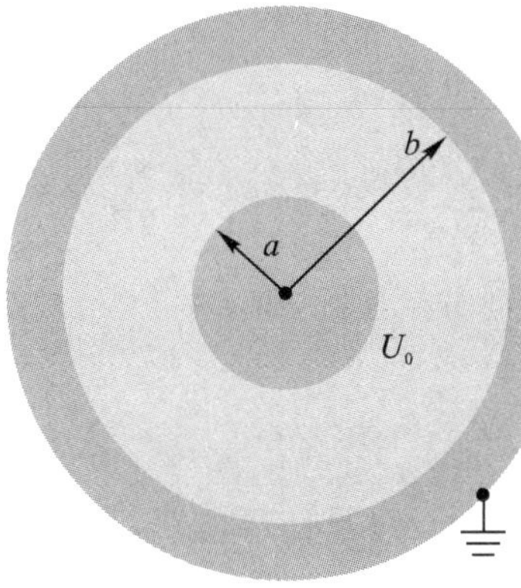

图 2.41　外导体接地的无限长同轴线剖面

例 2.17　求如图 2.42 所示的均匀场中的无限长介质圆柱体内外的电位分布。

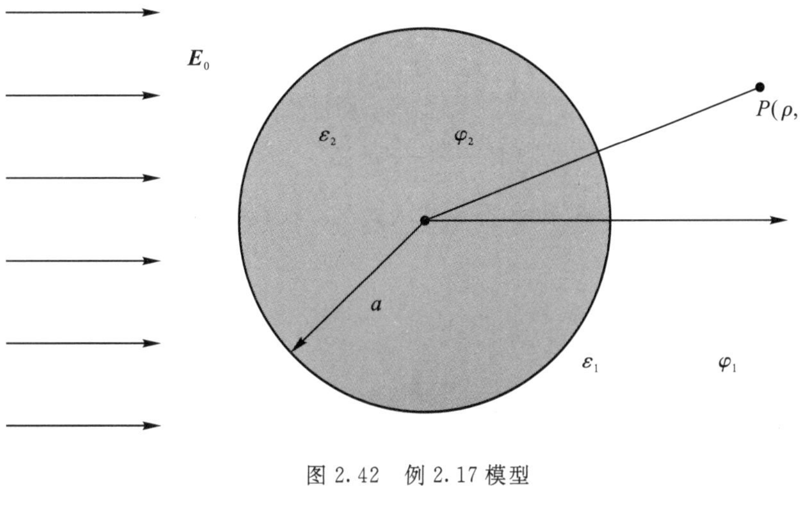

图 2.42　例 2.17 模型

解　根据模型情况选圆柱坐标系进行分析。因介质柱无限长，故电位分布与 z 变量无关；又由于电位分布相对于 $\phi=0$ 呈对称性，即满足 $\varphi(\phi)=\varphi(-\phi)$，故通解中不存在 $\sin(m\phi)$项，即其通解为

$$\varphi(\rho)=\sum_{m=1}^{\infty}[A_m\rho^m+B_m\rho^{-m}]\cos(m\phi)\tag{2.210}$$

其中的系数可由如下条件确定：

(1) 设圆柱外电位为 φ_1，当 $\rho\to\infty$时，$\varphi_1=-E_0\rho\cos(\phi)$，比较系数可得：

① 当 $m=1$ 时，$A_1=-E_0$；

② 当 $m\neq1$ 时，$A_m=0$。

故

$$\varphi_1=-E_0\rho\cos\phi+\sum_{m=1}^{\infty}\frac{B_m}{\rho^m}\cos(m\phi) \tag{2.211}$$

(2) 设圆柱内电位为 φ_2，当 $\rho\to0$ 时，φ_2 为有限值，故 φ_2 中不可能存在 ρ^{-m} 项，即 $B_m=0$，于是

$$\varphi_2=\sum_{m=1}^{\infty}A_m\rho^m\cos(m\phi) \tag{2.212}$$

(3) 在圆柱侧面上电位连续，即 $\varphi_1(\rho=a)=\varphi_2(\rho=a)$，则得

$$-E_0a\cos\phi+\sum_{m=1}^{\infty}\frac{B_m}{a^m}\cos(m\phi)=\sum_{m=1}^{\infty}A_ma^m\cos(m\phi) \tag{2.213}$$

(4) 在圆柱侧面上电位移法向分量连续，即$\varepsilon_1\left.\frac{\partial\varphi_1}{\partial\rho}\right|_{\rho=a}=\varepsilon_2\left.\frac{\partial\varphi_2}{\partial\rho}\right|_{\rho=a}$，故

$$\varepsilon_1\left[-E_0\cos\phi-\sum_{m=1}^{\infty}m\frac{B_m}{a^{m+1}}\cos(m\phi)\right]=\varepsilon_2\sum_{m=1}^{\infty}mA_ma^{m-1}\cos(m\phi) \tag{2.214}$$

对比式(2.213)和式(2.214)两端 $\cos(m\phi)$项的系数，当 $m=1$ 时，得到

$$-E_0a+\frac{B_1}{a}=A_1a$$

$$\varepsilon_1\left(-E_0-\frac{B_1}{a^2}\right)=\varepsilon_2A_1$$

可以得到

$$A_1=-\left(1-\frac{\varepsilon_2-\varepsilon_1}{\varepsilon_2+\varepsilon_1}\right)E_0=-\frac{2\varepsilon_1}{\varepsilon_2+\varepsilon_1}E_0$$

$$B_1=\frac{\varepsilon_2-\varepsilon_1}{\varepsilon_2+\varepsilon_1}a^2E_0$$

当 $m\neq1$ 时，$A_m=B_m=0$。把 A_1 和 B_1 分别代入式(2.212)和式(2.211)可求得圆柱内外的电位为

$$\varphi_1=-E_0\rho\cos\phi+\frac{\varepsilon_2-\varepsilon_1}{\varepsilon_2+\varepsilon_1}\frac{a^2}{\rho}E_0\cos\phi$$

$$\varphi_2=-\left(1-\frac{\varepsilon_2-\varepsilon_1}{\varepsilon_2+\varepsilon_1}\right)E_0\rho\cos\phi=-\frac{2\varepsilon_1}{\varepsilon_2+\varepsilon_1}E_0\rho\cos\phi$$

例 2.18 如图 2.43 所示，在介电常数为 ε 的无限大均匀介质中，有一个半径为 a 的无限长圆柱空腔。若在柱轴上有一个点电荷 q，求空腔内外的电位分布。

解 根据模型情况选择圆柱坐标系进行分析，且以点电荷 q 所在的位置为原点，使 z 轴与柱轴重合。由于空腔柱的上下底为齐次边界条件($z\to\pm\infty$处电位为 0)，且电位以 z 轴为对称轴，即电位 φ 与方位角 ϕ 无关，因此应取式(2.209)中 $m=0$ 的情况，即

$$\varphi(\rho,z)=\sum_n[C_0I_0(n\rho)+D_0K_0(n\rho)][E_n\cos(nz)+F_n\sin(nz)] \tag{2.215}$$

式(2.215)中的待定系数可用如下的边界条件确定。

(1) 若腔内的电位为 φ_0，当 $\rho\to0$ 时，φ_0 为有限值，而 $K_0(n\rho)\to\infty$，从物理方面考虑

φ_0 中不含 $K_0(n\rho)$项。

由于点电荷及空间模型具有相对原点的对称性，即 $\varphi_0(z)=\varphi_0(-z)$，因此 φ_0 中不含 $\sin(nz)$项；此外，在点电荷附近，满足

$$\varphi_0=\frac{q}{4\pi\varepsilon_0 R} \tag{2.216}$$

其中 R 为考察点与点电荷之间的间距。

综上分析可得柱形空腔内的电位表达式为

$$\varphi_0=\frac{q}{4\pi\varepsilon_0 R}+\sum_n A_n I_0(n\rho)\cos(nz) \tag{2.217}$$

其中 $A_n=C_0E_n$。为了利用边界条件，通过韦伯-李普希兹积分把 $1/R$ 写成下列形式，即

$$\frac{1}{R}=\frac{1}{\sqrt{\rho^2+z^2}}=\frac{2}{\pi}\int_0^\infty K_0(n\rho)\cos(nz)\mathrm{d}n \tag{2.218}$$

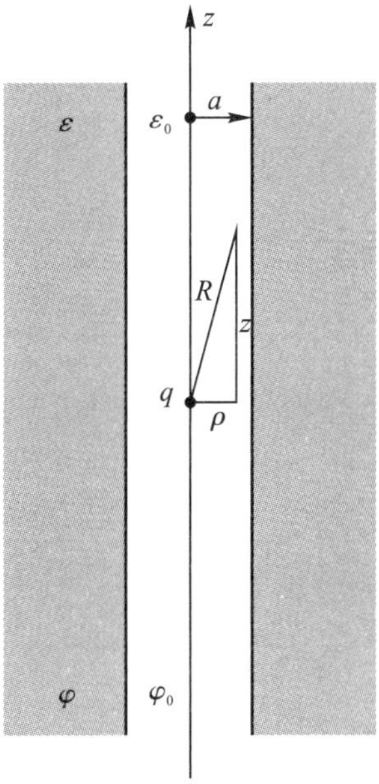

图 2.43 例 2.18 模型

把 n 视作连续参变量，则

$$\varphi_0=\frac{q}{4\pi\varepsilon_0}\frac{2}{\pi}\int_0^\infty K_0(n\rho)\cos(nz)\mathrm{d}n+\int_0^\infty A_n I_0(n\rho)\cos(nz)\mathrm{d}n \tag{2.219}$$

(2) 若腔外的电位为 φ，当 $\rho\to\infty$时，$\varphi\to 0$，而 $I_0(n\rho)\to\infty$，从物理方面考虑 φ_0 中不含 $I_0(n\rho)$项。同上，$\varphi_0(z)=\varphi_0(-z)$，因此 φ_0 中不含 $\sin(nz)$项。故得空腔外的电位为

$$\varphi=\int_0^\infty B_n K_0(n\rho)\cos(nz)\mathrm{d}n \tag{2.220}$$

其中 $B_n=D_0E_n$。

(3) 在柱形空腔侧壁分界面上满足电位连续条件，即 $\varphi_0(a)=\varphi(a)$，于是

$$\frac{q}{4\pi\varepsilon_0}\frac{2}{\pi}\int_0^\infty K_0(na)\cos(nz)\mathrm{d}n+\int_0^\infty A_n I_0(na)\cos(nz)\mathrm{d}n=\int_0^\infty B_n K_0(na)\cos(nz)\mathrm{d}n$$

若要上式在任意位置 z 处均成立，则必须满足如下关系：

$$\frac{q}{4\pi\varepsilon_0}\frac{2}{\pi}K_0(na)+A_nI_0(na)=B_nK_0(na) \tag{2.221}$$

(4) 在柱形空腔侧壁分界面上满足电位移法向分量 D_n 连续条件，即

$$\varepsilon_0\left.\frac{\partial\varphi_0}{\partial\rho}\right|_{\rho=a}=\varepsilon\left.\frac{\partial\varphi}{\partial\rho}\right|_{\rho=a}$$

因贝塞尔函数满足关系 $K_0'(n\rho)=-K_1(n\rho)$ 和 $I_0'(n\rho)=I_1(n\rho)$，于是得

$$\varepsilon_0\left[-\frac{q}{4\pi\varepsilon_0}\frac{2}{\pi}\int_0^\infty nK_1(na)\cos(nz)\mathrm{d}n+\int_0^\infty nA_nI_1(na)\cos(nz)\mathrm{d}n\right]$$

$$=-\varepsilon\int_0^\infty nB_nK_1(na)\cos(nz)\mathrm{d}n$$

因上式对所有 z 值均成立，故有

$$-\frac{q}{4\pi}\frac{2}{\pi}K_1(na)+\varepsilon_0A_nI_1(na)=-\varepsilon B_nK_1(na) \tag{2.222}$$

由式(2.221)和式(2.222)，并利用贝塞尔函数的性质：

$$K_1(na)I_0(na)+K_0(na)I_1(na)=\frac{1}{na}$$

可得

$$A_n=\frac{q}{4\pi\varepsilon_0}\frac{2}{\pi}\frac{\xi_{12}naK_0(na)K_1(na)}{1+\xi_{12}naK_0(na)I_1(na)}$$

$$B_n=\frac{q}{4\pi\varepsilon}\frac{2}{\pi}\frac{1}{1+\xi_{12}naK_0(na)I_1(na)}$$

其中，$\xi_{12}=(\varepsilon_0-\varepsilon)/\varepsilon$。将 A_n 和 B_n 分别代入式(2.219)和式(2.220)可得柱形空腔内外的电位分布为

$$\varphi_0=\frac{q}{4\pi\varepsilon_0}\left[\frac{1}{\sqrt{\rho^2+z^2}}+\frac{2}{\pi}\int_0^\infty\frac{\xi_{12}naK_0(na)K_1(na)}{1+\xi_{12}naK_0(na)I_1(na)}I_0(n\rho)\cos(nz)\mathrm{d}n\right]$$

$$\varphi=\frac{q}{4\pi\varepsilon}\frac{2}{\pi}\int_0^\infty\frac{1}{1+\xi_{12}naK_0(na)I_1(na)}K_0(n\rho)\cos(nz)\mathrm{d}n$$

2.10.3 球坐标系中的分离变量法

当待求解问题具有球对称形式时，可在球坐标系中开展求解。在球坐标系中，电位函数 φ 满足的拉普拉斯方程为

$$\nabla^2u=\frac{1}{r^2}\frac{\partial}{\partial r}\left(r^2\frac{\partial\varphi}{\partial r}\right)+\frac{1}{r^2\sin\theta}\frac{\partial}{\partial\theta}\left(\sin\theta\frac{\partial\varphi}{\partial\theta}\right)+\frac{1}{r^2\sin^2\theta}\frac{\partial^2\varphi}{\partial\phi^2}=0 \tag{2.223}$$

为应用分离变量法，设 $\varphi(r,\theta,\phi)$表示为如下乘积形式：

$$\varphi(r,\theta,\phi)=R(r)Y(\theta,\phi) \tag{2.224}$$

将式(2.224)代入式(2.223)并整理可得

$$\frac{1}{R}\frac{\partial}{\partial r}\left(r^2\frac{\partial R}{\partial r}\right)=\frac{-1}{Y\sin\theta}\frac{\partial}{\partial\theta}\left(\sin\theta\frac{\partial Y}{\partial\theta}\right)-\frac{1}{Y\sin^2\theta}\frac{\partial^2Y}{\partial\phi^2} \tag{2.225}$$

类似地，式(2.225)等号左端和右端分别仅是 r 和 θ、ϕ 的函数，只有两边是同一个常数时才相等。通常把这个常数记为 $k^2=l(l+1)$(l 为非负整数)，则式(2.225)分解为两个方程：

$$\frac{\mathrm{d}}{\mathrm{d}r}\left(r^2\frac{\mathrm{d}R}{\mathrm{d}r}\right)-l(l+1)R=0 \tag{2.226}$$

$$\frac{1}{\sin\theta}\frac{d}{d\theta}\left(\sin\theta\frac{dY}{d\theta}\right)+\frac{1}{\sin^2\theta}\frac{d^2Y}{d\phi^2}+l(l+1)Y=0 \tag{2.227}$$

式(2.226)是欧拉型常微分方程，其解为

$$R=A_lr^l+B_lr^{-(l+1)} \tag{2.228}$$

而式(2.227)所示的偏微分方程称作球函数方程，进一步以

$$Y(\theta,\phi)=\Theta(\theta)\Phi(\phi) \tag{2.229}$$

对其进行分离变量得

$$\frac{\sin\theta}{\Theta}\frac{d}{d\theta}\left(\sin\theta\frac{d\Theta}{d\theta}\right)+l(l+1)\sin^2\theta=-\frac{1}{\Phi}\frac{d^2\Phi}{d\phi^2} \tag{2.230}$$

同理，式(2.230)等号左端和右端分别仅是 θ 和 ϕ 的函数，只有两边是同一个常数时才相等，把这个常数记为 λ，则式(2.230)分解为两个方程：

$$\Phi''+\lambda\Phi=0 \tag{2.231}$$

$$\sin\theta\frac{d}{d\theta}\left(\sin\theta\frac{d\Theta}{d\theta}\right)+[l(l+1)\sin^2\theta-\lambda]\Theta=0 \tag{2.232}$$

常微分方程又称作谐振动方程，存在一个“自然周期条件”$\Phi(\phi+2\pi)=\Phi(\phi)$，它们构成了本征值问题，其本征值为

$$\lambda=m^2 \quad (m=0,1,2,\cdots) \tag{2.233}$$

其本征解为

$$\Phi=A\cos(m\phi)+B\sin(m\phi) \tag{2.234}$$

在许多实际问题中，球面电荷呈轴对称分布，因而场中的电位也具有轴对称性，即电位 φ 与方位角 ϕ 无关，此时 $m=0$，则式(2.232)变为

$$\frac{d}{d\theta}\left(\sin\theta\frac{d\Theta}{d\theta}\right)+[l(l+1)\sin\theta]\Theta=0 \tag{2.235}$$

该方程称作 l 阶勒让德方程，其解为勒让德函数，记作 $P_l(\cos\theta)$，则式(2.235)的通解为

$$\Theta=C_lP_l(\cos\theta) \tag{2.236}$$

$P_l(\cos\theta)$ 又称作勒让德多项式，其前六项表示如下：

$$P_0(\cos\theta)=1$$

$$P_1(\cos\theta)=\cos\theta$$

$$P_2(\cos\theta)=\frac{1}{2}(3\cos^2\theta-1)$$

$$P_3(\cos\theta)=\frac{1}{2}(5\cos^3\theta-3\cos\theta)$$

$$P_4(\cos\theta)=\frac{1}{8}(35\cos^4\theta-30\cos^2\theta+3)$$

$$P_5(\cos\theta)=\frac{1}{8}(63\cos^5\theta-70\cos^3\theta+15\cos\theta)$$

值得指出的是，当 $\theta=0$(在对称轴上)时，勒让德多项式均等于 1，即 $P_l(1)=1$。

综上所述，电位具有轴对称性时，式(2.223)的通解如下：

$$\varphi(r,\theta)=\sum_{l=0}^{\infty}(A_lr^l+B_lr^{-(l+1)})P_l(\cos\theta) \tag{2.237}$$

要确定式(2.237)中的待定系数，必须结合边界条件进行求解，这样才能最终求得问题的

解。在式(2.237)中，当 $l=0$ 时，球内 $\varphi=A_0$，球外 $\varphi=B_0/r$，显然这表示均匀分布的球面电荷所产生的电位；当 $l=1$ 时，球内 $\varphi=A_1 r\cos\theta$，球外 $\varphi=B_1\cos\theta/r^2$，这表示电荷面密度为 $\rho_s=\rho_0\cos\theta$ 的球面所产生的电位；当 $l=2, 3, \cdots$时，则表示球面电荷呈轴对称分布时产生的电位。

对于对称轴上任意一点，$\theta=0$，则式(2.237)变为

$$\varphi(r) = \sum_{l=0}^{\infty}(A_l r^l + B_l r^{-(l+1)}) \tag{2.238}$$

此时电位仅与 r 有关。因此，具有轴对称的位函数可以用简便方法求解，即先求出对称轴上任意一点的电位表达式，然后把对称轴上的 z 变量换成球坐标系中的 r 变量，并将各项乘以 $P_l(\cos\theta)$，从而可得到空间任意一点处的电位。

例 2.19 如图 2.44 所示，对称轴上点电荷 q 位于 $z=d$ 处，请写出球坐标系中点电荷产生的电位表达式。

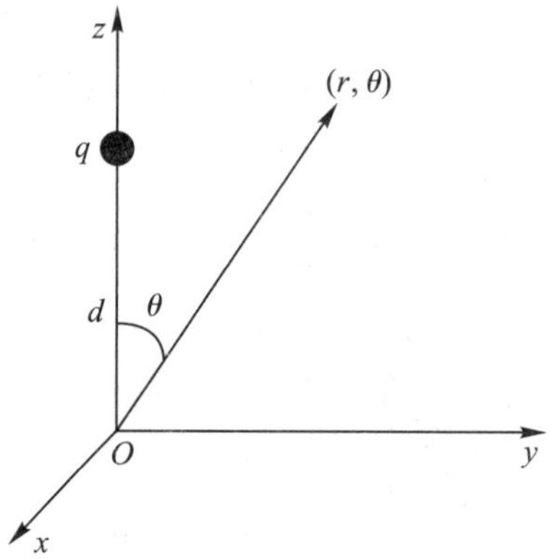

图 2.44 例 2.19 模型

解 很明显，在图 2.44 中，点电荷 q 的电位相对于 z 轴对称。在 z 轴上距离原点为 z 处的电位为

$$\varphi(z) = \begin{cases} \dfrac{q}{4\pi\varepsilon_0(z-d)} = \dfrac{q}{4\pi\varepsilon_0 z(1-d/z)} = \dfrac{q}{4\pi\varepsilon_0 z}\sum\limits_{l=0}^{\infty}\left(\dfrac{d}{z}\right)^l & z>d \\ \dfrac{q}{4\pi\varepsilon_0(d-z)} = \dfrac{q}{4\pi\varepsilon_0 d(1-z/d)} = \dfrac{q}{4\pi\varepsilon_0 d}\sum\limits_{l=0}^{\infty}\left(\dfrac{z}{d}\right)^l & z<d \end{cases}$$

上式中的 z 变量换成球坐标系中的 r 变量，并将各项乘以 $P_l(\cos\theta)$，即得空间任意点的电位为

$$\varphi(r,\theta) = \begin{cases} \dfrac{q}{4\pi\varepsilon_0}\sum\limits_{l=0}^{\infty}\dfrac{d^l}{r^{l+1}}P_l(\cos\theta) & r\cos\theta>d \\ \dfrac{q}{4\pi\varepsilon_0}\sum\limits_{l=0}^{\infty}\dfrac{r^l}{d^{l+1}}P_l(\cos\theta) & r\cos\theta<d \end{cases} \tag{2.239}$$

例 2.20 把介电常数为 ε'、半径为 a 的介质球置于介电常数为 ε_0 的均匀介质中，其中存在均匀电场 $\boldsymbol{E}_0$，求介质球内外的电位分布。

解 球内外无源，其中的电位 φ_1 和 φ_0 均满足拉普拉斯方程。考虑球坐标系以电场 $\boldsymbol{E}_0$ 方向为极轴，则由于模型的轴对称性，球内外的电位 φ_1 和 φ_0 与方位角 ϕ 无关，因此可用

式(2.237)表示它们的通解，即

$$\varphi_0(r,\theta)=\sum_{l=0}^{\infty}(A_l r^l+B_l r^{-(l+1)})P_l(\cos\theta)$$

$$\varphi_1(r,\theta)=\sum_{l=0}^{\infty}(C_l r^l+D_l r^{-(l+1)})P_l(\cos\theta)$$

其中的待定系数可由如下边界条件确定。

(1) 由介质球极化产生的束缚电荷不影响无穷远处的电场，因此在 $r\to\infty$ 时有

$$\varphi_0(\infty,\theta)\to -E_0 r\cos\theta=\sum_{l=0}^{\infty}A_l r^l P_l(\cos\theta)$$

比较上式两端的系数可得，当 $l=1$ 时，$A_1=-E_0$；当 $l\neq 1$ 时，$A_l=0$。于是

$$\varphi_0(r,\theta)=-E_0 r\cos\theta+\sum_{l=0}^{\infty}B_l r^{-(l+1)}P_l(\cos\theta)$$

(2) 在 $r=0$ 处，φ_1 应为有限值，故 $D_l=0$，则

$$\varphi_1(r,\theta)=\sum_{l=0}^{\infty}C_l r^l P_l(\cos\theta)$$

(3) 在介质球面上电位连续，即 $\varphi_0(a,\theta)=\varphi_1(a,\theta)$，故得

$$-E_0 a\cos\theta+\sum_{l=0}^{\infty}B_l a^{-(l+1)}P_l(\cos\theta)=\sum_{l=0}^{\infty}C_l a^l P_l(\cos\theta) \tag{2.240}$$

(4) 在介质球面上电位移法向分量 D_n 连续，即

$$\varepsilon_1\frac{\partial\varphi_1}{\partial r}\bigg|_{r=a}=\varepsilon_0\frac{\partial\varphi_0}{\partial r}\bigg|_{r=a}$$

故得

$$-\varepsilon_0 E_0\cos\theta-\varepsilon_0\sum_{l=0}^{\infty}(l+1)B_l a^{-(l+2)}P_l(\cos\theta)=\varepsilon_1\sum_{l=0}^{\infty}lC_l a^{l-1}P_l(\cos\theta) \tag{2.241}$$

比较式(2.240)和式(2.241)两端 $P_l(\cos\theta)$ 的系数可得：

当 $l=1$ 时，有

$$-E_0 a+B_1 a^{-2}=C_1 a$$

$$-\varepsilon_0 E_0-2\varepsilon_0 B_1 a^{-3}=\varepsilon_1 C_1$$

联立上述两式可得

$$B_1=\frac{\varepsilon_1-\varepsilon_0}{\varepsilon_1+2\varepsilon_0}E_0 a^3,\quad C_1=\frac{-3\varepsilon_0}{\varepsilon_1+2\varepsilon_0}E_0$$

当 $l\neq 1$ 时，有

$$B_l=0,\quad C_l=0$$

因此求得球内外的电位通解为

$$\varphi_0(r,\theta)=-\left[1-\frac{\varepsilon_1-\varepsilon_0}{\varepsilon_1+2\varepsilon_0}\left(\frac{a}{r}\right)^3\right]E_0 r\cos\theta$$

$$\varphi_1(r,\theta)=\frac{-3\varepsilon_0}{\varepsilon_1+2\varepsilon_0}E_0 r\cos\theta$$

例 2.21　如图 2.45 所示，半径为 a、介电常数为 ε_1 的均匀介质球置于真空中。在距球心为 d 的 A 处放置一点电荷 q，求球内外的电位分布。

解　空间任意一点的电位由点电荷 q 的电位 φ_0 和介质球极化的束缚电荷产生的电位

φ'叠加而成。其中，$\varphi_0=q/(4\pi\varepsilon_0 R)$，$\varphi'$满足无源拉普拉斯方程，且以 OA 为对称轴，与方位角 ϕ 无关，故其通解为

$$\varphi'(r,\theta)=\sum_{l=0}^{\infty}(A_l r^l+B_l r^{-(l+1)})P_l(\cos\theta)$$

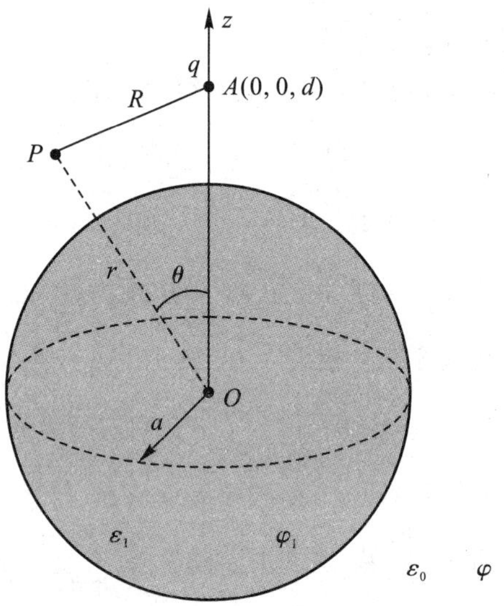

图 2.45　例 2.21 模型

根据如下条件确定其中的待定系数。

（1）当 $r\to\infty$时，$\varphi'\to 0$，故在球外 $A_l=0$，则球外电位为

$$\varphi=\frac{q}{4\pi\varepsilon_0 R}+\sum_{l=0}^{\infty}B_l r^{-(l+1)}P_l(\cos\theta) \tag{2.242}$$

（2）当 $r\to 0$ 时，φ'为有限值，故在球内 $B_l=0$，则球内电位为

$$\varphi_1=\frac{q}{4\pi\varepsilon_0 R}+\sum_{l=0}^{\infty}A_l r^l P_l(\cos\theta) \tag{2.243}$$

（3）在球面上电位连续，即 $\varphi(a,\theta)=\varphi_1(a,\theta)$，故得

$$B_l a^{-(l+1)}=A_l a^l \tag{2.244}$$

（4）在介质球面上电位移法向分量 D_n连续，即

$$\varepsilon_0\frac{\partial\varphi}{\partial r}\bigg|_{r=a}=\varepsilon_1\frac{\partial\varphi_1}{\partial r}\bigg|_{r=a}$$

为了求 φ 和 φ_1 的微商，利用式(2.239)(注：在球面上 z(或 r)$<d$)，将 φ_0 表示为级数，即

$$\varphi_0=\frac{q}{4\pi\varepsilon_0 R}=\frac{q}{4\pi\varepsilon_0}\sum_{l=0}^{\infty}\frac{r^l}{d^{l+1}}P_l(\cos\theta)$$

经微商运算可得

$$\varepsilon_0\sum_{l=0}^{\infty}\left[\frac{q}{4\pi\varepsilon_0}\frac{la^{l-1}}{d^{l+1}}-(l+1)B_l a^{-(l+2)}\right]P_l(\cos\theta)=\varepsilon_1\sum_{l=0}^{\infty}\left[\frac{q}{4\pi\varepsilon_0}\frac{la^{l-1}}{d^{l+1}}+lA_l a^{l-1}\right]P_l(\cos\theta)$$

比较上式两端 $P_l(\cos\theta)$的系数可得

$$\varepsilon_1 lA_l a^{l-1}+\varepsilon_0(l+1)B_l a^{-(l+2)}=\frac{q}{4\pi}\frac{la^{l-1}}{d^{l+1}}\left(1-\frac{\varepsilon_1}{\varepsilon_0}\right) \tag{2.245}$$

将式(2.244)和式(2.245)联立，求得待定系数 A_l 和 B_l 的值为

$$A_l=\frac{q}{4\pi\varepsilon_0}\frac{1}{d^{l+1}}\frac{l(\varepsilon_0-\varepsilon_1)}{\varepsilon_1 l+\varepsilon_0(l+1)}$$

$$B_l=\frac{q}{4\pi\varepsilon_0}\frac{1}{d^{l+1}}\frac{l(\varepsilon_0-\varepsilon_1)}{\varepsilon_1 l+\varepsilon_0(l+1)}a^{2l+1}$$

而后将其代入式(2.242)和式(2.243)得到球内外的电位为

$$\varphi_1=\frac{q}{4\pi\varepsilon_0}\left[\frac{1}{R}+\frac{1}{d}\sum_{l=0}^{\infty}\frac{(\varepsilon_0-\varepsilon_1)l}{\varepsilon_1 l+\varepsilon_0(l+1)}\frac{r^l}{d^l}P_l(\cos\theta)\right]$$

$$\varphi=\frac{q}{4\pi\varepsilon_0}\left[\frac{1}{R}+\frac{1}{d}\sum_{l=0}^{\infty}\frac{(\varepsilon_0-\varepsilon_1)l}{\varepsilon_1 l+\varepsilon_0(l+1)}\frac{a^{2l+1}}{d^l}\frac{P_l(\cos\theta)}{r^{l+1}}\right]$$

习　　题

2.1　总量为 Q 的电荷分布在半径为 R_0 的导体球上，求球表面的面电荷密度 ρ_s。若导体球以 ω 的角速度旋转，求球表面的面电流密度。

2.2　总量为 Q 的电荷均匀分布在半径为 R_0 的球内，求球内的电荷密度 ρ。若球以 ω 的角速度旋转，求球内的电流密度。

2.3　真空中两个电荷量为 0.7 mC 和 4.9 μC 的点电荷，分别位于直角坐标系的(2，3，6)和(0，0，0)处，求施加于 0.7 mC 点电荷上的力。

2.4　真空中两个电荷量为 20 nC 和 −20 nC 的点电荷，分别位于直角坐标系的(1，0，0)和(0，1，0)处，求在(0，0，1)处的电场强度。

2.5　球体半径为 R，其内充满密度为 $\rho(r)$ 的体电荷。若已知球体内、外的电位移分布为

$$\boldsymbol{D}=\boldsymbol{e}_r D_r=\begin{cases}\boldsymbol{e}_r(r^3+Ar^2) & 0<r\leqslant R\\ \boldsymbol{e}_r\dfrac{R^5+AR^4}{r^2} & r>R\end{cases}$$

其中 A 为常数，求电荷密度 $\rho(r)$。

2.6　用静电场高斯定理的积分形式求解点电荷 q 产生的电场强度。

2.7　密度为 ρ_s 的面电荷均匀分布在半径为 a 的球面上，求其产生的电场强度。

2.8　某电容器由半径为 a 的内导体、内外半径分别为 b 和 c 的同心导体球壳以及二者间填充的介电常数 ε 介质构成。当充电量为 Q 时，求空间的电场强度分布。

2.9　如图 2.46 所示，半径为 b 的介质球体内有一个半径为 a 的空腔，二者球心相距为 c。若球体内介电常数为 ε，且均匀分布着密度为 ρ_v 的体电荷，求空间的电场强度分布。

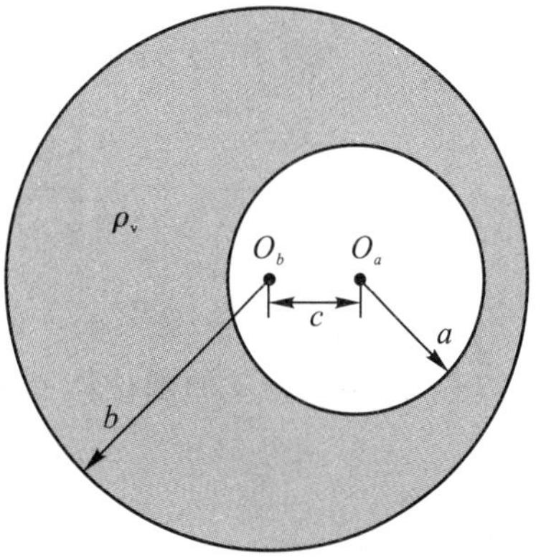

图 2.46　题 2.9 参考图

2.10　q_1 和 q_2 分别位于介电常数为 ε_1 和 ε_2 的均匀介质中，它们与水平分界面的距离均为 d。求：

(1) ε_1的均匀介质中电位分布；

(2) q_1所受到的力。

2.11 如图2.47所示，在两个z方向无限延伸且相互正交的接地理想导体板间，有一点电荷$+q$。求：

(1) 平面间的电位分布；

(2) 导体平面对q的作用力。

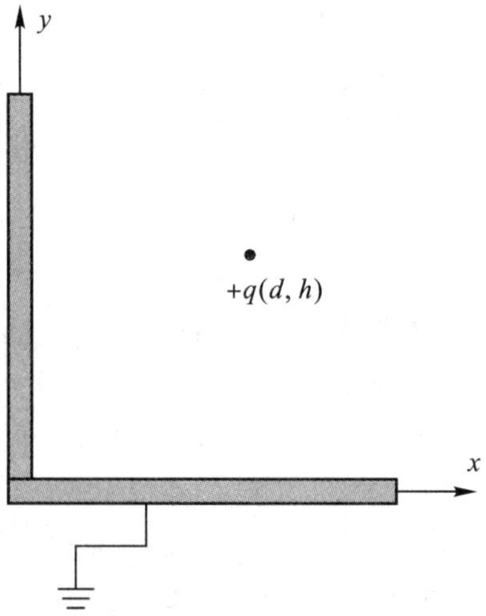

图2.47 题2.11参考图

2.12 若半径为b的球形体积内充满体密度为$\rho(r)=5r^2+4Ar$(A为常数)的电荷，求空间的电位移分布。

2.13 两块无限大的导体平板分别置于$x=0$和$x=d$处，板间充满电荷，其体电荷密度为$\rho=\rho_0 x/d$，极板的电位分别是0和U_0，如图2.48所示，求两导体板之间的电位和电场强度。

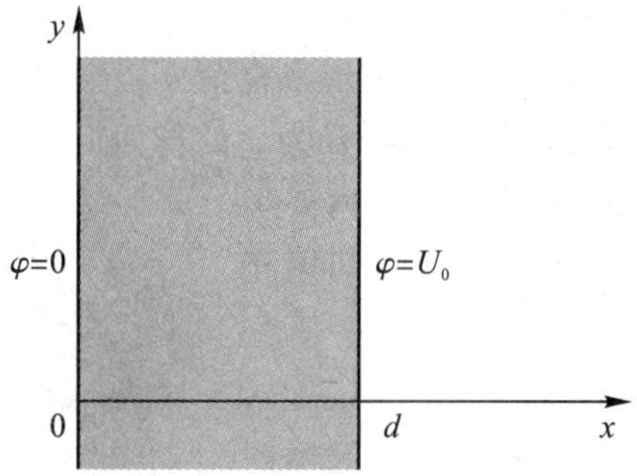

图2.48 题2.13参考图

2.14 一半径为a的圆柱体置于电场中，已知圆柱体内、外的电位函数分别为

$$\begin{cases}\varphi_1=0 & \rho\leqslant a\\ \varphi_2=A\left(\rho-\dfrac{a^2}{\rho}\right)\cos\phi & \rho>a\end{cases}$$

(1) 求圆柱体内、外的电场强度分布；

(2) 这个圆柱体是什么材料制成的？

(3) 求其表面的电荷分布。

2.15　如图 2.49 所示，平行板电容器外加电压 U，极板面积为 S，间距为 a，其间分别为空气和 $\varepsilon_r=4$ 的介质各占一半。求：

(1) 极板间的电场强度；

(2) 基板上的面电荷密度；

(3) 电容器的电容。

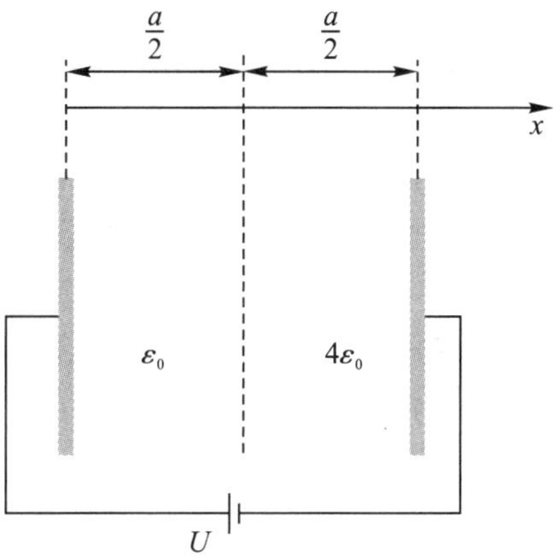

图 2.49　题 2.15 参考图

2.16　有一半径为 a、带电量为 q 的导体球，其球心位于介电常数为 ε_1 和 ε_2 的两种介质分界面上，设该分界面是无限大平面。试求：

(1) 导体球的电容；

(2) 总的静电场量。

2.17　在一块厚度为 d 的导体板上，由两个半径分别为 r_1、r_2 的圆弧和夹角为 α 的两半径隔割出的一块扇形体，如图 2.50 所示。试求：

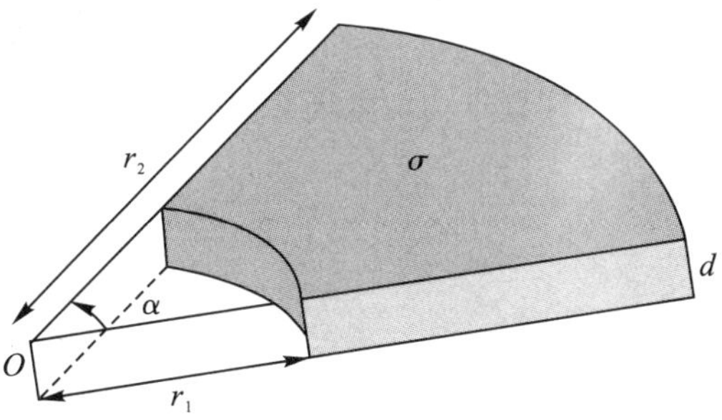

图 2.50　题 2.17 参考图

(1) 沿导体板厚度方向的电阻；

(2) 两圆弧面间的电阻；

(3) 沿 α 方向的两电极间的电阻(设导体板间的电导率为 σ)。

2.18　如图 2.51 所示，一个沿着 z 方向无限延伸的开口金属管，管的两边沿着 $+x$ 方向无限延长，求金属管内的电位分布。

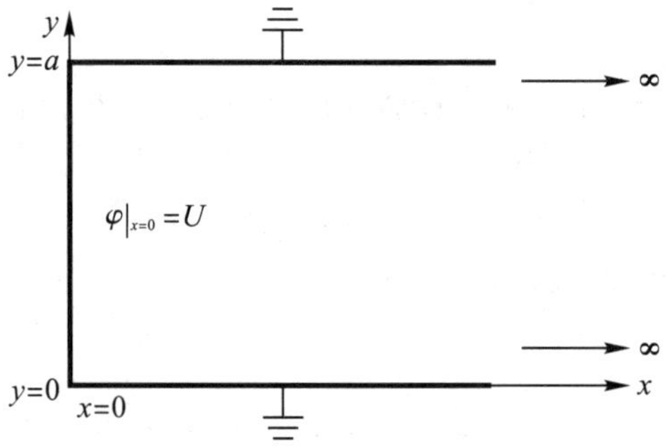

图 2.51　题 2.18 参考图

2.19　如图 2.52 所示，一个沿着 z 方向无限延伸、横截面尺寸为 a 的方形金属管，其顶盖与侧壁绝缘且保持电位为 $\varphi|_{y=a}=U_0\sin(\pi x/a)$，其他三壁接地，求金属管内的电位和电场分布。

2.20　如图 2.53 所示，一无限长、半径为 a 的中空导体薄圆管，由上下两部分组成，上下两部分分别保持电位 $\varphi=U_0$ 和 $\varphi=-U_0$，求圆管内外的电位分布。

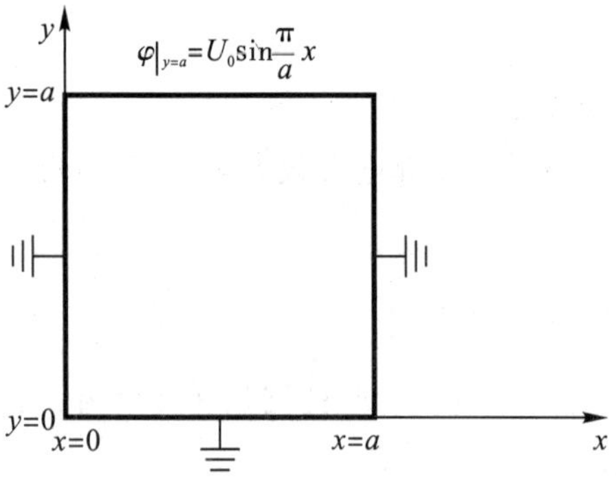

图 2.52　题 2.19 参考图

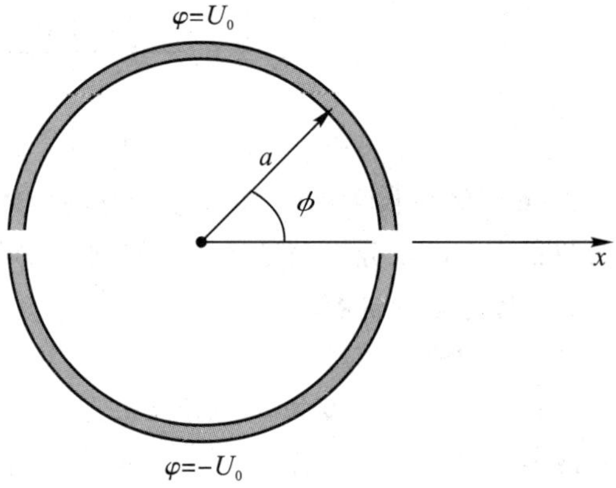

图 2.53　题 2.20 参考图

2.21　半径为 a 的接地导体球置于均匀电场 $\boldsymbol{E}_0$ 中，求空间的电位分布。

第三章 恒定磁场

我们在第二章中讨论了由静止电荷产生的静电场和由恒定电流产生的恒定电场。实际上，恒定电流还会在它周围产生不随时间变化的磁场，称为恒定磁场。由于现在研究上还没有发现磁荷的存在，所以还没有引入与静电场对应的“静磁场”的概念。因此，本章将仅学习恒定磁场的性质。首先从电流之间的作用力(安培定律)出发导出真空中的磁感应强度矢量 $\boldsymbol{B}$(毕奥-萨伐尔定律)，再推导真空中恒定磁场的基本方程(安培环路定理和磁通连续定理)，接着用与静态电场类似的方法引入恒定磁场的位函数、磁化和边界条件等内容，最后介绍由磁链计算电感的方法和磁场的能量。

3.1 安培定律与磁感应强度

3.1.1 安培定律

事实上，人们对磁的认识比电更早一些，在我国的山海经中就有“慈石吸铁”(“兹”通“磁”)的记载。接着人们认识了地磁的性质，而且发明了磁罗盘。在 1819 年，奥斯特偶然地发现电流能对磁罗盘指针施加力，从而第一次提出了电学与磁学之间的联系，并最终发现了“磁”的本质是电流产生的一种效应。安培在得知奥斯特的研究成果后，很快发现一个电流回路也能对另一电流回路施加作用力。在 1820—1825 年间，他用一系列精巧和灵敏的实验对这些力进行了系统的研究，并且推导出两个电流之间力的基本关系。大约五十年后，电磁学的巨人麦克斯韦把安培的工作称为“科学上最辉煌的成就之一”。与库仑定律类似，我们仍然从力的角度来引入磁场的相关概念，而最早揭示磁场力基本规律作用的就是安培定律。

如图 3.1 所示，真空中有两个线电流回路 C 和 C'，$I\mathrm{d}\boldsymbol{l}$ 和 $I'\mathrm{d}\boldsymbol{l}'$ 分别为回路 C 和 C' 上的电流元，则回路 C 对回路 C' 的安培作用力 $\boldsymbol{F}$ 为

$$\boldsymbol{F}=\frac{\mu_0}{4\pi}\oint_C\oint_{C'}\frac{I'\mathrm{d}\boldsymbol{l}'\times(I\mathrm{d}\boldsymbol{l}\times\boldsymbol{e}_R)}{R^2} \tag{3.1}$$

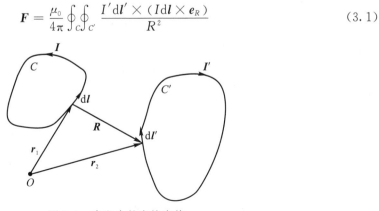

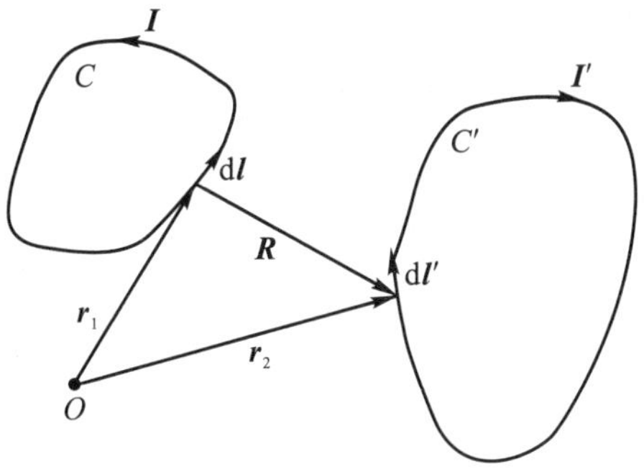

图 3.1 真空中的安培定律

式中，I 的单位为 A(安培)；$\boldsymbol{e}_R$ 为从电流元 $I\mathrm{d}\boldsymbol{l}$ 指向电流元 $I'\mathrm{d}\boldsymbol{l}'$ 的单位矢量；R 为两电流元之间的距离；μ_0 称为真空中的磁导率($\mu_0=4\pi\times10^{-7}$)，其单位是 H/m(亨利/米)。

显然，回路 C 和 C' 是理想的电路，并不包含给回路供电的电源。式(3.1)与库仑定律类似，安培力的大小与 R^2 呈反比，与源即电流的大小呈正比；但是，从方向性观点来看，式(3.1)中的被积函数与库仑定律相比较更为复杂，因为这个被积函数依赖于 $I\mathrm{d}\boldsymbol{l}$、$I'\mathrm{d}\boldsymbol{l}'$ 和 $\boldsymbol{R}$ 这三个量的相对取向。事实上，从大量特殊情形下的实验中总结出这样一个定律需要一些天才的技巧。

如果我们将式(3.1)改写为下面的形式：

$$\boldsymbol{F}=\oint_C\oint_{C'}\mathrm{d}\boldsymbol{F} \tag{3.2}$$

则可得到一个孤立电流元 $I\mathrm{d}\boldsymbol{l}$ 对另一个孤立电流元 $I'\mathrm{d}\boldsymbol{l}'$ 的安培作用力为

$$\mathrm{d}\boldsymbol{F}=\frac{\mu_0}{4\pi}\left(\frac{I'\mathrm{d}\boldsymbol{l}'\times(I\mathrm{d}\boldsymbol{l}\times\boldsymbol{e}_R)}{R^2}\right) \tag{3.3}$$

可以证明回路 C' 对回路 C 的安培作用力 $\boldsymbol{F}'=-\boldsymbol{F}$，即满足牛顿力学的第三定律。

3.1.2 磁感应强度与毕奥-萨伐尔定律

从库仑定律中导出的电场，是通过考虑一个试验电荷在电场中受力的情况而建立的。也就是说，场也要通过力的形式表达出来。反过来说，一个线圈 C' 受到另一个线圈 C 的力，应该是源于线圈 C 的电流所产生的场的作用。为了研究这个场，我们将安培定律重新写为

$$\boldsymbol{F}=\oint_{C'}I'\mathrm{d}\boldsymbol{l}'\times\left(\frac{\mu_0}{4\pi}\oint_C\frac{I\mathrm{d}\boldsymbol{l}\times\boldsymbol{e}_R}{R^2}\right) \tag{3.4}$$

式中，括号内的部分与回路 C' 无关，仅与回路 C 及其相对于 C' 的位置相关。如果令括号内的部分用 $\boldsymbol{B}$ 表示，即

$$\boldsymbol{B}=\frac{\mu_0}{4\pi}\oint_C\frac{I\mathrm{d}\boldsymbol{l}\times\boldsymbol{e}_R}{R^2} \tag{3.5}$$

则回路 C' 受到的力可以表示为

$$\boldsymbol{F}=\oint_{C'}I'\mathrm{d}\boldsymbol{l}'\times\boldsymbol{B} \tag{3.6}$$

从式(3.6)可以清晰地看到回路 C' 受到的力与 $\boldsymbol{B}$ 有关。因此，$\boldsymbol{B}$ 作为回路 C 产生的矢量场，称为磁感应强度矢量，其单位是 T(特斯拉)。

式(3.5)给出了用积分法求解电流回路产生磁场的方法，此式被称为毕奥-萨伐尔定律。从式(3.5)发现磁感应强度与距离的平方呈反比，与源电流的大小呈正比。因为 $\boldsymbol{B}$ 是通过电流 $I\mathrm{d}\boldsymbol{l}$ 与 $\boldsymbol{e}_R$ 的叉积运算得到的，由第一章的矢量运算可知 $I\mathrm{d}\boldsymbol{l}$、$\boldsymbol{e}_R$ 和 $\boldsymbol{B}$ 满足右手螺旋法则。

由第一章通量的概念可知，磁感应强度矢量 $\boldsymbol{B}$ 穿过一个曲面 $\boldsymbol{S}$ 的通量称为磁通量，单位为 Wb(韦伯)，可以得到下式：

$$\Phi=\int_S\boldsymbol{B}\cdot\mathrm{d}\boldsymbol{S} \tag{3.7}$$

因此，$\boldsymbol{B}$ 也称为磁通密度矢量，单位为 $\mathrm{Wb/m^2}$(韦伯/米²)。磁通密度的另一表示式为

$$B=\frac{\mathrm{d}\Phi}{\mathrm{d}S} \tag{3.8}$$

式中 $\mathrm{d}\Phi$ 为穿过面元 $\mathrm{d}S$ 的磁通量，单位为 Wb(韦伯)。

从式(3.5)易知电流元 $I\mathrm{d}\boldsymbol{l}$ 在空间所产生的磁感应强度的表示式为

$$\mathrm{d}\boldsymbol{B}=\frac{\mu_0}{4\pi}\left(\frac{I\mathrm{d}\boldsymbol{l}\times\boldsymbol{e}_R}{R^2}\right)=\frac{\mu_0}{4\pi}\left(\frac{I\mathrm{d}\boldsymbol{l}\times\boldsymbol{R}}{R^3}\right) \tag{3.9}$$

式(3.9)讨论的是线电流的情况。对于横截面不能忽略的情况，则必须考虑其体电流形式。对于体电流密度，因为 $\mathrm{d}\boldsymbol{l}$ 与电流方向相同，故有 $I\mathrm{d}\boldsymbol{l}=(\boldsymbol{J}\cdot\mathrm{d}\boldsymbol{S})\mathrm{d}\boldsymbol{l}=\boldsymbol{J}\mathrm{d}V$，将其代入式(3.9)，则得

$$\mathrm{d}\boldsymbol{B}=\frac{\mu_0}{4\pi}\frac{\boldsymbol{J}(\boldsymbol{r}')\times\boldsymbol{e}_R}{R^2}\mathrm{d}V \tag{3.10}$$

对整个体积进行积分，可得体电流产生的磁场为

$$\begin{aligned}\boldsymbol{B}(\boldsymbol{r}) &= \frac{\mu_0}{4\pi}\int_V\frac{\boldsymbol{J}(\boldsymbol{r}')\times\boldsymbol{e}_R}{R^2}\mathrm{d}V=\frac{\mu_0}{4\pi}\int_V\frac{\boldsymbol{J}(\boldsymbol{r}')\mathrm{d}V}{R^3}\times\boldsymbol{R}\\ &=-\frac{\mu_0}{4\pi}\int_V\boldsymbol{J}(\boldsymbol{r}')\times\nabla\left(\frac{1}{R}\right)\mathrm{d}V\end{aligned} \tag{3.11}$$

对于面电流元有

$$\mathrm{d}\boldsymbol{B}=\frac{\mu_0}{4\pi}\frac{\boldsymbol{J}_s\mathrm{d}S}{R^3}\times\boldsymbol{R} \tag{3.12}$$

对整个面进行积分，可以获得面电流产生的磁场为

$$\boldsymbol{B}(\boldsymbol{r})=\frac{\mu_0}{4\pi}\int_S\frac{\boldsymbol{J}_s(\boldsymbol{r}')\mathrm{d}S}{R^3}\times\boldsymbol{R}=-\frac{\mu_0}{4\pi}\int_S\boldsymbol{J}_s(\boldsymbol{r}')\times\nabla\left(\frac{1}{R}\right)\mathrm{d}S \tag{3.13}$$

另外一种特殊情况是运动的点电荷产生的电流。在第二章中，我们已经知道，如果体密度为 ρ 的一小块电荷以速度 $\boldsymbol{v}$ 匀速运动，则其体电流密度可以表示为 $\boldsymbol{J}=\rho\boldsymbol{v}$。

因此，式(3.11)变为

$$\boldsymbol{B}(\boldsymbol{r})=\frac{\mu_0}{4\pi}\int_V\frac{\rho\boldsymbol{v}\mathrm{d}V}{R^3}\times\boldsymbol{R} \tag{3.14}$$

如果将此小块电荷视为点电荷 Q'，则这些电荷具有相同的速度 $\boldsymbol{v}'$ 与位置矢量 $\boldsymbol{R}$，因此上述积分变为

$$\boldsymbol{B}(\boldsymbol{r})=\frac{\mu_0}{4\pi}\frac{Q'\boldsymbol{v}'}{R^3}\times\boldsymbol{R} \tag{3.15}$$

例 3.1 如图 3.2 所示，设一无限长的细直导线中载有恒定电流 I，试求距离导线位置为 R 处的磁感应强度。

解 考察式(3.5)所示的毕奥-萨伐尔定律。根据矢量积的关系(右手螺旋法则)，磁力线是包围细电流的闭合圆(如图 3.3 所示)。因此，可以判断出任意一段电流 $I\mathrm{d}\boldsymbol{l}$ 产生的磁场在纸面处垂直于纸面。因此，可以断定，整个导线产生的磁场在位置 P 处必指向纸内，即与 R 和导线所构成的平面垂直的方向。因此，在后面的积分中可以不必特别考虑其方向，即有

$$B=\frac{\mu_0}{4\pi}\int_l\frac{I\mathrm{d}l\sin\theta}{r^2}$$

根据图中标注的角度关系，当 r 足够大时，有 $\mathrm{d}l\sin\theta\approx r\mathrm{d}\theta$，且同时有 $R=r\sin\theta$。

因此，上式可写作

$$B=\frac{\mu_0 I}{4\pi}\int_0^{\pi}\frac{\mathrm{d}\theta}{r}=\frac{\mu_0 I}{4\pi R}\int_0^{\pi}\sin\theta\mathrm{d}\theta=\frac{\mu_0 I}{4\pi R}\times 2=\frac{\mu_0 I}{2\pi R}$$

图 3.3 所示为该线电流的磁感应强度矢量图，从图中可以看到，磁力线是环绕线电流的闭合曲线。

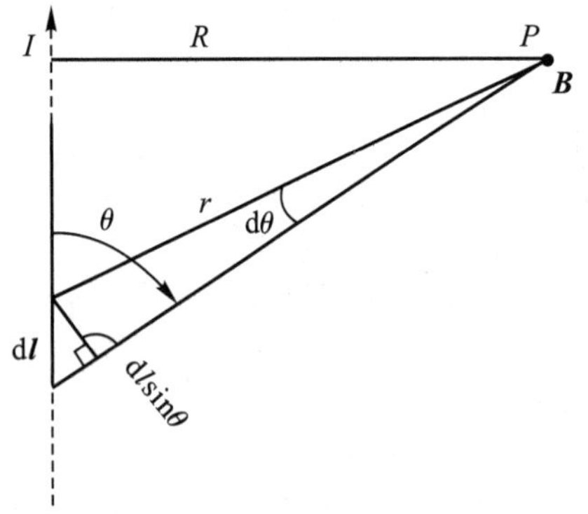

图 3.2 载有电流的细导线

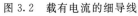

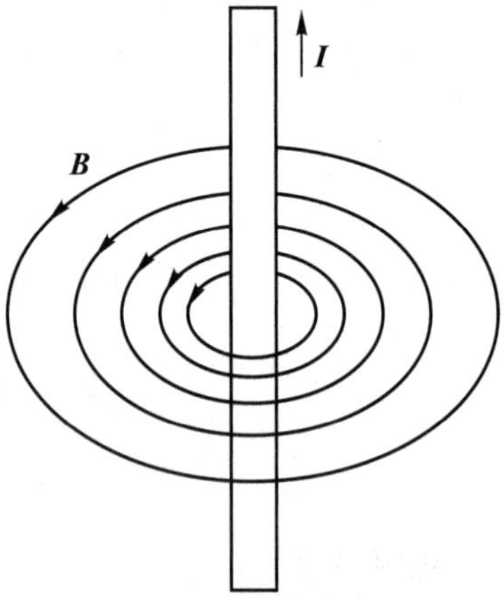

图 3.3 磁感应强度矢量分布

3.1.3 洛伦兹力

由式(3.6)可知，一个电流元 $I\mathrm{d}\boldsymbol{l}$ 在磁感应强度为 $\boldsymbol{B}$ 的磁场中所受到的力为

$$\mathrm{d}\boldsymbol{F}=I\mathrm{d}\boldsymbol{l}\times\boldsymbol{B} \tag{3.16}$$

电流 I 实质上是电荷 q 以速度 $\boldsymbol{v}$ 运动所形成的，所以安培力又可以看作是磁场对运动电荷的作用力。在第二章中我们知道电流密度矢量 $\boldsymbol{J}=\rho\boldsymbol{v}$，则穿过横截面积 $\mathrm{d}S$ 的电流量为 $I=\rho v\mathrm{d}S$，将其代入式(3.16)可得

$$\mathrm{d}\boldsymbol{F}=\rho\mathrm{d}S\mathrm{d}l\boldsymbol{v}\times\boldsymbol{B}=\mathrm{d}q\boldsymbol{v}\times\boldsymbol{B} \tag{3.17}$$

也可写为

$$\boldsymbol{F}=q\boldsymbol{v}\times\boldsymbol{B} \tag{3.18}$$

这个公式里 $\boldsymbol{F}$ 是电荷 q 以速度 $\boldsymbol{v}$ 在恒定磁场 $\boldsymbol{B}$ 中运动时所受到的力，叫作洛伦兹力。如果是导体在磁场中运动，则磁场会对导体中的自由电荷产生洛伦兹力，使得导体的一端集聚正电荷，另一端集聚负电荷，从而使导体中出现感应电场。从第二章中可知，电场强度矢量 $\boldsymbol{E}$ 是单位电荷所受到的力，因此可以写为

$$\boldsymbol{E}=\frac{\boldsymbol{F}}{q}=\boldsymbol{v}\times\boldsymbol{B} \tag{3.19}$$

一个闭合回路的感应电动势为

$$\mathscr{E}_{\mathrm{in}}=\oint_C\boldsymbol{E}\cdot\mathrm{d}\boldsymbol{l}=\oint_C(\boldsymbol{v}\times\boldsymbol{B})\cdot\mathrm{d}\boldsymbol{l} \tag{3.20}$$

称为动生电动势，这就是发电机的工作原理。

3.2 恒定磁场的基本方程

3.2.1 安培环路定理及其应用

对例 3.1 所示的线电流产生的磁感应强度矢量 $\boldsymbol{B}$，建立矢量方向与 $\boldsymbol{B}$ 同向的圆形闭合曲线 C，曲线 C 的圆心位于线电流上，半径为 R，且曲线 C 垂直于线电流，因此，磁感应强度矢量 $\boldsymbol{B}$ 沿曲线 C 的环流为

$$\oint_C \boldsymbol{B} \cdot \mathrm{d}\boldsymbol{l} = \oint_C \boldsymbol{e}_\phi \frac{\mu_0 I}{2\pi R} \cdot \mathrm{d}\boldsymbol{l} = \frac{\mu_0 I}{2\pi R} \cdot 2\pi R = \mu_0 I \tag{3.21}$$

从式(3.21)可以看到，磁感应强度矢量 $\boldsymbol{B}$ 对一个闭合回路 C 的环流刚好等于 C 所包围的电流量与 μ_0 的乘积。可以看到，电流量 I 增大则环流增大，电流量 I 变小则环流变小。这个式子描述的是，磁感应强度矢量 $\boldsymbol{B}$ 与产生它的电流 I 之间有直接的关系，这个关系就是安培环路定理。实际上，式(3.21)也可以改写为下面的形式：

$$\oint_C \frac{\boldsymbol{B}}{\mu_0} \cdot \mathrm{d}\boldsymbol{l} = I \tag{3.22}$$

为更方便地描述，我们引入一个新的量：磁场强度 $\boldsymbol{H}=\boldsymbol{B}/\mu_0$，即在真空中 $\boldsymbol{B}=\mu_0\boldsymbol{H}$。$\boldsymbol{H}$ 称为磁场强度矢量，单位为 A/m(安培/米)，后面会给出 $\boldsymbol{H}$ 的具体物理意义。

但是，这里我们将证明式(3.22)依然满足任意分布的电流产生的磁场的情况。也就是在真空中，安培环路定理表述为：沿闭合路径 C 的磁场强度的环量为此环路所包围的总电流。所谓总电流，即以与 C 成右手关系的方向为正，所有电流的代数和。此定理用数学语言描述为

$$\oint_C \boldsymbol{H} \cdot \mathrm{d}\boldsymbol{l} = \sum I \tag{3.23}$$

安培环路定理的证明可通过对磁感应强度矢量 $\boldsymbol{B}$ 求旋度，再进行积分运算，再应用斯托克斯公式进行变换得到，这就涉及复杂的矢量运算。

在第二章中已经定义了立体角，这里应用立体角来证明安培环路定理。如图 3.4 闭合回路的立体角所示，假定在磁场中任取一个闭合回路 C，注意此时直流闭合回路为 C'，则有

$$\oint_C \boldsymbol{H} \cdot \mathrm{d}\boldsymbol{l} = \oint_C \frac{1}{4\pi} \oint_{C'} \frac{I\mathrm{d}\boldsymbol{l}' \times \boldsymbol{e}_R}{R^2} \cdot \mathrm{d}\boldsymbol{l} = \frac{I}{4\pi} \oint_C \oint_{C'} \frac{-\mathrm{d}\boldsymbol{l} \times \mathrm{d}\boldsymbol{l}' \cdot (-\boldsymbol{e}_R)}{R^2} \tag{3.24}$$

设回路 C' 对 P 点所张的立体角为 Ω，当 P 点移动 $\mathrm{d}\boldsymbol{l}$ 时，Ω 增加了 $\mathrm{d}\Omega$。从相对运动的角度出发，这时可等效于 P 点固定，而 C' 位移了 $-\mathrm{d}\boldsymbol{l}$ 所带来的立体角的增加 $\mathrm{d}\Omega$，$-\mathrm{d}\boldsymbol{l} \times \mathrm{d}\boldsymbol{l}'$ 代表回路 C' 上的线元 $\mathrm{d}\boldsymbol{l}'$ 位移 $\mathrm{d}\boldsymbol{l}$ 所扫过的面积，即

$$\mathrm{d}\boldsymbol{S} = (-\mathrm{d}\boldsymbol{l}) \times \mathrm{d}\boldsymbol{l}' \tag{3.25}$$

则立体角为

$$\mathrm{d}\Omega = \oint_{C'} \frac{\mathrm{d}\boldsymbol{S} \cdot (-\boldsymbol{e}_R)}{R^2} = \oint_{C'} \frac{(-\mathrm{d}\boldsymbol{l} \times \mathrm{d}\boldsymbol{l}') \cdot (-\boldsymbol{e}_R)}{R^2} \tag{3.26}$$

当 P 点沿着回路 C 移动一周时，立体角的变化为

$$\Delta\Omega = \int \mathrm{d}\Omega = \oint_C \oint_{C'} \frac{(-\mathrm{d}\boldsymbol{l} \times \mathrm{d}\boldsymbol{l}') \cdot (-\boldsymbol{e}_R)}{R^2} \tag{3.27}$$

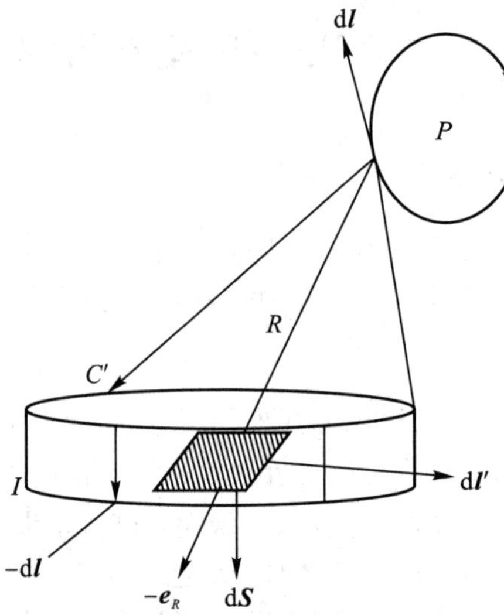

图 3.4 闭合回路的立体角

因此，直流闭合回路 C' 所产生的磁场在回路 C 上的环流为

$$\oint_C \boldsymbol{H} \cdot \mathrm{d}\boldsymbol{l} = \frac{I}{4\pi}\oint_C\oint_{C'} \frac{(-\mathrm{d}\boldsymbol{l} \times \mathrm{d}\boldsymbol{l}') \cdot (-\boldsymbol{e}_R)}{R^2} = \frac{I}{4\pi}\Delta\Omega \tag{3.28}$$

从式(3.28)可以看出，只要计算出立体角 $\Delta\Omega$，即可得到 $\boldsymbol{H}$ 的环流。这里分为下面两种情况。

(1) 积分回路 C 不与电流回路 C' 相交链。当从某点开始沿闭合回路 C 绕行一周并回到起始点时立体角又回复到原来的值，即 $\Delta\Omega=0$，故有

$$\oint_C \boldsymbol{H} \cdot \mathrm{d}\boldsymbol{l} = 0 \tag{3.29}$$

(2) 如图 3.5 所示，积分回路 C 与电流回路 C' 相交链，即 C 穿过 C' 所包围的面 S' 的情况。面元对上表面上的点所张的立体角为 -2π，而对下表面上的点所张的立体角为 $+2\pi$，故 S' 对 A 点所张的立体角为 -2π，对 B 点所张的立体角为 $+2\pi$，则有 $\Delta\Omega = 2\pi-(-2\pi)=4\pi$，因此有

$$\oint_C \boldsymbol{H} \cdot \mathrm{d}\boldsymbol{l} = \frac{I}{4\pi}4\pi = I \tag{3.30}$$

实际上，式(3.30)中的电流 I 指的是与 C 所交链的所有电流的和，因此

$$\oint_C \boldsymbol{H} \cdot \mathrm{d}\boldsymbol{l} = \sum I \tag{3.31}$$

式(3.31)即为安培环路定理的积分形式。

对于体电流，由于

$$I = \int_S \boldsymbol{J} \cdot \mathrm{d}\boldsymbol{S} \tag{3.32}$$

将斯托克斯定理应用于恒定磁场的安培环路定理中，则有

$$\oint_C \boldsymbol{H} \cdot \mathrm{d}\boldsymbol{l} = \int_S \nabla\times \boldsymbol{H} \cdot \mathrm{d}\boldsymbol{S} = \int_S \boldsymbol{J} \cdot \mathrm{d}\boldsymbol{S} \tag{3.33}$$

由于 C 所包围的 S 面有无穷多个，因此可得

$$\nabla\times\boldsymbol{H}=\boldsymbol{J} \tag{3.34}$$

式(3.34)即为安培环路定理的微分形式。从该式可见，电流密度矢量为磁场的旋度源。

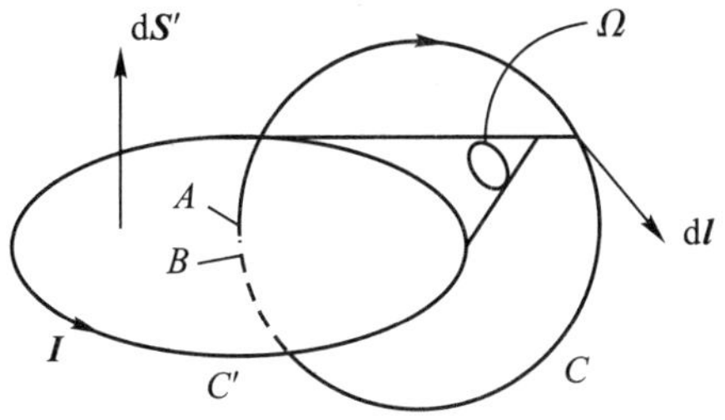

图 3.5　回路 C 与回路 C' 相套链

下面给出应用安培环路定理的几个例子。

例 3.2　半径为 a 的无限长直导体通有直流电流 I，如图 3.6 所示。试求导体内外的磁场强度 $\boldsymbol{H}$。

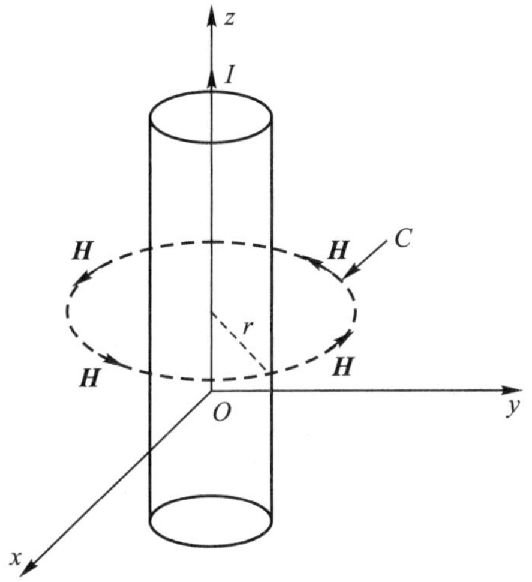

图 3.6　无限长直导体产生的磁场

解　选择柱坐标系，导体沿 z 轴放置。

首先对此导体的场进行分析：因为导体为无限长，所以它产生的场不是 z 的函数；另外，由于导体旋转对称，所以其场与 ϕ 无关。同时由右手螺旋法则可知磁场的方向为 ϕ 方向。所以，导体产生的场可以设为

$$\boldsymbol{H}=\boldsymbol{e}_\phi H(r)$$

依据安培环路定理 $\oint_C \boldsymbol{H}\cdot \mathrm{d}\boldsymbol{l}=I$，其中积分路径 C 的选取应包含电流 I。为了计算方便，由于磁场的大小只是 r 的函数，故可取积分路径 C 为 r 等于常数的一个圆周，则有

$$\oint_C \boldsymbol{H}\cdot \mathrm{d}\boldsymbol{l}=\oint_C H(r)\,\boldsymbol{e}_\phi\cdot\boldsymbol{e}_\phi \mathrm{d}l = H2\pi r = I_0$$

当 $r<a$ 时，有

$$H=\frac{I_0}{2\pi r}=\frac{\pi r^2 J}{2\pi r}=\frac{r}{2}\frac{I}{\pi a^2}=\frac{I}{2\pi a^2}r$$

当 $r \geqslant a$ 时，有

$$H=\frac{I}{2\pi r}$$

所以，无限长电流产生的磁场强度为

$$\boldsymbol{H}=\begin{cases}\boldsymbol{e}_\phi \dfrac{I}{2\pi a^2}r & r<a \\ \boldsymbol{e}_\phi \dfrac{I}{2\pi r} & r\geqslant a\end{cases}$$

无限长直导体通有直流电流 I 的磁场如图 3.7 所示。

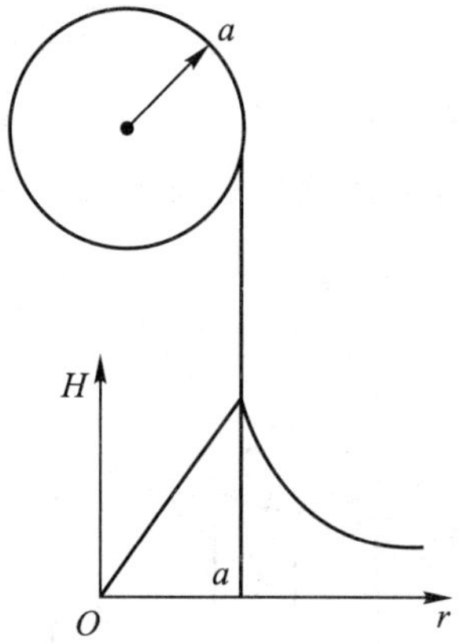

图 3.7 磁场大小分布图

在实际应用中，螺形线圈或螺线管常常用来产生磁场。下面计算这种线圈的磁场强度。线圈如图 3.8 所示，设线圈是由载有电流 I 的 N 匝细导线绕成的。线圈长为 l，半径为 a。线匝间的间隔比线圈的半径要小，如果匝间距离很小，或者间距近似于零，那么我们就可以设想，线圈里的电流是电流线密度大小为 K 的电流薄层。作为螺旋线圈的特殊情况，下面给出例 3.3。

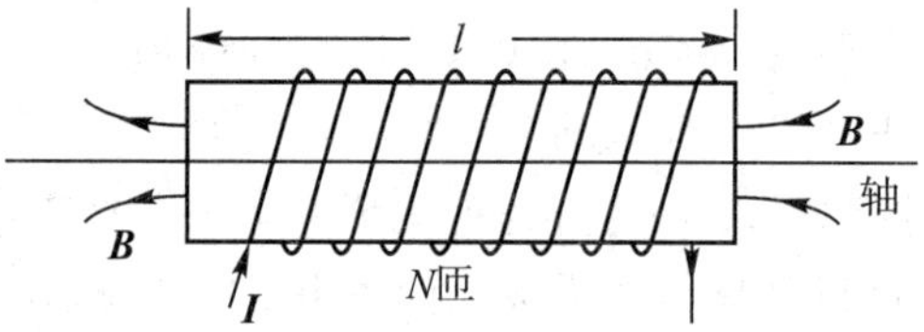

图 3.8 螺旋线圈示意图

例 3.3 已知电流面密度为$\boldsymbol{J}_s=\boldsymbol{e}_\phi K$，如图 3.9 所示，求半径为 a 的无限长环状面电流管内的磁场强度和磁通。

解 电流管在直角坐标系中的位置如图 3.9 所示，但由于电流为圆柱状，故需采用圆柱坐标系求解。设电流管沿 z 轴放置，由电流管无限长的条件，结合螺线管的特性，可以判断，在管外区域磁场强度为零。在管内，由于螺线管的圆对称性，可以判断出磁场沿 z 轴方向，即管内 $\boldsymbol{H}=\boldsymbol{e}_z H$。

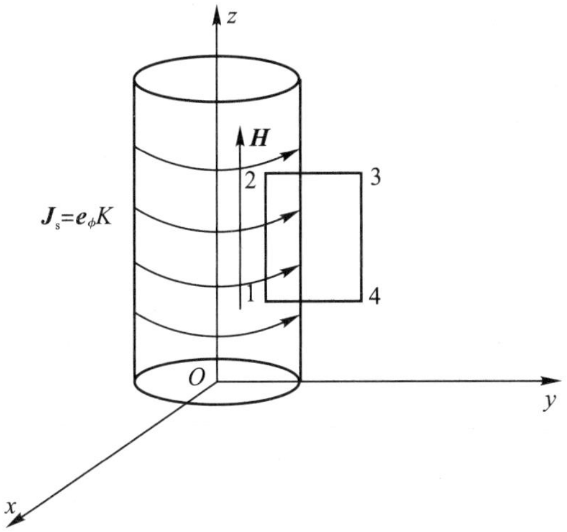

图 3.9 环状面电流内磁场的计算

在螺线管的边界上取一矩形回路 1234，平行于界面的边长为 Δz，则沿此回路的环路积分应为

$$\oint_C \boldsymbol{H}\cdot \mathrm{d}\boldsymbol{l} = \int_{12} H\boldsymbol{e}_z\cdot \boldsymbol{e}_z\mathrm{d}z + \int_{23} H\boldsymbol{e}_z\cdot \boldsymbol{e}_r\mathrm{d}r + \int_{34} H\boldsymbol{e}_z\cdot(-\boldsymbol{e}_z)\mathrm{d}r + \int_{41} H\boldsymbol{e}_z\cdot(-\boldsymbol{e}_r)\mathrm{d}r$$

$$= \int_{12} H\mathrm{d}z = H\Delta z$$

又由安培环路定理 $\oint_C \boldsymbol{H}\cdot \mathrm{d}\boldsymbol{l} = I = J(r)\Delta z$，所以

$$H = J(r) = K$$

故

$$\boldsymbol{H} = \boldsymbol{e}_z K \quad (r<a)$$

显然，上面的积分中，积分结果与路径 23(14)段的长度与位置无关。因此，可以发现在电流管内部磁场是处处相等的。因此，其磁通为

$$\Phi = \int_S \boldsymbol{B}\cdot \mathrm{d}\boldsymbol{S} = B\pi a^2 = \mu_0\pi a^2 K$$

事实上，一般的螺线管只要足够长且绕制比较紧密的话，其产生的磁场就可以用上述结果近似。

例 3.4 图 3.10 所示为两相交圆柱的截面，两圆柱的半径相同，均为 a，圆心距离为 c。两圆重叠部分没有电流流过，非相交的两个月牙状面积内通有大小相等、方向相反的电流，电流密度大小为 J。证明重叠区域内的磁场是均匀的。

证 由例 3.2 的结果可知，两圆柱单独存在时，圆柱内的磁场强度为

$$\boldsymbol{H}_1 = \boldsymbol{e}_\phi H_\phi = \boldsymbol{e}_\phi \frac{J}{2} r_1 = \boldsymbol{e}_z \times \boldsymbol{r}_1 \frac{J}{2}$$

$$\boldsymbol{H}_2 = \boldsymbol{e}_\phi H_\phi = -\boldsymbol{e}_\phi \frac{J}{2} r_2 = -\boldsymbol{e}_z \times \boldsymbol{r}_2 \frac{J}{2}$$

其中，$\boldsymbol{e}_{\phi 1}$ 和 $\boldsymbol{e}_{\phi 2}$ 分别为以 z_1 和 z_2 为轴线的圆柱坐标系内的单位矢量，这样在重叠区域(即无电流区域)内的磁场强度应为

$$\boldsymbol{H}=\boldsymbol{H}_1+\boldsymbol{H}_2=\boldsymbol{e}_z\times(\boldsymbol{r}_1-\boldsymbol{r}_2)\frac{J}{2}=\boldsymbol{e}_z\times\boldsymbol{c}\ \frac{J}{2}$$

式中，$\boldsymbol{c}=\boldsymbol{e}_x c$ 为一个 x 方向的常矢量；$\boldsymbol{H}$ 与场点的坐标(x,y)无关，是一个均匀的磁场，方向为 $\boldsymbol{e}_y$。如果两个圆柱轴线无限地靠拢，则重叠区域近似为一个圆柱形区域。事实上，本题为形成圆柱形的横向均匀磁场提供了一种可行的方法。

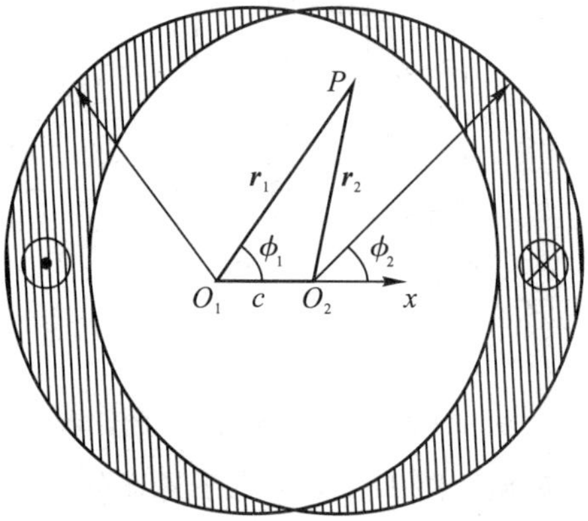

图 3.10　通有反向电流的两圆柱电流截面图

3.2.2　磁通连续定理

根据亥姆霍兹定律，考察一个矢量场必须从散度和旋度两个方面去考虑，前面的安培环路定理已经给出了其旋度特性；这里给出的恒定磁场散度特性的定理称为磁通连续定理，首先给出其积分形式

$$\oint_S \boldsymbol{B}\cdot \mathrm{d}\boldsymbol{S}=0 \tag{3.35}$$

其物理意义是：在任何闭合曲面上，恒定磁场的通量都为零。

容易得到其微分形式为

$$\nabla\cdot\boldsymbol{B}=0 \tag{3.36}$$

即磁场的散度恒为零。

现在我们来证明磁通连续定理。在直流回路 C 的磁场中任取一闭合面 S，则 S 面上的磁通量为

$$\oint_S \boldsymbol{B}\cdot\mathrm{d}\boldsymbol{S}=\oint_S\left(\frac{\mu_0}{4\pi}\oint_C\frac{I\mathrm{d}\boldsymbol{l}\times\boldsymbol{e}_R}{R^2}\right)\cdot\mathrm{d}\boldsymbol{S}=\oint_C\frac{\mu_0 I\mathrm{d}\boldsymbol{l}}{4\pi}\cdot\oint_S\frac{\boldsymbol{e}_R\times\mathrm{d}\boldsymbol{S}}{R^2}$$
$$=\oint_C\frac{\mu_0 I\mathrm{d}\boldsymbol{l}}{4\pi}\cdot\oint_S\left(-\nabla\frac{1}{R}\right)\times\mathrm{d}\boldsymbol{S}$$

式中利用了矢量等式$(\boldsymbol{a}\times\boldsymbol{b})\cdot\boldsymbol{c}=\boldsymbol{a}\cdot(\boldsymbol{b}\times\boldsymbol{c})$。

利用矢量恒等式

$$\oint_S(\boldsymbol{e}_\mathrm{n}\times\boldsymbol{A})\mathrm{d}S=\int_V\nabla\times\boldsymbol{A}\mathrm{d}V=-\oint_S\boldsymbol{A}\times\mathrm{d}\boldsymbol{S}$$

则有

$$\oint_S\boldsymbol{B}\cdot\mathrm{d}\boldsymbol{S}=\oint_C\frac{\mu_0 I\mathrm{d}\boldsymbol{l}}{4\pi}\cdot\int_V\nabla\times\nabla\frac{1}{R}\mathrm{d}V$$

因为$\nabla\times\nabla\frac{1}{R}=0$，故

$$\oint_S \boldsymbol{B}\cdot \mathrm{d}\boldsymbol{S}=0$$

利用散度定理

$$\oint_S \boldsymbol{B}\cdot \mathrm{d}\boldsymbol{S}=\int_V \nabla\cdot \boldsymbol{B}\mathrm{d}V=0$$

由于 S 面可以任意选取，因此

$$\nabla\cdot\boldsymbol{B}=0$$

磁通连续定理表明磁场是一种无散场。到目前为止，没有发现存在孤立的磁荷，所以磁场的散度总是等于零的。由安培环路定理可知，电流是磁场的旋涡源，磁场是有旋场，其磁感应线总是一些闭合的曲线。

3.3 恒定磁场的位函数

3.3.1 恒定磁场的矢量位

在第二章研究静态电场时，我们引入了电位 φ，并发现通过先计算电位 φ，再计算电场会给问题的解决带来很大的方便。而在第二章中给出了电场的另外一个基本方程$\nabla\times\boldsymbol{E}=0$，并且将“梯度的旋度恒等于 0”的结论应用于电位很容易地得到

$$\nabla\times\boldsymbol{E}=\nabla\times(\nabla\varphi)=0 \tag{3.37}$$

的结论。事实上，式(3.37)从另外一个角度说明了为什么电位可以作为表达电场的另外一个物理量，这是因为按照 $\boldsymbol{E}=-\nabla\varphi$ 来规定的电位可以满足静电场的基本方程。

与在静电场中引入电位类似，我们希望在恒定磁场中也引入一个位函数来简化恒定磁场的分析与计算。而新引入的位函数，应该必须能同时满足恒定磁场的基本方程才行。

由$\nabla\cdot\boldsymbol{B}=0$，我们可以引入这样一个矢量 $\boldsymbol{A}$，使其满足

$$\boldsymbol{B}=\nabla\times\boldsymbol{A} \tag{3.38}$$

显然，$\boldsymbol{A}$ 能够自动满足$\nabla\cdot\boldsymbol{B}=\nabla\cdot(\nabla\times\boldsymbol{A})=0$ 的要求。因此，只要在此前提下，使之满足$\nabla\times\boldsymbol{H}=\boldsymbol{J}$，即

$$\nabla\times\boldsymbol{H}=\frac{1}{\mu_0}\nabla\times\boldsymbol{B}=\frac{1}{\mu_0}\nabla\times\nabla\times\boldsymbol{A}=\boldsymbol{J} \tag{3.39}$$

$\boldsymbol{A}$ 称为矢量磁位或简称磁矢位，单位为 T·m(特斯拉·米)或 Wb/m(韦伯/米)。作为一个中间变量或辅助量，引入的 $\boldsymbol{A}$ 只要满足式(3.39)即可。然而，假设有另外一个矢量 $\boldsymbol{A}'=\boldsymbol{A}+\nabla\varphi$，对 $\boldsymbol{A}'$来说

$$\nabla\times\boldsymbol{A}'=\nabla\times(\boldsymbol{A}+\nabla\varphi)=\nabla\times\boldsymbol{A}+\nabla\times\nabla\varphi=\nabla\times\boldsymbol{A}=\boldsymbol{B} \tag{3.40}$$

$\boldsymbol{A}$ 与 $\boldsymbol{A}'$具有相同的旋度，但其散度却不同，这是因为

$$\nabla\cdot\boldsymbol{A}'=\nabla\cdot\boldsymbol{A}+\nabla\cdot\nabla\varphi=\nabla\cdot\boldsymbol{A}+\nabla^2\varphi \tag{3.41}$$

因此，矢量磁位是不唯一的，其散度可以根据需要进行选择，这也正是矢量磁位的优越性。

但作为一个有实际意义的物理量，$\boldsymbol{A}$ 还应该具有唯一性，至少按照亥姆霍兹定律，$\boldsymbol{A}$ 应该具有唯一的散度与旋度。为唯一地确定 $\boldsymbol{A}$，需要给它加上一些强制条件，对于静态磁

场，可引入库仑规范

$$\nabla \cdot \boldsymbol{A}=0 \tag{3.42}$$

这样就可以得到唯一的又同时满足 $\boldsymbol{B}=\nabla\times\boldsymbol{A}$ 和 $\nabla\cdot\boldsymbol{B}=0$ 的矢量位 $\boldsymbol{A}$，即库仑规范不影响磁场的分布。

对式(3.42)利用矢量恒等式

$$\nabla\times\nabla\times\boldsymbol{A}=\nabla(\nabla\cdot\boldsymbol{A})-\nabla^2\boldsymbol{A}$$

可得

$$\nabla^2\boldsymbol{A}=-\mu_0\boldsymbol{J} \tag{3.43}$$

这就是新引入的矢量 $\boldsymbol{A}$ 应该满足的方程，也称为矢量泊松方程。但是，必须强调指出，式(3.43)中∇^2与标量电位的泊松方程中的拉普拉斯算子虽然写法上一样，但是意义却完全不同。在一般坐标系中，作为矢量泊松方程中的∇^2，其展开形式非常复杂，只有在直角坐标系中才可以写成对各个分量的运算，即

$$\nabla^2\boldsymbol{A}=\boldsymbol{e}_x\nabla^2A_x+\boldsymbol{e}_y\nabla^2A_y+\boldsymbol{e}_z\nabla^2A_z \tag{3.44}$$

此时，式(3.44)可按照直角坐标的三个分量展开为

$$\begin{cases}\nabla^2A_x=-\mu_0J_x\\ \nabla^2A_y=-\mu_0J_y\\ \nabla^2A_z=-\mu_0J_z\end{cases} \tag{3.45}$$

式中，∇^2的含义与标量泊松方程中的含义完全相同，即为$\nabla^2=\dfrac{\partial^2}{\partial x^2}+\dfrac{\partial^2}{\partial y^2}+\dfrac{\partial^2}{\partial z^2}$。参照 $\nabla^2\varphi=-\dfrac{\rho}{\varepsilon_0}$ 对体电荷的解 $\varphi=\dfrac{1}{4\pi\varepsilon_0}\displaystyle\int_V\dfrac{\rho(\boldsymbol{r}')}{R}\mathrm{d}V$，可写出式(3.45)的解为

$$\begin{cases}A_x=\dfrac{\mu_0}{4\pi}\displaystyle\int_V\dfrac{J_x}{R}\mathrm{d}V+C_x\\ A_y=\dfrac{\mu_0}{4\pi}\displaystyle\int_V\dfrac{J_y}{R}\mathrm{d}V+C_y\\ A_z=\dfrac{\mu_0}{4\pi}\displaystyle\int_V\dfrac{J_z}{R}\mathrm{d}V+C_z\end{cases} \tag{3.46}$$

由此可综合写出矢量泊松方程的解为

$$\boldsymbol{A}=\boldsymbol{e}_xA_x+\boldsymbol{e}_yA_y+\boldsymbol{e}_zA_z=\frac{\mu_0}{4\pi}\int_V\frac{\boldsymbol{J}}{R}\mathrm{d}V+\boldsymbol{C} \tag{3.47}$$

相应地，对于面电流，矢量泊松方程的解为

$$\boldsymbol{A}=\frac{\mu_0}{4\pi}\int_S\frac{\boldsymbol{J}_\mathrm{s}}{R}\mathrm{d}S+\boldsymbol{C} \tag{3.48}$$

对于线电流，矢量泊松方程的解为

$$\boldsymbol{A}=\frac{\mu_0}{4\pi}\int_l\frac{I\mathrm{d}\boldsymbol{l}}{R}+\boldsymbol{C} \tag{3.49}$$

式(3.47)～式(3.49)中，$\boldsymbol{C}$为常矢量，由于 $\boldsymbol{A}$ 只是用于处理 $\boldsymbol{B}$ 的中间变量，因此 $\boldsymbol{C}$ 并不影响 $\boldsymbol{B}$ 的结果。由式(3.47)可以看出，矢量磁位 $\boldsymbol{A}$ 的方向只与 $\boldsymbol{J}$ 有关，且两者方向相同。同时 $\boldsymbol{A}$ 的各个分量也与 $\boldsymbol{J}$ 的分量相对应，这样在积分中就避开了关于方向的讨论。因此，可利用式(3.47)、式(3.48)或式(3.49)求解 $\boldsymbol{A}$ 后，再利用 $\boldsymbol{B}=\nabla\times\boldsymbol{A}$ 求解 $\boldsymbol{B}$，这比直接使用式

(3.11)求解 $\boldsymbol{B}$ 要简单。至此，我们已经为恒定磁场找到了一个便于分析的矢量位函数 $\boldsymbol{A}$。

同时，在无源区 $\boldsymbol{J}=0$，则

$$\nabla^2\boldsymbol{A}=0 \tag{3.50}$$

该式称为矢量位的拉普拉斯方程。

3.3.2 恒定磁场的标量位

在 3.3.1 节中介绍了恒定磁场的矢量位。但在第二章静态电场中，根据 $\nabla\times\boldsymbol{E}=0$ 导出了标量电位。如果能像静态电场一样引入恒定磁场的标量位函数，将能给磁场的计算带来便利。但是，与静态电场不同，恒定磁场是有旋场，$\nabla\times\boldsymbol{H}=\boldsymbol{J}$。只有在无源区(源在分析区域之外)，即 $\boldsymbol{J}=0$ 的区域，才能导出标量磁位，即在无源区有

$$\nabla\times\boldsymbol{H}=0 \tag{3.51}$$

因为标量函数梯度的旋度是一定等于 0 的，所以一定存在一个标量函数 $-\varphi_m$ 满足下式：

$$\boldsymbol{H}=-\nabla\varphi_m \tag{3.52}$$

φ_m 称为标量磁位，或磁标位。

因为 $\nabla\cdot\boldsymbol{H}=0$，所以可知磁标位满足拉普拉斯方程

$$\nabla^2\varphi_m=0 \tag{3.53}$$

与标量电位类似，得到标量磁位满足的边界条件为

$$\varphi_{m1}=\varphi_{m2} \tag{3.54}$$

$$\mu_1\frac{\partial\varphi_{m1}}{\partial n}=\mu_2\frac{\partial\varphi_{m2}}{\partial n} \tag{3.55}$$

3.3.3 磁偶极子

本节将分析一个重要的电磁模型：磁偶极子。

磁偶极子的定义：将通有恒定电流 I 的小圆电流环视为一个磁偶极子。设 S 为电流环围成的面积，$\boldsymbol{S}$ 的方向定义为与电流方向成右手关系且与环面垂直的方向，则 $I\boldsymbol{S}$ 为磁偶极子的磁矩，记为 $\boldsymbol{p}_{\rm m}=I\boldsymbol{S}$。

例 3.5 若真空中半径为 a 的磁偶极子位于 xOy 平面内，圆心为坐标原点，如图 3.11 所示。试求其磁矢位 $\boldsymbol{A}$ 与磁感应强度 $\boldsymbol{B}$。

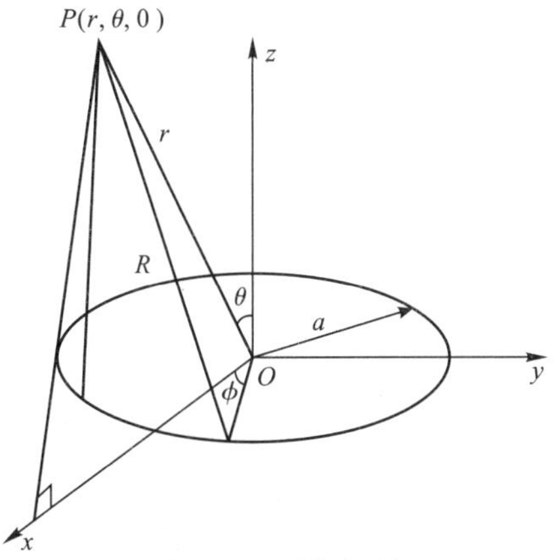

图 3.11 磁偶极子

解 建立球坐标系。显然，由于源关于 ϕ 对称，因此磁场关于 ϕ 具有对称性，为方便起见，可以只考虑 xOz 平面上的点。矢量磁位方程为

$$\boldsymbol{A}=\frac{\mu_0}{4\pi}\int_l\frac{I\mathrm{d}\boldsymbol{l}}{R}+\boldsymbol{C}$$

其中，$I\mathrm{d}\boldsymbol{l}=\boldsymbol{e}_\phi Ia\mathrm{d}\phi$。

在上一小节中讲到矢量磁位 $\boldsymbol{A}$ 的方向与 $\boldsymbol{J}$ 相同，因此，如图 3.12 所示，关于 xOz 平面对称的两段 $\mathrm{d}\boldsymbol{l}$ 与 $\mathrm{d}\boldsymbol{l}'$ 在 P 点所产生的 $\boldsymbol{A}$ 的合成为 $A_\phi\boldsymbol{e}_\phi$，且

$$\boldsymbol{A}_\phi=2\int_0^\pi \mathrm{d}A\cos\phi'=\frac{\mu_0 I}{2\pi}\int_0^\pi\frac{a\cos\phi'\mathrm{d}\phi'}{R}$$

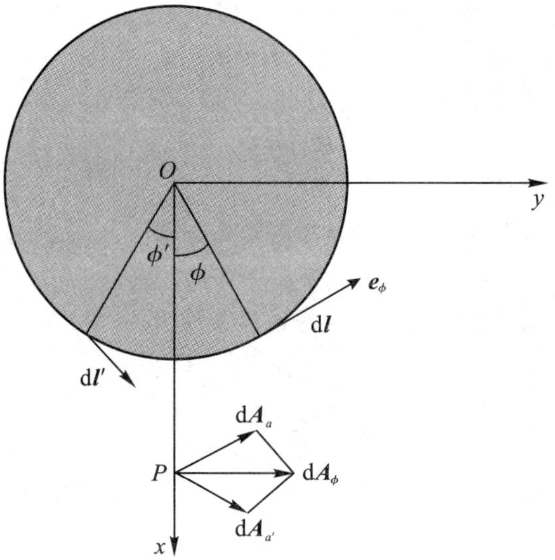

图 3.12 磁偶极子的顶视图

由于场点坐标为$(r\sin\theta,\ 0,\ r\cos\theta)$，而源点坐标为$(a\cos\phi,\ a\sin\phi,\ 0)$，因此

$$\begin{aligned}R&=[(r\sin\theta-a\cos\phi)^2+(-a\sin\phi)^2+(r\cos\theta)^2]^{\frac{1}{2}}\\&=[r^2\sin^2\theta+a^2\cos^2\phi-2ar\sin\theta\cos\phi+a^2\sin^2\phi+r^2\cos^2\theta]^{\frac{1}{2}}\\&=(r^2+a^2-2ar\sin\theta\cos\phi)^{\frac{1}{2}}\end{aligned}$$

在 $r\gg a$ 时，上式可用二项式定理$(1+x)^{\pm 1/2}\approx 1\pm\frac{1}{2}x(x\ll 1)$展开为

$$\begin{aligned}\frac{1}{R}&=\frac{1}{r}\left(1-\frac{2a}{r}\sin\theta\cos\phi'+\frac{a^2}{r^2}\right)^{-\frac{1}{2}}\approx\frac{1}{r}\left(1-\frac{2a}{r}\sin\theta\cos\phi'\right)^{-\frac{1}{2}}\\&\approx\frac{1}{r}\left(1+\frac{a}{r}\sin\theta\cos\phi'\right)\end{aligned}$$

将 R 代入 A_ϕ 可得

$$\begin{aligned}A_\phi&\approx\frac{\mu_0 Ia}{2\pi r}\int_0^\pi\left(1+\frac{a}{r}\sin\theta\cos\phi'\right)\cos\phi'\mathrm{d}\phi'=\frac{\mu_0 a^2 I}{2\pi r^2}\cdot\sin\theta\int_0^\pi\cos^2\phi'\mathrm{d}\phi'\\&=\frac{\mu_0 a^2 I}{2\pi r^2}\cdot\sin\theta\int_0^\pi\frac{(\cos 2\phi'+1)}{2}\mathrm{d}\phi'=\frac{\mu_0 a^2 I}{4r^2}\sin\theta\end{aligned}$$

即

$$\boldsymbol{A}=\frac{\mu_0 a^2 I}{4r^2}\sin\theta\boldsymbol{e}_\phi=\frac{\mu_0 \pi a^2 I}{4\pi r^2}\sin\theta\boldsymbol{e}_\phi$$

将小磁偶极子 $dS=\pi a^2$，$\boldsymbol{p}_m=Id\boldsymbol{S}=I\pi a^2\boldsymbol{e}_z$代入上式，可得

$$\boldsymbol{A}=\frac{\mu_0 p_m}{4\pi r^2}\sin\theta\boldsymbol{e}_\phi$$

则所产生的磁感应强度

$$\boldsymbol{B}=\nabla\times\boldsymbol{A}$$

将其代入球坐标系下的旋度公式，可得

$$\boldsymbol{B}=\frac{1}{r^2\sin\theta}\begin{vmatrix}\boldsymbol{e}_r & r\boldsymbol{e}_\theta & r\sin\theta\boldsymbol{e}_\phi\\ \dfrac{\partial}{\partial r} & \dfrac{\partial}{\partial\theta} & \dfrac{\partial}{\partial\phi}\\ 0 & 0 & r\sin\theta A_\phi\end{vmatrix}=\frac{\mu_0 p_m}{4\pi r^3}(\boldsymbol{e}_r 2\cos\theta+\boldsymbol{e}_\theta\sin\theta)$$

磁偶极子的场跟磁铁的场是一样的，如图 3.13 所示，这一磁场与电偶极子的电场强度相似，所以将载有恒定电流的小回路称为磁偶极子。应注意，对于任一载流回路，不论其电流及形状如何，只要其磁矩 M 给定，远区的磁场表达式均相同。在远区(观察点到电流环的距离远大于回路的尺度)，磁偶极子的磁力线与电偶极子的电力线具有相同的分布，但是应注意，在近区，二者并不相同，因为电力线从正电荷出发，到负电荷终止，而磁力线总是没有头尾的闭合曲线。磁偶极子的磁位和磁场，在讨论媒质的磁化问题时很重要。

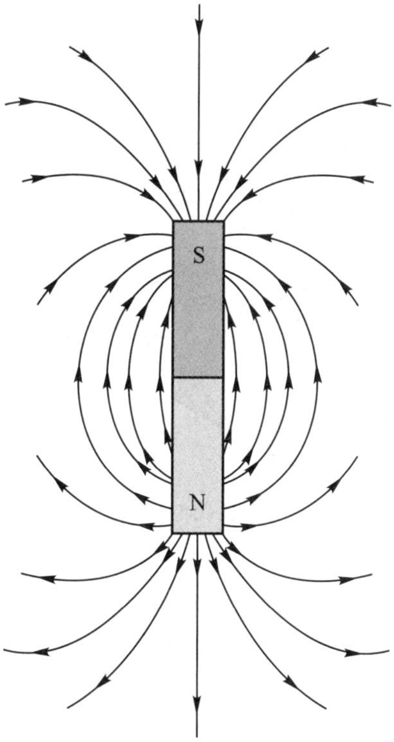

图 3.13 磁偶极子

3.4 媒质中的恒定磁场

3.4.1 磁介质的磁化

至今，我们只考虑了一般意义上的恒定电流 $\boldsymbol{J}$ 在真空中产生的磁场。而在物质内部，其束缚电荷自身的运动也要产生磁场，即束缚在轨道上公转和自旋的电子也会引起磁场，这些磁场称为物质固有的分子磁场。在无外磁场作用时，这些分子磁场是随机而杂乱无章的，合成磁场为零（永磁材料除外）。

物质内部的原子会绕核做类似公转的运动且会有自旋，物质分子内部所有电子的运动对外部以分子电流的形式表现出来。分子电流的尺度很小，并以小电流环的形式存在，从上节的讨论中可知，小电流环可等效为磁偶极子，其影响力定义为磁矩。这里给出如下分子磁矩的定义式：

$$\boldsymbol{p}_{\mathrm{m}}=q_{\mathrm{m}}\boldsymbol{l} \quad 或 \quad \boldsymbol{p}_{\mathrm{m}}=i\Delta\boldsymbol{S} \tag{3.56}$$

式中，q_{m} 为等效磁荷，$\boldsymbol{l}$ 为两磁荷间的矢量；i 为小电流大小，$\Delta\boldsymbol{S}$ 为小电流环围成的曲面。

如果受到外磁场 $\boldsymbol{B}$ 的作用，这些分子磁矩就会像小指南针一样统一转向磁场方向，形成规则的排列，合成的磁矩具有宏观效应，这时称媒质被磁化(显示出磁性)。如图 3.14 所示，物质内部分子电流按外磁场方向排列后，在表面上会形成同方向的电流，从而产生新的磁感应强度 $\boldsymbol{B}_{\mathrm{m}}$，而媒质内的不均匀性产生了磁化体电流。此时的总磁场为外加磁场和磁化磁场的叠加，即

$$\boldsymbol{B}_{\mathrm{total}}=\boldsymbol{B}+\boldsymbol{B}_{\mathrm{m}} \tag{3.57}$$

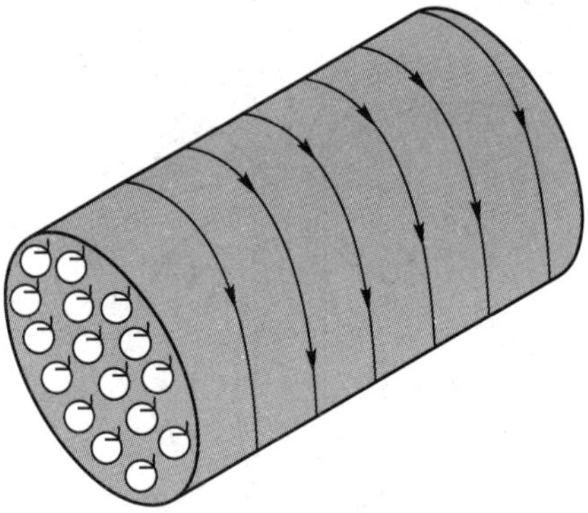

图 3.14 磁化电流的示意图

磁化程度的大小(磁化磁场的大小)是由媒质内分子磁矩的多少决定的。

在媒质中，任取一小体积，设其分子密度为 N，平均磁矩为 $\boldsymbol{p}_{\mathrm{m}}$，则总磁矩为 $\boldsymbol{M}_{\mathrm{all}}=N\boldsymbol{p}_{\mathrm{m}}\mathrm{d}V$。其显然可以表征物质磁化的强弱，因此，定义单位体积内的总磁矩为

$$\boldsymbol{M}=\frac{N\boldsymbol{p}_{\mathrm{m}}\mathrm{d}V}{\mathrm{d}V}=N\boldsymbol{p}_{\mathrm{m}} \tag{3.58}$$

$\boldsymbol{M}$ 也称为磁化强度，单位为 A/m，显然它与自由空间中磁场强度 $\boldsymbol{H}$ 的单位相同。

媒质被磁化后，其分子磁矩(分子电流)将规则排列。如图 3.14 所示，若媒质是均匀

的，则相邻的分子电流互相抵消，其内部没有净余的电流分布，但其表面有净余的磁化面电流密度 $\boldsymbol{J}_{SM}$；若媒质内部是不均匀的，其内部将有净余的电流分布，即产生磁化体电流密度 $\boldsymbol{J}_{M}$；媒质分界面上也有净余的电流分布(磁化面电流密度 $\boldsymbol{J}_{SM}$)。不管怎么说，媒质的磁化电流和磁化密度是密切相关的

如图 3.15 所示，在媒质中取一闭合回路 C，其围成的曲面为 S。因为回路 C 内部的分子电流与其相邻的分子电流相抵消，所以穿过曲面 S 的磁化电流仅由边界 C 上的分子电流贡献，即穿过曲面 S 的电流等于穿过闭合曲线 C 的电流，即 $I_M|_S=I_M|_C$。我们作一个包围一小段曲线(长为 $\mathrm{d}l$)的小圆柱体，圆柱体的底面积为 ΔS，则穿过该小段曲线的磁化电流为

$$I_M|_{dC}=in_{dC}=iN\mathrm{d}V=Ni\Delta\boldsymbol{S}\cdot\mathrm{d}\boldsymbol{l}=N\boldsymbol{p}_m\cdot\mathrm{d}\boldsymbol{l}=\boldsymbol{M}\cdot\mathrm{d}\boldsymbol{l} \tag{3.59}$$

其中，n_{dC} 为整个区域的分子数，N 为单位体积的分子数。因此穿过闭合曲线 C 的磁化电流为

$$I_M|_C=\oint_C\boldsymbol{M}\cdot\mathrm{d}\boldsymbol{l} \tag{3.60}$$

即穿过曲面 S 的电流等于穿过曲线的电流，并应用斯托克斯定理有

$$I_M|_S=I_M|_C=\oint_C\boldsymbol{M}\cdot\mathrm{d}\boldsymbol{l}=\int_S\nabla\times\boldsymbol{M}\cdot\mathrm{d}\boldsymbol{S} \tag{3.61}$$

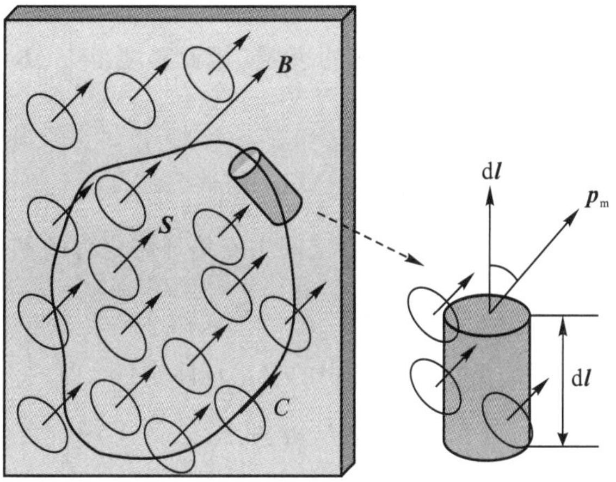

图 3.15 磁化电流的计算

从第二章中我们知道，体电流等于体电流密度穿过曲面 S 的通量，即对于磁化电流有

$$I_M=\int_S\boldsymbol{J}_M\cdot\mathrm{d}\boldsymbol{S} \tag{3.62}$$

对比式(3.61)和式(3.62)，可以得到磁化电流体密度为

$$\boldsymbol{J}_M=\nabla\times\boldsymbol{M} \tag{3.63}$$

若将闭合曲线 C 取在媒质的表面，则式(3.60)表示的磁化电流也就是表面的磁化电流。因此，在表面上一小段曲线 $\mathrm{d}l$ 的磁化电流为

$$I_M|_{dC}=\boldsymbol{M}\cdot\mathrm{d}\boldsymbol{l}=\boldsymbol{M}\cdot\boldsymbol{e}_l\mathrm{d}l=M_t\mathrm{d}l \tag{3.64}$$

因为曲线 C 是在媒质表面，所以 $\boldsymbol{e}_l$ 是表面的切线方向，则 M_t 为切向分量。因此，磁化电流的面密度为

$$J_{SM}=M_t \tag{3.65}$$

或

$$\boldsymbol{J}_{SM}=\boldsymbol{M}\times\boldsymbol{e}_n \tag{3.66}$$

式中 $\boldsymbol{e}_n$ 为媒质表面的法向单位矢量。

3.4.2 磁介质中的基本方程

下面来讨论磁介质中的基本方程。此处我们考虑一个假想的无界的磁性媒质空间，在此空间内，无论自由电流还是磁化电流都是磁场的旋度源。因此，磁通连续性方程仍然成立，即仍有

$$\oint_S \boldsymbol{B}\cdot d\boldsymbol{S}=0 \quad 或者 \quad \nabla\cdot\boldsymbol{B}=0 \tag{3.67}$$

式中 $\boldsymbol{B}$ 为自由电流与磁化电流的合成场，也即磁介质被磁化后空间中实际存在的磁感应强度。而对安培环路定理，此时的电流必须考虑自由电流 I 与磁化电流 I_M，因此

$$\oint_C \boldsymbol{B}\cdot d\boldsymbol{l}=\mu_0(I+I_M)=\mu_0\oint_S(\boldsymbol{J}+\boldsymbol{J}_M)\cdot d\boldsymbol{S} \tag{3.68}$$

将 $\boldsymbol{J}_M=\nabla\times\boldsymbol{M}$ 代入式(3.68)，并应用斯托克斯定理，可得

$$\oint_C \boldsymbol{B}\cdot d\boldsymbol{l}=\mu_0 I+\mu_0\oint_C \boldsymbol{M}\cdot d\boldsymbol{l} \tag{3.69}$$

式(3.69)左右两边积分路径相同，都是 S 的边界，因此移项得 $\oint_C(\boldsymbol{B}-\mu_0\boldsymbol{M})\cdot d\boldsymbol{l}=\mu_0 I$，两边同除以 μ_0，得到

$$\oint_C\left(\frac{\boldsymbol{B}}{\mu_0}-\boldsymbol{M}\right)\cdot d\boldsymbol{l}=I \tag{3.70}$$

注意到 $\boldsymbol{M}$ 与 $\boldsymbol{H}$ 同量纲，因此，仍借用自由空间中安培环路定理的基本表达形式，可得

$$\boldsymbol{H}=\frac{\boldsymbol{B}}{\mu_0}-\boldsymbol{M} \tag{3.71}$$

将式(3.71)代入式(3.70)可得到媒质中的安培环路定理，即

$$\oint_C \boldsymbol{H}\cdot d\boldsymbol{l}=I \tag{3.72}$$

将式(3.72)应用斯托克斯定理得到

$$\oint_C \boldsymbol{H}\cdot d\boldsymbol{l}=\int_S \nabla\times\boldsymbol{H}\cdot d\boldsymbol{S}=I=\int_S \boldsymbol{J}\cdot d\boldsymbol{S} \tag{3.73}$$

因为式(3.73)对 C 所围成的任意曲面都成立，因此必须有

$$\nabla\times\boldsymbol{H}=\boldsymbol{J} \tag{3.74}$$

这就是安培环路定理的微分形式。这样就获得了与自由空间中表达形式完全相同的恒定磁场基本方程。

从式(3.69)知道，磁感应强度矢量 $\boldsymbol{B}$ 与媒质的磁化强度 $\boldsymbol{M}$ 密切相关；然而从式(3.73)看来，似乎磁场强度矢量 $\boldsymbol{H}$ 与磁化强度 $\boldsymbol{M}$ 无关，实际上，$\boldsymbol{H}$ 与 $\boldsymbol{M}$ 的关系隐含在式(3.71)中，这是因为磁化电流也是磁场的旋度源。

但是，由式(3.71)可以看到，要在媒质中计算 $\boldsymbol{H}$ 和 $\boldsymbol{B}$ 的转化并不容易，这需要先计算磁化强度 $\boldsymbol{M}$。而实验证明，在非铁磁性物质中，$\boldsymbol{M}$ 与 $\boldsymbol{H}$ 之间有明确的关系，即

$$\boldsymbol{M}=\chi_m \boldsymbol{H} \tag{3.75}$$

式中，χ_m称为磁化率(χ 读作 kai)，是无量纲的常数，仅与磁介质的特性有关。

将式(3.75)代入式(3.71)，可得

$$\boldsymbol{B}=\mu_0(\boldsymbol{H}+\chi_m\boldsymbol{H})=\mu_0(1+\chi_m)\boldsymbol{H}=\mu_0\mu_r\boldsymbol{H}=\mu\boldsymbol{H} \tag{3.76}$$

式中，μ 称为物质的磁导率，单位为 H/m(亨利/米)；$\mu_r=1+\chi_m$称为相对磁导率，无量纲。对真空来讲，$\mu_r=1$，即无磁化效应，$\boldsymbol{M}=0$。这样媒质中与真空中的磁场基本方程就获得了统一。磁场强度 $\boldsymbol{H}$ 的意义也更加明确，即它是表征磁场特性的且仅与自由电流 I 相关。上述过程与静电场中用 $\boldsymbol{D}$ 来统一表达真空和电介质中的电场非常类似。因此，式(3.76)又称作磁场强度和磁感应强度满足的本构关系。

根据χ_m的不同，可以把物质区分为不同的磁性物质。顺磁性物质的χ_m为正数，数量级在 10^{-3}量级，此时 $\mu_r>1$；抗磁性物质的χ_m为负数，量级为 $10^{-6}\sim10^{-5}$，此时 $\mu_r<1$。无论是顺磁性物质，还是抗磁性物质，因为χ_m的数量级很小，$\mu_r\approx1$，所以磁化效应都很弱，这些物质都可统称为非磁性物质。因此，在一般的工程问题中，都将非铁磁性物质的磁性质看作与真空相同，即 $\mu_r=1$。而另有一类材料，$\boldsymbol{B}$ 与 $\boldsymbol{H}$ 是非线性关系，χ_m不是常数，μ_r 的值高达数百、数千，甚至更高，比如钴的 μ_r 值高达 250，镍的 μ_r 值高达 600，锰锌铁氧体的 μ_r 值高达 1500，这些物质统称为铁磁性媒质($\boldsymbol{B}$ 与 $\boldsymbol{H}$ 同向，另有非同向的)。

例 3.6 有一磁导率为 μ、半径为 a 的无限长导磁圆柱，其轴线处有无限长的线电流 I，圆柱外是空气(μ_0)，试求圆柱内外的 $\boldsymbol{B}$、$\boldsymbol{H}$ 和 $\boldsymbol{M}$。

解 因为 I 为轴线处有无限长的线电流，根据安培环路定理易知磁场为平行平面场，且具有轴对称性，磁场矢量为 $\boldsymbol{e}_\phi$ 方向。因此，在轴线上取一点为圆心，半径为 ρ，且垂直于轴线的圆上的磁场处处大小相等，方向与圆弧相切，可应用安培环路定理求解，即

$$\oint_C \boldsymbol{H}\cdot \mathrm{d}\boldsymbol{l}=2\pi\rho H_\phi=I$$

故磁场强度为

$$\boldsymbol{H}=\boldsymbol{e}_\phi\frac{I}{2\pi\rho}\quad 0<\rho<\infty$$

因为圆柱内外磁导率不同，所以磁感应强度为

$$\boldsymbol{B}=\begin{cases}\boldsymbol{e}_\phi\dfrac{\mu I}{2\pi\rho} & 0<\rho<a\\[2ex] \boldsymbol{e}_\phi\dfrac{\mu_0 I}{2\pi\rho} & a<\rho<\infty\end{cases}$$

得到磁化强度为

$$\boldsymbol{M}=\frac{\boldsymbol{B}}{\mu_0}-\boldsymbol{H}=\begin{cases}\boldsymbol{e}_\phi\dfrac{\mu-\mu_0}{\mu_0}\cdot\dfrac{I}{2\pi\rho} & \rho<a\\[2ex] 0 & a<\rho<\infty\end{cases}$$

例 3.7 有两个半径分别为 R 和 r 的“无限长”同轴圆筒形导体，在它们之间充满相对磁导率为 μ_r 的磁介质，当两圆筒通有相反方向的电流 I 时，试求：

(1) 磁介质中任意点 P 的磁感应强度大小；

(2) 圆柱体外面一点 Q 的磁感应强度大小。

解 由题意可知，I 为轴线处有无限长的线电流，根据安培环路定理易知磁场为平行平面场，且具有轴对称性，磁场矢量为 $\boldsymbol{e}_\phi$ 方向。因此，在轴线上取一点为圆心，半径为 ρ。

(1) 当 $r<\rho<R$ 时，由安培环路定理得

$$\oint_C \boldsymbol{H} \cdot \mathrm{d}\boldsymbol{l} = 2\pi\rho H_\phi = I$$

则磁场强度为

$$\boldsymbol{H}=\boldsymbol{e}_\phi \frac{I}{2\pi\rho} \quad r<\rho<R$$

磁感应强度为

$$\boldsymbol{B}=\mu\boldsymbol{H}=\boldsymbol{e}_\phi \frac{\mu I}{2\pi\rho}=\boldsymbol{e}_\phi \frac{\mu_0\mu_r I}{2\pi\rho} \quad r<\rho<R$$

(2) 当 $\rho>R$ 时，因为导体内外表面电流大小均为 I，但是方向相反，所以由安培环路定理得

$$\oint_C \boldsymbol{H} \cdot \mathrm{d}\boldsymbol{l} = I - I = 0$$

则磁场强度为

$$\boldsymbol{H}=0 \quad \rho>R$$

磁感应强度为

$$\boldsymbol{B}-\mu\boldsymbol{H}=0 \quad \rho>R$$

同理可以求得，当 $\rho<r$ 时

$$\boldsymbol{B}=0 \quad \rho<r$$

3.5 恒定磁场的边界条件

本节讨论恒定磁场在磁介质的分界面上遵循的规律。由于分界面上的不连续性，须从积分方程(即式(3.23)和式(3.35))出发来进行讨论。注意到磁场的基本方程与电场的基本方程有一定的相似性，因此，此处的讨论基本上可以参照对静电场边界条件的讨论来进行。

首先来看磁感应强度 $\boldsymbol{B}$ 的边界条件。

考虑如图 3.16 所示的媒质分界面，在分界面两侧分别为磁导率是 μ_1 和 μ_2 的两种不同媒质，定义从媒质 2 指向媒质 1 且与分界面相垂直的方向为分界面的法向 $\boldsymbol{e}_n$，假设媒质 1 中的磁感应强度矢量为 $\boldsymbol{B}_1$，媒质 2 中的磁感应强度矢量为 $\boldsymbol{B}_2$，$\boldsymbol{B}_1$ 与 $\boldsymbol{e}_n$ 的夹角为 θ_1，$\boldsymbol{B}_2$ 与 $\boldsymbol{e}_n$ 的夹角为 θ_2。

因为

$$\oint_S \boldsymbol{B} \cdot \mathrm{d}\boldsymbol{S} = 0 \tag{3.77}$$

所以，需要构造一个闭合的曲面。在分界面上建立一个小的柱状闭合面，其上下底面平行且分居于分界面两侧，其高度 h 趋向于 0，且上下底面积 ΔS 小到足以认为底面上的场均匀。由于 h 趋向于 0，因此磁感应强度矢量穿过圆柱体侧面的通量为 0；根据闭合面上的磁

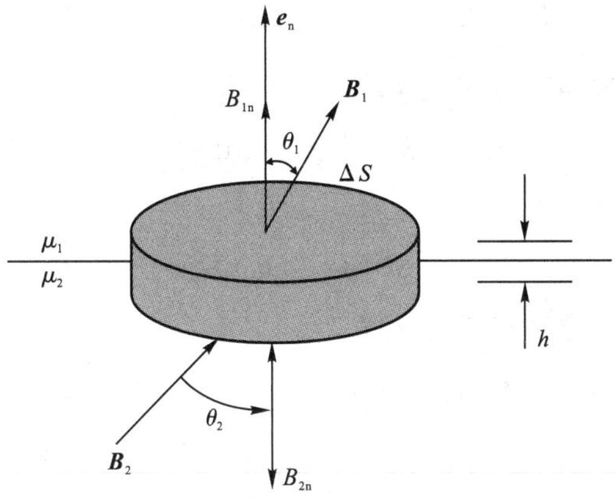

图 3.16　磁感应强度的边界条件

通连续定理，磁感应强度矢量对闭合柱面的通量仅为穿过上下底面的通量，并注意到闭合面上面元方向的定义，可得

$$\oint_S \boldsymbol{B} \cdot \mathrm{d}\boldsymbol{S} = B_{1n}\Delta S - B_{2n}\Delta S = 0 \tag{3.78}$$

即

$$B_{1n} = B_{2n} \quad 或 \quad B_1 \cos\theta_1 = B_2 \cos\theta_2 \tag{3.79}$$

用矢量表示为

$$\boldsymbol{e}_n \cdot (\boldsymbol{B}_1 - \boldsymbol{B}_2) = 0 \tag{3.80}$$

即磁感应强度的法向分量连续。

再来考虑磁场强度 $\boldsymbol{H}$ 的边界条件。

根据安培环路定理

$$\oint_C \boldsymbol{H} \cdot \mathrm{d}\boldsymbol{l} = I \tag{3.81}$$

在边界上建立小的闭合回路 C，其高度 h 趋向于 0，两个平行于边界的边 Δl 足够小以满足在此边上磁场均匀一致，如图 3.17 磁场强度的边界条件所示。假设图示中回路绕行方向以顺时针为正方向，则根据安培环路定理有

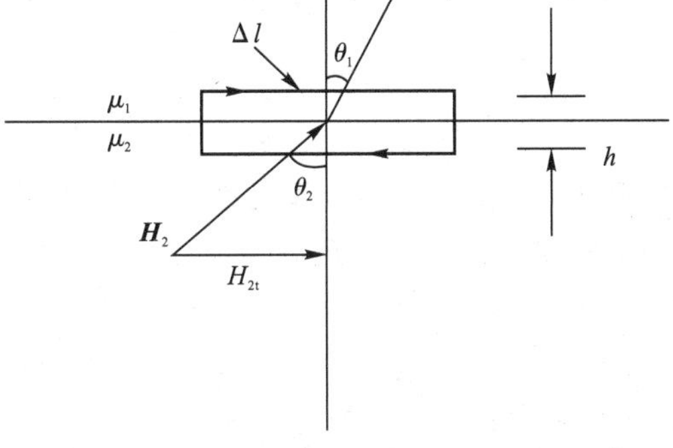

图 3.17　磁场强度的边界条件

$$\oint_C \boldsymbol{H}\cdot \mathrm{d}\boldsymbol{l} = \boldsymbol{H}_1\cdot \Delta\boldsymbol{l} + \boldsymbol{H}_2\cdot(-\Delta\boldsymbol{l}) = (\boldsymbol{H}_1 - \boldsymbol{H}_2)\cdot\Delta\boldsymbol{l} = I \tag{3.82}$$

设回路围成的曲面为 $\Delta\boldsymbol{S}=\Delta S\boldsymbol{e}_S$ 则

$$I = \int_S \boldsymbol{J}\cdot\boldsymbol{e}_S\mathrm{d}S \tag{3.83}$$

同时

$$\Delta\boldsymbol{l}=(\boldsymbol{e}_S\times\boldsymbol{e}_n)\Delta l \tag{3.84}$$

将式(3.82)和式(3.84)代入式(3.83)可得

$$(\boldsymbol{H}_1 - \boldsymbol{H}_2)\cdot(\boldsymbol{e}_S\times\boldsymbol{e}_n)\Delta l = \int_S \boldsymbol{J}\cdot\boldsymbol{e}_S\mathrm{d}S = \boldsymbol{J}\cdot\boldsymbol{e}_S\Delta lh \tag{3.85}$$

等式左边使用矢量公式(见附录 A)$\boldsymbol{A}\cdot(\boldsymbol{B}\times\boldsymbol{C})=\boldsymbol{B}\cdot(\boldsymbol{C}\times\boldsymbol{A})$，则

$$\boldsymbol{e}_S\cdot((\boldsymbol{H}_1-\boldsymbol{H}_2)\times\boldsymbol{e}_n)=\boldsymbol{J}_s\cdot\boldsymbol{e}_S \tag{3.86}$$

由于 $\boldsymbol{J}_s$、$(\boldsymbol{H}_1-\boldsymbol{H}_2)\times\boldsymbol{e}_n$ 与 $\boldsymbol{e}_S$ 三者共面，因此

$$\boldsymbol{e}_n\times(\boldsymbol{H}_1-\boldsymbol{H}_2)=\boldsymbol{J}_s \tag{3.87}$$

或者写成标量形式

$$H_{1t}-H_{2t}=J_s \tag{3.88}$$

这就是在两种媒质分界面上磁场强度 $\boldsymbol{H}$ 满足的边界条件。可见，当分界面存在电流时，磁场强度 $\boldsymbol{H}$ 的切向分量是不连续的。

我们知道对于电导率 $\sigma=0$ 的理想媒质分界面，其表面电流为 $0(J_s=0)$；对于电导率 σ 很小的媒质，其表面电流约等于 $0(J_s\approx 0)$。对于这两种媒质，边界 $\boldsymbol{H}$ 的切向分量连续，有

$$\boldsymbol{e}_n\times(\boldsymbol{H}_1-\boldsymbol{H}_2)=0 \quad 即\ H_{1t}=H_{2t} \tag{3.89}$$

再根据 $\boldsymbol{H}$ 和 $\boldsymbol{B}$ 的边界条件，容易推导得到

$$\frac{\tan\theta_1}{\tan\theta_2}=\frac{\mu_1}{\mu_2} \tag{3.90}$$

若媒质 1 为空气，媒质 2 为铁磁质，则 $\mu_2\gg\mu_1$，导致 $\theta_1\to 0$，即：在空气与铁磁质的分界面上，磁力线与铁磁质几乎垂直。

若媒质 1 为理想媒质，媒质 2 为理想导体，因理想导体的电导率为无限大，则其内部磁场恒为 0，则边界条件为

$$\begin{cases}\boldsymbol{e}_n\cdot\boldsymbol{B}=0\\ \boldsymbol{e}_n\times\boldsymbol{H}=\boldsymbol{J}_s\end{cases} \tag{3.91}$$

例 3.8 试导出媒质表面磁化电流密度 $\boldsymbol{J}_{SM}$ 的表达式。

解 设图 3.18 中媒质 1 是真空，媒质 2 是磁介质，媒质 2 表面没有传导电流时，安培环路定理可以写为

$$\oint_C \boldsymbol{B}\cdot\mathrm{d}\boldsymbol{l} = \mu_0\sum_i I_{Mi}$$

上式右侧是对环路包围的所有磁化电流求和。用与推导的式(3.87)相同的方法可以导出

$$\boldsymbol{e}_n\times(\boldsymbol{B}_1-\boldsymbol{B}_2)=\mu_0\boldsymbol{J}_{SM}$$

由

$$\boldsymbol{H}=\frac{\boldsymbol{B}}{\mu_0}-\boldsymbol{M}$$

可得，在真空中

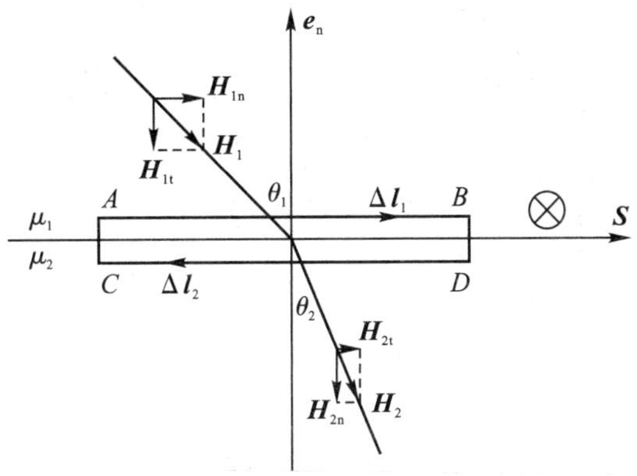

图 3.18　媒质表面磁化电流密度

$$\boldsymbol{B}_1=\mu_0\boldsymbol{H}_1$$

在媒质中

$$\boldsymbol{B}_2=\mu_0\boldsymbol{H}_2+\mu_0\boldsymbol{M}$$

$$\boldsymbol{e}_n\times\mu_0\boldsymbol{H}_1-\boldsymbol{e}_n\times(\mu_0\boldsymbol{H}_2+\mu_0\boldsymbol{M})=\mu_0\boldsymbol{J}_{SM}$$

由于媒质 2 表面没有传导电流，将式(3.89)代入上式可得

$$-\boldsymbol{e}_n\times\mu_0\boldsymbol{M}=\mu_0\boldsymbol{J}_{SM}$$

因此

$$\boldsymbol{J}_{SM}=\boldsymbol{M}\times\boldsymbol{e}_n$$

3.6　电感与磁场能量

3.6.1　自感与互感

在线性各向同性媒质中，一个电流回路在空间任意点的磁感应强度 $\boldsymbol{B}$ 与电流成正比，因而穿过任意固定回路的磁通 Φ 也与电流成正比；如果一个回路是由 N 匝导线绕成的，则总磁通是各匝磁通之和，称为磁链，用 ψ 表示。若各匝导线紧挨着，可以近似认为它们处于同一位置，则

$$\psi=N\Phi \tag{3.92}$$

在恒定磁场中，把穿过回路的磁通量(或磁链)与回路电流的比值定义为电感系数。

若磁场是由回路本身的电流产生的，则回路的磁链 ψ 与电流 I 的比值 L 称为自感系数，即

$$L=\frac{\psi}{I} \tag{3.93}$$

自感系数可简称为自感，单位为 H(亨利)。

如图 3.19 所示，回路 C_1 和 C_2 的电流分别为 I_1 和 I_2，ψ_1 为 I_1 产生的磁场穿过 C_1 的磁链，ψ_2 为 I_2 产生的磁场穿过 C_2 的磁链，ψ_{12} 为 I_2 产生的磁场穿过 C_1 的磁链，ψ_{21} 为 I_1 产生的磁场穿过 C_2 的磁链。自感 L_1 和 L_2 分别为

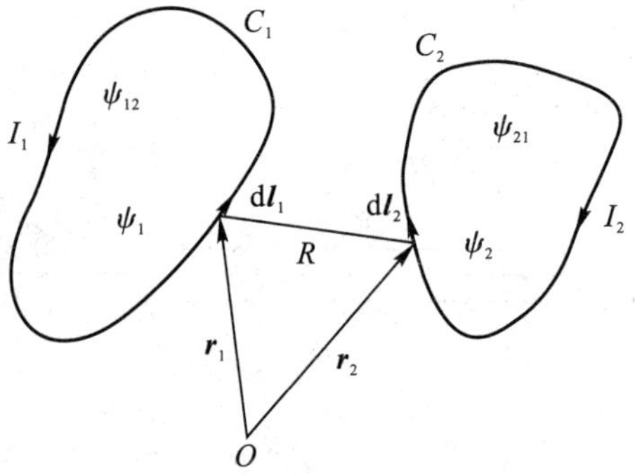

图 3.19　回路与磁链

$$L_1=\frac{\psi_1}{I_1},\quad L_2=\frac{\psi_2}{I_2} \tag{3.94}$$

回路 C_1 的电流 I_1 产生的磁场与回路 C_2 相交链的磁链为 ψ_{21}，其与电流 I_1 的比值

$$M_{21}=\frac{\psi_{21}}{I_1} \tag{3.95}$$

称为回路 C_1 对 C_2 的互感系数，简称互感。

类似地，回路 C_2 对 C_1 的互感系数为

$$M_{12}=\frac{\psi_{12}}{I_2} \tag{3.96}$$

可以证明 $M_{12}=M_{21}$。回路 I_1 产生的磁场 $\boldsymbol{B}_1$ 穿过回路 C_2 围成的曲面 S_2 的磁通为

$$\Phi_{21}=\int_{S_2}\boldsymbol{B}_1\cdot\mathrm{d}\boldsymbol{S}=\int_{S_2}\nabla\times\boldsymbol{A}_1\cdot\mathrm{d}\boldsymbol{S}=\oint_{C_2}\boldsymbol{A}_1\cdot\mathrm{d}\boldsymbol{l}_2 \tag{3.97}$$

而回路 C_1 的电流 I_1 在回路 C_2 上任一点的矢量磁位为

$$\boldsymbol{A}_1(\boldsymbol{r}_2)=\frac{\mu_0 I_1}{4\pi}\oint_{C_1}\frac{\mathrm{d}\boldsymbol{l}_1}{R} \tag{3.98}$$

因此

$$M_{21}=\frac{\Phi_{21}}{I_1}=\frac{\mu_0}{4\pi}\oint_{C_2}\oint_{C_1}\frac{\mathrm{d}\boldsymbol{l}_1\cdot\mathrm{d}\boldsymbol{l}_2}{R} \tag{3.99}$$

同理，可得

$$M_{12}=\frac{\mu_0}{4\pi}\oint_{C_1}\oint_{C_2}\frac{\mathrm{d}\boldsymbol{l}_2\cdot\mathrm{d}\boldsymbol{l}_1}{R}=M_{21} \tag{3.100}$$

式(3.99)和式(3.100)称为纽曼公式，它们是计算互感的一般公式。

下面来考虑长螺线管的电感。

例 3.3 已经求出了无限长螺线管内的磁场，长度为 h 的有限长 N 匝螺线管内的磁场与此近似相同，而等效得到的面电流密度为 $J=NI/h$。利用例 3.3 的结果，可以获得螺线管内的磁通为

$$\Phi=\frac{\mu_0\pi a^2 NI}{h} \tag{3.101}$$

N 匝线圈的磁链为

$$\psi=N\Phi=\frac{\mu_0\pi a^2 N^2 I}{h} \tag{3.102}$$

由此，自感为

$$L=\frac{\psi}{I}=\frac{\mu_0\pi a^2N^2}{h} \tag{3.103}$$

以上计算的自感系数只是考虑了导线外部的磁通，故称为外自感。在导线内部的磁线同样铰链着电流，其磁链与电流的比值定义为导线的内自感。若线圈尺寸比导线截面尺寸大得多，则导线内磁场可近似认为同无限长直圆柱导体内的场相同。若导线截面半径为 R，则内部磁感应强度的大小为

$$B=\frac{\mu_0 Ir}{2\pi R^2} \tag{3.104}$$

取一段长为 l 的导线，穿过宽度为 $\mathrm{d}r$ 的截面磁通为

$$\mathrm{d}\Phi=B\mathrm{d}S=Bl\mathrm{d}r \tag{3.105}$$

这部分 $\mathrm{d}\Phi$ 没有和全部电流 I 相交链，而仅与所围的 Ir^2/a^2 的电流相交链，因此

$$\mathrm{d}\psi=\frac{r^2}{R^2}\mathrm{d}\Phi=\frac{\mu_0 Ir^3}{2\pi R^4}l\mathrm{d}r \tag{3.106}$$

在$(0, R)$上积分可得整个磁链为

$$\psi=\int_0^R\frac{\mu_0 Ir^3}{2\pi R^4}l\mathrm{d}r=\frac{\mu_0 lI}{8\pi} \tag{3.107}$$

因此内自感为

$$\frac{\psi}{I}=\frac{\mu_0 l}{8\pi} \tag{3.108}$$

线圈的电感为内自感与外自感的和，即$\frac{\mu_0\pi a^2N^2}{h}+\frac{\mu_0 l}{8\pi}$。

例 3.9　如图 3.20 所示，求传输线单位长度的自感。已知导线半径为 a，导线间距离为 D。

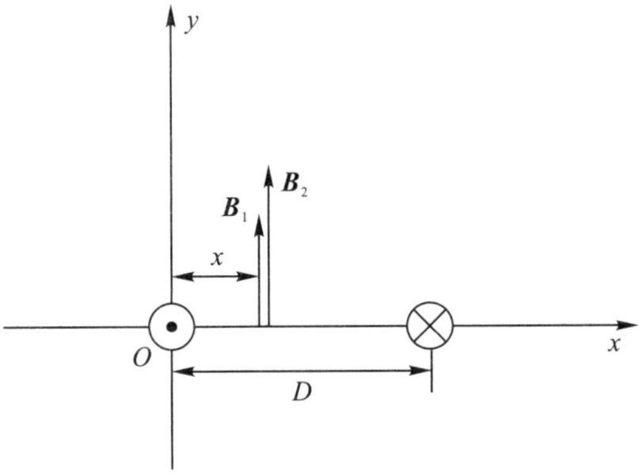

图 3.20　双导线

解　设导线电流在两导线所成的平面上的磁感应强度 $\boldsymbol{B}=\boldsymbol{B}_1+\boldsymbol{B}_2$，在导线间平面内 $\boldsymbol{B}_1$ 与 $\boldsymbol{B}_2$ 的方向一致，且与平面垂直，则

$$\boldsymbol{B}=\boldsymbol{e}_y\frac{\mu_0 I}{2\pi}\left(\frac{1}{x}+\frac{1}{D-x}\right)$$

单位长度传输线交链的磁通为

$$\Phi_0=\int_a^D \frac{\mu_0 I}{2\pi}\left(\frac{1}{x}+\frac{1}{D-x}\right)\mathrm{d}x=\frac{\mu_0 I}{\pi}\ln\left(\frac{D-a}{a}\right)$$

单位长度的自感为

$$L_0=\frac{\mu_0}{\pi}\ln\left(\frac{D-a}{a}\right)\approx\frac{\mu_0}{\pi}\ln\left(\frac{D}{a}\right)$$

例 3.10 如图 3.21 所示的铁芯磁环，$\mu\gg\mu_0$（假设 μ 为常数），N 匝线圈通有电流 I，求环中的 $\boldsymbol{H}$、$\boldsymbol{B}$ 与磁通及电感；再求当磁环上有一个宽度为 t 的细小空气隙时的磁通。

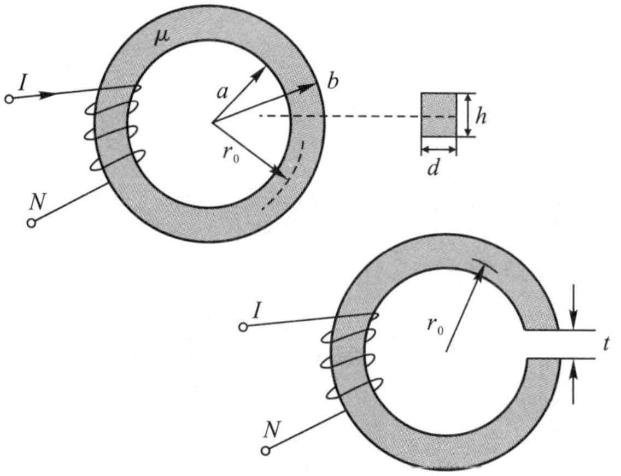

图 3.21 磁环形状图

解 由边界条件知，在 $\mu\gg\mu_0$ 的情况下磁场大部分在磁环中，在空气中很少且与界面垂直。忽略漏磁后，以磁环圆心为原点建立圆柱坐标系，则

$$\boldsymbol{H}=-\boldsymbol{e}_\phi H_\phi(r)$$

取 C 为与 $\boldsymbol{H}$ 同方向的闭合曲线，由安培环路定理可得

$$\oint_C -\boldsymbol{e}_\phi H_\phi\cdot(-\boldsymbol{e}_\phi)\mathrm{d}l=NI$$

因此

$$2\pi r H_\phi=NI,\ H_\phi=\frac{NI}{2\pi r},\ \boldsymbol{H}=\frac{NI}{2\pi r}\boldsymbol{e}_\phi,\ \boldsymbol{B}=\frac{\mu NI}{2\pi r}\boldsymbol{e}_\phi$$

$$\Phi=\oint_S \boldsymbol{B}\cdot\mathrm{d}\boldsymbol{S}=\oint_S \frac{\mu NI}{2\pi r}\boldsymbol{e}_\phi\cdot\mathrm{d}\boldsymbol{S}$$

$$=\int_{r_0-d/2}^{r_0+d/2} h\frac{\mu NI}{2\pi r}\mathrm{d}r=\frac{\mu NIh}{2\pi}\ln\frac{r_0+d}{r_0-d}\approx\frac{\mu NIhd}{2\pi r_0}$$

因此，磁链为

$$\psi=N\Phi=\frac{\mu N^2 Ihd}{2\pi r_0}$$

因而，电感为

$$L=\frac{\psi}{I}=\frac{\mu N^2 hd}{2\pi r_0}$$

当磁环上开一个很小的切口，即磁路上有一个空气隙时，根据磁通连续性方程，我们

近似地认为磁线穿过空气隙时仍然均匀分布在 $S=dh$ 上，即铁芯内的 $\boldsymbol{B}$ 和空气隙中的 $\boldsymbol{B}$ 相同。但两个区域的 $\boldsymbol{H}$ 不同，分别设为 H_i、H_g，这样我们就得到

$$\int_l \boldsymbol{H}\cdot \mathrm{d}\boldsymbol{l} = H_i(2\pi r_0 - t) + H_g t = NI$$

上式中，t 为空气隙的距离，且 $t=2\pi r_0$，由于 $H_i=B/\mu$，$H_g=B/\mu_0$，将它们代入上式可得

$$\frac{B}{\mu}(2\pi r_0 - t)+\frac{B}{\mu_0}t=NI$$

两边同乘以面积 $S=dh$，可得

$$NI=\Phi\left(\frac{2\pi r_0-t}{\mu S}+\frac{t}{\mu_0 S}\right)\approx\Phi\left(\frac{2\pi r_0}{\mu S}+\frac{t}{\mu_0 S}\right)$$

因此

$$\Phi=\frac{\mu NIS}{2\pi r_0+\dfrac{\mu t}{\mu_0}}$$

由于 $\mu\gg\mu_0$，因此当磁环出现空隙时，$\boldsymbol{B}$ 会剧烈减小，从而磁通会减小，线圈的电感也会剧烈减小。

3.6.2 磁场的能量

从安培定律可知，电流回路在恒定磁场中要受到磁场力的作用，这表明磁场是存储有能量的。分析恒定磁场中存储的能量要比分析静电场中的能量复杂一些。一般的，可以通过考虑两个载有电流的回路的建立过程来衡量恒定磁场中存储的能量。与静电场中的过程类似，仍然考虑回路中的电流由 0 到 I 的建立过程，并利用能量守恒定律获得最后的磁场储能，这个过程实际上是动态的过程，因此推导过程一般需要应用法拉第电磁感应定律（在第四章将会学到）。推导过程在此不再赘述，根据电场和磁场的对称关系，下面直接给出结果。

如果在体积 V 内存在静磁场 $\boldsymbol{B}$，则空间中的磁场能量为

$$W_m = \frac{1}{2}\int_V \boldsymbol{B}\cdot\boldsymbol{H}\mathrm{d}V \tag{3.109}$$

磁场能量密度为

$$w_m=\frac{1}{2}\boldsymbol{B}\cdot\boldsymbol{H}=\frac{1}{2}\mu H^2 \tag{3.110}$$

对线性各向同性媒质，则有

$$W_m = \frac{1}{2}\int_V \boldsymbol{B}\cdot\boldsymbol{H}\mathrm{d}V = \frac{1}{2}\int_V \mu\boldsymbol{H}\cdot\boldsymbol{H}\mathrm{d}V = \frac{1}{2}\int_V \mu H^2\mathrm{d}V \tag{3.111}$$

$$w_m=\frac{1}{2}\boldsymbol{B}\cdot\boldsymbol{H}=\frac{1}{2}\mu\boldsymbol{H}\cdot\boldsymbol{H}=\frac{1}{2}\mu H^2 \tag{3.112}$$

习 题

3.1 一个正 n 边形线圈中通过的电流为 $\boldsymbol{I}$，外接圆半径为 a，试证此线圈的磁感应强度为 $B=\dfrac{\mu_0 nI}{2\pi a}\tan\dfrac{\pi}{n}$。

3.2　求载流为 $\boldsymbol{I}$、半径为 b 的圆形导体中心的磁感应强度。

3.3　两个平行无限长直导体的距离为 b，分别载有电流 $\boldsymbol{I}_1$ 和 $\boldsymbol{I}_2$，如图 3.22 所示，求单位长度受力。

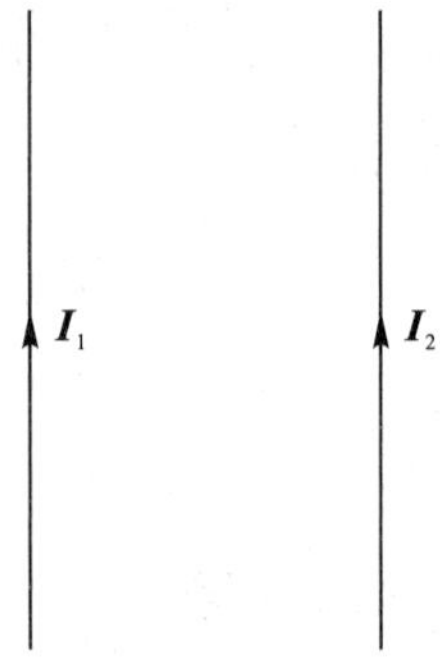

图 3.22　题 3.3 参考图

3.4　已知半径为 $2a$ 的圆柱区域内部有沿轴方向的电流，其电流密度为 $\boldsymbol{J}=\boldsymbol{e}_z\dfrac{J_0\gamma}{2a}$，求柱内外的磁感应强度。

3.5　内外半径分别为 a 和 b 的无限长空心圆柱中均匀分布着轴向电流 $\boldsymbol{I}$，求圆柱内外的磁感应强度。

3.6　一个载流为 $\boldsymbol{I}_1$ 的长直流和一个载流为 $\boldsymbol{I}_2$ 的圆环(半径为 b)在同一平面内，圆心与导线距离为 l，证明两电流之间的相互作用力为 $\mu_0\boldsymbol{I}_1\boldsymbol{I}_2\left(\dfrac{l}{\sqrt{l^2-b^2}}-1\right)$。

3.7　已知内外半径分别为 a 和 b 的无限长铁质圆柱壳(磁导率为 μ)沿轴向有恒定的传导电流 $\boldsymbol{I}$，求磁感应强度和磁化电流。

3.8　无限长直线电流 $\boldsymbol{I}$ 垂直于磁导率分别是 μ_1 和 μ_2 的两种磁介质界面，如图 3.23 所示，试求：

(1) 两种磁介质中的磁感应强度 $\boldsymbol{B}_1$ 和 $\boldsymbol{B}_2$；

(2) 磁化电流分布。

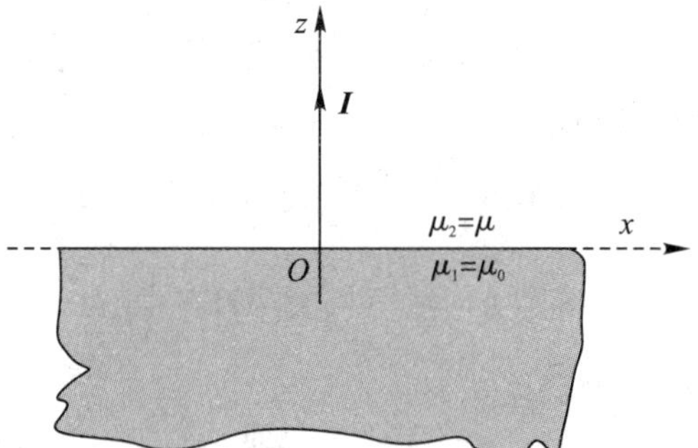

图 3.23　题 3.8 参考图

3.9　已知一个平面电流回路在真空中产生的磁场强度为 $\boldsymbol{H}_0$，若此平面电流回路位于磁导率分别为 μ_1 和 μ_2 的两种均匀磁介质的分界面上，试求两种磁介质中的磁场强度 $\boldsymbol{H}_1$ 和

$\boldsymbol{H}_2$。

3.10 证明：在不同磁介质的分界面上，矢量磁位 $\boldsymbol{A}$ 的切向分量是连续的。

3.11 一个扁平的直导体带，宽度为 a，中心线与 z 轴重合，通过的电流为 $\boldsymbol{I}$，试求第一象限内任一点 P 的磁感应强度。

3.12 两平行的无限长直线电流 $\boldsymbol{I}_1$ 和 $\boldsymbol{I}_2$，间距是 d，试求每根导线单位长度受到的安培力。

3.13 在半径为 $a=2$ mm 的非磁性材料圆柱形实心导体内，沿 z 轴方向通过电流 $I=20$ A，试求：

(1) $\rho=0.8$ mm 处的磁感应强度 $\boldsymbol{B}$；

(2) $\rho=2.5$ mm 处的磁感应强度 $\boldsymbol{B}$；

(3) 圆柱内单位长度的总磁通。

3.14 在 xOy 平面上沿 $+x$ 方向通有均匀面电流 $\boldsymbol{J}_s$，如图 3.24 所示。若将 xOy 平面视为无限大，求空间任意一点的磁场强度 $\boldsymbol{H}$。

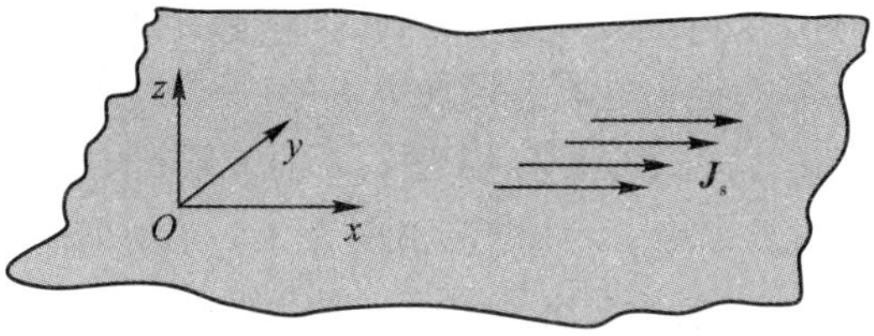

图 3.24　题 3.14 参考图

3.15 一个半径为 r 的导体球，其带电荷量为 q，当球体以均匀角速度 ω 绕一个直径旋转时，如图 3.25 所示，试求球心中间的磁感应强度 $\boldsymbol{B}$。

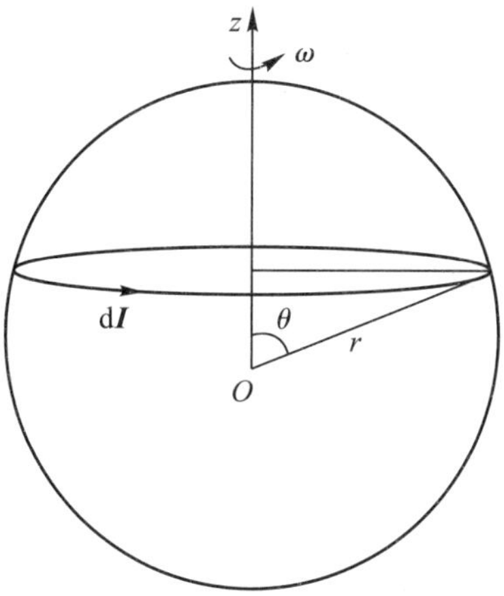

图 3.25　题 3.15 参考图

3.16 设无限长圆柱体内的电流分布为 $\boldsymbol{J}=-\boldsymbol{e}_z rJ_0 (r\leqslant a)$，求矢量磁位 $\boldsymbol{A}$ 及磁感应强度 $\boldsymbol{B}$。

3.17 两根无限长直导线，置于 $x=\pm1$，$y=0$ 处，均与 z 轴相互平行，载有方向相反的电流，试求：

（1）矢量磁位 $\boldsymbol{A}$；

（2）磁感应强度 $\boldsymbol{B}$。

3.18 已知恒定电流分布空间中的矢量磁位为 $\boldsymbol{A}=\boldsymbol{e}_x x^2 y+\boldsymbol{e}_y y^2 x+\boldsymbol{e}_z Cxyz$，其中，$C$ 为常数，$\boldsymbol{A}$ 满足库仑规范。试求：

（1）常数 C；

（2）电流密度 $\boldsymbol{J}$。

3.19 当磁矩为 25 A·m^{2}的磁针位于磁感应强度为 $B=2$ T 的均匀磁场中时，求磁针所受的最大转矩。

3.20 边长为 15 cm 的 600 匝的正方形线圈，载有 20 A 的电流，求它在 2 T 磁场内由 $\phi=0°$ 至 $\phi=180°$旋转所需做的功。其中 ϕ 为磁偶极子与磁场的夹角。

3.21 一个长为 a、半径为 b 的圆柱状磁介质绕轴向方向均匀磁化（磁化强度为 $\boldsymbol{M}_0$），若 $a=15$ cm，$b=3$ cm，M_0 为 2 A/m，求磁矩的值。

3.22 一根无限长的圆柱形导线，外面包裹一层相对磁导率为 μ_r 的磁介质，导线半径为 a，磁介质的外半径为 b，导线内均匀通过电流 $\boldsymbol{I}$，求磁介质内外表面的磁化面电流密度。

3.23 证明磁介质内部的磁化电流是传导电流的(μ_r-1)倍。

3.24 如图 3.26 所示，内、外半径分别为 a、b 的无限长中空导体圆柱，导体内沿轴向有恒定的均匀传导电流，磁导率为 μ，体电流密度为 $\boldsymbol{J}_0$，求空间各点的磁感应强度 $\boldsymbol{B}$。

3.25 如图 3.27 所示，无限长线电流位于 z 轴，媒质分界面为平面，求空间磁感应强度和磁化电流的分布。

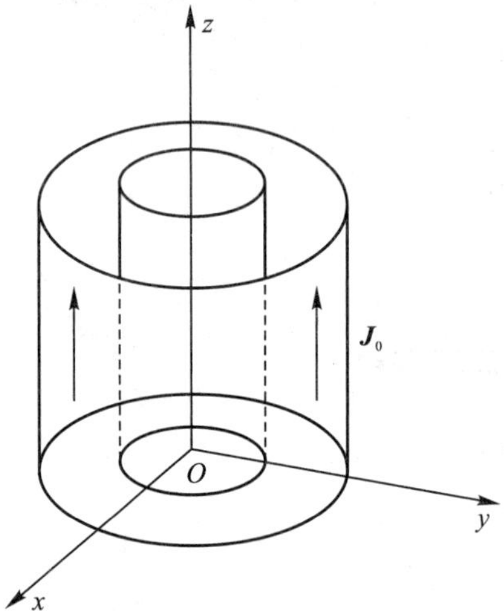

图 3.26 题 3.24 参考图

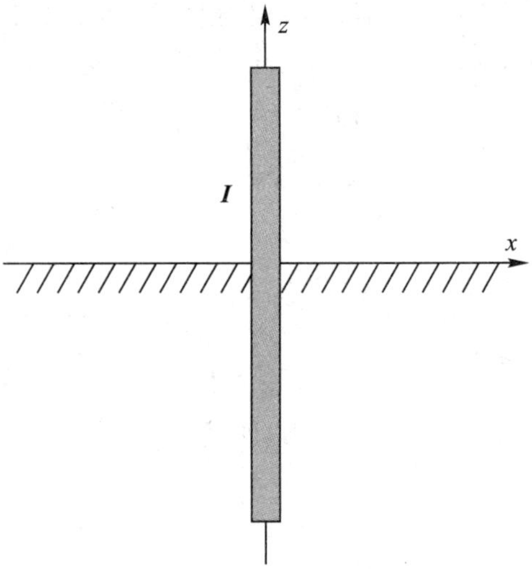

图 3.27 题 3.25 参考图

3.26 如图 3.28 所示，假设同轴线内、外导体半径分别为 a 和 b，不计外导体厚度，内外导体间填充的媒质是同轴分层的，在 $a<\rho<c$ 处的磁介质参数为 $\mu_{r1}=4$，在 $c<\rho<b$ 处的磁介质参数为 $\mu_{r2}=2$，计算同轴线单位长度的电感。

3.27 如图 3.29 所示，空气绝缘的同轴线的内导体半径为 a，外导体内半径为 b，通过电流为 $\boldsymbol{I}$，设外导体厚度很薄，因而其中储能可以忽略不计。计算同轴线单位长度存储的磁能，并由磁能计算单位长度的电感。

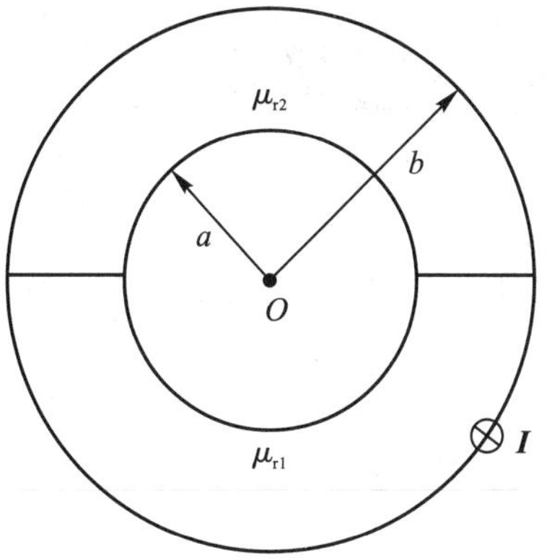

图 3.28　题 3.26 参考图

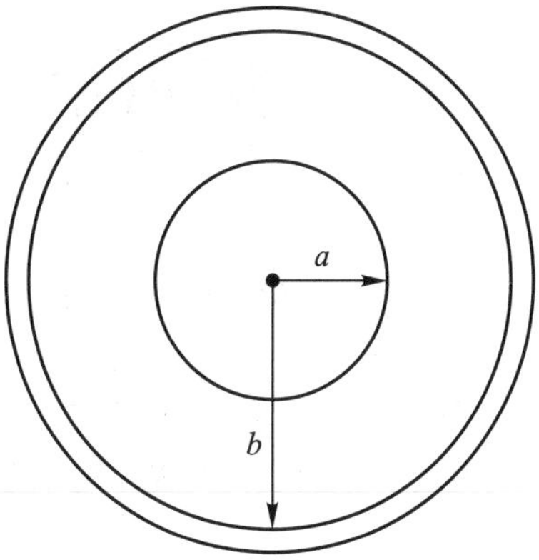

图 3.29　题 3.27 参考图

3.28　有一平行双导线传输线，导体半径为 a，两导线间距为 $D(D\gg a)$，求单位长度上的自感。

3.29　一个长直导线和一个圆环(半径为 a)在同一个平面内，导线与圆心相距 l，证明它们之间的互感为 $M=\mu(l-\sqrt{l^2-a^2})$。

3.30　已知两个相互平行、相距为 d 的共轴圆线圈，其中一个线圈的半径为 $r_1(r_1<d)$，另一个线圈的半径为 r_2，试求两线圈之间的互感。

第四章　时变电磁场

由第二章和第三章静态电磁场的内容可知，静止电荷产生的静电场和恒定电流产生的恒定磁场都与时间无关，且它们是彼此独立的。当电荷、电流随时间变化时，产生的电场和磁场也要随时间改变，这时电场和磁场不再相互独立。它们之间有着什么样的联系呢?法拉第等人经过多年探索，发现了电磁感应现象，提出了电磁感应定律，表明了时变磁场会产生时变电场。

4.1　电磁感应定律

1831 年英国物理学家法拉第首先从实验上发现并总结出了电磁感应定律，即当导体回路所围成面积的磁通量发生变化时，回路中就会出现感应电动势，并引起感应电流，且感应电动势与穿过回路所围面积的磁通量随时间的变化率呈正比。1834 年，俄国物理学家海因里希·楞次在概括了大量实验事实的基础上，总结出一条判断感应电流方向的规律，称为楞次定律，即感应电流的方向是使它所产生的磁场阻碍回路中磁通的变化。法拉第定律和楞次定律的结合就是法拉第电磁感应定律。如图 4.1 所示，若穿过闭合回路 C 所围面积 S 的磁通量 Φ 随时间变化，则闭合回路感应出的电动势 $\mathscr{E}$ 为

$$\mathscr{E}=-\frac{\mathrm{d}\Phi}{\mathrm{d}t}=-\frac{\mathrm{d}}{\mathrm{d}t}\int_S \boldsymbol{B}\cdot\mathrm{d}\boldsymbol{S} \tag{4.1}$$

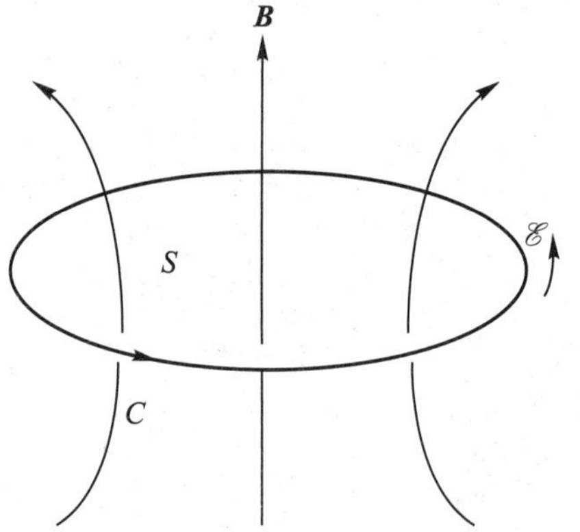

图 4.1　穿过导体回路的磁通变化产生感应电动势

式中负号表明感应电流产生的磁通总是对原磁通的变化起阻碍作用。此外，对于有 N 匝线圈的回路，可视其由 N 个单匝线圈串联而成，即磁通量为 $\sum_{i=1}^{N}\Phi_i$。导体回路中出现的感应电动势可由回路中感应电场 $\boldsymbol{E}_{\text{in}}$ 的积分表示，即

$$\mathscr{E}=\oint_C \boldsymbol{E}_{\text{in}} \cdot \mathrm{d}\boldsymbol{l} \tag{4.2}$$

这样，式(4.1)可表示为

$$\oint_C \boldsymbol{E}_{\text{in}} \cdot \mathrm{d}\boldsymbol{l}=-\frac{\mathrm{d}}{\mathrm{d}t}\int_S \boldsymbol{B} \cdot \mathrm{d}\boldsymbol{S} \tag{4.3}$$

由式(4.3)可以看出，回路中的感应电动势与构成回路的导体性质无关。也就是说，只要回路所围面积的磁通发生变化，就会存在感应电场，从而产生感应电动势。因此，式(4.3)适合于任意回路。

如果空间同时还存在静止电荷产生的静电场 $\boldsymbol{E}_c$，则总电场 $\boldsymbol{E}$ 为静电场 $\boldsymbol{E}_c$ 与感应电场 $\boldsymbol{E}_{\text{in}}$ 的叠加，即 $\boldsymbol{E}=\boldsymbol{E}_c+\boldsymbol{E}_{\text{in}}$。由静电场性质可知，$\oint_C \boldsymbol{E}_c \cdot \mathrm{d}\boldsymbol{l}=0$，故有

$$\oint_C \boldsymbol{E} \cdot \mathrm{d}\boldsymbol{l}=-\frac{\mathrm{d}}{\mathrm{d}t}\int_S \boldsymbol{B} \cdot \mathrm{d}\boldsymbol{S} \tag{4.4}$$

该式为推广了的法拉第电磁感应定律的积分形式。从式(4.4)可以看出，感应电动势的大小只与磁通随时间的变化率有关，而与引起磁通变化的原因无关。因此该定律既适用于导体回路静止而磁场 $\boldsymbol{B}$ 随时间变化的情形，也适用于闭合回路 C 相对于磁场运动的情形(即大小、形状、位置的变化)，或者是两者兼而有之，故式(4.4)是一个普遍适用的表达式。

下面讨论几种常见情况。

(1) 如果回路是静止的，则穿过回路的磁通变化只能由磁场随时间的变化引起，即式(4.4)右端对时间的偏导和对空间的积分顺序可以互换，因此可得

$$\oint_C \boldsymbol{E} \cdot \mathrm{d}\boldsymbol{l}=-\int_S \frac{\partial \boldsymbol{B}}{\partial t} \cdot \mathrm{d}\boldsymbol{S} \tag{4.5}$$

这就是静止回路位于时变磁场中时法拉第电磁感应定律的积分形式。利用矢量斯托克斯定理 $\oint_C \boldsymbol{E} \cdot \mathrm{d}\boldsymbol{l}=\int_S \nabla\times \boldsymbol{E} \cdot \mathrm{d}\boldsymbol{S}$，式(4.5)可表示为

$$\int_S \nabla\times \boldsymbol{E} \cdot \mathrm{d}\boldsymbol{S}=-\int_S \frac{\partial \boldsymbol{B}}{\partial t} \cdot \mathrm{d}\boldsymbol{S} \tag{4.6}$$

式(4.6)对任意面积 $\boldsymbol{S}$ 都成立，所以

$$\nabla\times \boldsymbol{E}=-\frac{\partial \boldsymbol{B}}{\partial t} \tag{4.7}$$

这就是静止回路位于时变磁场中时法拉第电磁感应定律的微分形式，该式揭示了变化的磁场可产生感应电场的物理规律。由于该电动势由时变磁场感应产生，因此时变磁场在静止回路中产生的电动势称为感生电动势。同时，式(4.7)表明，感应电场的性质和静电场完全不同，它是有旋场，随时间变化的磁场是感应电场的旋涡源。

(2) 在恒定磁场中，闭合回路 C 自身运动也可产生感应电场。如图 4.2 所示，以速度为 $\boldsymbol{v}$ 的导体棒在恒定磁场 $\boldsymbol{B}$ 中运动为例，洛伦兹力 $\boldsymbol{F}_m=q\boldsymbol{v}\times\boldsymbol{B}$ 将使自由电荷朝导体一端运动，在另外一端积累正电荷，正、负电荷分离形成库仑力。当二者相互平衡时，导体棒中自由电荷的净受力为 0，则导体中的感应电场可表示为 $\boldsymbol{F}_m/q=\boldsymbol{v}\times\boldsymbol{B}$，即 $\boldsymbol{E}_{\text{in}}=\boldsymbol{v}\times\boldsymbol{B}$。若整个闭合回路 C 在磁场中运动，则产生的感应电动势为

$$\oint_C \boldsymbol{E} \cdot \mathrm{d}\boldsymbol{l}=\oint_C (\boldsymbol{v}\times\boldsymbol{B}) \cdot \mathrm{d}\boldsymbol{l} \tag{4.8}$$

由于此感应电动势是导体在磁场中运动产生的，故通常称之为动生电动势。利用斯托克斯定理，式(4.8)可表示为

$$\nabla\times\boldsymbol{E}=\nabla\times(\boldsymbol{v}\times\boldsymbol{B}) \tag{4.9}$$

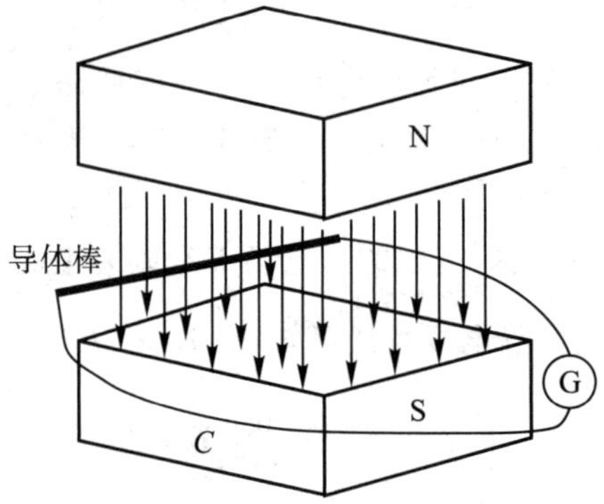

图 4.2 导体棒在静态磁场中的运动

(3) 当闭合回路在时变磁场中运动时，可视为上述两种情况的叠加，故得

$$\oint_C \boldsymbol{E}'\cdot \mathrm{d}\boldsymbol{l}=-\int_S \frac{\partial \boldsymbol{B}}{\partial t}\cdot \mathrm{d}\boldsymbol{S}+\oint_C(\boldsymbol{v}\times\boldsymbol{B})\cdot \mathrm{d}\boldsymbol{l} \tag{4.10}$$

式中 $\boldsymbol{E}'$是和回路一起运动的观察者所看到的场。设静止观察者所看到的电场强度为 $\boldsymbol{E}$，那么 $\boldsymbol{E}=\boldsymbol{E}'-\boldsymbol{v}\times\boldsymbol{B}$。因此，在运动回路中有

$$\oint_C \boldsymbol{E}\cdot \mathrm{d}\boldsymbol{l}=-\int_S \frac{\partial \boldsymbol{B}}{\partial t}\cdot \mathrm{d}\boldsymbol{S} \tag{4.11}$$

同样，利用斯托克斯定理可导出对应的微分形式为

$$\nabla\times\boldsymbol{E}=-\frac{\partial \boldsymbol{B}}{\partial t} \tag{4.12}$$

例 4.1 设有一个断开的矩形线圈与一根长直导线位于同一平面内，如图 4.3(a)所示，分别求以下三种情况时线圈中的感应电动势。

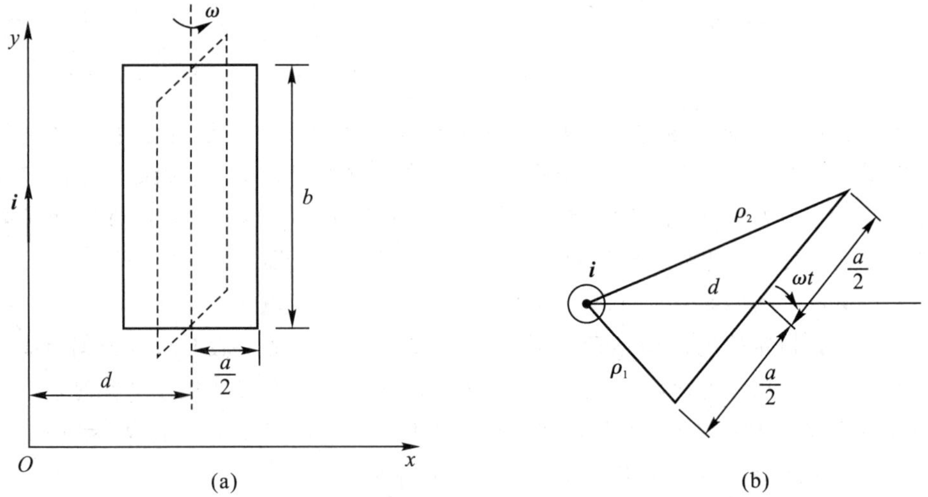

图 4.3 时变磁场中的矩形线圈

(1) 长直导线上通过的电流为 $i=I\cos\omega t$，线圈静止；

(2) 长直导线上通过直流电流 $i=I$，线圈以角速度 ω 旋转；

(3) 长直导线上通过的电流为 $i=I\cos\omega t$，线圈以角速度 ω 旋转。

解 (1) 建立如图 4.3(b)所示的坐标，以长直导线为中心，以 x 为半径作圆，由安培环路定理可得线圈处的磁感应强度为

$$\boldsymbol{B}=-\frac{\mu_0 I\cos\omega t}{2\pi x}\boldsymbol{e}_z$$

穿过线圈的磁通量为

$$\Phi=\int\boldsymbol{B}\cdot\mathrm{d}\boldsymbol{S}=\int_{d-\frac{a}{2}}^{d+\frac{a}{2}}\frac{\mu_0 I\cos\omega t}{2\pi x}b\,\mathrm{d}x=\frac{\mu_0 Ib\cos\omega t}{2\pi}\ln\frac{2d+a}{2d-a}$$

根据式(4.1)，得

$$\mathscr{E}=-\frac{\mathrm{d}\Phi}{\mathrm{d}t}=\omega\frac{\mu_0 Ib\sin\omega t}{2\pi}\ln\frac{2d+a}{2d-a}$$

(2) 以长直导线为中线，以 ρ 为半径作圆，由安培环路定理可得线圈处的磁感应强度为

$$\boldsymbol{B}=\frac{\mu_0 I}{2\pi\rho}\boldsymbol{e}_\phi$$

穿过线圈的磁通量为

$$\Phi=\int\boldsymbol{B}\cdot\mathrm{d}\boldsymbol{S}=\int_{\rho_1}^{\rho_2}\frac{\mu_0 I}{2\pi\rho}b\,\mathrm{d}\rho=\frac{\mu_0 Ib}{2\pi}\ln\frac{\rho_2}{\rho_1}$$

式中，$\rho_1=\sqrt{d^2+\frac{a^2}{4}-ad\cos\omega t}$，$\rho_2=\sqrt{d^2+\frac{a^2}{4}+ad\cos\omega t}$。

线圈中的感应电动势为

$$\mathscr{E}=-\frac{\mathrm{d}\Phi}{\mathrm{d}t}=\frac{\mu_0 Ibad\omega\sin\omega t}{2\pi}\frac{d^2+\frac{a^2}{4}}{\left(d^2+\frac{a^2}{4}\right)^2-(ad\cos\omega t)^2}$$

(3) 若长直导线中通过的电流为 $i=I\cos\omega t$，且线圈以角速度 ω 旋转，则通过线圈的磁通量为

$$\Phi=\frac{\mu_0 Ib\cos\omega t}{2\pi}\ln\frac{\rho_2}{\rho_1}$$

此时线圈中的感应电动势为

$$\mathscr{E}=-\frac{\mathrm{d}\Phi}{\mathrm{d}t}=\frac{\mu_0 Ib\omega\sin\omega t}{2\pi}\left[\frac{1}{2}\ln\left(\frac{d^2+\frac{a^2}{4}+ad\cos\omega t}{d^2+\frac{a^2}{4}-ad\cos\omega t}+\frac{ad\left(d^2+\frac{a^2}{4}\right)}{\left(d^2+\frac{a^2}{4}\right)^2-(ad\cos\omega t)^2}\right)\right]$$

4.2 位移电流

法拉第电磁感应定律揭示了随时间变化的磁场会产生电场。那么随时间变化的电场是否也会产生磁场呢？在研究前人成果的基础上，物理学家麦克斯韦深信，电场和磁场有着

密切关系且具有对称性。麦克斯韦针对安培环路定理直接应用于时变电磁场时出现的矛盾，提出了位移电流的假说，对安培环路定理进行了修正，从而揭示了电场与磁场另一方面的联系，即变化的电场能产生磁场。

4.2.1 安培环路定理的局限性

已知恒定磁场中的安培环路定理为

$$\nabla\times\boldsymbol{H}=\boldsymbol{J} \tag{4.13}$$

其中，$\boldsymbol{J}$ 代表传导电流密度。对式(4.13)两端同时取散度，即

$$\nabla\cdot(\nabla\times\boldsymbol{H})=\nabla\cdot\boldsymbol{J} \tag{4.14}$$

由于任一矢量的旋度的散度恒为零，即$\nabla\cdot(\nabla\times\boldsymbol{H})=0$，因此

$$\nabla\cdot\boldsymbol{J}=0 \tag{4.15}$$

但是，法拉第在1843年用冰桶实验证实电荷守恒定律在任何情况下都成立，且可由微分形式的电流连续性方程表示，即

$$\nabla\cdot\boldsymbol{J}=-\frac{\partial\rho}{\partial t} \tag{4.16}$$

式(4.15)和式(4.16)相互矛盾，这表明在时变场中安培环路定理具有局限性，即安培环路定理对时变电磁场是不成立的。

我们进一步用图4.4所示的电容器电路充放电过程来说明上述局限性。电路中存在时变的传导电流 $i_c(t)$，在周围产生时变磁场 $\boldsymbol{H}$。选定一个闭合积分路径 C 包围导线，在回路所张的两个曲面 S_1 和 S_2 中，S_1 与导线相截，S_2 穿过电容器极板之间。假设恒定磁场中的安培环路定理仍然成立，则磁场强度 $\boldsymbol{H}$ 沿回路 C 的线积分应等于穿过该回路所张的任一曲面的电流。因穿过曲面 S_2 的传导电流为0，故 $\oint_C \boldsymbol{H}\cdot d\boldsymbol{l}=0$；而穿过曲面 S_1 的传导电流为 $i_c(t)$，故 $\oint_C \boldsymbol{H}\cdot d\boldsymbol{l}=i_c(t)$。$\boldsymbol{H}$ 沿同一闭合路径的线积分却得到两种不同的结果，显然这是不合理的。

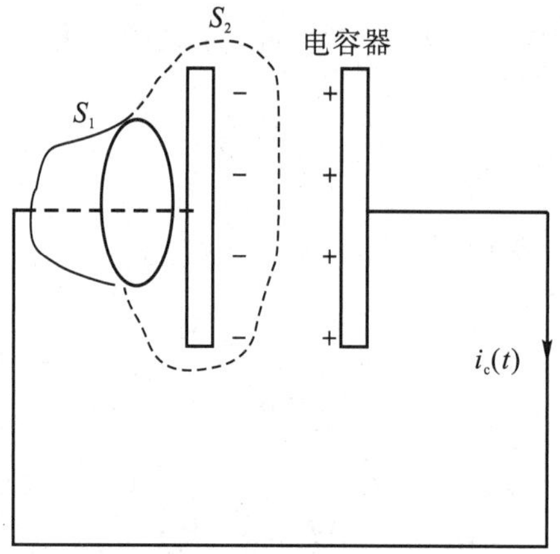

图4.4 安培环路定理应用于时变场时出现的矛盾

4.2.2　位移电流

针对上述问题，麦克斯韦断言电容器的两个极板之间必定存在另外一种形式的电流，称其为“位移电流”。为考察位移电流，首先从电荷守恒定律出发，即

$$\nabla \cdot \boldsymbol{J}=-\frac{\partial \rho}{\partial t} \tag{4.17}$$

其中 $\rho=\nabla \cdot \boldsymbol{D}$，则

$$\nabla \cdot \boldsymbol{J}=-\frac{\partial}{\partial t}(\nabla \cdot \boldsymbol{D})=-\nabla \cdot \frac{\partial \boldsymbol{D}}{\partial t} \tag{4.18}$$

即

$$\nabla \cdot\left(\boldsymbol{J}+\frac{\partial \boldsymbol{D}}{\partial t}\right)=0 \tag{4.19}$$

由此可见，尽管传导电流密度 $\boldsymbol{J}$ 不一定连续，但 $\boldsymbol{J}+\frac{\partial \boldsymbol{D}}{\partial t}$ 是连续的。因此，式(4.19)称为时变条件下的电流连续性方程。在式(4.19)中，$\frac{\partial \boldsymbol{D}}{\partial t}$ 与传导电流密度 $\boldsymbol{J}$ 具有类似的性质，故称之为位移电流密度，记为

$$\boldsymbol{J}_{\mathrm{d}}=\frac{\partial \boldsymbol{D}}{\partial t} \tag{4.20}$$

引入位移电流概念后，麦克斯韦为了把安培环路定理推广到非稳恒情况下的普适形式，用全电流 $\boldsymbol{J}$(包括传导电流密度 $\boldsymbol{J}_{\mathrm{c}}=\sigma \boldsymbol{E}$ 和运流电流密度 $\boldsymbol{J}_{\rho}=\rho \boldsymbol{v}$)代替了传导电流，即

$$\nabla \times \boldsymbol{H}=\boldsymbol{J}+\frac{\partial \boldsymbol{D}}{\partial t} \tag{4.21}$$

这表明时变的电场能如传导电流一样产生时变磁场。至此，验证了变化的磁场能产生变化的电场，变化的电场也能产生变化的磁场。由于式(4.21)中既包含传导电流，又包含位移电流，因此称之为全电流形式的安培环路定理。这样，对于图 4.4 中包含电容器的导体系统，在导线内全电流等于传导电流，在电容器的两极板之间全电流等于位移电流，并且二者相等。因此，在包含导线回路在内的整个系统中，电流处处连续，这就解决了前面提到的矛盾问题。

利用斯托克斯公式，得到积分形式

$$\oint_{C} \boldsymbol{H} \cdot \mathrm{d} \boldsymbol{l}=\int_{S}\left(\boldsymbol{J}+\frac{\partial \boldsymbol{D}}{\partial t}\right) \cdot \mathrm{d} \boldsymbol{S} \tag{4.22}$$

由第二章静电场的知识

$$\boldsymbol{D}=\varepsilon_{0} \boldsymbol{E}+\boldsymbol{P}$$

故位移电流又可以表示为

$$\boldsymbol{J}_{\mathrm{d}}=\varepsilon_{0} \frac{\partial \boldsymbol{E}}{\partial t}+\frac{\partial \boldsymbol{P}}{\partial t} \tag{4.23}$$

可以看出，在一般介质中位移电流由两部分组成：一部分是由电场随时间变化所引起的，它并不代表任何形式的电荷运动；另一部分是由于极化强度的变化而产生的，它代表束缚电荷随时间变化形成的极化电流。

对位移电流和安培环路定理，有以下两点结论：

(1) 在时变场情况下，磁场仍然是有旋场，其旋涡源除了传导电流外，还有位移电流。

(2) 位移电流代表的是电位移矢量随时间的变化率，当空间中电位移矢量发生变化时，就会激发产生磁场，即变化的电场会激发磁场，但当电位移矢量不随时间变化时，$\boldsymbol{J}_\mathrm{d}=0$。

麦克斯韦利用数学方法引入位移电流的假说，深刻地揭示了电场与磁场之间的相互联系，从而奠定了电磁理论的基础。赫兹实验和近代无线电技术的广泛应用，完全证实了麦克斯韦引入位移电流假说的正确性。

例 4.2 海水的电导率 $\sigma=4$ S/m，相对介电常数 $\varepsilon_\mathrm{r}=81$，求时变场频率 $f=1$ MHz 时，海水中的位移电流与传导电流的振幅之比。

解 设电场随时间按正弦规律变化，即

$$\boldsymbol{E}=\boldsymbol{e}_x E_\mathrm{m}\cos\omega t=\boldsymbol{e}_x E_\mathrm{m}\cos(2\pi\times 1\times 10^6 t)\quad (\mathrm{V/m})$$

故位移电流密度为

$$\boldsymbol{J}_\mathrm{d}=\frac{\partial \boldsymbol{D}}{\partial t}=\frac{\partial}{\partial t}[\boldsymbol{e}_x\varepsilon_\mathrm{r}\varepsilon_0 E_\mathrm{m}\cos(2\pi\times 10^6 t)]=-\boldsymbol{e}_x\varepsilon_\mathrm{r}\varepsilon_0 E_\mathrm{m}2\pi\times 10^6\sin(2\pi\times 10^6 t)$$

而传导电流密度为

$$\boldsymbol{J}_\mathrm{c}=\sigma\boldsymbol{E}=\boldsymbol{e}_x 4E_\mathrm{m}\cos(2\pi\times 10^6 t)$$

则

$$\frac{J_\mathrm{dm}}{J_\mathrm{cm}}=\frac{81\times 8.85\times 10^{-12}\times 2\pi\times 10^6}{4}=1.125\times 10^{-3}$$

例 4.3 求下列情况下位移电流密度的大小。

(1) 某移动天线发射的电磁波的磁场强度为

$$\boldsymbol{H}=\boldsymbol{e}_x 0.15\cos(9.36\times 10^8 t-3.12y)\quad (\mathrm{A/m})$$

(2) 一大功率变压器在空气中产生的磁感应强度为

$$\boldsymbol{B}=\boldsymbol{e}_y 0.8\cos(3.77\times 10^2 t-1.26\times 10^{-6}x)\quad (\mathrm{T})$$

(3) 一大功率电容器在填充的油中产生的电场强度为(设油的相对介电常数 $\varepsilon_\mathrm{r}=5$)

$$\boldsymbol{E}=\boldsymbol{e}_x 0.9\cos(3.77\times 10^2 t-2.81\times 10^{-6}z)\quad (\mathrm{MV/m})$$

解 (1) 由$\nabla\times\boldsymbol{H}=\dfrac{\partial \boldsymbol{D}}{\partial t}$，得

$$\boldsymbol{J}_\mathrm{d}=\frac{\partial \boldsymbol{D}}{\partial t}=\nabla\times\boldsymbol{H}=\begin{vmatrix}\boldsymbol{e}_x & \boldsymbol{e}_y & \boldsymbol{e}_z\\ \dfrac{\partial}{\partial x} & \dfrac{\partial}{\partial y} & \dfrac{\partial}{\partial z}\\ H_x & 0 & 0\end{vmatrix}=-\boldsymbol{e}_z\frac{\partial H_x}{\partial y}$$

将 H_x 代入上式，得

$$\boldsymbol{J}_\mathrm{d}=-\boldsymbol{e}_z 0.468\sin(9.36\times 10^8 t-3.12y)\quad (\mathrm{A/m^2})$$

故

$$|\boldsymbol{J}_\mathrm{d}|=0.468\quad (\mathrm{A/m^2})$$

(2) 由$\nabla\times\boldsymbol{H}=\dfrac{\partial \boldsymbol{D}}{\partial t}$，$\boldsymbol{B}=\mu_0\boldsymbol{H}$，得

$$\boldsymbol{J}_\mathrm{d}=\frac{\partial \boldsymbol{D}}{\partial t}=\frac{1}{\mu_0}\nabla\times\boldsymbol{H}=\frac{1}{\mu_0}\begin{vmatrix}\boldsymbol{e}_x & \boldsymbol{e}_y & \boldsymbol{e}_z\\ \dfrac{\partial}{\partial x} & \dfrac{\partial}{\partial y} & \dfrac{\partial}{\partial z}\\ 0 & B_y & 0\end{vmatrix}=\boldsymbol{e}_z\frac{1}{\mu_0}\frac{\partial B_y}{\partial x}$$

将 B_y 代入上式，得

$$\boldsymbol{J}_{\mathrm{d}}=\boldsymbol{e}_z\frac{1}{\mu_0}\frac{\partial}{\partial x}[0.8\cos(3.77\times10^2t-1.26\times10^{-6}x)]$$

$$=\boldsymbol{e}_z0.802\sin(3.77\times10^2t-1.26\times10^{-6}x)\quad(\mathrm{A/m^2})$$

故

$$|\boldsymbol{J}_{\mathrm{d}}|=0.802\quad(\mathrm{A/m^2})$$

（3）由 $\boldsymbol{D}=\varepsilon_r\varepsilon_0\boldsymbol{E}=5\varepsilon_0[\boldsymbol{e}_x0.9\times10^6\cos(3.77\times10^2t-2.81\times10^{-6}z)]$，得

$$\boldsymbol{J}_{\mathrm{d}}=\frac{\partial\boldsymbol{D}}{\partial t}=-\boldsymbol{e}_x15\times10^{-3}\sin(3.77\times10^2t-2.81\times10^{-6}z)\quad(\mathrm{A/m^2})$$

故

$$|\boldsymbol{J}_{\mathrm{d}}|=15\times10^{-3}\quad(\mathrm{A/m^2})$$

例 4.4　计算下列媒质中位移电流密度与传导电流密度的振幅值在频率 $f_1=1$ kHz 和 $f_2=1$ MHz 时的比值。

（1）铜：$\sigma=5.8\times10^7$ S/m，$\varepsilon_r=1$；

（2）蒸馏水：$\sigma=2\times10^{-4}$ S/m，$\varepsilon_r=80$；

（3）聚苯乙烯：$\sigma=1\times10^{-16}$ S/m，$\varepsilon_r=2.53$。

解　（1）由例 4.2 可知，位移电流密度与传导电流密度的振幅满足

$$\frac{J_{\mathrm{dm}}}{J_{\mathrm{cm}}}=\frac{\omega\varepsilon_r\varepsilon_0}{\sigma}$$

当 $f_1=1$ kHz 时，铜媒质中位移电流密度与传导电流密度的振幅比为

$$\frac{J_{\mathrm{dm}}}{J_{\mathrm{cm}}}=\frac{\omega\varepsilon_r\varepsilon_0}{\sigma}=\frac{2\pi\times10^3\times1\times8.85\times10^{-12}}{5.8\times10^7}=9.58\times10^{-16}$$

当 $f_2=1$ MHz 时，有

$$\frac{J_{\mathrm{dm}}}{J_{\mathrm{cm}}}=9.58\times10^{-13}$$

（2）当 $f_1=1$ kHz 时，蒸馏水媒质中位移电流密度与传导电流密度的振幅比为

$$\frac{J_{\mathrm{dm}}}{J_{\mathrm{cm}}}=\frac{\omega\varepsilon_r\varepsilon_0}{\sigma}=\frac{2\pi\times10^3\times80\times8.85\times10^{-12}}{2\times10^{-4}}=2.22\times10^{-2}$$

当 $f_2=1$ MHz 时，有

$$\frac{J_{\mathrm{dm}}}{J_{\mathrm{cm}}}=22.2$$

（3）当 $f_1=1$ kHz 时，聚苯乙烯媒质中位移电流密度与传导电流密度的振幅比为

$$\frac{J_{\mathrm{dm}}}{J_{\mathrm{cm}}}=\frac{\omega\varepsilon_r\varepsilon_0}{\sigma}=\frac{2\pi\times10^3\times2.53\times8.85\times10^{-12}}{1\times10^{-16}}=1.40\times10^9$$

当 $f_2=1$ MHz 时，有

$$\frac{J_{\mathrm{dm}}}{J_{\mathrm{cm}}}=1.40\times10^{12}$$

可以看出，在电导率较低的媒质中，位移电流密度有可能大于传导电流密度。但是，在良导体中传导电流占主导地位，而位移电流可以忽略不计。

4.3　麦克斯韦方程

麦克斯韦在研究和总结安培、法拉第等前人研究成果的基础上，创造性地提出了位移电流的假说，并对前人的成果进行了修正和推广，于1864年归纳总结出麦克斯韦方程组。麦克斯韦方程组揭示了电场与磁场之间，以及电磁场与电荷、电流之间的关系，有着深刻而丰富的物理含义，是电磁运动规律最简洁的数学描述，是电磁场最基本的方程，是一切宏观电磁现象所遵循的普遍规律。

4.3.1　麦克斯韦方程组的积分形式

麦克斯韦方程组的积分形式描述的是一个区域内（任意闭合面或闭合曲线所占空间范围）源与场（电荷、电流以及随时间变化的电场和磁场）相互之间的关系，它包含如下四个方程。

麦克斯韦第一方程：

$$\oint_C \boldsymbol{H} \cdot \mathrm{d}\boldsymbol{l} = \int_S \boldsymbol{J} \cdot \mathrm{d}\boldsymbol{S} + \int_S \frac{\partial \boldsymbol{D}}{\partial t} \cdot \mathrm{d}\boldsymbol{S} \tag{4.24}$$

即全电流形式的安培环路定理，其含义是磁场强度沿任意闭合曲线的环量，等于穿过以该闭合曲线为周界的任意曲面的传导电流与位移电流之和。

麦克斯韦第二方程：

$$\oint_C \boldsymbol{E} \cdot \mathrm{d}\boldsymbol{l} = -\int_S \frac{\partial \boldsymbol{B}}{\partial t} \cdot \mathrm{d}\boldsymbol{S} \tag{4.25}$$

即法拉第电磁感应定律，其含义为电场强度沿任意闭合曲线的环量，等于穿过该闭合曲线为周界的任一曲面的磁通量随时间变化率的负值。

麦克斯韦第三方程：

$$\oint_S \boldsymbol{B} \cdot \mathrm{d}\boldsymbol{S} = 0 \tag{4.26}$$

即磁通连续性定律，其含义为穿过任意闭合曲面的磁感应强度的通量恒等于零。

麦克斯韦第四方程：

$$\oint_S \boldsymbol{D} \cdot \mathrm{d}\boldsymbol{S} = \int_V \rho \mathrm{d}V \tag{4.27}$$

即高斯定律，其含义是穿过任意闭合曲面的电位移矢量的通量等于该闭合面所包围的自由电荷量的代数和。

麦克斯韦方程组全面描述了时变电磁场的特性。

4.3.2　麦克斯韦方程组的微分形式

麦克斯韦方程组的积分形式定量地给出了各场量之间在一个有限大范围内的相互关系。显然，利用积分方程只能直接求解一些比较简单的电磁场问题。在实际的电磁问题中，人们往往更需要了解空间每一点上各场量之间的定量关系，微分形式的麦克斯韦方程组可以有效解决该问题。

利用斯托克斯定理，即$\oint_C \boldsymbol{A} \cdot \mathrm{d}\boldsymbol{l} = \int_S (\nabla \times \boldsymbol{A}) \cdot \mathrm{d}\boldsymbol{S}$，可分别将积分形式的麦克斯韦第一

方程和第二方程写为

$$\nabla\times\boldsymbol{H}=\boldsymbol{J}+\frac{\partial\boldsymbol{D}}{\partial t} \tag{4.28}$$

$$\nabla\times\boldsymbol{E}=-\frac{\partial\boldsymbol{B}}{\partial t} \tag{4.29}$$

再利用散度定理，即$\oint_S\boldsymbol{A}\cdot\mathrm{d}\boldsymbol{S}=\int_V\nabla\cdot\boldsymbol{A}\mathrm{d}V$，可分别将积分形式的麦克斯韦第三方程和第四方程写为

$$\nabla\cdot\boldsymbol{B}=0 \tag{4.30}$$

$$\nabla\cdot\boldsymbol{D}=\rho \tag{4.31}$$

式(4.28)表明，时变磁场不仅由传导电流产生，也由位移电流产生。位移电流代表电位移矢量随时间的变化率，因此该式揭示了时变电场可产生时变磁场。传导电流和位移电流均为时变磁场的旋涡源。

式(4.29)表明，时变磁场产生时变电场，即时变磁场是时变电场的旋涡源。

式(4.30)表明，磁通永远是连续的，磁场是无散度场。从物理意义上说，空间不存在自由磁荷，或者严格地说，人类研究所达到的领域中至今没有发现自由磁荷。

式(4.31)表明，自由电荷可以激发电场，即自由电荷是电场的发散源。

麦克斯韦第一方程与第二方程说明了时变电场和时变磁场可互相激发，时变电磁场可以脱离场源独立存在。因此，任何电磁扰动可引起电场和磁场相互激发进而形成电磁波向空间传播。在此基础上，麦克斯韦导出了电磁场的波动方程，根据时变电磁场的普遍规律，从理论上预言了电磁波的存在，并计算发现这种电磁波的传播速度与光速相同，他进而推断，光也是一种电磁波。后来德国物理学家赫兹(H. R. Hertz)通过实验证实了这一著名预言，马可尼(G. Marconi，意大利)和波波夫(A. C. Popov，俄罗斯)分别在1895年和1896年成功进行了无线电报传送实验，从而开创了人类应用无线电波的新纪元。

在时变电磁场中，除了麦克斯韦的四个方程之外，由电荷守恒定律得到的电流连续性方程也是一个十分重要的基本方程。人们常常将麦克斯韦方程组与电流连续性方程一起视为时变电磁场的基本方程。电流连续性方程的积分形式为

$$\oint_S\boldsymbol{J}\cdot\mathrm{d}\boldsymbol{S}=-\int_V\frac{\partial\rho}{\partial t}\mathrm{d}V \tag{4.32}$$

利用散度定理，得到电流连续性方程的微分形式为

$$\nabla\cdot\boldsymbol{J}=-\frac{\partial\rho}{\partial t} \tag{4.33}$$

麦克斯韦方程组的四个方程加上电流连续性方程就构成了麦克斯韦电磁理论的核心。应当指出，在这五个方程中，只有两个旋度方程加上高斯定律或电流连续性方程才是独立的，其他的方程可以利用这三个独立方程导出。例如，利用式(4.28)可以推导出式(4.30)，对式(4.28)两边取散度，得

$$\nabla\cdot(\nabla\times\boldsymbol{H})=\nabla\cdot\boldsymbol{J}+\frac{\partial}{\partial t}(\nabla\cdot\boldsymbol{D})$$

由矢量运算可知$\nabla\cdot(\nabla\times\boldsymbol{H})=0$，同时将式(4.33)代入上式可得

$$\frac{\partial}{\partial t}(\nabla\cdot\boldsymbol{D}-\rho)=0$$

在任意时变场中均成立，上式意味着

$$\nabla \cdot \boldsymbol{D} - \rho = 0$$

这样就由麦克斯韦第一方程和连续性方程导出了麦克斯韦第四方程。同理，由麦克斯韦第二方程可以导出第三方程。

4.3.3 媒质的本构关系

麦克斯韦方程组有 $\boldsymbol{E}$、$\boldsymbol{D}$、$\boldsymbol{B}$、$\boldsymbol{H}$、$\boldsymbol{J}$ 五个矢量和一个标量 ρ，每个矢量各有三个分量，也就是说总共有十六个标量，而独立的标量方程只有七个。因此，麦克斯韦方程组即式(4.28)～式(4.31)尚不能完全确定四个场矢量 $\boldsymbol{E}$、$\boldsymbol{D}$、$\boldsymbol{B}$ 和 $\boldsymbol{H}$，即这些方程组是非限定形式的。在具体媒质空间中，可确定 $\boldsymbol{E}$、$\boldsymbol{D}$、$\boldsymbol{B}$ 和 $\boldsymbol{H}$ 之间的关系。为求解这些未知场量，我们必须提供另外九个独立的标量方程，这九个标量方程用于描述电磁介质与场矢量之间的本构关系，也称为电磁场的辅助方程。对于线性、各向同性的媒质，本构关系如下：

$$\boldsymbol{D} = \varepsilon \boldsymbol{E} \tag{4.34}$$

$$\boldsymbol{B} = \mu \boldsymbol{H} \tag{4.35}$$

$$\boldsymbol{J} = \sigma \boldsymbol{E} \tag{4.36}$$

将式(4.34)～式(4.36)代入式(4.28)～式(4.31)，可得到用 $\boldsymbol{E}$、$\boldsymbol{H}$ 表示的方程组

$$\nabla \times \boldsymbol{H} = \sigma \boldsymbol{E} + \varepsilon \frac{\partial \boldsymbol{E}}{\partial t} \tag{4.37}$$

$$\nabla \times \boldsymbol{E} = -\mu \frac{\partial \boldsymbol{H}}{\partial t} \tag{4.38}$$

$$\nabla \cdot \boldsymbol{H} = 0 \tag{4.39}$$

$$\nabla \cdot \boldsymbol{E} = \frac{\rho}{\varepsilon} \tag{4.40}$$

称为麦克斯韦方程组的限定形式，它适用于线性和各向同性的均匀媒质。麦克斯韦方程和本构关系在求解电磁问题中的作用极为重要，因为它们充分描绘了电磁场的运动变化规律。一般地，给定了场源 $\boldsymbol{J}$ 和 ρ 以及初始条件，结合相应的边界条件，用麦克斯韦方程和本构关系就可以确定电磁场的变化规律。

例 4.5 证明均匀导电介质内部，不会有永久的自由电荷分布。

解 将 $\boldsymbol{J} = \sigma \boldsymbol{E}$ 代入电流连续性方程，考虑到介质均匀，有

$$\nabla \cdot (\sigma \boldsymbol{E}) + \frac{\partial \rho}{\partial t} = \sigma \nabla \cdot \boldsymbol{E} + \frac{\partial \rho}{\partial t} = 0$$

$$\nabla \cdot \boldsymbol{D} = \varepsilon \nabla \cdot \boldsymbol{E} = \rho$$

联立以上两式可得

$$\frac{\partial \rho}{\partial t} + \frac{\sigma}{\varepsilon} \rho = 0$$

所以任意瞬时的电荷密度为

$$\rho = \rho_0 e^{-\frac{\sigma t}{\varepsilon}} = \rho_0 e^{-\frac{t}{\tau_0}}$$

其中 ρ_0 是 $t=0$ 时的电荷密度。式中 $\varepsilon/\sigma = \tau_0$ 具有时间的量纲，称为导体的弛豫时间。由上式可见电荷按指数规律减少，最终流至并分布于导体的外表面。

例 4.6 正弦交流电压源 $u = U_m \sin\omega t$ 接到平行板电容器的两个极板上，如图 4.5

所示。

(1) 证明电容器两极板间的位移电流与连接导线中的传导电流相等；

(2) 求导线附近距离连接导线 r 处的磁场强度。

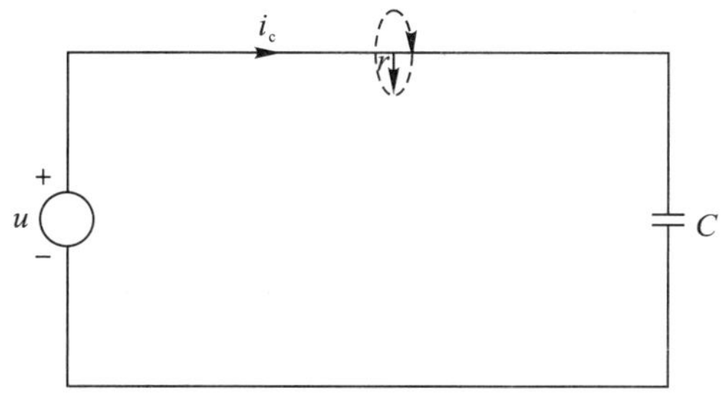

图 4.5　平行板电容器与交流电压源相连

解　(1) 导线的传导电流为

$$i_c=C\frac{du}{dt}=C\frac{d}{dt}(U_m\sin\omega t)$$

忽略边缘效应时，间距为 d 的平行板之间的电场为 $E=u/d$，故 $D=\varepsilon E=\varepsilon U_m\sin\omega t/d$，则极板间的位移电流为

$$i=\int_S \boldsymbol{J}_d\cdot d\boldsymbol{S}=\int_S\frac{\partial D}{\partial t}dS=\frac{\varepsilon\omega U_m\cos\omega t}{d}S_0=C\omega U_m\cos\omega t=i_c$$

式中的 S_0 为极板的面积，而 $\varepsilon S_0/d=C$ 为平行板电容器的电容。

(2) 以 r 为半径作闭合曲线 C，由于连接导线本身的轴对称性，使得沿闭合曲线的磁场相等，故方程(4.24)的左边为

$$\oint_C \boldsymbol{H}\cdot d\boldsymbol{l}=2\pi rH_\phi$$

与闭合曲线铰链的只有导线中的传导电流 $i_c=C\omega U_m\cos\omega t$，故由方程(4.24)，得

$$2\pi rH_\phi=C\omega U_m\cos\omega t$$

即

$$\boldsymbol{H}=\boldsymbol{e}_\phi H_\phi=\boldsymbol{e}_\phi\frac{C\omega U_m}{2\pi r}\cos\omega t$$

例 4.7　在无源($\boldsymbol{J}=0$，$\rho=0$)的电介质($\sigma=0$)中，若已知矢量 $\boldsymbol{E}=\boldsymbol{e}_xE_m\cos(\omega t-kz)$ V/m，式中的 E_m 为振幅，ω 为角频率，k 为相位常数。在什么条件下，$\boldsymbol{E}$ 才可能是电磁场的电场强度矢量？求出与 $\boldsymbol{E}$ 相应的其他场矢量。

解　只有满足麦克斯韦方程组的矢量才可能是电磁场的场矢量。因此，利用麦克斯韦方程组可确定 $\boldsymbol{E}$ 是电磁场的电场强度矢量的可能性。

由式(4.38)，得

$$\frac{\partial\boldsymbol{B}}{\partial t}=-\nabla\times\boldsymbol{E}=-\begin{vmatrix}\boldsymbol{e}_x & \boldsymbol{e}_y & \boldsymbol{e}_z\\ \frac{\partial}{\partial x} & \frac{\partial}{\partial y} & \frac{\partial}{\partial z}\\ E_x & E_y & E_z\end{vmatrix}=-\boldsymbol{e}_y\frac{\partial E_x}{\partial z}$$

$$=-\boldsymbol{e}_y\frac{\partial}{\partial z}[E_m\cos(\omega t-kz)]=-\boldsymbol{e}_ykE_m\sin(\omega t-kz)$$

对上式积分，得

$$\boldsymbol{B}=\boldsymbol{e}_y\frac{kE_{\mathrm{m}}}{\omega}\cos(\omega t-kz)$$

由 $\boldsymbol{B}=\mu\boldsymbol{H}$，得

$$\boldsymbol{H}=\boldsymbol{e}_y\frac{kE_{\mathrm{m}}}{\mu\omega}\cos(\omega t-kz)$$

由 $\boldsymbol{D}=\varepsilon\boldsymbol{E}$，得

$$\boldsymbol{D}=\varepsilon\boldsymbol{E}=\boldsymbol{e}_x\varepsilon E_{\mathrm{m}}\cos(\omega t-kz)$$

以上各个场矢量都应该满足麦克斯韦方程，将得到的 $\boldsymbol{H}$ 和 $\boldsymbol{D}$ 代入式(4.28)，有

$$\nabla\times\boldsymbol{H}=-\begin{vmatrix}\boldsymbol{e}_x & \boldsymbol{e}_y & \boldsymbol{e}_z\\ \dfrac{\partial}{\partial x} & \dfrac{\partial}{\partial y} & \dfrac{\partial}{\partial z}\\ H_x & H_y & H_z\end{vmatrix}=-\boldsymbol{e}_x\frac{\partial H_y}{\partial z}$$

$$=-\boldsymbol{e}_x\frac{k^2E_{\mathrm{m}}}{\mu\omega}\sin(\omega t-kz)$$

而

$$\frac{\partial\boldsymbol{D}}{\partial t}=\boldsymbol{e}_x\frac{\partial D_x}{\partial t}=-\boldsymbol{e}_x\varepsilon E_{\mathrm{m}}\omega\sin(\omega t-kz)$$

故

$$k^2=\omega^2\mu\varepsilon$$

即

$$k=\pm\omega\sqrt{\mu\varepsilon}$$

将 $\boldsymbol{D}$ 代入式(4.31)并注意到 $\rho=0$，得

$$\nabla\cdot\boldsymbol{D}=\frac{\partial D_x}{\partial x}+\frac{\partial D_y}{\partial y}+\frac{\partial D_z}{\partial z}=0$$

将 $\boldsymbol{B}$ 代入式(4.30)，得

$$\nabla\cdot\boldsymbol{B}=\frac{\partial B_x}{\partial x}+\frac{\partial B_y}{\partial y}+\frac{\partial B_z}{\partial z}=0$$

可见，只有满足条件 $k=\pm\omega\sqrt{\mu\varepsilon}$，矢量 $\boldsymbol{E}$ 以及与之相应的 $\boldsymbol{D}$、$\boldsymbol{B}$、$\boldsymbol{H}$ 才可能是无源电介质中的电磁场的场矢量。

4.3.4 波动方程

在时变的情况下，电场和磁场相互激励，在空间形成电磁波，时变电磁场的能量以电磁波的形式进行传播。电磁波与人们之前所认识的各种机械波(包括声波)有相类似之处，但最大的不同是，电磁波可以在包含自由空间即真空的任意介质内传播，这就为无线通信奠定了坚实的基础。下面我们从麦克斯韦方程出发导出波动方程，揭示时变电磁场的运动规律，即电磁场的波动性。

考虑介质为均匀、线性、各向同性的情况，$\boldsymbol{E}$ 和 $\boldsymbol{H}$ 满足的麦克斯韦方程为

$$\nabla\times\boldsymbol{H}=\boldsymbol{J}+\frac{\partial\boldsymbol{D}}{\partial t}\tag{4.41}$$

$$\nabla\times\boldsymbol{E}=-\frac{\partial \boldsymbol{B}}{\partial t} \tag{4.42}$$

$$\nabla\cdot\boldsymbol{B}=0 \tag{4.43}$$

$$\nabla\cdot\boldsymbol{D}=\rho \tag{4.44}$$

对式(4.41)两边取旋度，可得

$$\nabla\times\nabla\times\boldsymbol{H}=\nabla\times\boldsymbol{J}+\nabla\times\frac{\partial \boldsymbol{D}}{\partial t} \tag{4.45}$$

利用矢量恒等式$\nabla\times\nabla\times\boldsymbol{A}=\nabla(\nabla\cdot\boldsymbol{A})-\nabla^2\boldsymbol{A}$可得

$$\nabla\times\nabla\times\boldsymbol{H}=\nabla(\nabla\cdot\boldsymbol{H})-\nabla^2\boldsymbol{H}=\nabla\times\boldsymbol{J}+\nabla\times\frac{\partial \boldsymbol{D}}{\partial t} \tag{4.46}$$

式中，$\nabla^2\boldsymbol{H}$中的∇^2表示矢量拉普拉斯算符。将式(4.42)、式(4.43)和式(4.44)分别代入式(4.46)，并利用本构关系$\boldsymbol{D}=\varepsilon\boldsymbol{E}$和$\boldsymbol{B}=\mu\boldsymbol{H}$，得

$$\nabla\cdot\boldsymbol{H}=0 \tag{4.47}$$

$$\nabla\times\frac{\partial \boldsymbol{D}}{\partial t}=-\mu\varepsilon\frac{\partial^2}{\partial t^2}\boldsymbol{H} \tag{4.48}$$

即有

$$\nabla^2\boldsymbol{H}-\mu\varepsilon\frac{\partial^2}{\partial t^2}\boldsymbol{H}=-\nabla\times\boldsymbol{J} \tag{4.49}$$

同理可得

$$\nabla^2\boldsymbol{E}-\mu\varepsilon\frac{\partial^2\boldsymbol{E}}{\partial t^2}=\mu\frac{\partial \boldsymbol{J}}{\partial t}+\nabla\frac{\rho}{\varepsilon} \tag{4.50}$$

式(4.49)和式(4.50)称为$\boldsymbol{E}$和$\boldsymbol{H}$满足的波动方程。1865年，麦克斯韦由波动方程预言了电磁波的存在。在具体讨论波动方程的解之前，我们先来从概念上进行讨论。简单地，将式(4.49)和式(4.50)左边第二项移到等式右边，得

$$\nabla^2\boldsymbol{H}=\mu\varepsilon\frac{\partial^2}{\partial t^2}\boldsymbol{H}-\nabla\times\boldsymbol{J} \tag{4.51}$$

$$\nabla^2\boldsymbol{E}=\mu\varepsilon\frac{\partial^2\boldsymbol{E}}{\partial t^2}+\mu\frac{\partial \boldsymbol{J}}{\partial t}+\nabla\frac{\rho}{\varepsilon} \tag{4.52}$$

由于表示源的量$\boldsymbol{J}$与ρ都在固定的范围内存在，而场量$\boldsymbol{E}$和$\boldsymbol{H}$则充满整个空间，若考虑离开源的地方，则左边的∇^2是对空间的运算，表示场随空间的变化，而右边$\partial^2/\partial t^2$表示场随时间的变化，中间的等号表示二者等效。因此，波动方程描述的物理图景正是场随时间的变化等同于随空间的变化，这正是“波”的本质。如图4.6所示的那样，如果考察一列机械波，则对于某t时刻位置A处的情况，就会发现其振幅随时间变化到t'的效果总可以与t时刻位置变化到B处时的振幅相等。

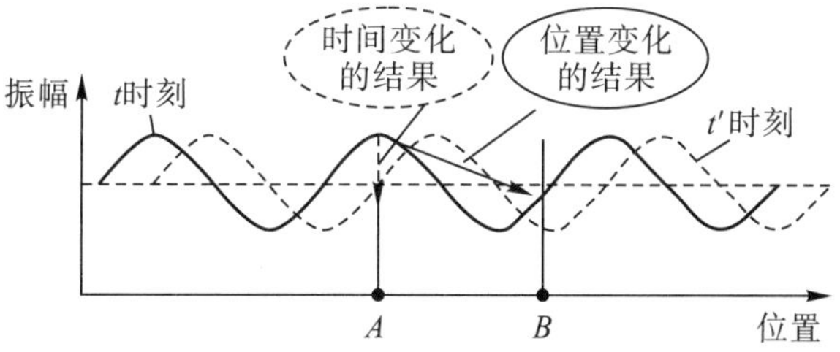

图4.6　电磁波波动特性

对无源的自由空间，有 $\boldsymbol{J}=0$ 和 $\rho=0$，容易得到无源自由空间条件下的波动方程：

$$\nabla^2\boldsymbol{E}-\mu\varepsilon\frac{\partial^2\boldsymbol{E}}{\partial t^2}=0 \tag{4.53}$$

$$\nabla^2\boldsymbol{H}-\mu\varepsilon\frac{\partial^2\boldsymbol{H}}{\partial t^2}=0 \tag{4.54}$$

求解这类矢量方程有两种方法：一种是直接寻求满足该矢量方程的解；另外一种是设法将矢量方程分解为标量方程，通过标量方程来得到矢量函数的解。在直角坐标系下，$\boldsymbol{E}$ 满足的波动方程可以分解为三个标量方程，每个方程中只含有一个场分量，即

$$\frac{\partial^2 E_x}{\partial x^2}+\frac{\partial^2 E_x}{\partial y^2}+\frac{\partial^2 E_x}{\partial z^2}-\mu\varepsilon\frac{\partial^2 E_x}{\partial t^2}=0 \tag{4.55}$$

$$\frac{\partial^2 E_y}{\partial x^2}+\frac{\partial^2 E_y}{\partial y^2}+\frac{\partial^2 E_y}{\partial z^2}-\mu\varepsilon\frac{\partial^2 E_y}{\partial t^2}=0 \tag{4.56}$$

$$\frac{\partial^2 E_z}{\partial x^2}+\frac{\partial^2 E_z}{\partial y^2}+\frac{\partial^2 E_z}{\partial z^2}-\mu\varepsilon\frac{\partial^2 E_z}{\partial t^2}=0 \tag{4.57}$$

波动方程的解描述了空间中沿一个特定方向传播的电磁波。研究电磁波的传播问题都可归结为给定边界条件和初始条件下求波动方程的解。

4.3.5 时变电磁场的位函数

通过对式(4.51)和式(4.52)的求解，可以得到存在场源 $\boldsymbol{J}$ 和 ρ 时的电磁场问题。通常情况下，外加场源形式复杂，直接求解这两个非齐次矢量波动方程十分困难。为了使分析得到简化，可以如同静态场那样引入位函数。

由于磁场 $\boldsymbol{B}$ 的散度恒等于零，即$\nabla\cdot\boldsymbol{B}=0$，根据矢量恒等式$\nabla\cdot(\nabla\times\boldsymbol{A})=0$，可以将磁场 $\boldsymbol{B}$ 表示为一个矢量函数 $\boldsymbol{A}$ 的旋度，即

$$\boldsymbol{B}=\nabla\times\boldsymbol{A} \tag{4.58}$$

称矢量函数 $\boldsymbol{A}$ 为电磁场的矢量位，单位为 T·m(特斯拉·米)。

将式(4.58)代入方程$\nabla\times\boldsymbol{E}=-\frac{\partial\boldsymbol{B}}{\partial t}$，有

$$\nabla\times\boldsymbol{E}=-\frac{\partial}{\partial t}(\nabla\times\boldsymbol{A}) \tag{4.59}$$

即

$$\nabla\times\left(\boldsymbol{E}+\frac{\partial\boldsymbol{A}}{\partial t}\right)=0 \tag{4.60}$$

式(4.60)表明 $\boldsymbol{E}+\frac{\partial\boldsymbol{A}}{\partial t}$ 是无旋的，再根据矢量恒等式$\nabla\times(\nabla\varphi)=0$，可以用一个标量函数 φ 的负梯度来表示，即

$$-\nabla\varphi=\boldsymbol{E}+\frac{\partial\boldsymbol{A}}{\partial t} \tag{4.61}$$

称 φ 为时变电磁场的标量位，单位是 V(伏)。由式(4.61)可将电场强度矢量 $\boldsymbol{E}$ 用矢量位 $\boldsymbol{A}$ 和标量位 φ 来表示，即

$$\boldsymbol{E}=-\frac{\partial\boldsymbol{A}}{\partial t}-\nabla\varphi \tag{4.62}$$

但是，由式(4.58)和式(4.61)定义的矢量位和标量位并不唯一。例如，我们取另外一组位

函数

$$\boldsymbol{A}'=\boldsymbol{A}+\nabla\psi \tag{4.63}$$

$$\varphi'=\varphi-\frac{\partial\psi}{\partial t} \tag{4.64}$$

式中 ψ 为任意标量函数，则有

$$\nabla\times\boldsymbol{A}'=\nabla\times(\boldsymbol{A}+\nabla\psi)=\nabla\times\boldsymbol{A}=\boldsymbol{B}$$

$$-\frac{\partial\boldsymbol{A}'}{\partial t}-\nabla\varphi'=-\frac{\partial}{\partial t}(\boldsymbol{A}+\nabla\psi)-\nabla\left(\varphi-\frac{\partial\psi}{\partial t}\right)=-\frac{\partial\boldsymbol{A}}{\partial t}-\nabla\varphi=\boldsymbol{E}$$

所以，由式(4.63)和式(4.64)定义的 $\boldsymbol{A}'$ 和 φ' 有无穷多组。根据亥姆霍兹定理，若要唯一确定矢量场，需要同时规定该矢量场的散度和旋度，而式(4.58)只规定了矢量位 $\boldsymbol{A}$ 的旋度，没有规定矢量位 $\boldsymbol{A}$ 的散度。因此，通过适当地规定矢量位 $\boldsymbol{A}$ 的散度，就可唯一地确定矢量位 $\boldsymbol{A}$ 和标量位 φ，再代入式(4.58)和式(4.62)即可得到磁场和电场的解。

在线性、各向同性的均匀媒质中，将 $\boldsymbol{B}=\nabla\times\boldsymbol{A}$ 和 $\boldsymbol{E}=-\frac{\partial\boldsymbol{A}}{\partial t}-\nabla\varphi$ 代入微分形式的麦克斯韦第一方程，有

$$\nabla\times\boldsymbol{H}=\frac{1}{\mu}\nabla\times(\nabla\times\boldsymbol{A})=\boldsymbol{J}+\varepsilon\frac{\partial\boldsymbol{E}}{\partial t}=\boldsymbol{J}+\varepsilon\frac{\partial}{\partial t}\left(-\nabla\varphi-\frac{\partial\boldsymbol{A}}{\partial t}\right) \tag{4.65}$$

利用矢量恒等式 $\nabla\times\nabla\times\boldsymbol{A}=\nabla(\nabla\cdot\boldsymbol{A})-\nabla^2\boldsymbol{A}$，可得到

$$\nabla^2\boldsymbol{A}-\mu\varepsilon\frac{\partial^2\boldsymbol{A}}{\partial t^2}=-\mu\boldsymbol{J}+\nabla\left(\nabla\cdot\boldsymbol{A}+\mu\varepsilon\frac{\partial\varphi}{\partial t}\right) \tag{4.66}$$

同时，将 $\boldsymbol{E}=-\frac{\partial\boldsymbol{A}}{\partial t}-\nabla\varphi$ 代入到 $\nabla\cdot\boldsymbol{E}=\frac{\rho}{\varepsilon}$，则有

$$\nabla^2\varphi+\frac{\partial}{\partial t}(\nabla\cdot\boldsymbol{A})=-\frac{\rho}{\varepsilon} \tag{4.67}$$

式(4.66)和式(4.67)是关于 $\boldsymbol{A}$ 和 φ 的一组耦合微分方程。适当选择 $\nabla\cdot\boldsymbol{A}$ 的值，就可以使这两个方程进一步化简为分别只含有一个位函数的方程，为此选择

$$\nabla\cdot\boldsymbol{A}=-\mu\varepsilon\frac{\partial\varphi}{\partial t} \tag{4.68}$$

式(4.68)称为洛伦兹条件或洛伦兹规范。将式(4.68)分别代入式(4.66)和式(4.67)，得到

$$\nabla^2\boldsymbol{A}-\mu\varepsilon\frac{\partial^2\boldsymbol{A}}{\partial t^2}=-\mu\boldsymbol{J} \tag{4.69}$$

$$\nabla^2\varphi-\mu\varepsilon\frac{\partial^2\varphi}{\partial t^2}=-\frac{\rho}{\varepsilon} \tag{4.70}$$

式(4.69)和式(4.70)就是在洛伦兹条件下，矢量位 $\boldsymbol{A}$ 和标量位 φ 所满足的微分方程，又称为达朗贝尔方程。

式(4.51)和式(4.52)为两个结构复杂的矢量方程，在三维空间中需要求解六个坐标分量方程，而式(4.69)和式(4.70)分别为一个矢量方程和一个标量方程，且结构较为简单，在三维空间中仅需求解四个坐标分量方程。尤其在直角坐标系中，式(4.69)可以分解为三个结构与式(4.70)相同的标量方程，这等同于仅求解一个标量方程。由此可见，矢量位 $\boldsymbol{A}$ 和标量位 φ 的引入极大地简化了麦克斯韦方程的求解。此外可以证明洛伦兹条件符合电流连续性方程。

4.4 时谐电磁场

4.4.1 电磁场的复数表示

在工程上，常遇到以正弦规律变化的电磁场，这是由于激励正弦信号相对容易，例如AM(调幅)信号，其载波就是单一频率的正弦电磁波。同时，根据傅里叶分析可知任意形式的电磁信号如UWB(超宽带)信号，理论上都可以看作按照不同频率的正弦规律变化的信号的线性组合。因此，研究正弦电磁波的规律就显得尤其重要。正弦电磁场也称为时谐电磁场。

直角坐标系中，时变电磁场可表示为

$$\boldsymbol{E}(x,y,z,t)=\boldsymbol{e}_xE_x(x,y,z,t)+\boldsymbol{e}_yE_y(x,y,z,t)+\boldsymbol{e}_zE_z(x,y,z,t) \tag{4.71}$$

当电场随时间呈时谐(正弦或余弦)变化时，电场强度的三个分量可表示为

$$E_x(x,y,z,t)=E_{xm}(x,y,z)\cos[\omega t+\phi_x(x,y,z)] \tag{4.72}$$

$$E_y(x,y,z,t)=E_{ym}(x,y,z)\cos[\omega t+\varphi_y(x,y,z)] \tag{4.73}$$

$$E_z(x,y,z,t)=E_{zm}(x,y,z)\cos[\omega t+\varphi_z(x,y,z)] \tag{4.74}$$

式中，E_{xm}、E_{ym}、E_{zm}分别为各坐标分量的振幅，它们仅为空间坐标的函数；ϕ_x、ϕ_y、ϕ_z分别为坐标分量的相位角；$\omega=2\pi f$称为角频率，f为频率。

可以利用复数形式来简化书写，即

$$E_x(\boldsymbol{r},t)=\mathrm{Re}[E_{xm}(\boldsymbol{r})\mathrm{e}^{\mathrm{j}(\omega t+\phi_x)}]=\mathrm{Re}[E_{xm}(\boldsymbol{r})\mathrm{e}^{\mathrm{j}\phi_x}\mathrm{e}^{\mathrm{j}\omega t}]=\mathrm{Re}[\dot{E}_{xm}(\boldsymbol{r})\mathrm{e}^{\mathrm{j}\omega t}] \tag{4.75}$$

$$E_y(\boldsymbol{r},t)=\mathrm{Re}[E_{ym}(\boldsymbol{r})\mathrm{e}^{\mathrm{j}(\omega t+\phi_y)}]=\mathrm{Re}[E_{ym}(\boldsymbol{r})\mathrm{e}^{\mathrm{j}\phi_y}\mathrm{e}^{\mathrm{j}\omega t}]=\mathrm{Re}[\dot{E}_{ym}(\boldsymbol{r})\mathrm{e}^{\mathrm{j}\omega t}] \tag{4.76}$$

$$E_z(\boldsymbol{r},t)=\mathrm{Re}[E_{zm}(\boldsymbol{r})\mathrm{e}^{\mathrm{j}(\omega t+\phi_z)}]=\mathrm{Re}[E_{zm}(\boldsymbol{r})\mathrm{e}^{\mathrm{j}\phi_z}\mathrm{e}^{\mathrm{j}\omega t}]=\mathrm{Re}[\dot{E}_{zm}(\boldsymbol{r})\mathrm{e}^{\mathrm{j}\omega t}] \tag{4.77}$$

式中，$\dot{E}_{xm}(\boldsymbol{r})=E_{xm}(\boldsymbol{r})\mathrm{e}^{\mathrm{j}\phi_x}$，$\dot{E}_{ym}(\boldsymbol{r})=E_{ym}(\boldsymbol{r})\mathrm{e}^{\mathrm{j}\phi_y}$和$\dot{E}_{zm}(\boldsymbol{r})=E_{zm}(\boldsymbol{r})\mathrm{e}^{\mathrm{j}\phi_z}$称为复数振幅，它们也仅是空间坐标的函数，与时间$t$无关。则电场强度可表示为

$$\begin{aligned}\boldsymbol{E}(\boldsymbol{r},t)&=\boldsymbol{e}_xE_x(\boldsymbol{r},t)+\boldsymbol{e}_yE_y(\boldsymbol{r},t)+\boldsymbol{e}_zE_z(\boldsymbol{r},t)\\&=\mathrm{Re}\{[\boldsymbol{e}_x\dot{E}_{xm}(\boldsymbol{r})+\boldsymbol{e}_y\dot{E}_{ym}(\boldsymbol{r})+\boldsymbol{e}_z\dot{E}_{zm}(\boldsymbol{r})]\mathrm{e}^{\mathrm{j}\omega t}\}\\&=\mathrm{Re}[\dot{\boldsymbol{E}}_m(\boldsymbol{r})\mathrm{e}^{\mathrm{j}\omega t}]\end{aligned} \tag{4.78}$$

式中，$\dot{\boldsymbol{E}}_m=\boldsymbol{e}_x\dot{E}_{xm}+\boldsymbol{e}_y\dot{E}_{ym}+\boldsymbol{e}_z\dot{E}_{zm}$称为电场强度复矢量或称为电场的复数形式。

式(4.78)是瞬时矢量$\boldsymbol{E}(\boldsymbol{r},t)$和复矢量$\dot{\boldsymbol{E}}_m(\boldsymbol{r})$的关系。对于给定的瞬时矢量，由式(4.78)可写出与之相应的复矢量；反之，给定一个复矢量，由式(4.78)也可写出相应的瞬时矢量。同理，电磁场中的其他参量亦可用复数形式书写，即$\dot{\boldsymbol{H}}_m(\boldsymbol{r})$、$\dot{\boldsymbol{B}}_m(\boldsymbol{r})$、$\dot{\boldsymbol{D}}_m(\boldsymbol{r})$、$\dot{\boldsymbol{J}}_m(\boldsymbol{r})$、$\dot{\rho}_m(\boldsymbol{r})$分别用代表$\boldsymbol{H}(\boldsymbol{r},t)$、$\boldsymbol{B}(\boldsymbol{r},t)$、$\boldsymbol{D}(\boldsymbol{r},t)$、$\boldsymbol{J}(\boldsymbol{r},t)$、$\rho(\boldsymbol{r},t)$的复数形式，且满足如下转换关系：

$$\boldsymbol{H}(\boldsymbol{r},t)=\mathrm{Re}[\dot{\boldsymbol{H}}_m(\boldsymbol{r})\mathrm{e}^{\mathrm{j}\omega t}],\quad \boldsymbol{B}(\boldsymbol{r},t)=\mathrm{Re}[\dot{\boldsymbol{B}}_m(\boldsymbol{r})\mathrm{e}^{\mathrm{j}\omega t}],$$

$$\boldsymbol{D}(\boldsymbol{r},t)=\mathrm{Re}[\dot{\boldsymbol{D}}_m(\boldsymbol{r})\mathrm{e}^{\mathrm{j}\omega t}],\quad \boldsymbol{J}(\boldsymbol{r},t)=\mathrm{Re}[\dot{\boldsymbol{J}}_m(\boldsymbol{r})\mathrm{e}^{\mathrm{j}\omega t}],\quad \rho(\boldsymbol{r},t)=\mathrm{Re}[\dot{\rho}_m(\boldsymbol{r})\mathrm{e}^{\mathrm{j}\omega t}] \tag{4.79}$$

必须注意，复矢量只是一种数学表示方式，它只与空间有关，而与时间无关。但是，复矢量并不是真实的场矢量，真实的场矢量是与之相应的瞬时矢量。而且，只有频率相同的时谐场之间才能使用复矢量的方法进行运算。

例 4.8　将下列场矢量的瞬时值形式表示为复数形式。

(1) $\boldsymbol{E}(z,t)=\boldsymbol{e}_x E_{xm}\cos(\omega t-kz+\phi_x)+\boldsymbol{e}_y E_{ym}\sin(\omega t-kz+\phi_y)$；

(2) $\boldsymbol{H}(x,y,z,t)=\boldsymbol{e}_x H_0 k\left(\frac{a}{\pi}\right)\sin\left(\frac{\pi x}{a}\right)\sin(kz-\omega t)+\boldsymbol{e}_z H_0\cos\left(\frac{\pi x}{a}\right)\cos(kz-\omega t)$。

解　(1) 由于

$$\begin{aligned}\boldsymbol{E}(z,t)&=\boldsymbol{e}_x E_{xm}\cos(\omega t-kz+\phi_x)+\boldsymbol{e}_y E_{ym}\cos\left(\omega t-kz+\phi_y-\frac{\pi}{2}\right)\\&=\mathrm{Re}\left[\boldsymbol{e}_x E_{xm}\mathrm{e}^{\mathrm{j}(\omega t-kz+\phi_x)}+\boldsymbol{e}_y E_{ym}\mathrm{e}^{\mathrm{j}\left(\omega t-kz+\phi_y-\frac{\pi}{2}\right)}\right]\end{aligned}$$

根据式(4.78)，可知电场强度的复矢量为

$$\dot{\boldsymbol{E}}_{\mathrm{m}}(z)=\boldsymbol{e}_x E_{xm}\mathrm{e}^{\mathrm{j}(-kz+\phi_x)}+\boldsymbol{e}_y E_{ym}\mathrm{e}^{\mathrm{j}\left(-kz+\phi_y-\frac{\pi}{2}\right)}=\mathrm{e}^{-\mathrm{j}kz}(\boldsymbol{e}_x E_{xm}\mathrm{e}^{\mathrm{j}\phi_x}-\mathrm{j}\boldsymbol{e}_y E_{ym}\mathrm{e}^{\mathrm{j}\phi_y})$$

(2) 因为 $\sin(kz-\omega t)=\cos\left(kz-\omega t-\frac{\pi}{2}\right)=\cos\left(\omega t-kz+\frac{\pi}{2}\right)$，$\cos(kz-\omega t)=\cos(\omega t-kz)$，所以

$$\begin{aligned}\boldsymbol{H}(x,y,z,t)&=\boldsymbol{e}_x H_0 k\left(\frac{a}{\pi}\right)\sin\left(\frac{\pi x}{a}\right)\cos\left(\omega t-kz+\frac{\pi}{2}\right)+\boldsymbol{e}_z H_0\cos\left(\frac{\pi x}{a}\right)\cos(\omega t-kz)\\&=\mathrm{Re}\left[\boldsymbol{e}_x H_0 k\left(\frac{a}{\pi}\right)\sin\left(\frac{\pi x}{a}\right)\mathrm{e}^{\mathrm{j}\left(\omega t-kz+\frac{\pi}{2}\right)}+\boldsymbol{e}_z H_0\cos\left(\frac{\pi x}{a}\right)\mathrm{e}^{\mathrm{j}(\omega t-kz)}\right]\end{aligned}$$

根据式(4.78)，可知磁场强度的复矢量为

$$\dot{\boldsymbol{H}}_{\mathrm{m}}=\boldsymbol{e}_x\mathrm{j}H_0 k\left(\frac{a}{\pi}\right)\sin\left(\frac{\pi x}{a}\right)\mathrm{e}^{-\mathrm{j}kz}+\boldsymbol{e}_z H_0\cos\left(\frac{\pi x}{a}\right)\mathrm{e}^{-\mathrm{j}kz}$$

例 4.9　已知电场强度复矢量 $\dot{\boldsymbol{E}}_{\mathrm{m}}=\boldsymbol{e}_x\mathrm{j}E_{xm}\cos(k_z z)$，其中 E_{xm} 和 k_z 为实常数，写出电场强度的瞬时矢量。

解　根据式(4.78)，可得电场强度的瞬时矢量为

$$\begin{aligned}\boldsymbol{E}(z,t)&=\mathrm{Re}[\boldsymbol{e}_x\mathrm{j}E_{xm}\cos(k_z z)\mathrm{e}^{\mathrm{j}\omega t}]=\mathrm{Re}\left[\boldsymbol{e}_x E_{xm}\cos(k_z z)\mathrm{e}^{\mathrm{j}\left(\omega t+\frac{\pi}{2}\right)}\right]\\&=\boldsymbol{e}_x E_{xm}\cos(k_z z)\cos\left(\omega t+\frac{\pi}{2}\right)\end{aligned}$$

4.4.2　时谐麦克斯韦方程组

在时谐电磁场，对时间的导数可用复数形式表示。以电场强度 $\boldsymbol{E}(\boldsymbol{r},t)$ 为例，对时间求偏导得到

$$\frac{\partial\boldsymbol{E}}{\partial t}=\frac{\partial}{\partial t}\mathrm{Re}[\dot{\boldsymbol{E}}_{\mathrm{m}}\mathrm{e}^{\mathrm{j}\omega t}]=\mathrm{Re}\left[\frac{\partial}{\partial t}(\dot{\boldsymbol{E}}_{\mathrm{m}}\mathrm{e}^{\mathrm{j}\omega t})\right]=\mathrm{Re}[\mathrm{j}\omega\dot{\boldsymbol{E}}_{\mathrm{m}}\mathrm{e}^{\mathrm{j}\omega t}]$$

在上式的复数运算中，对复数的微分和积分是分别对其实部和虚部进行的，并不改变其实部和虚部的性质，所以取实部运算和微分运算的顺序可交换。

这样，我们得到 $\partial\boldsymbol{E}/\partial t$ 的复数形式应该是 $\mathrm{j}\omega\dot{\boldsymbol{E}}_{\mathrm{m}}\mathrm{e}^{\mathrm{j}\omega t}$。此时，我们看到用复数形式表示的一个好处：时谐形式对时间求偏导，在复数形式中只需乘以 $\mathrm{j}\omega$ 即可。同理，其他场量随时

间的偏导类似地可用复数形式表示为

$$\frac{\partial \boldsymbol{D}}{\partial t}=\mathrm{Re}[\mathrm{j}\omega\dot{\boldsymbol{D}}_{\mathrm{m}}\mathrm{e}^{\mathrm{j}\omega t}],\quad \frac{\partial \boldsymbol{B}}{\partial t}=\mathrm{Re}[\mathrm{j}\omega\dot{\boldsymbol{B}}_{\mathrm{m}}\mathrm{e}^{\mathrm{j}\omega t}] \tag{4.80}$$

所有的场量都按照上述规则书写，则麦克斯韦方程组变为

$$\nabla\times[\mathrm{Re}(\dot{\boldsymbol{H}}_{\mathrm{m}}\mathrm{e}^{\mathrm{j}\omega t})]=\mathrm{Re}[\dot{\boldsymbol{J}}_{\mathrm{m}}\mathrm{e}^{\mathrm{j}\omega t}]+\mathrm{Re}[\mathrm{j}\omega\dot{\boldsymbol{D}}_{\mathrm{m}}\mathrm{e}^{\mathrm{j}\omega t}] \tag{4.81}$$

$$\nabla\times\mathrm{Re}[\dot{\boldsymbol{E}}_{\mathrm{m}}\mathrm{e}^{\mathrm{j}\omega t}]=\mathrm{Re}[-\mathrm{j}\omega\dot{\boldsymbol{B}}_{\mathrm{m}}\mathrm{e}^{\mathrm{j}\omega t}] \tag{4.82}$$

$$\nabla\cdot\mathrm{Re}[\dot{\boldsymbol{B}}_{\mathrm{m}}\mathrm{e}^{\mathrm{j}\omega t}]=0 \tag{4.83}$$

$$\nabla\cdot\mathrm{Re}[\dot{\boldsymbol{D}}_{\mathrm{m}}\mathrm{e}^{\mathrm{j}\omega t}]=\mathrm{Re}[\dot{\rho}_{\mathrm{m}}\mathrm{e}^{\mathrm{j}\omega t}] \tag{4.84}$$

式中“∇”是对空间场点坐标的微分运算，故可先对函数作微分运算再取实部，同时由于“∇”不作用于时间，因此 $\mathrm{e}^{\mathrm{j}\omega t}$ 亦可提到“∇”之外，整理得

$$\mathrm{Re}[(\nabla\times\dot{\boldsymbol{H}}_{\mathrm{m}})\mathrm{e}^{\mathrm{j}\omega t}]=\mathrm{Re}[(\dot{\boldsymbol{J}}_{\mathrm{m}}+\mathrm{j}\omega\dot{\boldsymbol{D}}_{\mathrm{m}})\mathrm{e}^{\mathrm{j}\omega t}] \tag{4.85}$$

$$\mathrm{Re}[(\nabla\times\dot{\boldsymbol{E}}_{\mathrm{m}})\mathrm{e}^{\mathrm{j}\omega t}]=\mathrm{Re}[-\mathrm{j}\omega\dot{\boldsymbol{B}}_{\mathrm{m}}\mathrm{e}^{\mathrm{j}\omega t}] \tag{4.86}$$

$$\mathrm{Re}[(\nabla\cdot\dot{\boldsymbol{B}}_{\mathrm{m}})\mathrm{e}^{\mathrm{j}\omega t}]=0 \tag{4.87}$$

$$\mathrm{Re}[(\nabla\cdot\dot{\boldsymbol{D}}_{\mathrm{m}})\mathrm{e}^{\mathrm{j}\omega t}]=\mathrm{Re}[\dot{\rho}_{\mathrm{m}}\mathrm{e}^{\mathrm{j}\omega t}] \tag{4.88}$$

式(4.85)～式(4.88)表明这些复数的实部相等，且有相同的时间因子，故相应的复数应相等。因此，按照前面的约定，不写时间因子 $\mathrm{e}^{\mathrm{j}\omega t}$，并去掉下标 m(表示振幅)和上面的点，则得麦克斯韦方程的复数形式为

$$\nabla\times\boldsymbol{H}=\boldsymbol{J}+\mathrm{j}\omega\boldsymbol{D} \tag{4.89}$$

$$\nabla\times\boldsymbol{E}=-\mathrm{j}\omega\boldsymbol{B} \tag{4.90}$$

$$\nabla\cdot\boldsymbol{B}=0 \tag{4.91}$$

$$\nabla\cdot\boldsymbol{D}=\rho \tag{4.92}$$

据此，已知时谐电场可求时谐磁场，或者已知时谐磁场可求时谐电场。尽管复数形式的麦克斯韦方程组中没有时间因子，但复数形式表示本身的前提就是针对正弦变化的电磁场，因此用复数形式研究电磁场问题也称为频率域电磁场问题。

4.4.3 亥姆霍兹方程

对于时谐电磁场，时间的一阶偏导等于 $\mathrm{j}\omega$，即$\partial/\partial t\rightarrow\mathrm{j}\omega$，同理，$\partial^2/\partial t^2\rightarrow-\omega^2$，则由式(4.53)和式(4.54)可得到

$$\nabla^2\boldsymbol{E}+k^2\boldsymbol{E}=0 \tag{4.93}$$

$$\nabla^2\boldsymbol{H}+k^2\boldsymbol{H}=0 \tag{4.94}$$

式中

$$k=\omega\sqrt{\mu\varepsilon} \tag{4.95}$$

式(4.93)和式(4.94)即为时谐电磁场的复矢量 $\boldsymbol{E}$ 和 $\boldsymbol{H}$ 在无源空间中所满足的波动方程，又称为亥姆霍兹方程。

如果媒质是有耗的，即介电常数或磁导率为复数，则 k 也相应地变为复数 k_{c}，波动方程的形式不变。

4.5 坡印廷定理

4.5.1 时域坡印廷定理

电磁场是一种物质，并且具有能量，日常生活中人们使用的微波炉正是利用微波所携带的能量给食品加热的。时变电场、磁场都要随时间变化，空间各点的电场能量密度、磁场能量密度也要随时间变化。所以，电磁能量按一定的分布形式储存于空间，并随着电磁场的运动在空间传播，形成电磁能流。

电磁能量如同其他能量，服从能量守恒原理。表达时变电磁场中能量守恒与转换关系的定理称为坡印廷定理，该定理由英国物理学家坡印廷(John H. Poynting)在1884年提出。下面将讨论该定理，以及描述电磁能量流动的坡印廷矢量的表达式。假设场中任一闭合面 S 包围的体积 V 中无外加源，媒质是线性、各向同性的，且参数不随时间变化，则麦克斯韦第一、第二方程可表示为

$$\nabla\times\boldsymbol{H}=\boldsymbol{J}+\frac{\partial\boldsymbol{D}}{\partial t} \tag{4.96}$$

$$\nabla\times\boldsymbol{E}=-\frac{\partial\boldsymbol{B}}{\partial t} \tag{4.97}$$

将式(4.96)、式(4.97)代入矢量恒等式 $\nabla\cdot(\boldsymbol{E}\times\boldsymbol{H})=\boldsymbol{H}\cdot\nabla\times\boldsymbol{E}-\boldsymbol{E}\cdot\nabla\times\boldsymbol{H}$，可得

$$\nabla\cdot(\boldsymbol{E}\times\boldsymbol{H})=-\boldsymbol{H}\cdot\frac{\partial\boldsymbol{B}}{\partial t}-\boldsymbol{E}\cdot\frac{\partial\boldsymbol{D}}{\partial t}-\boldsymbol{J}\cdot\boldsymbol{E} \tag{4.98}$$

由于介质的电磁特性不随时间变化，即 $\frac{\partial\boldsymbol{B}}{\partial t}=\frac{\partial\mu\boldsymbol{H}}{\partial t}=\mu\frac{\partial\boldsymbol{H}}{\partial t}$，$\frac{\partial\boldsymbol{D}}{\partial t}=\frac{\partial\varepsilon\boldsymbol{E}}{\partial t}=\varepsilon\frac{\partial\boldsymbol{E}}{\partial t}$，因此有

$$\boldsymbol{H}\cdot\frac{\partial\boldsymbol{B}}{\partial t}=\mu\boldsymbol{H}\cdot\frac{\partial\boldsymbol{H}}{\partial t}=\boldsymbol{B}\cdot\frac{\partial\boldsymbol{H}}{\partial t}=\frac{1}{2}\left(\boldsymbol{H}\cdot\frac{\partial\boldsymbol{B}}{\partial t}+\boldsymbol{B}\cdot\frac{\partial\boldsymbol{H}}{\partial t}\right)=\frac{\partial}{\partial t}\left(\frac{1}{2}\boldsymbol{B}\cdot\boldsymbol{H}\right)=\frac{\partial}{\partial t}w_{\mathrm{m}}$$

$$\boldsymbol{E}\cdot\frac{\partial\boldsymbol{D}}{\partial t}=\varepsilon\boldsymbol{E}\cdot\frac{\partial\boldsymbol{E}}{\partial t}=\boldsymbol{D}\cdot\frac{\partial\boldsymbol{E}}{\partial t}=\frac{1}{2}\left(\boldsymbol{E}\cdot\frac{\partial\boldsymbol{D}}{\partial t}+\boldsymbol{D}\cdot\frac{\partial\boldsymbol{E}}{\partial t}\right)=\frac{\partial}{\partial t}\left(\frac{1}{2}\boldsymbol{D}\cdot\boldsymbol{E}\right)=\frac{\partial}{\partial t}w_{\mathrm{e}}$$

式中 w_{e} 和 w_{m} 分别为电场能量密度和磁场能量密度。又有 $\boldsymbol{J}\cdot\boldsymbol{E}=\sigma E^2=p_{\mathrm{T}}$ 是单位体积中的焦耳热功率。故式(4.98)可表示为

$$\nabla\cdot(\boldsymbol{E}\times\boldsymbol{H})=-\frac{\partial}{\partial t}(w_{\mathrm{m}}+w_{\mathrm{e}})-p_{\mathrm{T}} \tag{4.99}$$

考虑某闭合体积内的情况，即对体积 V 积分，得到

$$\int_V\nabla\cdot(\boldsymbol{E}\times\boldsymbol{H})\mathrm{d}V=-\int_V\frac{\partial}{\partial t}(w_{\mathrm{m}}+w_{\mathrm{e}})\mathrm{d}V-\int_V p_{\mathrm{T}}\mathrm{d}V \tag{4.100}$$

利用散度定理，可得到

$$-\oint_S(\boldsymbol{E}\times\boldsymbol{H})\cdot\mathrm{d}\boldsymbol{S}=\frac{\mathrm{d}}{\mathrm{d}t}\int_V(w_{\mathrm{m}}+w_{\mathrm{e}})\mathrm{d}V+\int_V p_{\mathrm{T}}\mathrm{d}V=\frac{\mathrm{d}}{\mathrm{d}t}(W_{\mathrm{m}}+W_{\mathrm{e}})+P_{\mathrm{T}} \tag{4.101}$$

这就是表征电磁能量守恒关系的坡印廷定理。式(4.101)第二个等号右端第一项是体积 V 内单位时间内电场和磁场能量的增加量，第二项为焦耳热功率。根据能量守恒关系，等式左边的面积分为通过闭合曲面 S 进入体积 V 内的电磁能量(由于 $\mathrm{d}\boldsymbol{S}$ 为闭合曲面的外法向，

因此前面的负号表示负通量，即进入闭合曲面内的通量）。所以矢量 $\boldsymbol{E}\times\boldsymbol{H}$ 是一个具有单位面积功率量纲的矢量，我们把它定义为能流矢量 $\boldsymbol{S}$，即单位时间内穿过与能量流动方向相垂直的单位面积的能量，其大小为电磁场中某点的功率密度，方向为该点的能量流动的方向，即

$$\boldsymbol{S}=\boldsymbol{E}\times\boldsymbol{H} \tag{4.102}$$

也称坡印廷矢量，单位为 W/m^2（瓦/米^2）。其方向与电场、磁场矢量方向之间满足右手螺旋法则，如图 4.7 所示。前面的讨论中，所有的场量都是瞬时值，所以坡印廷矢量 $\boldsymbol{S}=\boldsymbol{S}(t)$ 也是瞬时值，坡印廷矢量是时变电磁场中一个重要的物理量，只要知道空间任一点的 $\boldsymbol{E}(t)$ 和 $\boldsymbol{H}(t)$，就可知道该点电磁能量流的大小和方向。

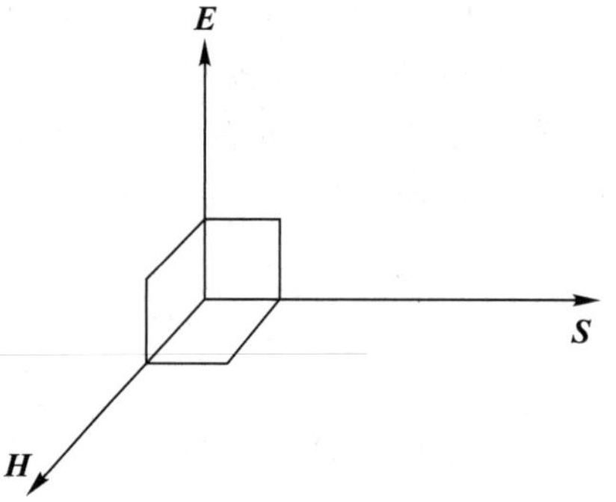

图 4.7　能量密度矢量

例 4.10　在无源（$\rho=0$，$\boldsymbol{J}=0$）的自由空间中，已知电磁场的电场强度复矢量为

$$\boldsymbol{E}(z)=\boldsymbol{e}_yE_0\mathrm{e}^{-\mathrm{j}kz}\quad(\mathrm{V/m})$$

求瞬时坡印廷矢量 $\boldsymbol{S}$。

解　电场的瞬时值为

$$\boldsymbol{E}(z,t)=\mathrm{Re}[\boldsymbol{E}(z)\mathrm{e}^{\mathrm{j}\omega t}]=\boldsymbol{e}_yE_0\cos(\omega t-kz)$$

由 $\nabla\times\boldsymbol{E}=-\mathrm{j}\omega\mu_0\boldsymbol{H}$ 可得

$$\boldsymbol{H}(z)=-\frac{1}{\mathrm{j}\omega\mu_0}\nabla\times\boldsymbol{E}=-\frac{1}{\mathrm{j}\omega\mu_0}\boldsymbol{e}_z\frac{\partial}{\partial z}\times\boldsymbol{e}_yE_0\mathrm{e}^{-\mathrm{j}kz}=-\boldsymbol{e}_x\frac{kE_0}{\omega\mu_0}\mathrm{e}^{-\mathrm{j}kz}$$

磁场的瞬时值为

$$\boldsymbol{H}(z,t)=\mathrm{Re}[\boldsymbol{H}(z)\mathrm{e}^{\mathrm{j}\omega t}]=-\boldsymbol{e}_x\frac{kE_0}{\omega\mu_0}\cos(\omega t-kz)$$

所以，瞬时坡印廷矢量 $\boldsymbol{S}$ 为

$$\boldsymbol{S}=\boldsymbol{E}\times\boldsymbol{H}=\boldsymbol{e}_yE_0\cos(\omega t-kz)\times\left[-\boldsymbol{e}_x\frac{kE_0}{\omega\mu_0}\cos(\omega t-kz)\right]=\boldsymbol{e}_z\frac{kE_0^2}{\omega\mu_0}\cos^2(\omega t-kz)$$

4.5.2　频域坡印廷定理

由于瞬时坡印廷矢量只能表示某时刻的能流，但随时间的改变，能流的大小和方向也会发生变化，因此我们更关心在某一段时间内有多少能量流入或流出，其可以用平均坡印廷矢量来度量。对于时谐电磁场，其变化具有周期性，因此定义一个周期内的平均坡印廷矢量 $\boldsymbol{S}_{av}$ 为

$$\boldsymbol{S}_{\mathrm{av}}=\frac{1}{T}\int_0^T\boldsymbol{S}\mathrm{d}t=\frac{\omega}{2\pi}\int_0^{2\pi/\omega}\boldsymbol{S}\mathrm{d}t \tag{4.103}$$

式中 $T=2\pi/\omega$ 为时谐电磁场的时间周期。

前面已经引入场的复频域表示，因此下面将使用场的复数形式来描述坡印廷定理，最后获得复坡印廷矢量。

正弦电磁场的复数形式为

$$\boldsymbol{E}(t)=\mathrm{Re}[\boldsymbol{E}\mathrm{e}^{\mathrm{j}\omega t}]=\frac{1}{2}[\boldsymbol{E}\mathrm{e}^{\mathrm{j}\omega t}+\boldsymbol{E}^*\mathrm{e}^{-\mathrm{j}\omega t}] \tag{4.104}$$

$$\boldsymbol{H}(t)=\mathrm{Re}[\boldsymbol{H}\mathrm{e}^{\mathrm{j}\omega t}]=\frac{1}{2}[\boldsymbol{H}\mathrm{e}^{\mathrm{j}\omega t}+\boldsymbol{H}^*\mathrm{e}^{-\mathrm{j}\omega t}] \tag{4.105}$$

式中，* 表示共轭运算。

从而平均坡印廷矢量可写为

$$\begin{aligned}\boldsymbol{S}(t)&=\boldsymbol{E}(t)\times\boldsymbol{H}(t)=\frac{1}{2}[\boldsymbol{E}\mathrm{e}^{\mathrm{j}\omega t}+\boldsymbol{E}^*\mathrm{e}^{-\mathrm{j}\omega t}]\times\frac{1}{2}[\boldsymbol{H}\mathrm{e}^{\mathrm{j}\omega t}+\boldsymbol{H}^*\mathrm{e}^{-\mathrm{j}\omega t}]\\&=\frac{1}{4}[\boldsymbol{E}\times\boldsymbol{H}^*+\boldsymbol{E}^*\times\boldsymbol{H}]+\frac{1}{4}[\boldsymbol{E}\times\boldsymbol{H}\mathrm{e}^{\mathrm{j}2\omega t}+\boldsymbol{E}^*\times\boldsymbol{H}^*\mathrm{e}^{-\mathrm{j}2\omega t}]\\&=\frac{1}{2}\mathrm{Re}[\boldsymbol{E}\times\boldsymbol{H}^*]+\frac{1}{2}\mathrm{Re}[\boldsymbol{E}\times\boldsymbol{H}\mathrm{e}^{\mathrm{j}2\omega t}]\end{aligned} \tag{4.106}$$

上式最后一个等号右端第一项与时间 t 无关，第二项在一个周期内的积分为零，因此可得平均坡印廷矢量为

$$\boldsymbol{S}_{\mathrm{av}}=\frac{1}{T}\int_0^T\boldsymbol{S}(t)\mathrm{d}t=\frac{1}{2}\mathrm{Re}[\boldsymbol{E}\times\boldsymbol{H}^*] \tag{4.107}$$

注意式中的电场强度和磁场强度是复振幅值而不是有效值，类似地，可得到电场能量密度、磁场能量密度和导电损耗功率密度的表示式如下：

$$w_{\mathrm{e}}(t)=\frac{1}{2}\boldsymbol{D}(t)\cdot\boldsymbol{E}(t)=\frac{1}{4}\mathrm{Re}[\boldsymbol{E}\cdot\boldsymbol{D}^*]+\frac{1}{4}\mathrm{Re}[\boldsymbol{E}\cdot\boldsymbol{D}\mathrm{e}^{-\mathrm{j}2\omega t}] \tag{4.108}$$

$$w_{\mathrm{m}}(t)=\frac{1}{2}\boldsymbol{B}(t)\cdot\boldsymbol{H}(t)=\frac{1}{4}\mathrm{Re}[\boldsymbol{B}\cdot\boldsymbol{H}^*]+\frac{1}{4}\mathrm{Re}[\boldsymbol{B}\cdot\boldsymbol{H}\mathrm{e}^{-\mathrm{j}2\omega t}] \tag{4.109}$$

$$p_{\mathrm{T}}(t)=\boldsymbol{J}(t)\cdot\boldsymbol{E}(t)=\frac{1}{2}\mathrm{Re}[\boldsymbol{J}\cdot\boldsymbol{E}^*]+\frac{1}{2}\mathrm{Re}[\boldsymbol{J}\cdot\boldsymbol{E}\mathrm{e}^{-\mathrm{j}2\omega t}] \tag{4.110}$$

式(4.108)～式(4.110)中，第二个等号右边第一项是各对应量的平均值，它们都仅是空间坐标的函数。单位体积电场能量密度、单位体积磁场能量密度、单位体积导电损耗功率密度的平均值分别为

$$w_{\mathrm{av,e}}=\frac{1}{4}\mathrm{Re}[\boldsymbol{E}\cdot\boldsymbol{D}^*]=\frac{1}{4}\varepsilon'\mathrm{Re}[\boldsymbol{E}\cdot\boldsymbol{E}^*] \tag{4.111}$$

$$w_{\mathrm{av,m}}=\frac{1}{4}\mathrm{Re}[\boldsymbol{B}\cdot\boldsymbol{H}^*]=\frac{1}{4}\mu'\mathrm{Re}[\boldsymbol{H}\cdot\boldsymbol{H}^*] \tag{4.112}$$

$$p_{\mathrm{av}}=\frac{1}{2}\mathrm{Re}[\boldsymbol{J}\cdot\boldsymbol{E}^*]=\frac{1}{2}\sigma\mathrm{Re}[\boldsymbol{E}\cdot\boldsymbol{E}^*] \tag{4.113}$$

结合式(4.101)，可得频域下的坡印廷定理为

$$-\oint_S\left(\frac{1}{2}\boldsymbol{E}\times\boldsymbol{H}^*\right)\cdot\mathrm{d}\boldsymbol{S}=\mathrm{j}2\omega\int_V\left(\frac{1}{4}\boldsymbol{B}\cdot\boldsymbol{H}^*-\frac{1}{4}\boldsymbol{E}\cdot\boldsymbol{D}^*\right)\mathrm{d}V+\int_V\frac{1}{2}\boldsymbol{E}\cdot\boldsymbol{J}^*\mathrm{d}V \tag{4.114}$$

例 4.11 在两导体平板($z=0$ 和 $z=d$)之间的空气中传播的电磁波，已知其电场为 $\boldsymbol{E}=\boldsymbol{e}_y E_0 \sin\left(\frac{\pi}{d}z\right)\cos(\omega t-k_x x)$，式中 E_0、k_x 为常数，求：

(1) 磁场强度 $\boldsymbol{H}$；

(2) 坡印廷矢量 $\boldsymbol{S}$ 及常数 k_x；

(3) 平均坡印廷矢量 $\boldsymbol{S}_{av}$。

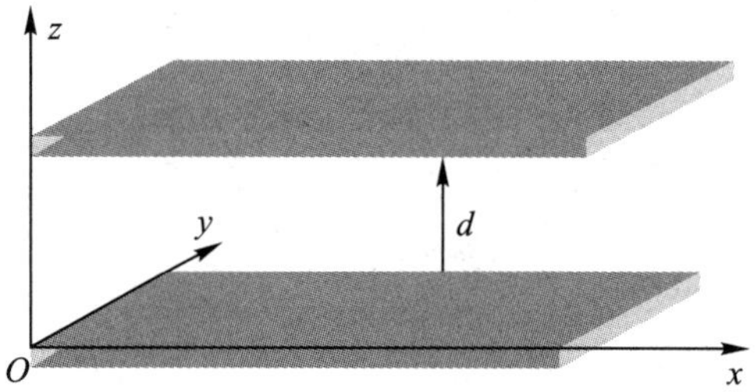

图 4.8 两无限大理想导体平板

解 (1) 由麦克斯韦第二方程 $\nabla\times\boldsymbol{E}=-\frac{\partial \boldsymbol{B}}{\partial t}=-\mu_0\frac{\partial \boldsymbol{H}}{\partial t}$，可以得到 $\boldsymbol{H}=-\frac{1}{\mu_0}\int\nabla\times\boldsymbol{E}\mathrm{d}t$。代入题中的电场表达式，有

$$\begin{aligned}\nabla\times\boldsymbol{E}&=-\boldsymbol{e}_x\frac{\partial E_y}{\partial z}+\boldsymbol{e}_z\frac{\partial E_y}{\partial x}=-\boldsymbol{e}_x E_0\frac{\pi}{d}\cos\left(\frac{\pi}{d}z\right)\cos(\omega t-k_x x)+\\&\quad\boldsymbol{e}_z E_0\sin\left(\frac{\pi}{d}z\right)[-\sin(\omega t-k_x x)](-k_x)\\&=-\boldsymbol{e}_x E_0\frac{\pi}{d}\cos\left(\frac{\pi}{d}z\right)\cos(\omega t-k_x x)+\boldsymbol{e}_z E_0 k_x\sin\left(\frac{\pi}{d}z\right)\sin(\omega t-k_x x)\end{aligned}$$

将 $\nabla\times\boldsymbol{E}$ 代入 $\boldsymbol{H}=-\frac{1}{\mu_0}\int\nabla\times\boldsymbol{E}\mathrm{d}t$，得到

$$\begin{aligned}\boldsymbol{H}&=-\frac{1}{\mu_0}\int\nabla\times\boldsymbol{E}\mathrm{d}t\\&=\boldsymbol{e}_x E_0\frac{\pi}{d\omega\mu_0}\cos\left(\frac{\pi}{d}z\right)\sin(\omega t-k_x x)+\boldsymbol{e}_z E_0\frac{k_x}{\omega\mu_0}\sin\left(\frac{\pi}{d}z\right)\cos(\omega t-k_x x)]\end{aligned}$$

(2) 由式(4.102)得到

$$\begin{aligned}\boldsymbol{S}&=\boldsymbol{E}\times\boldsymbol{H}=\boldsymbol{e}_y E_y\times(\boldsymbol{e}_x H_x+\boldsymbol{e}_z H_z)=-\boldsymbol{e}_z E_y H_x+\boldsymbol{e}_x E_y H_z\\&=\boldsymbol{e}_x E_0\sin\left(\frac{\pi}{d}z\right)\cos(\omega t-k_x x)\cdot E_0\frac{k_x}{\omega\mu_0}\sin\left(\frac{\pi}{d}z\right)\cos(\omega t-k_x x)-\\&\quad\boldsymbol{e}_z E_0\sin\left(\frac{\pi}{d}z\right)\cos(\omega t-k_x x)\cdot E_0\frac{\pi}{d\omega\mu_0}\cos\left(\frac{\pi}{d}z\right)\sin(\omega t-k_x x)\end{aligned}$$

整理得到

$$\boldsymbol{S}=\boldsymbol{e}_x E_0^2\frac{k_x}{\omega\mu_0}\sin^2\left(\frac{\pi}{d}z\right)\cos^2(\omega t-k_x x)-\boldsymbol{e}_z E_0^2\frac{\pi}{4d\omega\mu_0}\sin\left(\frac{2\pi}{d}z\right)\sin[2(\omega t-k_x x)]$$

由波动方程 $\frac{\partial^2 E_y}{\partial x^2}+\frac{\partial^2 E_y}{\partial y^2}+\frac{\partial^2 E_y}{\partial z^2}-\mu_0\varepsilon_0\frac{\partial^2 E_y}{\partial t^2}=0$ 出发，将电场分量 E_y 代入，有

$$\frac{\partial^2 E_y}{\partial x^2}=-E_0 k_x^2\sin\left(\frac{\pi}{d}z\right)\cos(\omega t-k_x x)$$

$$\frac{\partial^2 E_y}{\partial z^2}=-E_0\left(\frac{\pi}{d}\right)^2\sin\left(\frac{\pi}{d}z\right)\cos(\omega t-k_x x)$$

$$\frac{\partial^2 E_y}{\partial t^2}=-E_0\omega^2\sin\left(\frac{\pi}{d}z\right)\cos(\omega t-k_x x)$$

则

$$-E_0 k_x^2\sin\left(\frac{\pi}{d}z\right)\cos(\omega t-k_x x)-E_0\left(\frac{\pi}{d}\right)^2\sin\left(\frac{\pi}{d}z\right)\cos(\omega t-k_x x)+$$

$$\mu_0\varepsilon_0 E_0\omega^2\sin\left(\frac{\pi}{d}z\right)\cos(\omega t-k_x x)=0$$

可得

$$k_x=\sqrt{\omega^2\mu_0\varepsilon_0-\left(\frac{\pi}{d}\right)^2}$$

(3) 由电场瞬时值 $\boldsymbol{E}(\boldsymbol{r},t)=\boldsymbol{e}_y E_0\sin\left(\frac{\pi}{d}z\right)\cos(\omega t-k_x x)=\mathrm{Re}\left[\boldsymbol{e}_y E_0\sin\left(\frac{\pi}{d}z\right)\mathrm{e}^{\mathrm{j}(\omega t-k_x x)}\right]$，可以得到复矢量幅值 $\boldsymbol{E}(\boldsymbol{r})=\boldsymbol{e}_y E_0\sin\left(\frac{\pi}{d}z\right)\mathrm{e}^{-\mathrm{j}k_x x}$。

同理得到磁场强度复矢量幅值为

$$\boldsymbol{H}(\boldsymbol{r})=\boldsymbol{e}_x E_0\frac{\pi}{d\omega\mu_0}\cos\left(\frac{\pi}{d}z\right)\mathrm{e}^{-\mathrm{j}(k_x x+\frac{\pi}{2})}+\boldsymbol{e}_z E_0\frac{k_x}{\omega\mu_0}\sin\left(\frac{\pi}{d}z\right)\mathrm{e}^{-\mathrm{j}k_x x}$$

由 $\boldsymbol{S}_{\mathrm{av}}=\frac{1}{2}\mathrm{Re}[\boldsymbol{E}\times\boldsymbol{H}^*]$，得到

$$\boldsymbol{S}_{\mathrm{av}}=\frac{1}{2}\mathrm{Re}\left[\boldsymbol{e}_y E_0\sin\left(\frac{\pi}{d}z\right)\mathrm{e}^{-\mathrm{j}k_x x}\times\left(\boldsymbol{e}_x E_0\frac{\pi}{d\omega\mu_0}\cos\left(\frac{\pi}{d}z\right)\mathrm{e}^{\mathrm{j}(k_x x+\frac{\pi}{2})}+\boldsymbol{e}_z E_0\frac{k_x}{\omega\mu_0}\sin\left(\frac{\pi}{d}z\right)\mathrm{e}^{\mathrm{j}k_x x}\right)\right]$$

整理得到

$$\boldsymbol{S}_{\mathrm{av}}=\boldsymbol{e}_x E_0^2\frac{k_x}{2\omega\mu_0}\sin^2\left(\frac{\pi}{d}z\right)$$

对比发现，瞬时坡印廷矢量存在两个方向，而平均坡印廷矢量只有一个方向，这说明只有平均坡印廷矢量才代表电磁波真正的传播方向。

例 4.12　在无源($\rho=0$，$\boldsymbol{J}=0$)的自由空间中，已知电磁场的电场强度复矢量为

$$\boldsymbol{E}(z)=\boldsymbol{e}_y E_0\mathrm{e}^{-\mathrm{j}kz}\quad(\mathrm{V/m})$$

求平均坡印廷矢量 $\boldsymbol{S}_{\mathrm{av}}$。

解　利用例 4.10 的结果，由式(4.107)，可以得到平均坡印廷矢量为

$$\boldsymbol{S}_{\mathrm{av}}=\frac{1}{2}\mathrm{Re}\left[\boldsymbol{e}_y E_0\mathrm{e}^{-\mathrm{j}kz}\times\left(-\boldsymbol{e}_x\frac{kE_0}{\omega\mu_0}\mathrm{e}^{-\mathrm{j}kz}\right)^*\right]=\frac{1}{2}\mathrm{Re}\left[\boldsymbol{e}_z\frac{kE_0^2}{\omega\mu_0}\right]=\boldsymbol{e}_z\frac{kE_0^2}{2\omega\mu_0}$$

或由式(4.107)计算得出

$$\boldsymbol{S}_{\mathrm{av}}=\frac{1}{T}\int_0^T\boldsymbol{S}(t)\mathrm{d}t=\frac{1}{T}\int_0^T\boldsymbol{e}_z\frac{kE_0^2}{\omega\mu_0}\cos^2(\omega t-kz)\mathrm{d}t=\boldsymbol{e}_z\frac{kE_0^2}{2\omega\mu_0}$$

例 4.13　已知真空中两个沿 z 方向传播的电磁波的电磁场分别为

$$\boldsymbol{E}_1=\boldsymbol{e}_x E_{1\mathrm{m}}\mathrm{e}^{-\mathrm{j}kz},\quad\boldsymbol{E}_2=\boldsymbol{e}_y E_{2\mathrm{m}}\mathrm{e}^{-\mathrm{j}(kz-\phi)}$$

其中 ϕ 为常数，$k=\omega\sqrt{\mu_0\varepsilon_0}$。证明总的平均坡印廷矢量等于两个波的平均坡印廷矢量之和。

证　由 $\nabla\times\boldsymbol{E}=-\mathrm{j}\omega\mu_0\boldsymbol{H}$ 得到磁场复矢量为

$$\boldsymbol{H}_1=\frac{\mathrm{j}}{\omega\mu_0}\nabla\times\boldsymbol{E}_1=\frac{\mathrm{j}}{\omega\mu_0}\left(\boldsymbol{e}_z\frac{\partial}{\partial z}\right)\times\boldsymbol{E}_1=\boldsymbol{e}_y\sqrt{\frac{\varepsilon_0}{\mu_0}}E_{1\mathrm{m}}\mathrm{e}^{-\mathrm{j}kz}$$

$$\boldsymbol{H}_2=\frac{\mathrm{j}}{\omega\mu_0}\nabla\times\boldsymbol{E}_2=\frac{\mathrm{j}}{\omega\mu_0}\left(\boldsymbol{e}_z\frac{\partial}{\partial z}\right)\times\boldsymbol{E}_2=-\boldsymbol{e}_x\sqrt{\frac{\varepsilon_0}{\mu_0}}E_{2\mathrm{m}}\mathrm{e}^{-\mathrm{j}(kz-\phi)}$$

所以平均坡印廷矢量为

$$\boldsymbol{S}_{1\mathrm{av}}=\frac{1}{2}\mathrm{Re}[\boldsymbol{E}_1\times\boldsymbol{H}_1^*]=\frac{1}{2}\mathrm{Re}\left[\boldsymbol{e}_xE_{1\mathrm{m}}\mathrm{e}^{-\mathrm{j}kz}\times\left(\boldsymbol{e}_y\sqrt{\frac{\varepsilon_0}{\mu_0}}E_{1\mathrm{m}}\mathrm{e}^{-\mathrm{j}kz}\right)^*\right]$$

$$=\boldsymbol{e}_z\frac{1}{2}\sqrt{\frac{\varepsilon_0}{\mu_0}}E_{1\mathrm{m}}^2$$

$$\boldsymbol{S}_{2\mathrm{av}}=\frac{1}{2}\mathrm{Re}[\boldsymbol{E}_2\times\boldsymbol{H}_2^*]=\frac{1}{2}\mathrm{Re}\left[\boldsymbol{e}_yE_{2\mathrm{m}}\mathrm{e}^{-\mathrm{j}(kz-\phi)}\times\left(-\boldsymbol{e}_x\sqrt{\frac{\varepsilon_0}{\mu_0}}E_{2\mathrm{m}}\mathrm{e}^{-\mathrm{j}(kz-\phi)}\right)^*\right]$$

$$=\boldsymbol{e}_z\frac{1}{2}\sqrt{\frac{\varepsilon_0}{\mu_0}}E_{2\mathrm{m}}^2$$

合成波的电场和磁场复矢量分别为

$$\boldsymbol{E}=\boldsymbol{E}_1+\boldsymbol{E}_2=\boldsymbol{e}_xE_{1\mathrm{m}}\mathrm{e}^{-\mathrm{j}kz}+\boldsymbol{e}_yE_{2\mathrm{m}}\mathrm{e}^{-\mathrm{j}(kz-\phi)}$$

$$\boldsymbol{H}=\boldsymbol{H}_1+\boldsymbol{H}_2=\boldsymbol{e}_y\sqrt{\frac{\varepsilon_0}{\mu_0}}E_{1\mathrm{m}}\mathrm{e}^{-\mathrm{j}kz}-\boldsymbol{e}_x\sqrt{\frac{\varepsilon_0}{\mu_0}}E_{2\mathrm{m}}\mathrm{e}^{-\mathrm{j}(kz-\phi)}$$

所以平均坡印廷矢量为

$$\boldsymbol{S}_{\mathrm{av}}=\frac{1}{2}\mathrm{Re}[\boldsymbol{E}\times\boldsymbol{H}^*]$$

$$=\frac{1}{2}\mathrm{Re}\left[(\boldsymbol{e}_xE_{1\mathrm{m}}\mathrm{e}^{-\mathrm{j}kz}+\boldsymbol{e}_yE_{2\mathrm{m}}\mathrm{e}^{-\mathrm{j}(kz-\phi)})\times\left(-\boldsymbol{e}_x\sqrt{\frac{\varepsilon_0}{\mu_0}}E_{2\mathrm{m}}\mathrm{e}^{-\mathrm{j}(kz-\phi)}+\boldsymbol{e}_y\sqrt{\frac{\varepsilon_0}{\mu_0}}E_{1\mathrm{m}}\mathrm{e}^{-\mathrm{j}kz}\right)^*\right]$$

$$=\boldsymbol{e}_z\frac{1}{2}\sqrt{\frac{\varepsilon_0}{\mu_0}}(E_{1\mathrm{m}}^2+E_{2\mathrm{m}}^2)$$

由此可见

$$\boldsymbol{S}_{\mathrm{av}}=\boldsymbol{S}_{1\mathrm{av}}+\boldsymbol{S}_{2\mathrm{av}}$$

习　　题

4.1　已知真空平板电容器的极板面积为 S，间距为 d，当外加电压 $U=U_0\sin\omega t$ 时，计算电容器中的位移电流，并证明它等于导线中的传导电流。

4.2　一圆柱形电容器，内导体半径和外导体内半径分别为 a 和 b，长为 l。设外加电压 $U=U_0\sin\omega t$，试计算电容器极板间的位移电流，并证明该位移电流等于导线中的传导电流。

4.3　利用麦克斯韦方程证明：通过任意闭合曲面的传导电流与位移电流之和等于零。

4.4　设区域Ⅰ($z<0$)的媒质参数 $\varepsilon_{r1}=1$，$\mu_{r1}=1$，$\sigma_1=0$；区域Ⅱ($z>0$)的媒质参数 $\varepsilon_{r2}=5$，$\mu_{r2}=20$，$\sigma_2=0$。区域Ⅰ中的电场强度为

$$\boldsymbol{E}_1=\boldsymbol{e}_x[60\cos(15\times10^8t-5z)+20\cos(15\times10^8+5z)]\quad(\mathrm{V/m})$$

区域Ⅱ中的电场强度为

$$\boldsymbol{E}_2=\boldsymbol{e}_xA\cos(15\times10^8-50z)\quad(\mathrm{V/m})$$

（1）求常数 A；

（2）求磁场强度 $\boldsymbol{H}_1$ 和 $\boldsymbol{H}_2$；

（3）验证在 $z=0$ 处 $\boldsymbol{H}_1$ 和 $\boldsymbol{H}_2$ 满足的边界条件。

4.5　设电场强度和磁场强度分别为 $\boldsymbol{E}=\boldsymbol{E}_0\cos(\omega t+\psi_e)$，$\boldsymbol{H}=\boldsymbol{H}_0\cos(\omega t+\psi_m)$，证明其坡印廷矢量的平均值 $\boldsymbol{S}_{av}=\dfrac{1}{2}\boldsymbol{E}_0\times\boldsymbol{H}_0\cos(\psi_e-\psi_m)$。

4.6　已知真空区域中时变电磁场的瞬时值为 $\boldsymbol{H}(y,t)=\boldsymbol{e}_x\cos(20x)\cos(\omega t-k_y y)$，试求电场强度的复矢量、能量密度及能流密度矢量的平均值。

4.7　已知某电磁场的复矢量为

$$\boldsymbol{E}(z)=\boldsymbol{e}_x\mathrm{j}E_0\sin(k_0 z)\quad(\mathrm{V/m})$$

$$\boldsymbol{H}(z)=\boldsymbol{e}_y\sqrt{\frac{\varepsilon_0}{\mu_0}}E_0\cos(k_0 z)\quad(\mathrm{A/m})$$

式中，$k_0=\dfrac{2\pi}{\lambda_0}=\dfrac{\omega}{c}$，$c$ 为真空中的光速，λ_0 是波长，试求：

（1）$z=0$、$\dfrac{\lambda_0}{8}$、$\dfrac{\lambda_0}{4}$各点处的瞬时坡印廷矢量；

（2）以上各点处的平均坡印廷矢量。

4.8　已知电磁波的电场 $\boldsymbol{E}=\boldsymbol{e}_x E_0\cos(\omega\sqrt{\mu_0\varepsilon_0}\,z-\omega t)$，求此电磁波的磁场、瞬时值能流密度矢量及其在一周期内的平均值。

4.9　已知时变电磁场中矢量位 $\mathbf{A}=\boldsymbol{e}_x A_{in}\sin(\omega t-kz)$，其中，$A_{in}$、$k$ 是常数，求电场强度、磁场强度和瞬时坡印廷矢量。

4.10　在由理想导电壁($\sigma=\infty$)限定的区域内($0\leqslant x\leqslant a$)存在一个如下的电磁场，验证它们是否满足边界条件，写出导电壁上的面电流密度表达式。

$$E_y=H_0\mu\omega\left(\frac{a}{\pi}\right)\sin\left(\frac{\pi x}{a}\right)\sin(kz-\omega t)$$

$$H_x=-H_0 k\left(\frac{a}{\pi}\right)\sin\left(\frac{\pi x}{a}\right)\sin(kz-\omega t)$$

$$H_z=H_0\cos\left(\frac{\pi x}{a}\right)\cos(kz-\omega t)$$

4.11　平行双线与一矩形回路共面，如图 4.9 所示。设 $a=0.2$ m，$b=c=d=0.1$ m，$i=0.1\cos(2\pi\times10^7 t)$ A，求回路中的感应电动势。

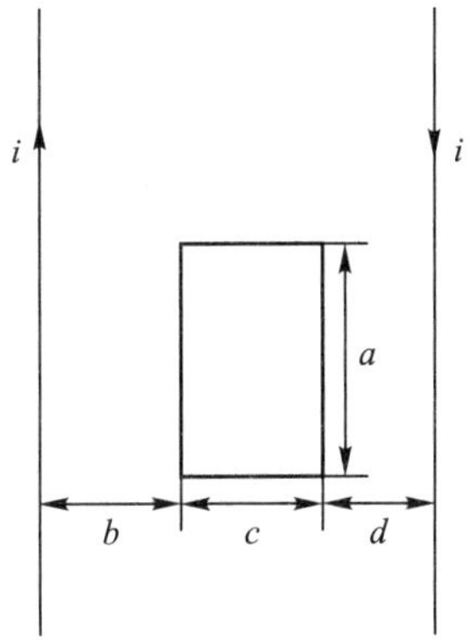

图 4.9　题 4.11 参考图

4.12　同轴线的内导体半径 $a=1$ mm，外导体的内半径 $b=4$ mm，内、外导体间为空气，如图 4.10 所示。假设内、外导体间的电场强度为 $\boldsymbol{E}=\boldsymbol{e}_\rho\dfrac{100}{\rho}\cos(10^8 t-kz)\,\mathrm{V/m}$，试求：

（1）与 $\boldsymbol{E}$ 相伴的 $\boldsymbol{H}$；

（2）k 的值；

（3）内导体表面的电流密度；

(4) 沿轴线 $0\leqslant z\leqslant 1\text{m}$ 区域内的位移电流。

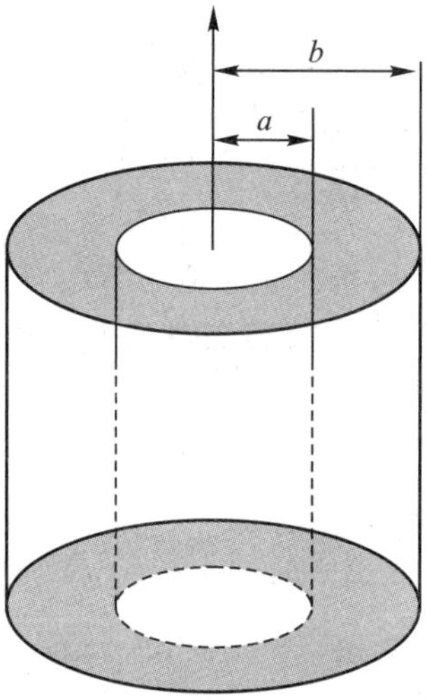

图 4.10 题 4.12 参考图

4.13 已知无源的空气中的磁场强度为

$$\boldsymbol{H}=\boldsymbol{e}_y 0.1\sin(10\pi)\cos(6\pi\times10^9 t-kz)\quad(\text{A/m})$$

利用波动方程求常数 k 的值。

4.14 自由空间中的电磁场为

$$\boldsymbol{E}(z,t)=\boldsymbol{e}_x 1000\cos(\omega t-kz)\quad(\text{V/m})$$

$$\boldsymbol{H}(z,t)=\boldsymbol{e}_y 2.65\cos(\omega t-kz)\quad(\text{A/m})$$

式中，$k=\omega\sqrt{\mu_0\varepsilon_0}=0.42(\text{rad/m})$，试求：

(1) 瞬时坡印廷矢量；

(2) 平均瞬时坡印廷矢量；

(3) 任一时刻流入图 4.11 所示的平行六面体(长为 1 m，横截面积为 0.25 m^2)中的净功率。

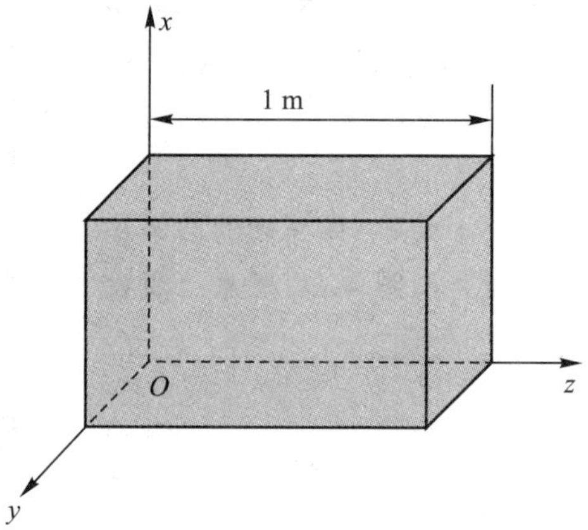

图 4.11 题 4.14 参考图

4.15　在球坐标系中，已知电磁场的瞬时值为

$$\boldsymbol{E}(\boldsymbol{r},t)=\boldsymbol{e}_\theta\frac{E_0}{r}\sin\theta\sin(\omega t-k_0r)\quad(\mathrm{V/m})$$

$$\boldsymbol{H}(\boldsymbol{r},t)=\boldsymbol{e}_\phi\frac{E_0}{\eta_0 r}\sin\theta\sin(\omega t-k_0r)\quad(\mathrm{A/m})$$

式中，E_0 为常数，$\eta_0=\sqrt{\dfrac{\mu_0}{\varepsilon_0}}$，$k_0=\omega\sqrt{\mu_0\varepsilon_0}$。试计算通过以坐标原点为球心，以 r_0 为半径的球面 S 的总功率。

4.16　在横截面为 $a\times b$ 的矩形金属波导中，电磁场的复矢量为

$$\boldsymbol{E}=-\boldsymbol{e}_y\mathrm{j}\omega\mu\frac{a}{\pi}H_0\sin\left(\frac{\pi x}{a}\right)\mathrm{e}^{-\mathrm{j}\beta z}\quad(\mathrm{V/m})$$

$$\boldsymbol{H}=\left[\boldsymbol{e}_x\mathrm{j}\beta\frac{a}{\pi}H_0\sin\left(\frac{\pi x}{a}\right)+\boldsymbol{e}_zH_0\cos\left(\frac{\pi x}{a}\right)\right]\mathrm{e}^{-\mathrm{j}\beta z}\quad(\mathrm{A/m})$$

式中 H_0、ω、μ 和 β 都是实常数，求：

(1) 瞬时坡印廷矢量；

(2) 平均坡印廷矢量。

4.17　已知无源的真空中电磁波的电场

$$\boldsymbol{E}=\boldsymbol{e}_xE_\mathrm{m}\cos\left(\omega t-\frac{\omega z}{c}\right)\quad(\mathrm{V/m})$$

证明：$\boldsymbol{S}_\mathrm{av}=\boldsymbol{e}_xw_\mathrm{av}c$，其中 w_av 是电磁场能量密度的时间平均值，$c=\dfrac{1}{\sqrt{\mu_0\varepsilon_0}}$ 为电磁波在真空中的传播速度。

4.18　在半径为 a、电导率为 σ 的无限长直圆柱导线中，沿轴向通以均匀分布的恒定电流 I，且导线表面上有均匀分布的电荷面密度 ρ_s。

(1) 求导线表面外侧的坡印廷矢量 $\boldsymbol{S}$。

(2) 证明：由导线表面进入其内部的功率等于导线内的焦耳热损耗功率。

4.19　由半径为 a 的两圆形导体平板构成一平行板电容器，间距为 d，两板间充满介电常数为 ε、电导率为 σ 的媒质，如图 4.12 所示。设两板间外加缓变电压 $u=U_\mathrm{m}\cos\omega t$，略去边缘效应，试求：

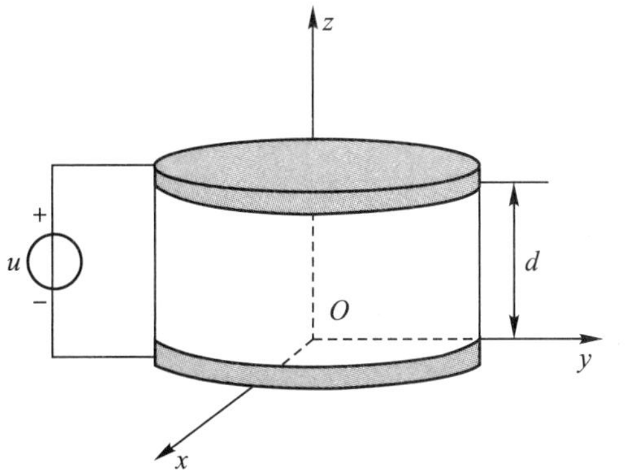

图 4.12　题 4.19 参考图

（1）电容器内的瞬时坡印廷矢量和平均瞬时坡印廷矢量；

（2）进入电容器的平均功率；

（3）电容器内损耗的瞬时功率和平均功率。

4.20 在无损耗的线性、各向同性媒质中，电场强度 $\boldsymbol{E}(\boldsymbol{r})$的波动方程为

$$\nabla^2\boldsymbol{E}(\boldsymbol{r})+\omega^2\mu\varepsilon\boldsymbol{E}(\boldsymbol{r})=0$$

已知矢量函数 $\boldsymbol{E}(\boldsymbol{r})=\boldsymbol{E}_0\mathrm{e}^{-\mathrm{j}\boldsymbol{k}\cdot\boldsymbol{r}}$，其中 $\boldsymbol{E}_0$ 和 $\boldsymbol{k}$ 是常矢量，试证明 $\boldsymbol{E}(\boldsymbol{r})$满足波动方程的条件是 $k^2=\omega^2\mu\varepsilon$，这里 $k=|\boldsymbol{k}|$。

第五章　均匀平面电磁波

在第四章中我们利用麦克斯韦方程组导出了波动方程，在一定的边界条件和初始条件下求解波动方程，可获得电磁场在给定条件下的空间分布和随时间的变化规律，即电磁波传播规律。鉴于时谐场的广泛应用，本章主要分析时谐场即正弦电磁波的传播机理和传输特性。

电磁波是自然界许多波动现象中的一种，它具有波动的一般规律，但也有其特殊的性质。电磁波根据其空间等相位面的形状可分为平面电磁波、柱面电磁波和球面电磁波。平面电磁波是沿某一方向传播的电磁波，其场矢量的等相位面是与电磁波传播方向垂直的无限大平面，场矢量的方向与等相位面平行。严格地说，理想的平面电磁波是不存在的，因为只有无限大的波源才能激励出这样的波，但是如果场点离波源足够远，那么空间曲面的很小一部分就十分接近平面，在这一小范围内，波的传播特性与平面波类似。例如移动通信基站天线辐射的是球面波，即等相位面是以天线为中心的球面，但手机远离基站天线，手机附近的球面波波阵面上的一小部分可以视为平面电磁波(如图 5.1 所示)。

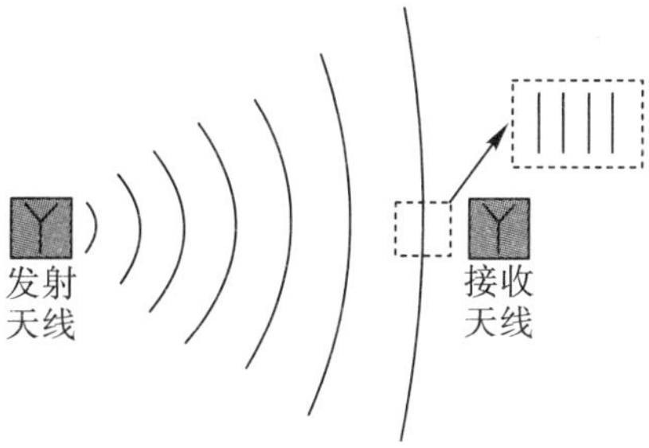

图 5.1　移动通信中电磁波的辐射与接收

由于电磁波传播的大部分区域是无源空间，如图 5.1 所示的手机到基站之间的空间，因此，对无源空间平面波的传播特性的分析十分必要。本章我们介绍无源波动方程的均匀平面电磁波的解，并讨论均匀平面电磁波在各种媒质中的传播特性。

5.1　理想介质中的均匀平面电磁波

均匀平面电磁波是最简单的平面电磁波(见图 5.2)。所谓均匀平面电磁波，是指场矢量(电场强度和磁场强度)只沿着传播方向变化，在与波传播方向垂直的无限大平面内，各点电场强度和磁场强度的方向、振幅和相位均保持不变的电磁波(见图 5.3)。均匀平面电磁波也是麦克斯韦方程最简单的解，实际存在的电磁波(球面电磁波、柱面电磁波)均可以分解成许多均匀平面电磁波的叠加。因此，均匀平面电磁波是研究电磁波的基础，有着十分重要的实际意义。本节我们将针对无界空间，分析均匀平面电磁波在均匀、线性、各向同性的理想介质中所具有的传播特性。

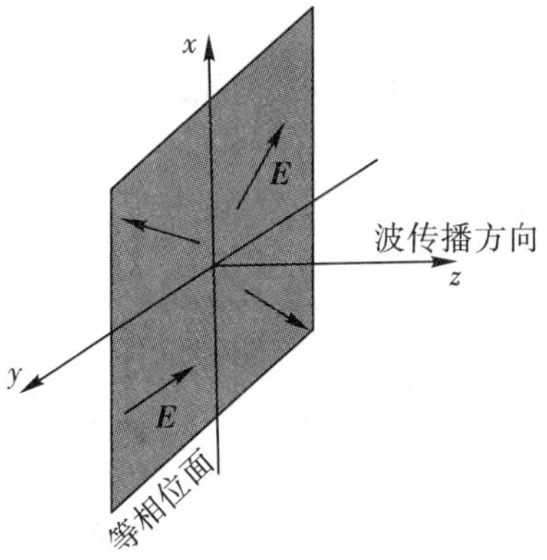

图 5.2 平面电磁波

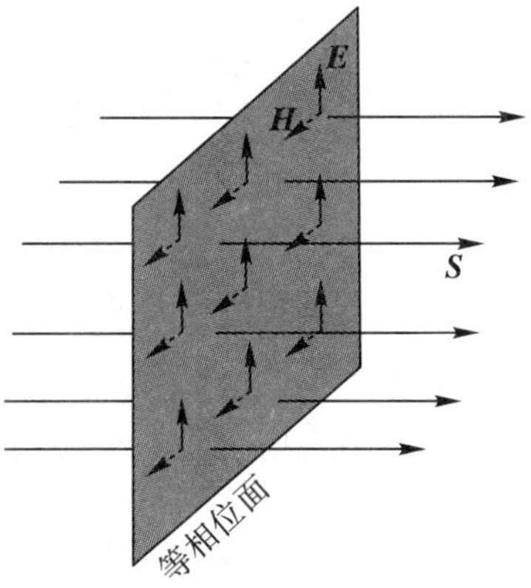

图 5.3 均匀平面电磁波

5.1.1 沿 z 轴传播且电场为 x 方向的均匀平面电磁波

空间中电磁波的传播可能是任意方向的，不失一般性，我们假定均匀平面电磁波是沿 z 轴传播的，根据定义，其电场方向与传播方向垂直且电场强度仅沿传播方向 z 变化，因此可令电场矢量为 x 方向，其表达式可写为

$$\boldsymbol{E}=\boldsymbol{e}_x E_x(z) \tag{5.1}$$

代入波动方程并求解即可得到均匀平面电磁波的电场解和磁场解，由场解可分析均匀平面电磁波的传播特性。

1. 电场解

在正弦稳态情况下，无源理想介质中的麦克斯韦方程为

$$\begin{cases}\nabla\times\boldsymbol{H}=\mathrm{j}\omega\varepsilon\boldsymbol{E}\\ \nabla\times\boldsymbol{E}=-\mathrm{j}\omega\mu\boldsymbol{H}\\ \nabla\cdot\boldsymbol{B}=0\\ \nabla\cdot\boldsymbol{D}=0\end{cases} \tag{5.2}$$

电场满足齐次亥姆霍兹方程(二阶微分方程)，即

$$\nabla^2\boldsymbol{E}+k^2\boldsymbol{E}=0 \tag{5.3}$$

式中，$k^2=\omega^2\mu\varepsilon$。电场的 x 分量满足

$$\frac{\partial^2 E_x}{\partial x^2}+\frac{\partial^2 E_x}{\partial y^2}+\frac{\partial^2 E_x}{\partial z^2}+k^2 E_x=0 \tag{5.4}$$

将式(5.1)代入式(5.4)，可得

$$\frac{\partial^2 E_x}{\partial z^2}+k^2 E_x=0 \tag{5.5}$$

式(5.5)是典型的二阶齐次微分方程，其通解为

$$E_x=E_{\mathrm{imc}}\mathrm{e}^{-\mathrm{j}kz}+E_{\mathrm{rmc}}\mathrm{e}^{+\mathrm{j}kz} \tag{5.6}$$

式中，$\mathrm{e}^{-\mathrm{j}kz}$、$\mathrm{e}^{+\mathrm{j}kz}$ 为传播因子，E_{imc}、E_{rmc} 是由边界条件确定的复常数，其展开式为

$$E_{\mathrm{imc}}=E_{\mathrm{im}}\mathrm{e}^{\mathrm{j}\phi_{\mathrm{i}x}},\ E_{\mathrm{rmc}}=E_{\mathrm{rm}}\mathrm{e}^{\mathrm{j}\phi_{\mathrm{r}x}}$$

式中，E_{im} 和 $\psi_{\mathrm{i}x}$、E_{rm} 和 $\psi_{\mathrm{r}x}$ 均为常数，分别为 E_{imc}、E_{rmc} 的振幅和相位。

式(5.6)中解的第一项为向 $+z$ 方向传播的电磁波，用 $E_{\mathrm{i}x}$ 表示；而第二项为向 $-z$ 方向传播的电磁波，用 $E_{\mathrm{r}x}$ 表示。式(5.6)可以写为

$$E_x=E_{\mathrm{i}x}+E_{\mathrm{r}x}=E_{\mathrm{im}}\mathrm{e}^{\mathrm{j}\psi_{\mathrm{i}x}}\mathrm{e}^{-\mathrm{j}kz}+E_{\mathrm{rm}}\mathrm{e}^{\mathrm{j}\psi_{\mathrm{r}x}}\mathrm{e}^{+\mathrm{j}kz} \tag{5.7}$$

对于只有 $+z$ 方向传播的波，它的复数解(频域解)为

$$\boldsymbol{E}(z)=\boldsymbol{e}_xE_{\mathrm{i}x}=\boldsymbol{e}_xE_{\mathrm{imc}}\mathrm{e}^{-\mathrm{j}kz}=\boldsymbol{e}_xE_{\mathrm{im}}\mathrm{e}^{\mathrm{j}\psi_{\mathrm{i}x}}\mathrm{e}^{-\mathrm{j}kz} \tag{5.8}$$

对于正弦平面波，其瞬时值(时域解)为

$$\boldsymbol{E}(z,t)=\mathrm{Re}[\boldsymbol{E}\mathrm{e}^{\mathrm{j}\omega t}]=\mathrm{Re}[\boldsymbol{e}_xE_{\mathrm{im}}\mathrm{e}^{\mathrm{j}\psi_{\mathrm{i}x}}\mathrm{e}^{-\mathrm{j}kz}\mathrm{e}^{\mathrm{j}\omega t}] \tag{5.9}$$

即

$$\boldsymbol{E}(z,t)=\boldsymbol{e}_xE_{\mathrm{im}}\cos(\omega t-kz+\psi_{\mathrm{i}x}) \tag{5.10}$$

式(5.10)即为沿 $+z$ 方向传播的电磁波电场强度瞬时值的一般表达式。在式(5.8)和式(5.10)中，$-kz$ 表示传播方向为 $+z$ 方向，$\psi_{\mathrm{i}x}$ 为初始相位，E_{im} 为电磁波的振幅。

对式(5.10)所示的时域解进行分析，可以得到电磁波的传播特性。

(1) 对于空间某一固定位置，例如在 $z=0$ 处，式(5.10)变为

$$E_{\mathrm{i}x}(0,t)=E_{\mathrm{im}}\cos(\omega t+\psi_{\mathrm{i}x})$$

即在空间固定位置处电场强度是时间的余弦函数，周期为 $T=2\pi/\omega$，相应的频率为 $f=\dfrac{1}{T}=\dfrac{\omega}{2\pi}$。

(2) 对于某一固定时刻 t_n，$E_{\mathrm{i}x}(z,t)=E_{\mathrm{im}}\cos(\omega t_n-kz)$，电场为距离 z 的余弦函数。

图 5.4 所示的是当 ωt_n 为不同时刻时 $E_{\mathrm{i}x}(z,t)$ 的空间曲线。可以看出：当 ωt_n 分别等于 0、$\pi/4$、$\pi/2$ 时，即随着时间的增加，波曲线向右方移动，由此可见，该电磁波是向 $+z$ 方向传播的波。

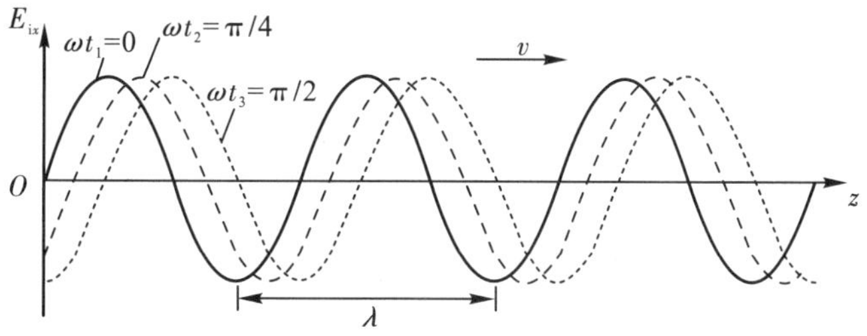

图 5.4　$E_{\mathrm{i}x}$ 随时间变化的示意图

式(5.6)中的第二项为

$$\boldsymbol{E}(z)=\boldsymbol{e}_xE_{\mathrm{r}x}=\boldsymbol{e}_xE_{\mathrm{rm}}\mathrm{e}^{+\mathrm{j}kz}\mathrm{e}^{\mathrm{j}\psi_{\mathrm{r}x}} \tag{5.11}$$

它是沿 $-z$ 方向传播的正弦波，其瞬时值为

$$\boldsymbol{E}_{\mathrm{r}}(z,t)=\boldsymbol{e}_xE_{\mathrm{rm}}\cos(\omega t+kz+\psi_{\mathrm{r}x}) \tag{5.12}$$

2. 电磁波传播参数

由上面分析可以得知，场沿空间和时间均为余弦周期变化。

首先我们看一下场的空间特性。场的空间相位 kz 变化 2π 对应一个全波，相应的空间距离称为波长，由 λ 表示，其单位为 m(米)。由 $k\lambda=2\pi$ 可得

$$\lambda=\frac{2\pi}{k} \tag{5.13}$$

由于 $k=\omega\sqrt{\mu\varepsilon}$，因此波长不仅与频率有关，还与传播介质的特性有关。所以，同一频率的电磁波，在不同介质中传播时的波长是不同的。式(5.13)也可写为

$$k=\frac{2\pi}{\lambda} \tag{5.14}$$

其中，k 称为波数，单位为 rad/m。k 为包含在 2π 空间距离内的波长数。

场的时间相位 ωt 变化 2π 所经历的时间为一个周期，以 T 表示。而一秒内相位变化 2π(rad)的次数称为频率，以 f 表示，即

$$f=\frac{1}{T}=\frac{\omega}{2\pi} \tag{5.15}$$

由式(5.10)可知，电场的等相位面方程为 $\omega t-kz=\text{const}$，波是沿 $+z$ 方向传播的，即波的等相位面向 $+z$ 方向移动。平面电磁波等相位面移动的速度称为相速度，简称相速，用 v_p 表示。对等相位面方程的两边进行微分并移项可得

$$v_p=\frac{\mathrm{d}z}{\mathrm{d}t}=\frac{\omega}{k} \tag{5.16}$$

将 $k=\omega\sqrt{\mu\varepsilon}$ 代入式(5.16)，可得理想介质中的相速为

$$v_p=\frac{\omega}{k}=\frac{1}{\sqrt{\mu\varepsilon}} \tag{5.17}$$

可以看出，在介质中电磁波的传输速度只与传输介质的参数有关，与其他参数如频率无关，即所有频率的电磁波在同一介质中的传播速度相同。这意味着在发射端的任意信号经过理想介质的传输，在接收端可以获得不变形的信号。

真空中电磁波的传播速度为

$$v_p=c=\frac{1}{\sqrt{\mu_0\varepsilon_0}}=3\times10^8\,(\text{m/s})$$

真空中电磁波传播的速度等于光速，光也是一种电磁波。将式(5.17)代入式(5.13)，可得波长与频率、相速的关系为

$$\lambda=\frac{2\pi}{k}=\frac{2\pi v_p}{\omega}=\frac{v_p}{f}=\frac{\lambda_0}{\sqrt{\varepsilon_r\mu_r}} \tag{5.18}$$

式中，$\lambda_0=\dfrac{c}{f}$为自由空间的波长。对于一般理想介质，有 $\varepsilon_r\geqslant1$，$\mu_r\geqslant1$，因此 $\lambda\leqslant\lambda_0$，即同一频率的电磁波在理想介质中的波长通常小于自由空间中的波长。

3. 磁场解

对于均匀无界空间，如果只有沿 $+z$ 方向传播的波，这里假设初始相位为 0，则电场强度为

$$\boldsymbol{E}=\boldsymbol{e}_xE_x=\boldsymbol{e}_xE_m\mathrm{e}^{-\mathrm{j}kz} \tag{5.19}$$

由于只有沿 $+z$ 方向传播的波，故电磁波中的磁场强度可由麦克斯韦方程组中第二式 $\nabla\times\boldsymbol{E}=-\mathrm{j}\omega\mu\boldsymbol{H}$ 求得，即

$$\boldsymbol{H}=-\frac{1}{\mathrm{j}\omega\mu}\nabla\times\boldsymbol{E}=-\frac{1}{\mathrm{j}\omega\mu}\boldsymbol{e}_y\frac{\partial E_x}{\partial z}=\boldsymbol{e}_yH_y$$

由上式可知，在电场强度只有 x 方向分量且仅为 z 的函数时，磁场强度只有 y 方向分量，另外两个分量为零，即

$$H_y=-\frac{1}{\mathrm{j}\omega\mu}\frac{\partial E_x}{\partial z}=\frac{k}{\omega\mu}E_{\mathrm{m}}\mathrm{e}^{-\mathrm{j}kz}=\sqrt{\frac{\varepsilon}{\mu}}E_{\mathrm{m}}\mathrm{e}^{-\mathrm{j}kz}=\frac{1}{\eta}E_x$$

$$H_x=H_z=0$$

由于电场强度为 x 方向，磁场强度为 y 方向，传播方向为 z 方向，因此，磁场强度的复矢量表达式为

$$\boldsymbol{H}(z)=\boldsymbol{e}_yH_y=\boldsymbol{e}_yH_{\mathrm{m}}\mathrm{e}^{-\mathrm{j}kz}=\boldsymbol{e}_y\frac{1}{\eta}E_{\mathrm{m}}\mathrm{e}^{-\mathrm{j}kz}=\frac{1}{\eta}\boldsymbol{e}_z\times\boldsymbol{E} \tag{5.20}$$

磁场的瞬时值表达式为

$$\boldsymbol{H}(z,t)=\boldsymbol{e}_y\frac{1}{\eta}E_{\mathrm{m}}\cos(\omega t-kz) \tag{5.21}$$

由式(5.20)可见，磁场与电场的相位变化相同，两者的方向相互垂直(见图 5.5)，而振幅关系为

$$H_{\mathrm{m}}=\frac{1}{\eta}E_{\mathrm{m}}$$

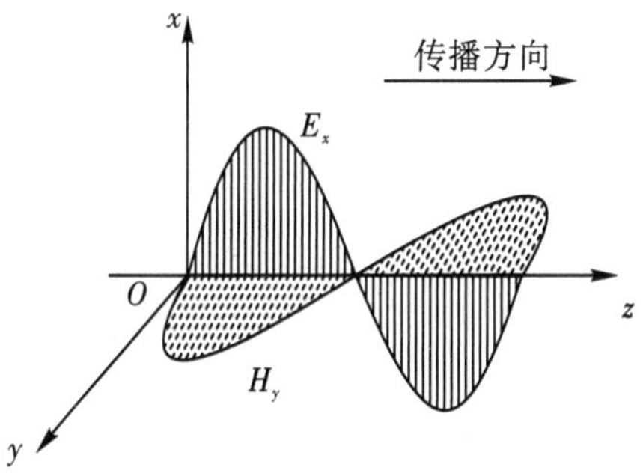

图 5.5　理想介质中均匀平面波的 $\boldsymbol{E}$ 和 $\boldsymbol{H}$

式中

$$\eta=\frac{E_{\mathrm{m}}}{H_{\mathrm{m}}}=\sqrt{\frac{\mu}{\varepsilon}} \tag{5.22}$$

称为介质的本征阻抗，其定义为电场振幅与磁场振幅之比，单位为 Ω(欧姆)。由式(5.22)可以看出，理想介质中的本征阻抗只与介质本身的特性有关。在自由空间中本征阻抗为

$$\eta_0=\sqrt{\frac{\mu_0}{\varepsilon_0}}=120\pi=377(\Omega)$$

在理想介质中，电场能量密度和磁场能量密度分别为

$$w_{\mathrm{e}}=\frac{1}{2}\varepsilon E^2 \tag{5.23}$$

$$w_{\mathrm{m}}=\frac{1}{2}\mu H^2=\frac{1}{2}\mu\frac{E^2}{\eta^2}=\frac{1}{2}\varepsilon E^2=w_{\mathrm{e}} \tag{5.24}$$

即电场能量密度等于磁场能量密度，空间中的总场能量密度为

$$w=w_{\mathrm{e}}+w_{\mathrm{m}}=2w_{\mathrm{e}}=2w_{\mathrm{m}}=\varepsilon E^2=\mu H^2$$

此时，瞬时能流矢量即坡印廷矢量为

$$S(z,t)=E(z,t)\times H(z,t)=e_x E_{\text{im}}\cos(\omega t-kz)\times e_y\frac{1}{\eta}E_{\text{im}}\cos(\omega t-kz)$$
$$=e_z\frac{1}{\eta}(E_{\text{im}})^2\cos^2(\omega t-kz)$$

由上式可见，能流的方向是 z 方向，但传输的能量大小随时间和空间而变。此时相应的平均坡印廷矢量为

$$S_{\text{av}}=\frac{1}{2}\text{Re}[E\times H^*]=\frac{1}{2}\text{Re}[e_x E_{\text{im}}e^{-jkz}\times e_y\frac{1}{\eta}E_{\text{im}}e^{+jkz}]=e_z\frac{1}{2\eta}(E_{\text{im}})^2 \tag{5.25}$$

由式(5.25)可以看出，波的平均能流是向 $+z$ 方向传输，且每个周期内传输的能量大小不变。由于该电磁波在传播方向(z 方向)上没有电场和磁场分量，因此该电磁波称为横电磁波，即 TEM 波。这也是电磁波在无界空间中的传播状态。

综合上述电磁波的性质，我们对理想介质中传播的均匀平面电磁波进行小结：

(1) 电磁波以速度 v_p 沿传播方向传输，传播相速只与介质的参数有关，与频率无关。

(2) 电场和磁场沿传播方向按余弦规律变化，随时间按余弦规律变化。

(3) 电场振幅与磁场振幅随距离变化保持不变，相位随距离的增加连续滞后。

(4) 本征阻抗为实数，电场与磁场振幅相差 η 倍，相位相同，因此我们只需分析电场的分布及特性即可。

(5) 任何时刻的电场、磁场与传播方向三者相互垂直且符合右手螺旋法则，该电磁波没有传播方向的场矢量，是横电磁波(TEM 波)。

(6) 电场能量密度等于磁场能量密度。

沿固定方向以某一速度向前行进的波，也称为行波。

例 5.1 频率为 100 MHz 的正弦均匀平面电磁波在各向同性的均匀理想介质中沿 $+z$ 方向传播，介质的特性参数为 $\varepsilon_r=4$，$\mu_r=1$，$\sigma=0$。设电场沿 x 方向，即 $E=e_x E_x$；当 $t=0$，$z=1/8$(m)时，电场强度等于其振幅值 10^{-4} V/m。试求：

(1) 波的传播相速、角频率、波长及波数；

(2) 电场强度和磁场强度的瞬时值；

(3) 瞬时坡印廷矢量和平均坡印廷矢量。

解 (1) 波的传播相速、角频率、波数和波长分别为

$$v_p=\frac{1}{\sqrt{\mu\varepsilon}}=\frac{1}{\sqrt{4\mu_0\varepsilon_0}}=1.5\times10^8\ (\text{m/s})$$
$$\omega=2\pi f=2\pi\times10^8\ (\text{rad/s})$$
$$k=\omega\sqrt{\mu\varepsilon}=2\pi f\sqrt{4\mu_0\varepsilon_0}=\frac{4\pi}{3}(\text{rad/m})$$
$$\lambda=\frac{v_p}{f}=\frac{2\pi}{k}=1.5(\text{m})$$

(2) 写出一般电场强度的时域表达式，即

$$E(z,t)=e_x E(z,t)=e_x E_m\cos(\omega t-kz+\psi_x)$$

式中

$$E_m=10^{-4}\ (\text{V/m})$$
$$k=\omega\sqrt{\mu\varepsilon}=2\pi f\sqrt{4\mu_0\varepsilon_0}=\frac{4\pi}{3}(\text{rad/m})$$

又由 $t=0$，$z=1/8(\mathrm{m})$时，$E_x=E_m=10^{-4}(\mathrm{V/m})$，则有

$$\omega t-kz+\psi_x=0$$

所以

$$\psi_x=kz=\frac{\pi}{6}(\mathrm{rad})$$

电场强度的瞬时值为

$$\boldsymbol{E}(z,t)=\boldsymbol{e}_x E_m\cos(\omega t-kz+\psi_x)=\boldsymbol{e}_x\ 10^{-4}\cos\left(2\pi\times10^8 t-\frac{4\pi}{3}z+\frac{\pi}{6}\right)(\mathrm{V/m})$$

电场强度复矢量为

$$\boldsymbol{E}=\boldsymbol{e}_x\ 10^{-4}\mathrm{e}^{-\mathrm{j}\left(\frac{4\pi}{3}z-\frac{\pi}{6}\right)}$$

由于是均匀平面电磁波，故磁场强度复矢量为

$$\boldsymbol{H}=\frac{1}{\eta}\boldsymbol{e}_z\times\boldsymbol{E}=\frac{1}{\eta}\boldsymbol{e}_z\times\boldsymbol{e}_z E_x=\boldsymbol{e}_y\ \frac{10^{-4}}{60\pi}\mathrm{e}^{-\mathrm{j}\left(\frac{4\pi}{3}z-\frac{\pi}{6}\right)}$$

则磁场强度的瞬时值为

$$\boldsymbol{H}(z,t)=\mathrm{Re}[\boldsymbol{H}\mathrm{e}^{\mathrm{j}\omega t}]=\boldsymbol{e}_y\ \frac{1}{60\pi}10^{-4}\cos\left(2\pi\times10^8 t-\frac{4\pi}{3}z+\frac{\pi}{6}\right)(\mathrm{A/m})$$

(3) 瞬时坡印廷矢量为

$$\boldsymbol{S}=\boldsymbol{E}\times\boldsymbol{H}=\boldsymbol{e}_z\ \frac{1}{60\pi}\times10^8\ \cos^2\left(2\pi\times10^8 t-\frac{4\pi}{3}z+\frac{\pi}{6}\right)(\mathrm{W/m^2})$$

平均波印廷矢量为

$$\boldsymbol{S}_{av}=\frac{1}{2}\mathrm{Re}[\boldsymbol{E}\times\boldsymbol{H}^*]$$

式中

$$\boldsymbol{E}=\boldsymbol{e}_x\ 10^{-4}\mathrm{e}^{-\mathrm{j}\left(\frac{4\pi}{3}z-\frac{\pi}{6}\right)}$$

$$\boldsymbol{H}^*=\boldsymbol{e}_y\ \frac{10^{-4}}{60\pi}\mathrm{e}^{\mathrm{j}\left(\frac{4\pi}{3}z-\frac{\pi}{6}\right)}$$

均为复矢量，故平均波印廷矢量为

$$\begin{aligned}\boldsymbol{S}_{av}&=\frac{1}{2}\mathrm{Re}\left[\boldsymbol{e}_x\ 10^{-4}\mathrm{e}^{-\mathrm{j}\left(\frac{4\pi}{3}z-\frac{\pi}{6}\right)}\times\boldsymbol{e}_y\ \frac{10^{-4}}{60\pi}\mathrm{e}^{\mathrm{j}\left(\frac{4\pi}{3}z-\frac{\pi}{6}\right)}\right]\\&=\frac{1}{2}\mathrm{Re}\left[\boldsymbol{e}_z\ \frac{(10^{-4})^2}{60\pi}\right]=\boldsymbol{e}_z\ \frac{10^{-9}}{12\pi}\ (\mathrm{W/m^2})\end{aligned}$$

例 5.2　频率为 9.4 GHz 的均匀平面电磁波在聚乙烯(可视为无耗介质，$\varepsilon_r=2.26$)中向 $+z$ 方向传播，若磁场的振幅为 7 mA/m，求电磁波的传播相速、波长、波阻抗以及电场强度的瞬时值表达式。

解　已知 $\varepsilon_r=2.26$，$\mu_r=1$，$f=9.4$ GHz，可得电磁波的传播相速、波长、波阻抗分别为

$$v_p=\frac{1}{\sqrt{\mu\varepsilon}}=\frac{1}{\sqrt{2.26\mu_0\varepsilon_0}}=\frac{c}{\sqrt{2.26}}=1.996\times10^8(\mathrm{m/s})$$

$$\lambda=\frac{v_p}{f}=\frac{1.996\times10^8}{9.4\times10^9}=0.0212(\mathrm{m})$$

$$\eta=\sqrt{\frac{\mu}{\varepsilon}}=\frac{\eta_0}{\sqrt{\varepsilon_r}}=\frac{120\pi}{\sqrt{2.26}}=251(\Omega)$$

设电场为 x 方向，则可写出电场的一般表达式为

$$\boldsymbol{E}(z,t)=\boldsymbol{e}_x E(z,t)=\boldsymbol{e}_x E_{\mathrm{m}}\cos(\omega t-kz+\psi_x)$$

由于

$$E_{\mathrm{m}}=\eta H_{\mathrm{m}}=251\times 7\times 10^{-3}=1.757(\mathrm{V/m})$$

$$k=\omega\sqrt{\mu\varepsilon}=\frac{2\pi}{\lambda}=\frac{2\pi}{0.0212}=296.4(\mathrm{rad/m})$$

因此电场强度的瞬时值为

$$\boldsymbol{E}(z,t)=\boldsymbol{e}_x E(z,t)=\boldsymbol{e}_x 1.757\cos(19.8\pi\times 10^9 t-296.4z)$$

例 5.3 已知自由空间中传播的均匀平面电磁波的电场表示式为

$$\boldsymbol{E}(z,t)=\boldsymbol{e}_x 50\cos(6\pi\times 10^8 t-kz))(\mathrm{V/m})$$

试求在 $z=z_0$ 处垂直穿过半径为 $R=2.5$ m 的圆平面的平均功率。

解 电场的复数表示式为

$$\boldsymbol{E}(z)=\boldsymbol{e}_x 50\mathrm{e}^{-\mathrm{j}kz}(\mathrm{V/m})$$

磁场的表示式为

$$\boldsymbol{H}(z)=\frac{1}{\eta_0}\boldsymbol{e}_z\times\boldsymbol{E}(z)=\boldsymbol{e}_y\frac{50}{377}\mathrm{e}^{-\mathrm{j}kz}(\mathrm{A/m})$$

则

$$\boldsymbol{S}_{\mathrm{av}}=\frac{1}{2}\mathrm{Re}[\boldsymbol{E}(z)\times\boldsymbol{H}^*(z)]=\frac{1}{2}\mathrm{Re}\left[\boldsymbol{e}_x 50\mathrm{e}^{-\mathrm{j}kz}\times\boldsymbol{e}_y\frac{50}{377}\mathrm{e}^{\mathrm{j}kz}\right]=\boldsymbol{e}_z 3.315(\mathrm{W/m^2})$$

垂直穿过半径为 $R=2.5$ m 的圆平面的平均功率为

$$P=\int_S\boldsymbol{S}_{\mathrm{av}}\cdot\mathrm{d}\boldsymbol{S}=|\boldsymbol{S}_{\mathrm{av}}|\times\pi R^2=65.1(\mathrm{W})$$

5.1.2 沿 z 轴传播且电场为任意方向的均匀平面电磁波

对于沿 $+z$ 轴传播、电场为任意方向的均匀平面电磁波，电场强度和磁场强度的表达式可写为

$$\boldsymbol{E}=\boldsymbol{E}_0\mathrm{e}^{-\mathrm{j}kz} \tag{5.26}$$

$$\boldsymbol{H}=\frac{1}{\eta}\boldsymbol{e}_z\times\boldsymbol{E}=\frac{1}{\eta}\boldsymbol{e}_z\times\boldsymbol{E}_0\mathrm{e}^{-\mathrm{j}kz} \tag{5.27}$$

式中 $\boldsymbol{E}_0$ 为常矢量。电磁波的等相位面(或称为波面)($kz=\mathrm{const}$)是垂直于 z 轴的平面。

等相位面上任意一点 $P(x,y,z)$ 的位置矢量为

$$\boldsymbol{r}=\boldsymbol{e}_x x+\boldsymbol{e}_y y+\boldsymbol{e}_z z$$

则有

$$\boldsymbol{r}\cdot\boldsymbol{e}_z=(\boldsymbol{e}_x x+\boldsymbol{e}_y y+\boldsymbol{e}_z z)\cdot\boldsymbol{e}_z=z=\mathrm{const}$$

即等相位面也可以用 $\boldsymbol{r}\cdot\boldsymbol{e}_z$ 为常数来表示，将其代入式(5.26)，可得

$$\boldsymbol{E}=\boldsymbol{E}_0\mathrm{e}^{-\mathrm{j}k\boldsymbol{e}_z\cdot\boldsymbol{r}} \tag{5.28}$$

式(5.28)为沿 $+z$ 轴传播且电场为任意方向的均匀平面电磁波电场强度的一般表达式。

在无源区域中，由麦克斯韦方程组第四式可得

$$\nabla\cdot\boldsymbol{E}=\boldsymbol{E}_0\cdot\nabla\mathrm{e}^{-\mathrm{j}k\boldsymbol{e}_z\cdot\boldsymbol{r}}=0$$

由于

$$\nabla e^{-jk\boldsymbol{e}_z \cdot \boldsymbol{r}} = \nabla e^{-jkz} = \boldsymbol{e}_z(-jk)e^{-jkz}$$

则有

$$\boldsymbol{E}_0 \cdot \boldsymbol{e}_z(-jk)e^{-jkz} = 0$$

因此

$$\boldsymbol{E}_0 \perp \boldsymbol{e}_z$$

即平面波的电场方向必然垂直于传播方向(z 方向)，此时电场强度只有 x 方向和 y 方向分量，即有 $\boldsymbol{E}_0 = \boldsymbol{e}_x E_x + \boldsymbol{e}_y E_y$。

5.1.3　沿任意方向传播的均匀平面电磁波

对于沿任意方向传播的均匀平面电磁波(见图 5.6)，假设其传播方向为 $\boldsymbol{e}_n$，将式(5.28)中的传播方向用 $\boldsymbol{e}_n$ 代替，同时引入波矢量 $\boldsymbol{k}$，其大小为波数，方向为传播方向，即

$$\boldsymbol{k} = \boldsymbol{e}_n k \tag{5.29}$$

则电场强度为

$$\boldsymbol{E} = \boldsymbol{E}_0 e^{-jk\boldsymbol{e}_n \cdot \boldsymbol{r}} = \boldsymbol{E}_0 e^{-j\boldsymbol{k} \cdot \boldsymbol{r}} \tag{5.30}$$

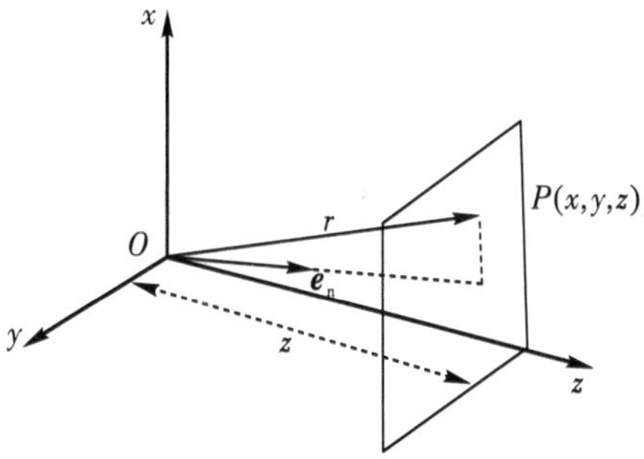

图 5.6　沿任意方向传播的均匀平面电磁波

相应的磁场强度为

$$\boldsymbol{H} = \frac{1}{\eta}\boldsymbol{e}_n \times \boldsymbol{E} = \frac{1}{\eta}\boldsymbol{e}_n \times \boldsymbol{E}_0 e^{-jk\boldsymbol{e}_n \cdot \boldsymbol{r}} = \frac{1}{\eta}\boldsymbol{e}_n \times \boldsymbol{E}_0 e^{-j\boldsymbol{k} \cdot \boldsymbol{r}} \tag{5.31}$$

式中，$\boldsymbol{r} = \boldsymbol{e}_x x + \boldsymbol{e}_y y + \boldsymbol{e}_z z$，$\boldsymbol{e}_n = \boldsymbol{e}_x \cos\alpha + \boldsymbol{e}_y \cos\beta + \boldsymbol{e}_z \cos\gamma$，其中 $\cos\alpha$、$\cos\beta$、$\cos\gamma$ 是传播方向单位矢量 $\boldsymbol{e}_n$ 的方向余弦。

式(5.30)和式(5.31)是沿任意方向传播的均匀平面电磁波的电场和磁场的一般表达式(频域)。可以证明，$\boldsymbol{E}_0 \cdot \boldsymbol{e}_n = 0$，即电场方向垂直于传播方向。

例 5.4　频率为 300 MHz 的均匀平面电磁波在 $\mu = \mu_0$，$\varepsilon = \varepsilon_0 \varepsilon_r$，$\sigma = 0$ 的无损耗介质中传播，已知

$$\boldsymbol{E}_0 = \boldsymbol{e}_x 2 - \boldsymbol{e}_y + \boldsymbol{e}_z \quad (\text{kV/m})$$
$$\boldsymbol{H}_0 = \boldsymbol{e}_x 6 + \boldsymbol{e}_y 9 - \boldsymbol{e}_z 3 \quad (\text{A/m})$$

求：

(1) 波的传播方向；

(2) 介质的相对介电常数 ε_r 和波长 λ。

解　(1) 由坡印廷矢量

$$\begin{aligned}\boldsymbol{S}&=\boldsymbol{E}\times\boldsymbol{H}=\boldsymbol{E}_0\cos(\omega t-\beta z)\times\boldsymbol{H}_0\cos(\omega t-\beta z)\\&=(\boldsymbol{e}_x2-\boldsymbol{e}_y+\boldsymbol{e}_z)\times10^3\times(\boldsymbol{e}_x6+\boldsymbol{e}_y9-\boldsymbol{e}_z3)\cos^2(\omega t-\beta z)\\&=(-\boldsymbol{e}_x+\boldsymbol{e}_y2+\boldsymbol{e}_z4)\times10^3\cos^2(\omega t-\beta z)\end{aligned}$$

则波的传播方向为

$$\boldsymbol{e}_{\rm n}=\frac{\boldsymbol{S}}{|\boldsymbol{S}|}=\frac{\boldsymbol{E}_0\times\boldsymbol{H}_0}{|\boldsymbol{E}_0\times\boldsymbol{H}_0|}=\frac{1}{\sqrt{21}}(-\boldsymbol{e}_x+\boldsymbol{e}_y2+\boldsymbol{e}_z4)$$

（2）由波阻抗的定义

$$\eta=\frac{E_{\rm m}}{H_{\rm m}}=\frac{|E_0|}{|H_0|}=\frac{|(\boldsymbol{e}_x2-\boldsymbol{e}_y+\boldsymbol{e}_z)10^3|}{|(\boldsymbol{e}_x6+\boldsymbol{e}_y9-\boldsymbol{e}_z3)|}=\sqrt{\frac{6}{126}}\cdot10^3=\frac{10^3}{\sqrt{21}}(\mathrm{m})$$

同时有

$$\eta=\sqrt{\frac{\mu}{\varepsilon}}=\sqrt{\frac{\mu_0}{\varepsilon_{\rm r}\varepsilon_0}}=\eta_0\frac{1}{\sqrt{\varepsilon_{\rm r}}}$$

则相对介电常数为

$$\varepsilon_{\rm r}=\left(\frac{\eta_0}{\eta}\right)^2=\left(\frac{377}{10^3/\sqrt{21}}\right)^2=2.98$$

介质中的波长为

$$\lambda=\frac{\lambda_0}{\sqrt{\varepsilon_{\rm r}}}=\frac{v_0}{f\sqrt{\varepsilon_{\rm r}}}=0.58(\mathrm{m})$$

例 5.5 空气中传播的均匀平面电磁波的电场为 $\boldsymbol{E}=\boldsymbol{e}_zE_0\mathrm{e}^{-\mathrm{j}(3x+4y)}$，试求：

（1）波的传播方向；

（2）波的频率和波长；

（3）与电场强度相伴的磁场强度；

（4）坡印廷矢量和平均坡印廷矢量；

（5）波的能量密度。

解 （1）由波矢量

$$\boldsymbol{k}\cdot\boldsymbol{r}=k_xx+k_yy+k_zz=3x+4y$$

可得

$$k_x=3,\ k_y=4,\ k_z=0$$

波的传播方向为

$$\boldsymbol{e}_{\rm n}=\frac{\boldsymbol{k}}{|\boldsymbol{k}|}=\frac{3}{5}\boldsymbol{e}_x+\frac{4}{5}\boldsymbol{e}_y$$

（2）从电场强度表达式可知

$$k=\sqrt{3^2+4^2}=5$$

因此该电磁波的波长为

$$\lambda=\frac{2\pi}{k}=\frac{2\pi}{5}$$

又有

$$\omega=\frac{k}{\sqrt{\mu_0\varepsilon_0}}=1.5\times10^9$$

则波的频率为

$$f=\frac{3}{4\pi}\times 10^{9}\,(\mathrm{Hz})$$

(3) 磁场强度为

$$\boldsymbol{H}=\frac{1}{\eta}\boldsymbol{e}_{\mathrm{n}}\times\boldsymbol{E}=\frac{1}{120\pi}\left(\frac{3}{5}\boldsymbol{e}_x+\frac{4}{5}\boldsymbol{e}_y\right)\times\boldsymbol{e}_z E_0\mathrm{e}^{-\mathrm{j}(3x+4y)}=\frac{E_0}{600\pi}(4\boldsymbol{e}_x-3\boldsymbol{e}_y)\mathrm{e}^{-\mathrm{j}(3x+4y)}$$

(4) 坡印廷矢量为

$$\boldsymbol{S}(\boldsymbol{r},t)=\boldsymbol{E}(\boldsymbol{r},t)\times\boldsymbol{H}(\boldsymbol{r},t)=\frac{E_0^2}{600\pi}\cos^2[\omega t-(3x+4y)]\cdot\boldsymbol{e}_z\times(4\boldsymbol{e}_x-3\boldsymbol{e}_y)$$

$$=\frac{E_0^2}{600\pi}(3\boldsymbol{e}_x+4\boldsymbol{e}_y)\cos^2[\omega t-(3x+4y)]$$

平均坡印廷矢量为

$$\boldsymbol{S}_{\mathrm{av}}=\frac{1}{2}\mathrm{Re}[\boldsymbol{E}\times\boldsymbol{H}^*]=\frac{1}{2}\mathrm{Re}\left[\boldsymbol{e}_z E_0\mathrm{e}^{-\mathrm{j}(3x+4y)}\times\frac{E_0}{600\pi}(4\boldsymbol{e}_x-3\boldsymbol{e}_y)\mathrm{e}^{\mathrm{j}(3x+4y)}\right]$$

$$=\frac{E_0^2}{1200\pi}(3\boldsymbol{e}_x+4\boldsymbol{e}_y)$$

(5) 电磁波的能量密度为

$$w=w_{\mathrm{e}}+w_{\mathrm{m}}=\varepsilon E^2=\varepsilon_0 E_0^2\cos^2(\omega t-3x-4y)$$

5.2　均匀平面电磁波的极化特性

在一般通信和雷达探测中，需要用天线来发射和接收空间传播的电磁波。最简单的天线为线天线，当线天线与电场的方向一致时才能最大程度地收到电磁波，因此需要研究空间传播的电磁波电场方向的状态。

上一节中所讲的 z 方向传播的均匀平面电磁波的电场强度是 x 方向的，其表达式为 $\boldsymbol{E}=\boldsymbol{e}_x E_{\mathrm{m}}\cos(\omega t-kz+\psi)$，在某点上无论时间如何变化，电场强度均为 x 方向，即在某一点上电场强度矢量端点(简称为“矢端”)的运动轨迹是一条直线，这种电磁波我们称之为线极化波。除了线极化波，电场强度还有其他的极化方式。我们首先看一下电磁波极化的定义。

电磁波的极化：在电磁波传播的空间任意一点(固定位置)上，电场强度矢量的大小和方向随时间变化的方式，称为电磁波的极化(在光学领域常常称作“偏振”)。通常用电场强度矢量 $\boldsymbol{E}$ 的端点在空间固定位置处随时间变化的轨迹来描述。

如果电场强度矢端随时间变化的轨迹是直线，则称为直线极化波或线极化波；如果电场强度矢端随时间变化的轨迹是圆，则称为圆极化波；如果电场强度矢端随时间变化的轨迹是椭圆，则称为椭圆极化波。这三种极化波包含了电磁波的所有极化状态。

一般情况下，电场强度在与传播方向垂直的面上可分解为相互垂直的两个分量，电磁波的极化亦可认为是两个同频率、等相速、互相正交的电场强度的合成矢量的大小和方向随时间变化的方式。

对于沿 $+z$ 方向传播的均匀平面电磁波，电场强度应有 x 和 y 两个方向的分量，即

$$\boldsymbol{E}=\boldsymbol{e}_x E_x+\boldsymbol{e}_y E_y$$

其中

$$\begin{cases} E_x = E_{xm}\cos(\omega t - kz - \psi_1) \\ E_y = E_{ym}\cos(\omega t - kz - \psi_2) \end{cases} \tag{5.32}$$

式中电场的两个分量的振幅和相位的相对关系决定了电场强度的极化形式。注意，在下面电磁波三种极化形式的判断讨论中，我们均以式(5.32)所示的形式作为参考，即电磁波沿$+z$方向传播，且两个初始相角的前面均为负号。

5.2.1 直线极化波

如果电场强度只有一个分量(如上节中的x分量)，或电场的两个分量的相位相同，或相差180°，则合成电场表现为直线极化波，或称线极化波，如图5.7所示。

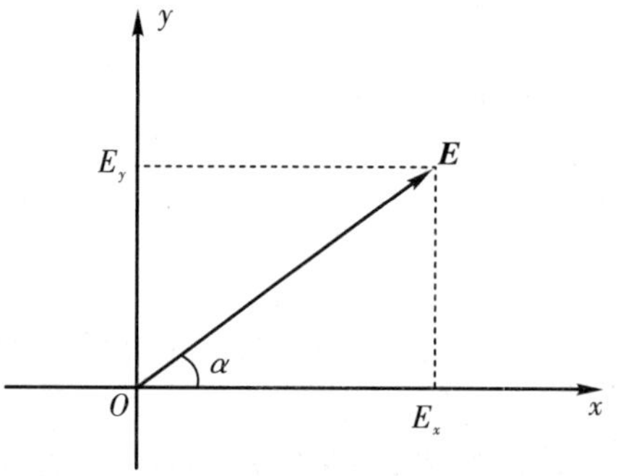

图5.7 直线极化波

由于电场的极化形式表现为空间某一点场随时间变化的方式，因此我们以参考点$z=0$为例说明。当$z=0$时，式(5.32)变为

$$\begin{cases} E_x = E_{xm}\cos(\omega t - \psi_1) \\ E_y = E_{ym}\cos(\omega t - \psi_2) \end{cases} \tag{5.33}$$

下面我们对以下三种状态进行分析。

(1) 电场强度只有一个分量：

当$E_{xm}=0$时，$\boldsymbol{E}=\boldsymbol{e}_y E_y$，即电场强度只有$y$分量，此时电场矢量矢端只沿$y$方向变化，因此是$y$方向线极化波。

当$E_{ym}=0$时，$\boldsymbol{E}=\boldsymbol{e}_x E_x$，即电场强度只有$x$分量，因此是$x$方向线极化波。

(2) 电场强度两个场分量的相位相同，即$\psi_1=\psi_2=\psi_0$，则电场两分量为

$$E_x = E_{xm}\cos(\omega t - \psi_0)$$

$$E_y = E_{ym}\cos(\omega t - \psi_0)$$

由空间合成电场的振幅和方向可获得电场强度矢端的运动轨迹，即确定电场的极化形式。空间合成电场的振幅为

$$E = \sqrt{E_x^2 + E_y^2} = \sqrt{E_{xm}^2 + E_{ym}^2}\cos(\omega t - \psi_0) \tag{5.34}$$

合成电场的方向可由合成电场与x轴的夹角α确定，即

$$\tan\alpha = \frac{E_y}{E_x} = \frac{E_{ym}}{E_{xm}} = \text{const} \tag{5.35}$$

也就是说，合成电场的振幅随时间变化，但其矢端轨迹与x轴的夹角保持不变，在空

间形成了一条直线，故为线极化波。此时电场的极化方向与 x 轴的夹角在 0°到 90°之间。

(3) 电场强度两个场分量的相位相差 180°，即 $\psi_2=\psi_1+180°$，则电场两分量为

$$E_x=E_{xm}\cos(\omega t-\psi_1)$$

$$E_y=E_{ym}\cos(\omega t-\psi_2)=E_{ym}\cos(\omega t-\psi_1-\pi)=-E_{ym}\cos(\omega t-\psi_1)$$

合成电场的振幅为

$$E=\sqrt{E_x^2+E_y^2}=\sqrt{E_{xm}^2+E_{ym}^2}\cos(\omega t-\psi_1) \tag{5.36}$$

合成电场与 x 轴的夹角满足

$$\tan\alpha=\frac{E_y}{E_x}=-\frac{E_{ym}}{E_{xm}}=\text{const} \tag{5.37}$$

同理，合成电场的振幅随时间变化，但其矢端轨迹与 x 轴的夹角保持不变，在空间形成了一条直线，为线极化波。注意，此时与两电场分量同相时不一样，电场方向与 x 轴的夹角在 90°到 180°之间。

工程中常用的线极化波有水平极化波、垂直极化波、正负 45°极化波。水平极化波的极化方向与地面平行，可以用于电离层反射的天波通信；垂直极化波的极化方向与地面垂直，可以用于沿地表面传播的地波通信；正负 45°极化波多用于移动通信。

5.2.2 圆极化波

若电场强度的两个分量 E_x 与 E_y 振幅相等，相位相差±90°，则合成波为圆极化波。设 $E_{xm}=E_{ym}=E_m$，下面我们将分别讨论相位相差+90°和−90°所对应波的极化形式。

(1) 相位差为+90°，即 $\psi_2-\psi_1=+90°$，则电场强度的两个分量为

$$E_x=E_m\cos(\omega t-\psi_1)$$

$$E_y=E_m\cos\left(\omega t-\left(\psi_1+\frac{\pi}{2}\right)\right)=E_m\sin(\omega t-\psi_1)$$

合成电场的振幅为

$$E=\sqrt{E_x^2+E_y^2}=E_m=\text{const} \tag{5.38}$$

可见合成电场的振幅是一个常数。电场矢量与 x 轴的夹角满足

$$\tan\alpha=\frac{E_y}{E_x}=\tan(\omega t-\psi_1) \tag{5.39}$$

即夹角为

$$\alpha=\omega t-\psi_1 \tag{5.40}$$

其中 $-\psi_1$ 为初始相位。

由式(5.38)和式(5.40)可见，合成电场的大小不变，角度随时间的增加而增加，矢端的运动方向随时间以角速度 ω 逆时针旋转(见图 5.8)，矢端轨迹形成一个圆，称为圆极化波。

此时，空间某点的电磁波电场矢量随时间的旋转方向与电磁波的传播方向符合右手螺旋法则，因此称这种波为右旋圆极化波。图 5.9 所示为右旋圆极化波在空间的分布，即这个波在随时间向 z 轴方向传播。在空间中螺旋的方向与 z 轴符合左手螺旋法则，但需注意的是，我们定义的极化状态是空间中一点的电场强度矢量随时间变化的情况，即空间状态符合左手螺旋法则的是右旋圆极化波。

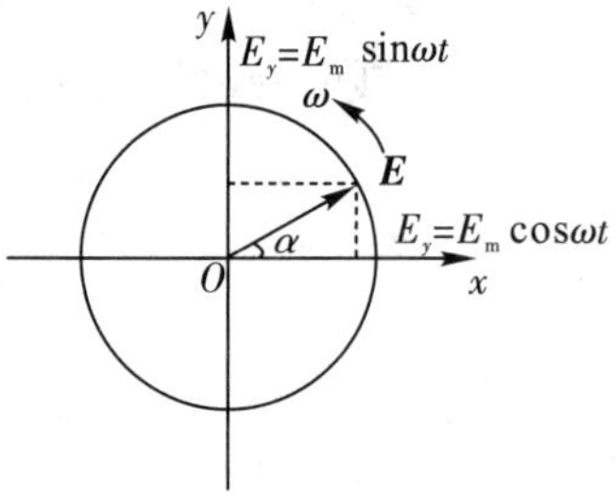

图 5.8 右旋圆极化波

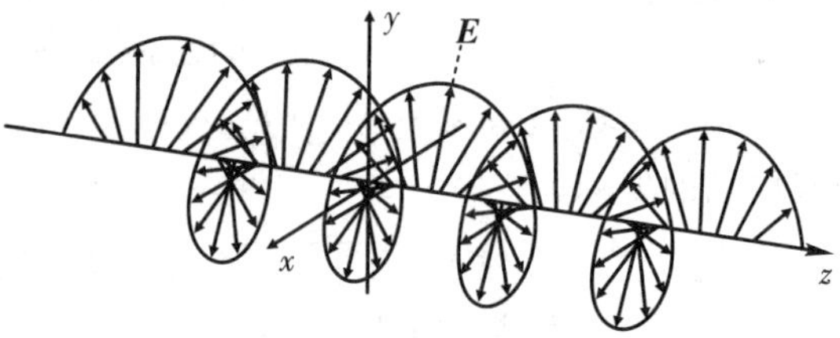

图 5.9 右旋圆极化波的空间分布

(2) 相位差为$-90°$，即 $\psi_2-\psi_1=-90°$，则电场强度的两个分量为

$$E_x=E_m\cos(\omega t-\psi_1)$$
$$E_y=-E_m\sin(\omega t-\psi_1)$$

合成电场的振幅为

$$E=\sqrt{E_x^2+E_y^2}=E_m=\text{const} \tag{5.41}$$

电场矢量与 x 轴的夹角满足

$$\tan\alpha=\frac{E_y}{E_x}=-\tan(\omega t-\psi_1)=\tan(-\omega t+\psi_1) \tag{5.42}$$

则

$$\alpha=-\omega t+\psi_1 \tag{5.43}$$

其中 ψ_1 为初始相位。

由式(5.41)和式(5.43)可见，合成电场的大小不变，角度随时间的增加而减少，方向随时间以角速度 ω 顺时针旋转(见图 5.10)，矢端轨迹形成一个圆，为圆极化波。

此时，电磁波的电场矢量的旋转方向与电磁波的传播方向符合左手螺旋法则，因此称这种波为左旋圆极化波。图 5.11 所示为左旋圆极化波在空间的分布。

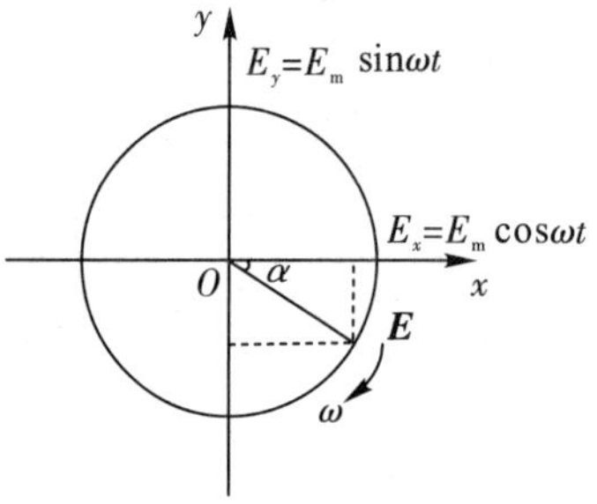

图 5.10 左旋圆极化波

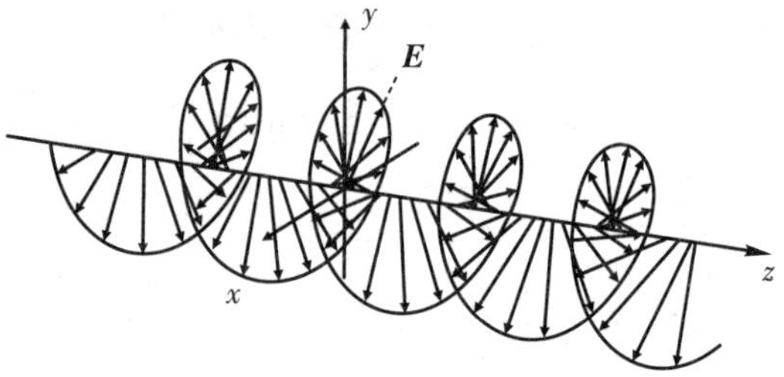

图 5.11 左旋圆极化波的空间分布

5.2.3 椭圆极化波

当电场两个分量的振幅和相位不满足线极化波和圆极化波条件时，就构成椭圆极化波。

设电场的两个分量的初始相位差为 $\psi=\psi_2-\psi_1$，则电场强度的两个分量为

$$E_x=E_{xm}\cos(\omega t-\psi_1)$$

$$E_y = E_{ym}\cos(\omega t - \psi_1 - \psi)$$

联立两方程，消去时间因子 t，则可得下面方程：

$$\frac{E_x^2}{E_{xm}^2} + \frac{E_y^2}{E_{ym}^2} - \frac{2E_xE_y}{E_{xm}E_{ym}}\cos\psi = \sin^2\psi \tag{5.44}$$

式(5.44)是一个椭圆方程，即合成电场矢量的矢端随时间旋转的轨迹为椭圆。从图 5.12 中可以看出，其旋转既可以是顺时针，也可以是逆时针，即椭圆极化波也有右旋和左旋两种形式。

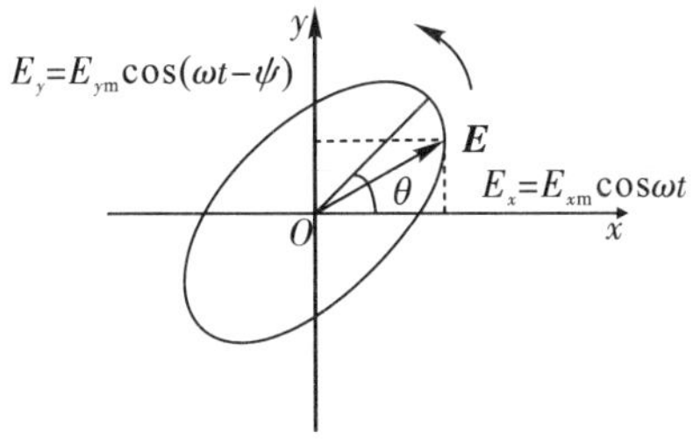

图 5.12　椭圆极化波

当 $\psi>0$ 时，波为右旋椭圆极化波；当 $\psi<0$ 时，波为左旋椭圆极化波。注意此时条件为沿 $+z$ 方向传播的波。椭圆的长轴与 x 轴的夹角 θ 满足

$$\tan 2\theta = \frac{2E_{xm}E_{ym}}{E_{xm}^2 - E_{ym}^2}\cos\psi \tag{5.45}$$

电磁波为椭圆极化时，长短轴之比称为轴比。在天线问题中，轴比用来表述天线发射的波趋向于圆极化的程度，当轴比为 1 时，即为圆极化波。但由于信号在一个频带内不可能都达到轴比为 1，因此工程上将轴比接近于 1 的波也称为圆极化波。

对于沿 z 方向传播的圆极化波和椭圆极化波，可以利用 ψ_1 和 ψ_2 的差值来判断电磁波的旋向，如果 $\psi_2>\psi_1$ 则为右旋极化，如果 $\psi_2<\psi_1$ 则为左旋极化。需要注意的是，在电场的瞬时值表达式中，初始相角 ψ 前面为负号。那么，如果波的传播方向为 x 或 y 方向，又如何判断波的旋向？即如何判断哪个场分量的初相位为 ψ_1 或 ψ_2？在前面的分析中我们注意到，由 ψ_1 到 ψ_2 到传播方向符合右手螺旋法则，因此，我们可以按这个方法进行类推。如果波是向 x 方向传播，则由坐标变量可知 $\boldsymbol{e}_x=\boldsymbol{e}_y\times\boldsymbol{e}_z$，因此 y 方向场分量的初始相角为 ψ_1，而 z 方向场分量的初始相角为 ψ_2；如果波是向 y 方向传播，则由坐标变量可知 $\boldsymbol{e}_y=\boldsymbol{e}_z\times\boldsymbol{e}_x$，因此 z 方向场分量的初始相角为 ψ_1，而 x 方向场分量的初始相角为 ψ_2；如果波是向 $-z$ 方向传播，则由坐标变量可知 $-\boldsymbol{e}_z=-\boldsymbol{e}_x\times\boldsymbol{e}_y=\boldsymbol{e}_y\times\boldsymbol{e}_x$，因此 y 方向场分量的初始相角为 ψ_1，而 x 方向场分量的初始相角为 ψ_2。判断方式仍然是：如果 $\psi_2>\psi_1$ 则为右旋极化，如果 $\psi_2<\psi_1$ 则为左旋极化，但要注意 ψ_1 和 ψ_2 之间的差值在 $-\pi$ 到 π 之间。

例 5.6　判断下面电磁波的极化形式。

(1) $\boldsymbol{E}=E_0[\boldsymbol{e}_x\cos(\omega t-\beta z)-\boldsymbol{e}_y\sin(\omega t-\beta z)]$；

(2) $\boldsymbol{E}=E_0\left[\boldsymbol{e}_x\cos(\omega t-\beta z)+\boldsymbol{e}_y\sin\left(\omega t-\beta z-\frac{\pi}{2}\right)\right]$；

(3) $\boldsymbol{E}=E_0[3\boldsymbol{e}_x\cos(\omega t+\beta z)+5.5\boldsymbol{e}_y\sin(\omega t+\beta z)]$；

(4) $\boldsymbol{E}=-\mathrm{j}E_{0x}\boldsymbol{e}_x\mathrm{e}^{-\mathrm{j}\beta z}+\boldsymbol{e}_yE_{0x}\mathrm{e}^{-\mathrm{j}\left(\beta z-\frac{3\pi}{4}\right)}$。

解　(1) 由传播因子项可确定电磁波是向 $+z$ 方向传播的波，$E_x=E_y=E_0$，将等式进行变换，有

$$\begin{aligned}\boldsymbol{E}&=E_0\left[\boldsymbol{e}_x\cos(\omega t-\beta z)-\boldsymbol{e}_y\cos\left(\omega t-\beta z-\frac{\pi}{2}\right)\right]\\&=E_0\left[\boldsymbol{e}_x\cos(\omega t-\beta z)+\boldsymbol{e}_y\cos\left(\omega t-\beta z+\frac{\pi}{2}\right)\right]\end{aligned}$$

可见两个方向的场分量相位相差 90°，所以是圆极化波。

由 $\tan\alpha=\dfrac{E_y}{E_x}=\tan(-\omega t)$，可以判断是左旋圆极化波。

另由 $\psi_1=0$，$\psi_2=-\dfrac{\pi}{2}$，可见 $\psi_2<\psi_1$，也可判断是左旋圆极化波。

(2) 因为

$$\begin{aligned}\boldsymbol{E}&=E_0\left[\boldsymbol{e}_x\cos(\omega t-\beta z)+\boldsymbol{e}_y\sin\left(\omega t-\beta z-\frac{\pi}{2}\right)\right]\\&=E_0[\boldsymbol{e}_x\cos(\omega t-\beta z)+\boldsymbol{e}_y\cos(\omega t-\beta z-\pi)]\end{aligned}$$

可见 $\psi_1=0$，$\psi_2=\pi$，相位差为 180°，所以是线极化波。

(3) 由

$$\begin{aligned}\boldsymbol{E}&=E_0[3\boldsymbol{e}_x\cos(\omega t+\beta z)+5.5\boldsymbol{e}_y\sin(\omega t+\beta z)]\\&=E_0\left[3\boldsymbol{e}_x\cos(\omega t+\beta z)+5.5\boldsymbol{e}_y\cos\left(\omega t+\beta z-\frac{\pi}{2}\right)\right]\end{aligned}$$

可得传播方向为 $-z$ 方向，但 $E_x=3E_0$，$E_y=5.5E_0$，$E_x\neq E_y$，所以不是圆极化波。

由于 $-\boldsymbol{e}_z=\boldsymbol{e}_y\times\boldsymbol{e}_x$，因此，$y$ 方向分量的初始相角为 ψ_1，故 $\psi_1=\dfrac{\pi}{2}$，$\psi_2=0$，可见 $\psi_2<\psi_1$，所以是左旋椭圆极化波。

(4) 由

$$\begin{aligned}\boldsymbol{E}(z)&=-\mathrm{j}E_{0x}\boldsymbol{e}_x\mathrm{e}^{-\mathrm{j}\beta z}+\boldsymbol{e}_yE_{0x}\mathrm{e}^{-\mathrm{j}(\beta z-\frac{3\pi}{4})}\\&=E_{0x}\boldsymbol{e}_x\mathrm{e}^{-\mathrm{j}\beta z-\mathrm{j}\frac{\pi}{2}}+\boldsymbol{e}_yE_{0x}\mathrm{e}^{-\mathrm{j}(\beta z-\frac{3\pi}{4})}\\&=E_{0x}\boldsymbol{e}_x\mathrm{e}^{-\mathrm{j}(\beta z+\frac{\pi}{2})}+\boldsymbol{e}_yE_{0x}\mathrm{e}^{-\mathrm{j}(\beta z-\frac{3\pi}{4})}\end{aligned}$$

可得传播方向为 $+z$ 方向，$\psi_1=\dfrac{\pi}{2}$，$\psi_2=-\dfrac{3\pi}{4}=\dfrac{5\pi}{4}$(超过 180°)，可见 $\psi_2>\psi_1$，两个分量的相位差为 $3\pi/4$，故为右旋椭圆极化波。

例 5.7　若真空中电磁波的电场强度为 $\boldsymbol{E}=(-\mathrm{j}25\boldsymbol{e}_x+25\boldsymbol{e}_z)\mathrm{e}^{-\mathrm{j}120y}$(V/m)，试求电磁波的传播方向、波的极化、相速度、波矢量以及磁场强度的瞬时值。

解　由电场强度的表达式可以判断这个波为均匀平面电磁波。

(1) 由于波的传播因子为 $\mathrm{e}^{-\mathrm{j}\boldsymbol{k}\cdot\boldsymbol{r}}=\mathrm{e}^{-\mathrm{j}120y}$，因此有

$$\boldsymbol{k}\cdot\boldsymbol{r}=k\boldsymbol{e}_\mathrm{n}\cdot\boldsymbol{r}=k_xx+k_yy+k_zz=120y$$

可得

$$k_x=0,\ k_y=120,\ k_z=0$$

则波矢量为 $\boldsymbol{k}=k\boldsymbol{e}_\mathrm{n}=\boldsymbol{e}_yk_y=\boldsymbol{e}_y120$，因此波的传播方向为 $+y$ 方向。

(2) 判断波的极化。由于两个场分量的大小相等，相位相差 90°，因此这是一个圆极化

波，其旋向可通过分析获得。这里应注意电磁波的传播方向是 y 方向，由于 $\boldsymbol{e}_y=\boldsymbol{e}_z\times\boldsymbol{e}_x$，因此在判断左旋还是右旋的相位中 ψ_1 应为 $\boldsymbol{e}_z$ 方向的相位，而 ψ_2 应为 $\boldsymbol{e}_x$ 方向的相位，则 $\psi_1=0$，$\psi_2=\pi/2$，所以是右旋圆极化波。此时，电场的时域表达式为

$$\begin{aligned}\boldsymbol{E}(\boldsymbol{r},t)&=\mathrm{Re}[(-\mathrm{j}25\boldsymbol{e}_x+25\boldsymbol{e}_z)\mathrm{e}^{-\mathrm{j}120y}\mathrm{e}^{\mathrm{j}\omega t}]\\&=25\boldsymbol{e}_x\cos\left(\omega t-120y-\frac{\pi}{2}\right)+25\boldsymbol{e}_z\cos(\omega t-120y)\end{aligned}$$

(3) 由于传输媒质是真空，故其相速度为

$$v_0=\frac{1}{\sqrt{\mu_0\varepsilon_0}}=3\times10^8(\mathrm{m/s})$$

(4) 波矢量为

$$\boldsymbol{k}=\boldsymbol{e}_y120,\quad k=120$$

(5) 由于是均匀平面电磁波，因此其磁场强度复矢量为

$$\begin{aligned}\boldsymbol{H}&=\frac{1}{\eta_0}\boldsymbol{e}_y\times\boldsymbol{E}=\frac{1}{\eta_0}\boldsymbol{e}_y\times(-\mathrm{j}25\boldsymbol{e}_x+25\boldsymbol{e}_z)\mathrm{e}^{-\mathrm{j}120y}\\&=\frac{1}{4.8\pi}(\boldsymbol{e}_x+\mathrm{e}^{\mathrm{j}\frac{\pi}{2}}\boldsymbol{e}_z)\mathrm{e}^{-\mathrm{j}120y}\end{aligned}$$

可求得电磁波的角频率 ω 为

$$\omega=kv_0=120\times3\times10^8=3.6\times10^{10}$$

则磁场强度的瞬时值形式为

$$\begin{aligned}\boldsymbol{H}(y,t)&=\mathrm{Re}[\boldsymbol{H}\mathrm{e}^{\mathrm{j}\omega t}]=\mathrm{Re}[\frac{1}{4.8\pi}(\boldsymbol{e}_x+\mathrm{e}^{\mathrm{j}\frac{\pi}{2}}\boldsymbol{e}_z)\mathrm{e}^{-\mathrm{j}120y}\mathrm{e}^{\mathrm{j}\omega t}]\\&=\frac{1}{4.8\pi}\left[\boldsymbol{e}_x\cos(\omega t-120y)+\boldsymbol{e}_z\cos\left(\omega t-120y+\frac{\pi}{2}\right)\right]\\&=\frac{1}{4.8\pi}[\boldsymbol{e}_x\cos(3.6\times10^{10}t-120y)-\boldsymbol{e}_z\sin(3.6\times10^{10}t-120y)]\end{aligned}$$

5.3　损耗媒质中的均匀平面电磁波

上面我们讨论了在理想介质、无源区域中均匀平面电磁波的传播，其媒质的电导率 $\sigma=0$。但绝大部分传输媒质的电导率不可能为零，如空气中由于水汽的存在，其电导率不为零。因此本节讨论在无源导电媒质中，即媒质的电导率并不等于零时，均匀平面电磁波的传播特性。

5.3.1　损耗媒质中的电磁波的解

由于媒质的电导率不为零，即 $\sigma\neq0$，因此在电场的作用下媒质中存在传导电流 $\boldsymbol{J}_c$，该电流与场的关系为

$$\boldsymbol{J}_c=\sigma\boldsymbol{E}$$

由复频域麦克斯韦方程组中的安培环路定理，可得

$$\nabla\times\boldsymbol{H}=\boldsymbol{J}_c+\mathrm{j}\omega\boldsymbol{D}=\sigma\boldsymbol{E}+\mathrm{j}\omega\varepsilon\boldsymbol{E}=\mathrm{j}\omega\left(\varepsilon-\mathrm{j}\frac{\sigma}{\omega}\right)\boldsymbol{E}=\mathrm{j}\omega\varepsilon_c\boldsymbol{E}\tag{5.46}$$

式中

$$\varepsilon_c = \varepsilon - j\frac{\sigma}{\omega} \tag{5.47}$$

称为等效介电常数。很明显，ε_c 是一个复数，也是频率的函数，可以写为

$$\varepsilon_c = \varepsilon' - j\varepsilon'' = \varepsilon\left(1 - j\frac{\sigma}{\omega\varepsilon}\right) = \varepsilon(1 - j\tan\delta) \tag{5.48}$$

式中，实部 $\varepsilon' = \varepsilon$ 是介电常数；虚部为 $\varepsilon'' = \sigma/\omega = \varepsilon\tan\delta$，是与电导率有关的一项，$\omega\varepsilon''$是媒质的电导率 σ，而

$$\tan\delta = \frac{\sigma}{\omega\varepsilon} \tag{5.49}$$

是媒质的损耗角正切(可理解为传导电流与位移电流之比)，它与电导率有直接的关系，同时媒质的损耗角正切与频率也相关。对于理想介质，$\tan\delta = 0$；对于理想导体，$\tan\delta = \infty$。一般情况下，介质材料所给出的损耗角正切是在某个频率下得到的值，或者是频率的函数。

无源导电(损耗)媒质中的麦克斯韦方程可以写为

$$\begin{cases} \nabla \times \boldsymbol{H} = j\omega\varepsilon_c \boldsymbol{E} \\ \nabla \times \boldsymbol{E} = -j\omega\mu \boldsymbol{H} \\ \nabla \cdot \boldsymbol{B} = 0 \\ \nabla \cdot \boldsymbol{D} = 0 \end{cases} \tag{5.50}$$

比较无源损耗媒质的麦克斯韦方程与无源理想介质中的麦克斯韦方程可见，其形式完全相同，唯一的区别是介电常数。如果用 ε 代替 ε_c，则式(5.50)就变成了理想介质中的麦克斯韦方程，因此前面在理想介质中的求解过程亦可用于损耗媒质中的求解。

无源导电媒质中的亥姆霍兹方程为

$$\begin{cases} \nabla^2 \boldsymbol{E} + k_c^2 \boldsymbol{E} = 0 \\ \nabla^2 \boldsymbol{H} + k_c^2 \boldsymbol{H} = 0 \end{cases} \tag{5.51}$$

式中，$k_c^2 = \omega^2 \mu\varepsilon_c$，即 $k_c = \omega\sqrt{\mu\varepsilon_c}$，注意此时 k_c 是一个复数。

引入传播系数 γ：

$$\gamma = jk_c = j\omega\sqrt{\mu\varepsilon_c} = \alpha + j\beta \tag{5.52}$$

即有

$$\gamma^2 = -k_c^2 = -\omega^2\mu\varepsilon_c = -\omega^2\mu\varepsilon\left(1 - j\frac{\sigma}{\omega\varepsilon}\right) \tag{5.53}$$

则亥姆霍兹方程变为

$$\begin{cases} \nabla^2 \boldsymbol{E} - \gamma^2 \boldsymbol{E} = 0 \\ \nabla^2 \boldsymbol{H} - \gamma^2 \boldsymbol{H} = 0 \end{cases}$$

对于沿$+z$轴方向传播的均匀平面电磁波，仍假设只有 x 分量电场，即有 $\boldsymbol{E} = \boldsymbol{e}_x E_x(z)$，则亥姆霍兹方程中的电场方程可简化为

$$\frac{\partial^2 E_x}{\partial z^2} - \gamma^2 E_x = 0 \tag{5.54}$$

式(5.54)的解为

$$E_x = E_m e^{-\gamma z} = E_m e^{-\alpha z} e^{-j\beta z}$$

则电场强度矢量为

$$\boldsymbol{E} = \boldsymbol{e}_x E_x = \boldsymbol{e}_x E_m e^{-\gamma z} = \boldsymbol{e}_x E_m e^{-\alpha z} e^{-j\beta z} \tag{5.55}$$

分析式(5.55)可以看出，电场强度随 z 的增加，不仅相位有滞后(见 $e^{-j\beta z}$ 项)，而且振幅也有衰减(见 $e^{-\alpha z}$ 项)。

由式(5.53)展开可获得传播系数的实部和虚部分别为

$$\alpha=\omega\sqrt{\frac{\mu\varepsilon}{2}\left[\sqrt{1+\left(\frac{\sigma}{\omega\varepsilon}\right)^2}-1\right]} \tag{5.56}$$

$$\beta=\omega\sqrt{\frac{\mu\varepsilon}{2}\left[\sqrt{1+\left(\frac{\sigma}{\omega\varepsilon}\right)^2}+1\right]} \tag{5.57}$$

式中，α 称为衰减系数，表示电磁波传播单位距离的衰减程度，其单位为 Np/m(奈培/米)；β 称为相位系数或相移常数，表示电磁波传播单位距离滞后的相位，其单位为 rad/m(弧度/米)。

分析式(5.56)和式(5.57)可以看出，α 和 β 与材料的特性参数 ε、μ、σ 有关，同时还与频率 ω 有关，且与频率不是简单的线性关系。

相应空间的磁场强度为

$$\boldsymbol{H}=\frac{1}{\eta_c}\boldsymbol{e}_z\times\boldsymbol{E}=\boldsymbol{e}_y\frac{E_m}{\eta_c}e^{-\gamma z}=\boldsymbol{e}_y\frac{E_m}{|\eta_c|}e^{-\alpha z}e^{-j\beta z}e^{-j\psi} \tag{5.58}$$

式中

$$\eta_c=\sqrt{\frac{\mu}{\varepsilon_c}}=\eta\left(1-j\frac{\sigma}{\omega\varepsilon}\right)^{-\frac{1}{2}}=|\eta_c|e^{j\psi} \tag{5.59}$$

为导电媒质的本征阻抗。注意本征阻抗也是一个复数，由式(5.59)可以看出，它为磁场引入了一个相对于电场的相位差 ψ，这个相位的大小与材料的特性参数 ε、σ 有关，也与频率有关。

电场强度和磁场强度的瞬时值表示式为

$$\boldsymbol{E}(z,t)=\text{Re}[\boldsymbol{e}_xE_xe^{j\omega t}]=\boldsymbol{e}_xE_me^{-\alpha z}\cos(\omega t-\beta z) \tag{5.60}$$

$$\boldsymbol{H}(z,t)=\text{Re}[\boldsymbol{e}_yH_ye^{j\omega t}]=\boldsymbol{e}_y\frac{E_m}{|\eta_c|}e^{-\alpha z}\cos(\omega t-\beta z-\psi) \tag{5.61}$$

由图 5.13 和式(5.60)、式(5.61)，我们可以总结出导电媒质中传播的均匀平面电磁波的性质如下：

(1) 电场沿空间 $+z$ 轴按余弦规律变化，随时间 t 轴也按余弦规律变化。

(2) 电场和磁场的振幅以因子 $e^{-\alpha z}$ 随 z 的增大而减小，如图 5.14 所示。

(3) 电场和磁场的相位随距离的增加连续滞后，但电场和磁场的相位不相同，磁场比电场滞后 ψ 角。

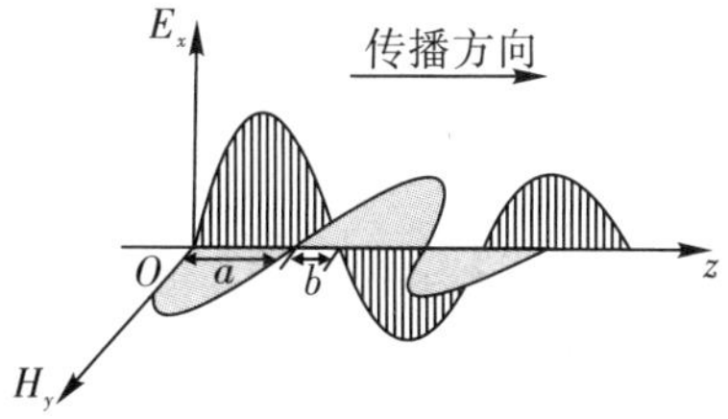

图 5.13　一般媒质中的电场和磁场

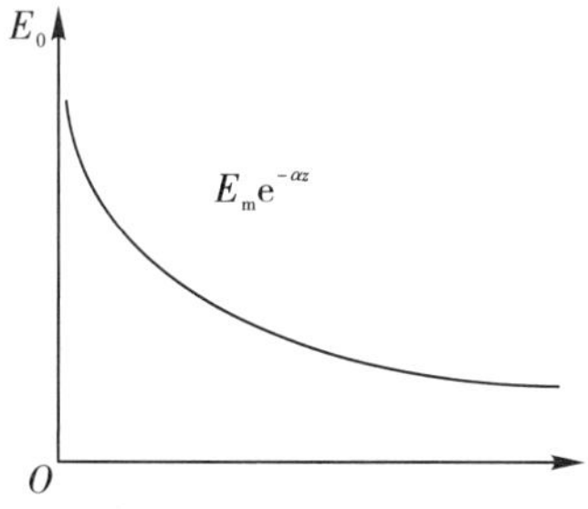

图 5.14　电场的振幅变化

(4) 电场和磁场的方向垂直，且两者都垂直于传播方向，电场、磁场与传播方向三者相互垂直且符合右手螺旋法则，是 TEM 波。

在图 5.13 中，b 段是由磁场滞后于电场所产生的，对应的角度是 ψ 角。由坡印廷矢量可得，在 a 段，传播方向为 $+z$ 轴，但在 b 段，其传播方向却为 $-z$ 轴，即瞬时电磁场能流的方向与 a 段是反向的。如果 a 段大于 b 段，此时 ψ 角小于 90°，则总的能量是向 $+z$ 方向传播；反之则向 $-z$ 方向传播。对于一个周期内总的能流传播方向，可由平均坡印廷矢量求得，即

$$\boldsymbol{S}_{\mathrm{av}}=\frac{1}{2}\mathrm{Re}[\boldsymbol{E}\times\boldsymbol{H}^*]=\frac{1}{2}\boldsymbol{e}_z\frac{E_{\mathrm{m}}^2}{|\eta_{\mathrm{c}}|}\mathrm{e}^{-2\alpha z}\cos\psi \tag{5.62}$$

由式(5.62)可以看出，平均能流的方向取决于 ψ 角的大小，如果 ψ 角在 $-90°$ 到 $+90°$ 之间，即 $|\psi|<90°$，则平均能流是向 $+z$ 方向传播；如果 ψ 角在 $+90°$ 到 180°之间，即 $90°<|\psi|<180°$，则平均能流是向 $-z$ 方向传播。而 ψ 角是导电媒质本征阻抗的相角，因此只要本征阻抗的相角小于 90°，则总的传播方向就是 $+z$ 方向。后面我们会分析导电媒质本征阻抗的相角。

导电媒质中电磁波的传播速度(即相速)和波长分别为

$$v_{\mathrm{p}}=\frac{\omega}{\beta}=\left[\frac{\mu\varepsilon}{2}\left(\sqrt{1+\left(\frac{\sigma}{\omega\varepsilon}\right)^2}+1\right)\right]^{-\frac{1}{2}}<\frac{1}{\sqrt{\mu\varepsilon}} \tag{5.63}$$

$$\lambda=\frac{2\pi}{\beta}=\lambda_0\left[\frac{\mu_{\mathrm{r}}\varepsilon_{\mathrm{r}}}{2}\left(\sqrt{1+\left(\frac{\sigma}{\omega\varepsilon}\right)^2}+1\right)\right]^{-\frac{1}{2}} \tag{5.64}$$

式中，λ_0 是电磁波在自由空间中的波长。由式(5.63)和式(5.64)可以看出，电磁波的传播速度和波长与媒质的特性参数(ε、μ、σ)有关，且小于相同介电常数和磁导率的理想介质中的传播速度和波长，其中电导率愈大，相速愈慢，波长愈短；同时，电磁波的传播速度与频率有关。我们知道通信信号含有多个频率，如语音信号调制在载波上，由于多频信号在导电媒质中的传播速度不同，这样经过一定传播距离会造成不同频率的电磁波有不同的时延，从而产生信号畸变，影响通信质量。因此需要对这种现象进行研究。

在导电媒质中，电磁波的传播速度(相速)随频率改变的现象，称为色散效应。

在导电媒质中有两种常见的情况，一种是相对电导率较小的媒质，如空气、同轴线填充介质、线路板基板，我们称之为弱导电媒质；另一种是良导体或接近良导体的媒质，我们称之为强导电媒质。下面我们分别讨论两种情况下波的传播特性。

5.3.2 弱导电媒质中的均匀平面电磁波

当媒质的损耗角正切 $\tan\delta=\dfrac{\sigma}{\omega\varepsilon}\ll 1$ 时，我们称之为弱导电媒质。注意 $\tan\delta$ 是媒质或材料的损耗角正切，它是与频率相关的参数，即某媒质相对于频率 f_1 可能是强导电媒质，而相对于频率 f_2 可能是弱导电媒质。

当材料在某频率下是弱导电媒质，即 $\tan\delta=\dfrac{\sigma}{\omega\varepsilon}\ll 1$ 时，利用二项式定理展开并略去高阶小项，可得

$$k_{\mathrm{c}}=\omega\sqrt{\mu\varepsilon_{\mathrm{c}}}=\omega\sqrt{\mu\varepsilon\left(1-\mathrm{j}\frac{\sigma}{\omega\varepsilon}\right)}\approx\omega\sqrt{\mu\varepsilon}\left(1-\mathrm{j}\frac{\sigma}{2\omega\mu}\right) \tag{5.65}$$

此时传播系数为

$$\gamma=\mathrm{j}k_c\approx\mathrm{j}\omega\sqrt{\mu\varepsilon}\left(1-\mathrm{j}\,\frac{\sigma}{2\omega\varepsilon}\right)=\frac{\sigma}{2}\sqrt{\frac{\mu}{\varepsilon}}+\mathrm{j}\omega\sqrt{\mu\varepsilon} \tag{5.66}$$

相应的衰减系数、相位系数(相移常数)、本征阻抗分别为

$$\alpha\approx\frac{\sigma}{2}\sqrt{\frac{\mu}{\varepsilon}} \tag{5.67}$$

$$\beta=\omega\sqrt{\mu\varepsilon} \tag{5.68}$$

$$\eta=\sqrt{\frac{\mu}{\varepsilon}}\left(1-\mathrm{j}\,\frac{\sigma}{\omega\varepsilon}\right)^{-\frac{1}{2}}\approx\sqrt{\frac{\mu}{\varepsilon}}\left(1+\mathrm{j}\,\frac{\sigma}{2\omega\varepsilon}\right) \tag{5.69}$$

由式(5.67)和式(5.68)可以看出，弱导电媒质的相移常数与理想介质的相移常数相同，但弱导电媒质的衰减系数不为零，即波在传播中，随着距离的增加，振幅会减少。注意在弱导电媒质中波的传播衰减只与媒质的特性参数有关，与频率无关。

由式(5.69)可以看到，本征阻抗的相角为 $\psi=\arctan\frac{\sigma}{2\omega\varepsilon}$，由于 $\tan\delta=\frac{\sigma}{\omega\varepsilon}\ll 1$，因此 ψ 也很小，即磁场和电场几乎同相。由前面分析可知，此时均匀平面电磁波可保持 $+z$ 方向传播。

弱导电媒质中波的相速度和波长分别为

$$v_p=\frac{\omega}{\beta}\approx\frac{1}{\sqrt{\mu\varepsilon}} \tag{5.70}$$

$$\lambda=\frac{2\pi}{\beta}=\frac{1}{f\sqrt{\mu\varepsilon}}=\frac{v}{f}=\frac{\lambda_0}{\sqrt{\mu_r\varepsilon_r}} \tag{5.71}$$

即波的相速度与频率无关，因此，弱导电媒质可视为非色散媒质。波长与真空中的工作波长为线性关系，只与媒质的相对介电常数和相对磁导率有关。由于在一般的弱导电媒质中，$\varepsilon_r\geqslant 1$，$\mu_r\geqslant 1$，因此，弱导电媒质中的工作波长 λ 小于真空中的工作波长 λ_0。

5.3.3　强导电媒质中的均匀平面电磁波

当媒质的损耗角正切 $\tan\delta=\frac{\sigma}{\omega\varepsilon}\gg 1$ 时，我们称之为强导电媒质，或为良导体。媒质是否为强导电媒质也与频率有关。此时

$$k_c=\omega\sqrt{\mu\varepsilon_c}=\omega\sqrt{\mu\varepsilon\left(1-\mathrm{j}\,\frac{\sigma}{\omega\varepsilon}\right)}\approx\omega\sqrt{\mu\varepsilon}\left(\frac{\sigma}{\mathrm{j}\omega\varepsilon}\right)^{\frac{1}{2}}=\sqrt{\frac{\omega\mu\sigma}{2}}(1-\mathrm{j}) \tag{5.72}$$

相应的传播系数、衰减系数、相位系数(相移常数)、本征阻抗分别为

$$\gamma=jk_c\approx\sqrt{\frac{\omega\mu\sigma}{2}}(1+\mathrm{j})=\sqrt{\pi f\mu\sigma}(1+\mathrm{j}) \tag{5.73}$$

$$\alpha\approx\sqrt{\pi f\mu\sigma} \tag{5.74}$$

$$\beta\approx\sqrt{\pi f\mu\sigma} \tag{5.75}$$

$$\eta_c=\sqrt{\frac{\mu}{\varepsilon}}\left(1-\mathrm{j}\,\frac{\sigma}{\omega\varepsilon}\right)^{-\frac{1}{2}}\approx\sqrt{\frac{\mathrm{j}\omega\mu}{\sigma}}=\sqrt{\frac{\pi f\mu}{\sigma}}(1+\mathrm{j})=\sqrt{\frac{2\pi f\mu}{\sigma}}\mathrm{e}^{\mathrm{j}\frac{\pi}{4}} \tag{5.76}$$

比较式(5.74)和式(5.75)可见，强导电媒质中的衰减系数和相移常数在数值上是相等的，它们都与频率有关，并且是非线性正比关系。由式(5.76)可以看出，强导电媒质或良

导体中本征阻抗的相位为 45°，即强导电媒质中磁场的相位滞后于电场 45°。由前面平均坡印廷矢量式(5.62)可知，当 $\psi\leqslant 90°$时，电磁波平均能流是向 $+z$ 方向传播的，这里我们看到由本征阻抗所引入的相角最大为 45°，因此可以确定均匀平面电磁波在良导体中平均能流的传播方向没有改变。

良导体中，波的相速度和波长分别为

$$v_p=\frac{\omega}{\beta}\approx 2\sqrt{\frac{\pi f}{\mu\sigma}} \tag{5.77}$$

$$\lambda=\frac{2\pi}{\beta}=2\sqrt{\frac{\pi}{f\mu\sigma}}=\frac{v_p}{f} \tag{5.78}$$

由式(5.77)可以看出，相速度与频率相关，表明强导电媒质是色散媒质，对于同一强导电媒质，频率越高，相速度越大。

由式(5.74)可知，强导电媒质的衰减系数与频率和电导率的平方根成正比，即当电导率越大或电磁波的频率越高时，其衰减系数越大，这时电磁波在媒质中传输一定的距离后，其电场强度的幅值急剧下降，衰减至近乎为零，如图 5.15 所示。当电磁波进入良导体时，电磁波只存在于导体表面附近，我们称这种现象为集肤效应或趋肤效应。那么电磁波在良导体中的衰减如何表征？我们用透入深度或趋肤深度来衡量，趋肤深度是指在导电媒质中，电磁波场量的振幅衰减到表面值的 1/e 时所经过的距离，用 δ 表示，因此

$$e^{-\alpha\delta}=\frac{1}{e}=e^{-1} \tag{5.79}$$

则透入深度为

$$\delta=\frac{1}{\alpha}=\frac{1}{\sqrt{\pi f\mu\sigma}}=\sqrt{\frac{2}{\omega\mu\sigma}} \tag{5.80}$$

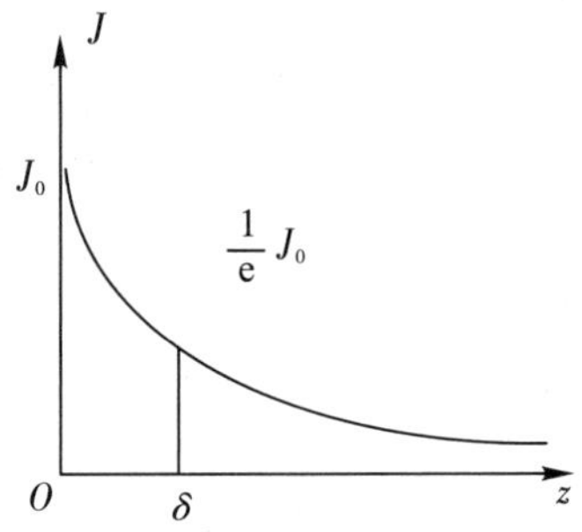

图 5.15 电磁波在良导体中传播

对于良导体，$\alpha=\beta$，故 δ 也可写为

$$\delta=\frac{1}{\beta}=\frac{\lambda}{2\pi} \tag{5.81}$$

以紫铜为例，紫铜的电导率为 $\sigma=5.8\times10^{7}$ (S/m)，$\mu=4\pi\times10^{-7}$，其衰减系数为

$$\alpha=\sqrt{\pi f\mu\sigma}=\sqrt{\pi f\cdot 4\pi\times10^{-7}\times5.8\times10^{7}}=15.13\sqrt{f}$$

当频率不同时，其透入深度也不同，紫铜在几个典型频率时的透入深度如表 5.1 所示。由表可以看出，当频率分别为 3 GHz、100 MHz、1 MHz 时，其透入深度非常小(小于 0.1 mm)，因此用一个薄的金属板就可屏蔽高频电磁波；当频率为 50 Hz 时，其透入深度

较大，约为 10 mm 厚，如果要屏蔽这个频率的电磁波则需要较厚的金属板，但由于此时电磁波的波长较长(6000 km)，空间只有较少量的该频率的电磁波。

表 5.1　几个频率下电磁波对良导体的透入深度

序号	f	λ_0/m	δ/mm
1	3 GHz	0.1	0.0012
2	100 MHz	3	0.0066
3	1 MHz	300	0.066
4	50 Hz	6 000 000	9.45

一般情况下，当电磁波经过厚度为 5δ 的导体路径时，电磁波振幅会衰减至原振幅的 1%，这样可认为该导体有较好的屏蔽效果。目前计算机的时钟频率约为 3 GHz，因此其屏蔽外壳只需要 0.006 mm 即可以屏蔽外面的同频电磁波信号对它的干扰。

在良导体中，电磁波的趋肤深度随着频率、媒质的磁导率和电导率的增加而减小。当频率较高时，良导体的趋肤深度非常小，即电流仅存在于导体表面，这与恒定电流或低频电流均匀分布于导体的横截面上的情况有所不同，此时导体的实际载流截面减小了，因而导体的高频电阻大于直流或低频电阻。

良导体的本征阻抗为

$$\eta_c=\sqrt{\frac{\pi f\mu}{\sigma}}(1+\mathrm{j})=\frac{1}{\sigma\delta}(1+\mathrm{j})=R_s+\mathrm{j}X_s \tag{5.82}$$

可见电阻分量与电抗分量相等，即

$$R_s=X_s=\sqrt{\frac{\pi f\mu}{\sigma}}=\frac{1}{\sigma\delta} \tag{5.83}$$

它们与电导率和透入深度有关。R_s 表示厚度为 δ、表面积为 1 m^2 的导体的电阻，故称其为导体的表面电阻率，简称表面电阻。相应的 X_s 称为表面电抗，则表面阻抗为

$$Z_s=R_s+\mathrm{j}X_s \tag{5.84}$$

如果用 J_0 表示表面电流密度，则在穿入导体表面 z 处的电流密度为 $J_x=J_0\mathrm{e}^{-\gamma z}$，导体内单位宽度的总电流为

$$J_s=\int_S J_x\mathrm{d}S=\int_0^{\infty}J_0\mathrm{e}^{-\gamma z}\mathrm{d}z=\frac{J_0}{\gamma} \tag{5.85}$$

由于在良导体内电流主要分布在表面附近，因此可将 $\boldsymbol{J}_s$ 看作是导体的表面电流。导体表面的电场为 $E_0=J_0/\sigma$，由式(5.85)可得表面电场为

$$E_0=\frac{J_0}{\sigma}=\frac{J_s\gamma}{\sigma}=\frac{J_s}{\sigma}\sqrt{\frac{\pi f\mu}{\sigma}}(1+\mathrm{j})=\frac{J_s}{\sigma\delta}(1+j)=J_sZ_s \tag{5.86}$$

即良导体的表面电场等于表面电流乘以表面阻抗。则导体中单位表面的平均功率损耗 P_l 为

$$P_l=\frac{1}{2}|\boldsymbol{J}_s|^2R_s(\mathrm{W/m^2}) \tag{5.87}$$

在实际计算中，可先假定导体的电导率为无穷大，由此求出导体表面的切向磁场 $\boldsymbol{H}_t$，

再由 $\boldsymbol{J}_s=\boldsymbol{e}_n\times\boldsymbol{H}$，求出导体的表面电流密度 $\boldsymbol{J}_s$，因此导体中单位表面的功率损耗为

$$P_l=\frac{1}{2}|\boldsymbol{H}_t|^2R_s \tag{5.88}$$

例 5.8 在进行电磁测量时，为了防止室内的电子设备受外界电磁场的干扰，可采用金属铜板构造屏蔽室，通常取铜板厚度大于 5δ 就能满足要求。若要求屏蔽的电磁干扰频率范围从 10 kHz 到 100 MHz，试计算至少需要多厚的铜板才能达到要求。铜的参数为 $\mu=\mu_0$，$\varepsilon=\varepsilon_0$，$\sigma=5.8\times10^7$ S/m。

解 对于频率范围的低端，$f_L=10$ kHz，有

$$\frac{\sigma}{\omega_L\varepsilon}=\frac{5.8\times10^7}{2\pi\times10^4\times\frac{1}{36\pi}\times10^{-9}}=1.04\times10^{14}\gg1$$

对于频率范围的高端，$f_H=100$ MHz，有

$$\frac{\sigma}{\omega_H\varepsilon}=\frac{5.8\times10^7}{2\pi\times10^8\times\frac{1}{36\pi}\times10^{-9}}=1.04\times10^{10}\gg1$$

由此可见，在要求的频率范围内均可将铜视为良导体，故

$$\delta_L=\frac{1}{\sqrt{\pi f_L\mu\sigma}}=\frac{1}{\sqrt{\pi\times10^4\times4\pi\times10^{-7}\times5.8\times10^7}}=0.66\ (\text{mm})$$

$$\delta_H=\frac{1}{\sqrt{\pi f_H\mu\sigma}}=\frac{1}{\sqrt{\pi\times10^8\times4\pi\times10^{-7}\times5.8\times10^7}}=6.6\ (\mu\text{m})$$

故，为了满足给定的频率范围内的屏蔽要求，铜板的厚度 d 至少应为

$$d=5\delta_L=3.3\ (\text{mm})$$

例 5.9 海水的特性参数为 $\mu=\mu_0$，$\varepsilon=81\varepsilon_0$ 和 $\sigma=4$ S/m。已知在海水中沿 $+z$ 方向传播的均匀平面电磁波的电场为 x 方向，其振幅为 1 V/m。在频率分别为 100 Hz 和 100 MHz时，求：

(1) 衰减系数 α、相位系数 β、本征阻抗 η、相速度 v 和波长 λ；

(2) 电场和磁场的瞬时表达式 $\boldsymbol{E}(z,t)$ 和 $\boldsymbol{H}(z,t)$；

(3) 距离为 10 m、100 m、1 km 时的场强。

解 (1) 当 $f=100$ Hz 时，有

$$\frac{\sigma}{\omega\varepsilon}=\frac{4}{2\pi\times100\times81\varepsilon_0}=8.89\times10^6\gg1$$

可见海水在频率为 100 Hz 时可视为强导电媒质(良导体)。

① 衰减系数、相位系数和本征阻抗分别为

$$\alpha\approx\sqrt{\pi f\mu\sigma}=\sqrt{\pi\times100\times4\pi\times10^{-7}\times4}=3.97\times10^{-2}\ (\text{Np/m})$$

$$\beta\approx\sqrt{\pi f\mu\sigma}=3.97\times10^{-2}\ (\text{rad/m})$$

$$\eta\approx\sqrt{\frac{\pi f\mu}{\sigma}}(1+\text{j})=\sqrt{\frac{\pi\times100\times4\pi\times10^{-7}}{4}}(1+\text{j})=9.93\times10^{-3}(1+\text{j})$$
$$=14.04\times10^{-3}\text{e}^{\text{j}45^\circ}\ (\Omega)$$

波的相速度和波长分别为

$$v=\frac{\omega}{\beta}=\frac{2\pi\times100}{3.97\times10^{-2}}=1.58\times10^4\ (\text{m/s})$$

$$\lambda=\frac{2\pi}{\beta}=\frac{v}{f}=\frac{2\pi}{3.97\times10^{-2}}=1.58\times10^{2}\ (\mathrm{m})$$

② 设电场的初相位为 0，故

$$\boldsymbol{E}(z,t)=\boldsymbol{e}_x E_{\mathrm{m}}\mathrm{e}^{-\alpha z}\cos(\omega t-\beta z)$$
$$=\boldsymbol{e}_x \mathrm{e}^{-3.97\times10^{-2}z}\cos(2\pi\times100t-3.97\times10^{-2}z)\ (\mathrm{V/m})$$

$$\boldsymbol{H}(z,t)=\boldsymbol{e}_y \frac{E_{\mathrm{m}}}{|\eta_{\mathrm{c}}|}\mathrm{e}^{-\alpha z}\cos(\omega t-\beta z-\psi)$$
$$=\boldsymbol{e}_y \frac{10^3}{14.04}\mathrm{e}^{-3.97\times10^{-2}z}\cos\left(2\pi\times100t-3.97\times10^{-2}z-\frac{\pi}{4}\right)\ (\mathrm{A/m})$$

③ 距离为 10 m 时：

$$\boldsymbol{E}(z,t)=\boldsymbol{e}_x E_{\mathrm{m}}\mathrm{e}^{-\alpha z}\cos(\omega t-\beta z)$$
$$=\boldsymbol{e}_x \mathrm{e}^{-3.97\times10^{-2}\times10}\cos(2\pi\times100t-3.97\times10^{-2}\times10)$$
$$=\boldsymbol{e}_x 0.67\cos(2\pi\times100t-0.397)\ (\mathrm{V/m})$$

$$\boldsymbol{H}(z,t)=\boldsymbol{e}_y \frac{E_{\mathrm{m}}}{|\eta_{\mathrm{c}}|}\mathrm{e}^{-\alpha z}\cos(\omega t-\beta z-\psi)$$
$$=\boldsymbol{e}_y \frac{10^3}{14.04}\mathrm{e}^{-3.97\times10^{-2}\times10}\cos\left(2\pi\times100t-3.97\times10^{-2}\times10-\frac{\pi}{4}\right)$$
$$=\boldsymbol{e}_y 47.89\cos\left(2\pi\times100t-0.397-\frac{\pi}{4}\right)\ (\mathrm{A/m})$$

距离为 100 m 时：

$$\boldsymbol{E}(z,t)=\boldsymbol{e}_x E_{\mathrm{m}}\mathrm{e}^{-\alpha z}\cos(\omega t-\beta z)$$
$$=\boldsymbol{e}_x \mathrm{e}^{-3.97\times10^{-2}\times100}\cos(2\pi\times100t-3.97\times10^{-2}\times100)$$
$$=\boldsymbol{e}_x 0.019\cos(2\pi\times100t-3.97)\ (\mathrm{V/m})$$

$$\boldsymbol{H}(z,t)=\boldsymbol{e}_y \frac{E_{\mathrm{m}}}{|\eta_{\mathrm{c}}|}\mathrm{e}^{-\alpha z}\cos(\omega t-\beta z-\psi)$$
$$=\boldsymbol{e}_y \frac{10^3}{14.04}\mathrm{e}^{-3.97\times10^{-2}\times100}\cos\left(2\pi\times100t-3.97\times10^{-2}\times100-\frac{\pi}{4}\right)$$
$$=\boldsymbol{e}_y 1.34\cos\left(2\pi\times100t-3.97-\frac{\pi}{4}\right)\ (\mathrm{A/m})$$

距离为 1 km 时：

$$\boldsymbol{E}(z,t)=\boldsymbol{e}_x E_{\mathrm{m}}\mathrm{e}^{-\alpha z}\cos(\omega t-\beta z)$$
$$=\boldsymbol{e}_x 5.735\times10^{-18}\cos(2\pi\times100t-39.7)\ (\mathrm{V/m})$$

$$\boldsymbol{H}(z,t)=\boldsymbol{e}_y \frac{E_{\mathrm{m}}}{|\eta_{\mathrm{c}}|}\mathrm{e}^{-\alpha z}\cos(\omega t-\beta z-\psi)$$
$$=\boldsymbol{e}_y 4.08\times10^{-16}\cos\left(2\pi\times100t-39.7-\frac{\pi}{4}\right)\ (\mathrm{A/m})$$

(2) 当 $f=100$ MHz 时，有

$$\frac{\sigma}{\omega\varepsilon}=\frac{4}{2\pi\times100\times10^6\times81\varepsilon_0}=8.89>1$$

可见海水在频率为 100 MHz 时不可视为强导电媒质(良导体)，应按照正常导电媒质计算。

① 衰减系数、相位系数、本征阻抗、相速度和波长分别为

$$\alpha=\omega\sqrt{\frac{\mu\varepsilon}{2}\left[\sqrt{1+\left(\frac{\sigma}{\omega\varepsilon}\right)^2}-1\right]}=37.57\ (\text{Np/m})$$

$$\beta=\omega\sqrt{\frac{\mu\varepsilon}{2}\left[\sqrt{1+\left(\frac{\sigma}{\omega\varepsilon}\right)^2}+1\right]}=42.034\ (\text{rad/m})$$

$$\eta_c=\sqrt{\frac{\mu}{\varepsilon_c}}=\eta\left(1-\mathrm{j}\frac{\sigma}{\omega\varepsilon}\right)^{-\frac{1}{2}}=|\eta_c|\mathrm{e}^{\mathrm{j}\psi}=14.005\mathrm{e}^{\mathrm{j}41.79^\circ}(\Omega)$$

$$v=\frac{\omega}{\beta}=\frac{2\pi\times100\times10^6}{42.034}=1.49\times10^7(\text{m/s})$$

$$\lambda=\frac{2\pi}{\beta}=\frac{v}{f}=\frac{2\pi}{42.034}=0.149\ (\text{m})$$

② 设电场的初相位为 0，故

$$\begin{aligned}\boldsymbol{E}(z,t)&=\boldsymbol{e}_xE_\mathrm{m}\mathrm{e}^{-\alpha z}\cos(\omega t-\beta z)\\&=\boldsymbol{e}_x\mathrm{e}^{-37.57z}\cos(2\pi\times10^8t-42.034z)\ (\text{V/m})\end{aligned}$$

$$\begin{aligned}\boldsymbol{H}(z,t)&=\boldsymbol{e}_y\frac{E_\mathrm{m}}{|\eta_c|}\mathrm{e}^{-\alpha z}\cos(\omega t-\beta z-\psi)\\&=\boldsymbol{e}_y\frac{1}{14.005}\mathrm{e}^{-37.57z}\cos(2\pi\times10^8t-42.034z-41.79^\circ)\ (\text{A/m})\end{aligned}$$

③ 距离为 10 m 时：

$$\begin{aligned}\boldsymbol{E}(z,t)&=\boldsymbol{e}_xE_\mathrm{m}\mathrm{e}^{-\alpha z}\cos(\omega t-\beta z)\\&=\boldsymbol{e}_x\mathrm{e}^{-37.57\times10}\cos(2\pi\times10^8t-42.034\times10)\\&=\boldsymbol{e}_x6.85\times10^{-164}\cos(2\pi\times10^8t-420.34)\approx0\end{aligned}$$

$$\begin{aligned}\boldsymbol{H}(z,t)&=\boldsymbol{e}_y\frac{E_\mathrm{m}}{|\eta_c|}\mathrm{e}^{-\alpha z}\cos(\omega t-\beta z-\psi)\\&=\boldsymbol{e}_y4.899\times10^{-165}\cos(2\pi\times10^8t-420.34-41.79^\circ)\approx0\end{aligned}$$

则在 100 m 和 1 km 的地方的场强更加接近于 0。

由结果可知，频率为 100 MHz 的电磁波衰减较大，在进入海水 10 m 的距离内已经衰减至近乎为零；频率为 100 Hz 的电磁波在传输 100 m 时还可以接收到信号，但在 1 km 处信号也衰减至近乎为零。说明电磁波在海水中传播时衰减很快，尤其在高频时，衰减更为严重，这给水下通信带来了很大的困难。若要实现低衰减，工作频率必须很低，此时频带窄，通信速率低。值得注意的是，例 5.9 中当频率为 100 Hz 时，海水是强导电媒质，透入深度为 $\delta=1/\alpha\approx25.2$ m，按 5 倍的透入深度，即频率为 100 Hz 的电磁波在透入 126 m 时仍有 1%的信号。

5.4 相速和群速

5.4.1 相速

相速即相速度，是指波的等相位面或恒定相位点前进的速度，对于向 $+z$ 方向传播的电磁波，电场为 $E_x(z,t)=E_\mathrm{m}\cos(\omega t-\beta z)$，则其等相位面的移动速度为

$$v_p = \frac{\omega}{\beta} \tag{5.89}$$

式中 β 为相位系数。从前面几节的学习，我们也知道在不同的媒质中有不同的传播相速，即相速与媒质的特性参数有关，但同时可能与电磁波的频率有关，这由媒质的特性决定。

（1）在理想介质中，$\beta = k = \omega\sqrt{\mu\varepsilon}$ 是角频率的线性函数，则有

$$v_p = \frac{1}{\sqrt{\mu\varepsilon}}$$

此时电磁波的相速度只与介质的特性参数有关，而与频率无关，因此我们也称理想介质为非色散媒质。

（2）在有耗媒质中，相位系数见式(5.67)，相位系数 β 不再是 ω 的线性函数，则此时不同频率的波将以不同的相速传播，将产生色散现象，即有耗媒质是一种色散媒质。

例如在良导体中，$\beta \approx \sqrt{\pi f \mu\sigma}$，电磁波的传播相速为

$$v_p = \frac{\omega}{\beta} = \sqrt{\frac{2\omega}{\mu\sigma}} = 2\sqrt{\frac{\pi f}{\mu\sigma}} \tag{5.90}$$

此时应注意，在良导体中，电磁波的传播相速与频率的平方根成正比。

5.4.2 群速

在通信应用中，高频电磁波是载波，我们将待传输的信号加载到高频电磁波上，这种加载可以是调幅，可以是调频，也可以是调相，甚至是脉冲信号，即待传输的信号由许多频率成分组成，用载波的相速无法描述一个信号在色散媒质中的传播速度，所以在这里引入“群速”的概念。我们知道稳态的单一频率的正弦波是不能携带任何信息的，信号之所以能传递，是由于对波调制的结果，而调制波传播的速度才是信号传递的速度。下面讨论窄带信号在色散媒质中传播的情况。

设有两个振幅均为 E_m、角频率分别为 $\omega+\Delta\omega$ 和 $\omega-\Delta\omega$ 的行波，其中 $\Delta\omega \ll \omega$，在色散媒质中的相位系数分别为 $\beta+\Delta\beta$ 和 $\beta-\Delta\beta$，则这两个行波可表示为

$$\begin{cases} E_1 = E_m \cos((\omega+\Delta\omega)t - (\beta+\Delta\beta)z) \\ E_2 = E_m \cos((\omega-\Delta\omega)t - (\beta-\Delta\beta)z) \end{cases} \tag{5.91}$$

则合成电磁波的场强为

$$E = E_1 + E_2 = 2E_m \cos(\Delta\omega t - \Delta\beta z)\cos(\omega t - \beta z) \tag{5.92}$$

式中，$\cos(\omega t - \beta z)$ 表示频率为 ω 的载波，而其前面的 $2E_m\cos(\Delta\omega t - \Delta\beta z)$ 为振幅项，又称作幅度调制波（信号）的包络波，这部分也是向 z 方向传播的行波，调制波（信号）的频率为 $\Delta\omega$。群速 v_g 的定义是信号包络波上某一恒定相位点推进的速度，代表信号能量的传播速度。包络波上的等相位点为 $\Delta\omega t - \Delta\beta z = \text{const}$，等式两边求导可得群速为

$$v_g = \frac{\mathrm{d}z}{\mathrm{d}t} = \frac{\Delta\omega}{\Delta\beta} \tag{5.93}$$

由于 $\Delta\omega \ll \omega$，式(5.93)变为

$$v_g = \frac{\mathrm{d}\omega}{\mathrm{d}\beta} \tag{5.94}$$

将式(5.89)代入式(5.94)，可得

$$v_g=\frac{d\omega}{d\beta}=\frac{d(v_p\beta)}{d\beta}=v_p+\beta\frac{dv_p}{d\beta}=v_p+\frac{\omega}{v_p}\frac{dv_p}{d\omega}v_g$$

因此群速为

$$v_g=\frac{v_p}{1-\dfrac{\omega}{v_p}\dfrac{dv_p}{d\omega}} \tag{5.95}$$

分析式(5.95)可见，群速与相速一般是不相等的，存在以下三种可能情况：

(1) $\dfrac{dv_p}{d\omega}=0$，相速与频率无关，$v_g=v_p$，群速等于相速，此时无色散。

(2) $\dfrac{dv_p}{d\omega}<0$，频率越高则相速越小，$v_g<v_p$，群速小于相速，此时为正常色散。

(3) $\dfrac{dv_p}{d\omega}>0$，频率越高则相速越大，$v_g>v_p$，群速大于相速，此时为反常色散。

在导电媒质中，为反常色散的状态。

5.5　电磁波对平面分界面的垂直入射

上面几节所讨论的电磁波的传播都是基于一个前提：媒质特性在整个空间内是均匀不变的。我们知道在实际中并非如此，实际中电磁波总会碰到各种各样的媒质分界面，例如我们利用移动电话通信时，收到的信号可能并不是来自基站的直达波，而是穿过墙壁或者其他物体反射的电磁波。那么我们会产生一些疑问，手机发出的电磁波在遇到墙壁时会发生什么现象？它们会像光线那样发生反射、透射与折射吗？这将是我们下面要研究的问题。本节主要学习当分界面是平面且电磁波从媒质垂直入射到分界面的情况。分析方法是先分别求解两个媒质中的总合成场，而后在媒质具有不连续性的边界上找到场矢量需要满足的边界条件，从而求出各部分场的解。这里主要有两种常见的情况，一种是从媒质传播到良导体表面，如计算机金属外壳；另一种是从一种媒质传播到另一种媒质，如电磁波遇到建筑物的外墙。

5.5.1　电磁波对理想导体平面的垂直入射

在无源($\boldsymbol{J}=0$，$\rho=0$)区域中，假设有一均匀平面电磁波从$-\infty$处沿$+z$方向传播，在$z=0$处有一无限大理想导体平面，如图5.16所示，在$z<0$的区域为理想介质区域(其电导率$\sigma_1=0$)，在$z>0$的区域为理想导体区域($\sigma_2=\infty$)。当电磁波从理想介质垂直入射到理想导体的分界面时，假设入射波电场为x方向，则入射波电场和磁场的复矢量形式可以表示为

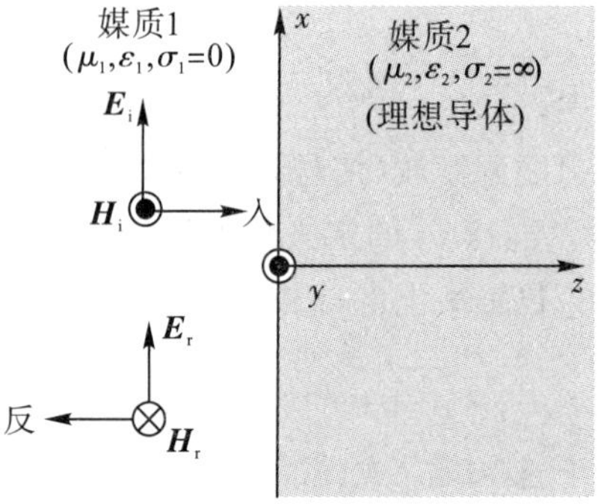

图5.16　理想平面波对理想介质分界面的垂直入射

$$\begin{cases}\boldsymbol{E}_i=\boldsymbol{e}_xE_{ix}=\boldsymbol{e}_xE_{im}e^{-j\beta z}\\ \boldsymbol{H}_i=\dfrac{1}{\eta}\boldsymbol{e}_z\times E_i=\boldsymbol{e}_y\dfrac{1}{\eta}E_{im}e^{-j\beta z}\end{cases} \tag{5.96}$$

由于电磁波不能穿入理想导体，即在第二个导体区域内其 $\boldsymbol{E}_2=0$，$\boldsymbol{H}_2=0$，因此电磁波在分界面上被反射回来。反射波是向 $-z$ 方向传输的波，其电场可表示为

$$\boldsymbol{E}_{\rm r}=\boldsymbol{e}_x E_{{\rm r}x}=\boldsymbol{e}_x E_{\rm rm}{\rm e}^{{\rm j}\beta z} \tag{5.97}$$

由式(5.97)可以看出，反射波的电场也是一个均匀平面电磁波，则此时在媒质 1 中存在入射波和反射波，根据电场的矢量合成特性，在媒质 1 中的合成电场为

$$\boldsymbol{E}=\boldsymbol{e}_x(E_{{\rm i}x}+E_{{\rm r}x})=\boldsymbol{e}_x(E_{\rm im}{\rm e}^{-{\rm j}\beta z}+E_{\rm rm}{\rm e}^{{\rm j}\beta z}) \tag{5.98}$$

即合成电场的 x 分量为 $E_x=E_{\rm im}{\rm e}^{-{\rm j}\beta z}+E_{\rm rm}{\rm e}^{{\rm j}\beta z}$。

由于场在边界上一定要满足边界条件，且此时电场的方向为 x 方向，与 $z=0$ 的平面平行，因此电场的 x 分量为切向分量。由导体边界的电场强度切向分量的边界条件 $\boldsymbol{e}_{\rm n}\times\boldsymbol{E}_1=0$，即 $E_{1{\rm t}}=0$，在 $z=0$ 处，可得

$$E_x=(E_{\rm im}{\rm e}^{-{\rm j}\beta z}+E_{\rm rm}{\rm e}^{{\rm j}\beta z})_{z=0}=0$$

求解可得反射波的振幅为

$$E_{\rm rm}=-E_{\rm im}$$

即在 $z=0$ 的导体表面，反射波电场强度与入射波电场强度的振幅大小相等，方向相反，即导体反射面引入了 180°的相位。则反射波电场强度为

$$\boldsymbol{E}_{\rm r}=\boldsymbol{e}_x E_{\rm rm}{\rm e}^{{\rm j}\beta z}=-\boldsymbol{e}_x E_{\rm im}{\rm e}^{{\rm j}\beta z} \tag{5.99}$$

将此结果代入式(5.98)中，可得在媒质 1 区中的合成电场为

$$\boldsymbol{E}=\boldsymbol{e}_x E_{\rm im}({\rm e}^{-{\rm j}\beta z}-{\rm e}^{{\rm j}\beta z})=-\boldsymbol{e}_x{\rm j}2E_{\rm im}\sin(\beta z) \tag{5.100}$$

由反射波的电场可以求出反射波的磁场，即

$$\boldsymbol{H}_{\rm r}=\frac{1}{\eta}(-\boldsymbol{e}_z)\times\boldsymbol{E}_{\rm r}=-\frac{1}{\eta}\boldsymbol{e}_z\times(-\boldsymbol{e}_x)E_{\rm im}{\rm e}^{{\rm j}\beta z}=\boldsymbol{e}_y\frac{1}{\eta}E_{\rm im}{\rm e}^{{\rm j}\beta z}=\boldsymbol{e}_y H_{\rm rm}{\rm e}^{{\rm j}\beta z}=\boldsymbol{e}_y H_{{\rm r}y}$$

即有

$$H_{{\rm r}y}=-\frac{E_{{\rm r}x}}{\eta}=-\frac{E_{\rm rm}}{\eta}{\rm e}^{{\rm j}\beta z}=\frac{E_{\rm im}}{\eta}{\rm e}^{{\rm j}\beta z}$$

则在 $z<0$ 理想介质中的合成磁场为入射波和反射波的叠加，即

$$\boldsymbol{H}=\boldsymbol{e}_y(H_{{\rm i}y}+H_{{\rm r}y})=\boldsymbol{e}_y\frac{E_{\rm im}}{\eta}({\rm e}^{-{\rm j}\beta z}+{\rm e}^{{\rm j}\beta z})=\boldsymbol{e}_y\frac{2E_{\rm im}}{\eta}\cos(\beta z) \tag{5.101}$$

合成电场和磁场的瞬时值为

$$\begin{aligned}\boldsymbol{E}(z,t)&={\rm Re}[\boldsymbol{e}_x E_x{\rm e}^{{\rm j}\omega t}]=\boldsymbol{e}_x{\rm Re}[-{\rm j}2E_{\rm im}\sin(\beta z){\rm e}^{{\rm j}\omega t}]\\&=\boldsymbol{e}_x 2E_{\rm im}\sin(\beta z)\sin(\omega t)\end{aligned} \tag{5.102}$$

$$\begin{aligned}\boldsymbol{H}(z,t)&={\rm Re}[\boldsymbol{e}_y H_y{\rm e}^{{\rm j}\omega t}]=\boldsymbol{e}_y{\rm Re}\left[\frac{2E_{\rm im}}{\eta}\cos(\beta z){\rm e}^{{\rm j}\omega t}\right]\\&=\boldsymbol{e}_y\frac{2E_{\rm im}}{\eta}\cos(\beta z)\cos(\omega t)\end{aligned} \tag{5.103}$$

由合成波场的表达式我们可以看出，与均匀平面电磁波的入射波表达式不同，在场复矢量的表达式中无相位因子 ${\rm e}^{-{\rm j}\beta z}$，那么这个波还是传输的波吗?

我们进一步分析式(5.102)和式(5.103)，看一下这个波随时间和空间的具体变化情况。

(1) 场在某一时刻随位置 z 的变化：

在给定时间即 T 时刻，式(5.102)和式(5.103)分别变为

$$E_x = 2E_{im}\sin(\beta z)\sin(\omega T) = 2C_1 E_{im}\sin(\beta z)$$

$$H_y = \frac{2E_{im}}{\eta}\cos(\beta z)\cos(\omega T) = 2C_2\frac{E_{im}}{\eta}\cos(\beta z)$$

即在给定时刻，电场随距离做正弦变化，磁场随距离做余弦变化。电场和磁场在时间上有 $\pi/2$ 的相移，在空间上也有 $\pi/2$ 的相移，即空间位置上电场和磁场的波节点有 $\lambda/4$ 的距离差，如图 5.17 所示。

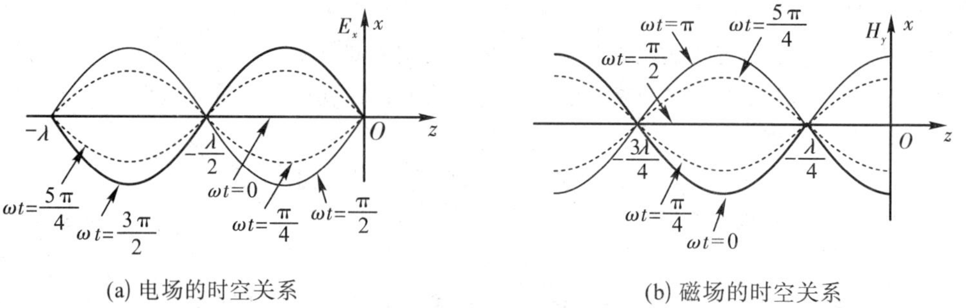

图 5.17 对理想导体垂直入射时电场、磁场的时空关系

(2) 场在固定位置随时间 t 的变化：

① 在 $\beta z = -n\pi$，或 $z = -\frac{n\lambda}{2}(n=0, 1, 2, \cdots)$处，对于变量 t 为任意值，有

$$E_x = 0$$

$$H_y = \frac{2E_{im}}{\eta}\cos(\omega t)$$

即电场为零，也称为电场的波节点；而磁场是随时间做余弦变化的，我们注意到这是由于式(5.103)中的 $\cos(\beta z)$因子为 1，根据余弦函数的特性，我们知道该点是磁场振幅的最大值，也称为磁场的波腹点。

② 在 $\beta z = -n\pi - \frac{\pi}{2}$，或 $z = -\frac{(2n+1)\lambda}{4}(n=0, 1, 2, \cdots)$处，此时无论变量 t 为任何值，有

$$E_x = 2E_{im}\sin(\omega t)$$

$$H_y = 0$$

即磁场为零，电场振幅为最大值。如图 5.17 所示，图(a)中电场经过 $\lambda/4$ 由波节变到波腹，图(b)中磁场经过 $\lambda/4$ 由波腹变到波节。

综上所述，可见合成波具有以下性质：

(1) 随着 z 的增长，电场强度的振幅按正弦规律变化，磁场强度的振幅按余弦规律变化。

(2) 在两波节点之间，电场与磁场的相位不变，波节点两边的相位相反。

(3) 电场强度是时间 t 的正弦函数，磁场强度是时间 t 的余弦函数，电场强度的相位与磁场强度的相位相差 $\pi/2$。

(4) 在理想导体边界上($z=0$)，电场为零，磁场为最大值。

由于在导体表面有磁场，且为切向分量，因此根据边界条件，在理想导体表面上应有

感应面电流 $\boldsymbol{J}_s$，且

$$\boldsymbol{J}_s=\boldsymbol{e}_n\times\boldsymbol{H}\big|_{z=0}=-\boldsymbol{e}_z\times\boldsymbol{e}_y H_y\big|_{z=0}=\boldsymbol{e}_x\frac{2E_{im}}{\eta} \tag{5.104}$$

在媒质 1 中，电磁波的能量传播由平均坡印廷矢量计算可得

$$\boldsymbol{S}_{av}=\frac{1}{2}\mathrm{Re}[\boldsymbol{E}\times\boldsymbol{H}^*]=\frac{1}{2}\mathrm{Re}\left[-\boldsymbol{e}_x\mathrm{j}2E_{im}\sin(\beta z)\times\boldsymbol{e}_y\frac{2E_{im}}{\eta}\cos(\beta z)\right]=0 \tag{5.105}$$

式(5.105)表明在媒质 1 中没有电磁能量传输。此时电场和磁场的相位相差 90°，当电场能量最大时磁场能量为零，当磁场能量最大时电场能量为零，即只存在电场能和磁场能的相互转换，而不存在电磁能量的传输，这种波称为驻波。在媒质中，两个频率和振幅相同、传播方向相反的行波合成形成驻波。

例 5.10　在自由空间中，均匀平面电磁波 $\boldsymbol{E}_i(z)=(\boldsymbol{e}_x-\mathrm{j}\boldsymbol{e}_y)E_m e^{-\mathrm{j}\beta z}$ 沿 $+z$ 方向传播，垂直入射到位于 $z=0$ 的理想导体板上。

(1) 求该入射波的极化方式；

(2) 确定反射波的极化方式；

(3) 求自由空间中的电场瞬时值和磁场瞬时值；

(4) 求导体板上的感应电流密度。

解　(1) 首先我们由电场强度的表达式可以看出，入射波的传播方向为 $+z$，$\phi_1=0$，$\phi_2=\frac{\pi}{2}$，因此入射波为右旋圆极化波。

(2) 设反射波为 $\boldsymbol{E}_r(z)=(\boldsymbol{e}_x E_{rx}+\boldsymbol{e}_y E_{ry})e^{\mathrm{j}\beta z}$，则 1 区中的合成场为

$$\boldsymbol{E}(z)=\boldsymbol{e}_x(E_m e^{-\mathrm{j}\beta z}+E_{rx}e^{\mathrm{j}\beta z})+\boldsymbol{e}_y(-\mathrm{j}E_m e^{-\mathrm{j}\beta z}+E_{ry}e^{\mathrm{j}\beta z})$$

由边界条件 $E_t\big|_{z=0}=0$(x 方向和 y 方向的场均为交界面的切向方向)，可得

$$\boldsymbol{e}_x(E_m+E_{rx})+\boldsymbol{e}_y(-\mathrm{j}E_m+E_{ry})=0$$

所以有

$$E_m+E_{rx}=0,\quad -\mathrm{j}E_m+E_{ry}=0$$

即

$$E_{rx}=-E_m,\quad E_{ry}=\mathrm{j}E_m$$

则反射波为

$$\boldsymbol{E}_r(z)=(-\boldsymbol{e}_x E_m+\boldsymbol{e}_y\mathrm{j}E_m)e^{\mathrm{j}\beta z}$$

由于反射波的传播方向为 $-z$，$\phi_1=-\pi$，$\phi_2=-\frac{\pi}{2}$，故为左旋圆极化波，且有

$$\boldsymbol{E}_i(z)=(\boldsymbol{e}_x-\mathrm{j}\boldsymbol{e}_y)E_m e^{-\mathrm{j}\beta z}$$
$$\boldsymbol{E}_r(z)=(-\boldsymbol{e}_x E_m+\boldsymbol{e}_y\mathrm{j}E_m)e^{\mathrm{j}\beta z}$$

(3) 合成波电场为

$$\begin{aligned}\boldsymbol{E}(z)&=\boldsymbol{e}_x(E_m e^{-\mathrm{j}\beta z}-E_m e^{\mathrm{j}\beta z})+\boldsymbol{e}_y(-\mathrm{j}E_m e^{-\mathrm{j}\beta z}+\mathrm{j}E_m e^{\mathrm{j}\beta z})\\&=2E_m\sin(\beta z)(-\mathrm{j}\boldsymbol{e}_x+\boldsymbol{e}_y)\end{aligned}$$

电场的瞬时值为

$$\begin{aligned}\boldsymbol{E}(z,t)&=\mathrm{Re}[\boldsymbol{E}(z)e^{\mathrm{j}\omega t}]=\mathrm{Re}[2E_m\sin(\beta z)(-\mathrm{j}\boldsymbol{e}_x+\boldsymbol{e}_y)e^{\mathrm{j}\omega t}]\\&=2E_m\sin(\beta z)[\boldsymbol{e}_x\sin(\omega t)-\boldsymbol{e}_y\cos(\omega t)]\end{aligned}$$

由于入射波和反射波均为均匀平面电磁波，因此可以用均匀平面电磁波中磁场与电场

的伴随关系求解磁场。入射波磁场为

$$\boldsymbol{H}_{\mathrm{i}}=\frac{1}{\eta}\boldsymbol{e}_{\mathrm{n}}\times\boldsymbol{E}_{\mathrm{i}}=(\boldsymbol{e}_y+\mathrm{j}\boldsymbol{e}_x)\frac{E_{\mathrm{m}}}{\eta}\mathrm{e}^{-\mathrm{j}\beta z}$$

反射波磁场为

$$\boldsymbol{H}_{\mathrm{r}}=\frac{1}{\eta}\boldsymbol{e}_{\mathrm{n}}\times\boldsymbol{E}_{\mathrm{r}}=(\boldsymbol{e}_y+\mathrm{j}\boldsymbol{e}_x)\frac{E_{\mathrm{m}}}{\eta}\mathrm{e}^{\mathrm{j}\beta z}$$

合成波磁场为

$$\begin{aligned}\boldsymbol{H}(z)=\boldsymbol{H}_{\mathrm{i}}(z)+\boldsymbol{H}_{\mathrm{r}}(z)&=\frac{E_{\mathrm{m}}}{\eta}[\mathrm{j}\boldsymbol{e}_x(\mathrm{e}^{-\mathrm{j}\beta z}+\mathrm{e}^{\mathrm{j}\beta z})+\boldsymbol{e}_y(\mathrm{e}^{-\mathrm{j}\beta z}+\mathrm{e}^{\mathrm{j}\beta z})]\\&=\frac{2E_{\mathrm{m}}}{\eta}\cos(\beta z)(\mathrm{j}\boldsymbol{e}_x+\boldsymbol{e}_y)\end{aligned}$$

其磁场的瞬时值可以写为

$$\begin{aligned}\boldsymbol{H}(z,t)=\mathrm{Re}[\boldsymbol{H}(z)\mathrm{e}^{\mathrm{j}\omega t}]&=\mathrm{Re}[\frac{2E_{\mathrm{m}}}{\eta}\cos(\beta z)(\mathrm{j}\boldsymbol{e}_x+\boldsymbol{e}_y)\mathrm{e}^{\mathrm{j}\omega t}]\\&=\frac{2E_{\mathrm{m}}}{\eta}\cos(\beta z)[-\boldsymbol{e}_x\sin(\omega t)+\boldsymbol{e}_y\cos(\omega t)]\end{aligned}$$

(4) 由边界条件求解表面电流(注 $\boldsymbol{e}_{\mathrm{n}}=-\boldsymbol{e}_z$)为

$$\boldsymbol{J}_{\mathrm{s}}=\boldsymbol{e}_{\mathrm{n}}\times\boldsymbol{H}\big|_{z=0}=(-\boldsymbol{e}_z)\times\frac{2E_{\mathrm{m}}}{\eta}\cos(\beta z)\big|_{z=0}(\mathrm{j}\boldsymbol{e}_x+\boldsymbol{e}_y)=\frac{2E_{\mathrm{m}}}{\eta}(\boldsymbol{e}_x-\mathrm{j}\boldsymbol{e}_y)$$

5.5.2 电磁波对两种导电媒质分界面的垂直入射

另一种常见的情况是电磁波从一种媒质(1 区)进入到另一种媒质(2 区),如图 5.18 所示。1 区的媒质参数为 μ_1、ε_1 和 σ_1,2 区的媒质参数为 μ_2、ε_2 和 σ_2,其分界面为 $z=0$ 的平面。

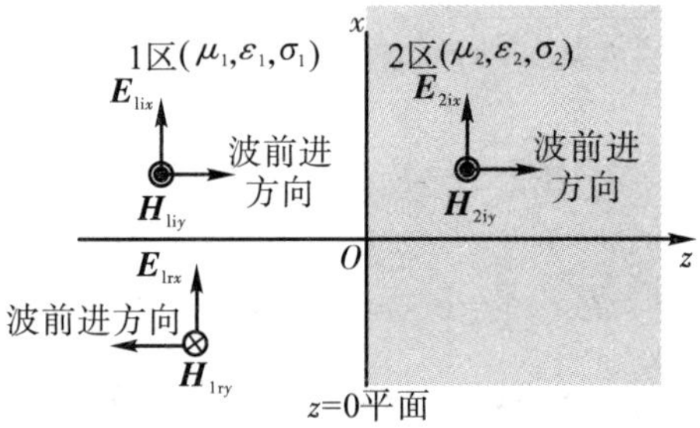

图 5.18 两种导电媒质分界面的垂直入射

均匀平面电磁波从媒质 1 中沿 $+z$ 方向垂直入射到分界面后,一部分电磁波由于界面的存在而发生反射,返回至 1 区,而另一部分则透过分界面在媒质 2 中继续传播。

假设 1 区中的入射波只有 x 方向的波,则其电场和磁场分别为

$$\begin{cases}\boldsymbol{E}_{1\mathrm{i}}=\boldsymbol{e}_xE_{1\mathrm{i}x}=\boldsymbol{e}_xE_{1\mathrm{im}}\mathrm{e}^{-\gamma_1 z}\\\boldsymbol{H}_{1\mathrm{i}}=\boldsymbol{e}_yH_{1\mathrm{i}y}=\boldsymbol{e}_y\dfrac{E_{1\mathrm{i}x}}{\eta_1}=\boldsymbol{e}_y\dfrac{E_{1\mathrm{im}}}{\eta_1}\mathrm{e}^{-\gamma_1 z}\end{cases}\tag{5.106}$$

式中,下标 i 代表入射波,η_1 和 γ_1 分别为 1 区的本征阻抗和传播系数,分别为

$$\eta_1=\sqrt{\frac{\mu_1}{\varepsilon_{1c}}}=\sqrt{\frac{\mu_1}{\varepsilon_1}}\left(1-\frac{j\sigma_1}{\omega\varepsilon_1}\right)^{-\frac{1}{2}}=|\eta_1|e^{j\phi_1}$$

$$\gamma_1=j\omega\sqrt{\mu_1\varepsilon_{1c}}=j\omega\sqrt{\mu_1\varepsilon_1\left(1-j\frac{\sigma_1}{\omega\varepsilon_1}\right)}=\alpha_1+j\beta_1$$

1 区中反射波的电场和磁场分别为

$$\begin{cases}\boldsymbol{E}_{1r}=\boldsymbol{e}_x E_{1rm}e^{\gamma_1 z}\\ \boldsymbol{H}_{1r}=-\boldsymbol{e}_y\dfrac{E_{1rx}}{\eta_1}=-\boldsymbol{e}_y\dfrac{E_{1rm}}{\eta_1}e^{\gamma_1 z}\end{cases}\tag{5.107}$$

式中，下标 r 代表入反射波。

在 1 区中，由入射波和反射波叠加的合成波为

$$\begin{cases}\boldsymbol{E}_1=\boldsymbol{e}_x(E_{1i}+E_{1r})=\boldsymbol{e}_x(E_{1im}e^{-\gamma_1 z}+E_{1rm}e^{\gamma_1 z})\\ \boldsymbol{H}_1=\boldsymbol{e}_y(H_{1i}+H_{1r})=\boldsymbol{e}_y\left(\dfrac{E_{1im}}{\eta_1}e^{-\gamma_1 z}-\dfrac{E_{1rm}}{\eta_1}e^{\gamma_1 z}\right)\end{cases}\tag{5.108}$$

2 区中只有由 1 区入射波经分界面透射到媒质 2 的透射波，透射波的电场和磁场分别为

$$\begin{cases}\boldsymbol{E}_2=\boldsymbol{E}_{2i}=\boldsymbol{e}_x E_{2im}e^{-\gamma_2 z}\\ \boldsymbol{H}_2=\boldsymbol{H}_{2i}=\boldsymbol{e}_y\dfrac{E_{2ix}}{\eta_2}=\boldsymbol{e}_y\dfrac{E_{2im}}{\eta_2}e^{-\gamma_2 z}\end{cases}\tag{5.109}$$

式中，η_2 和 γ_2 分别为 2 区的本征阻抗和传播系数，分别为

$$\eta_2=\sqrt{\frac{\mu_2}{\varepsilon_{2c}}}=\sqrt{\frac{\mu_2}{\varepsilon_2}}\left(1-\frac{j\sigma_2}{\omega\varepsilon_2}\right)^{-\frac{1}{2}}=|\eta_2|e^{j\phi_2}$$

$$\gamma_2=j\omega\sqrt{\mu_2\varepsilon_{2c}}=j\omega\sqrt{\mu_2\varepsilon_2\left(1-j\frac{\sigma_2}{\omega\varepsilon_2}\right)}=\alpha_2+j\beta_2$$

在分界面上($z=0$)，由边界条件可知，电场和磁场的切向分量连续，则

$$\begin{cases}E_{x1}=E_{x2}\big|_{z=0}\\ H_{y1}=H_{y2}\big|_{z=0}\end{cases}\tag{5.110}$$

将式(5.108)和式(5.109)代入边界条件式(5.110)，可得

$$\begin{cases}E_{1im}+E_{1rm}=E_{2im}\\ \dfrac{E_{1im}}{\eta_1}-\dfrac{E_{1rm}}{\eta_1}=\dfrac{E_{2im}}{\eta_2}\end{cases}\tag{5.111}$$

如果入射波 $\boldsymbol{E}_{1i}$ 为已知，则 1 区中的反射波和 2 区中的透射波的电场分别为

$$E_{1rm}=E_{1im}\frac{\eta_2-\eta_1}{\eta_2+\eta_1}=E_{1im}\Gamma$$

$$E_{2im}=E_{1im}\frac{2\eta_2}{\eta_2+\eta_1}=E_{1im}T$$

式中

$$\Gamma=\frac{E_{1rm}}{E_{1im}}=\frac{\eta_2-\eta_1}{\eta_2+\eta_1}\tag{5.112}$$

$$T=\frac{E_{2im}}{E_{1im}}=\frac{2\eta_2}{\eta_2+\eta_1}\tag{5.113}$$

分别为电磁波在分界面上的反射系数和透射系数。反射系数定义为反射波振幅与入射波振幅的比值，透射系数定义为透射波振幅与入射波振幅的比值。注意，反射系数的取值范围为 $0\leqslant|\Gamma|\leqslant1$。

反射系数和透射系数满足

$$1+\Gamma=T \tag{5.114}$$

下面我们分析一下各种不同媒质分界面上均匀平面电磁波的反射和透射。

(1) 一般情况下，由于有耗媒质的 ε_c 为复数，故反射系数和透射系数均为复数，这表明在分界面上的反射波和透射波将引入一个附加的相移。

(2) 若媒质 1 为理想介质，其媒质参数为

$$\sigma_1=0,\ \eta_1=\sqrt{\frac{\mu_1}{\varepsilon_1}},\ \beta_1=k_1=\omega\sqrt{\mu_1\varepsilon_1}$$

则反射系数为

$$\Gamma=\frac{\eta_{c2}-\eta_1}{\eta_{c2}+\eta_1}=|\Gamma|\mathrm{e}^{\mathrm{j}\theta}$$

可得 1 区总电场强度为

$$E_{1x}(z)=E_{1ix}+E_{1rx}=E_{1im}\mathrm{e}^{-\mathrm{j}\beta_1 z}+\Gamma E_{1im}\mathrm{e}^{\mathrm{j}\beta_1 z}=E_{1im}(1+|\Gamma|\mathrm{e}^{\mathrm{j}(\theta+2\beta_1 z)})\mathrm{e}^{-\mathrm{j}\beta_1 z} \tag{5.115}$$

由式(5.115)可见，当 $\theta+2\beta_1 z=2n\pi(n=0,\ -1,\ -2,\ \cdots)$时，即 $z=(\frac{n}{2}-\frac{\theta}{4\pi})\lambda_1$ 处，电场振幅获得最大值，即

$$|E_{1x}|_{\max}=|E_{1im}|(1+|\Gamma|) \tag{5.116}$$

当 $\theta+2\beta_1 z=(2n-1)\pi(n=0,\ -1,\ -2,\ \cdots)$时，即 $z=(\frac{n}{2}-\frac{1}{4}-\frac{\theta}{4\pi})\lambda_1$ 处，电场振幅取得最小值，即

$$|E_{1x}|_{\min}=|E_{1im}|(1-|\Gamma|) \tag{5.117}$$

由于 $0\leqslant|\Gamma|\leqslant1$，因此，电场振幅位于 0 与 $2E_{1im}$之间，即 $0\leqslant|E_{1x}|\leqslant2E_{1im}$，此时电场驻波的空间分布如图 5.19 所示，此时既有一部分行波也有一部分驻波，我们称之为行驻波。两个相邻振幅最大值或两个最小值之间的距离为半波长，相邻振幅最大值和最小值之间的距离为四分之一波长。电场振幅的最大值与最小值之比称为驻波比，以 VSWR 表示，即

$$\mathrm{VSWR}=\frac{|E|_{\max}}{|E|_{\min}}=\frac{1+|\Gamma|}{1-|\Gamma|} \tag{5.118}$$

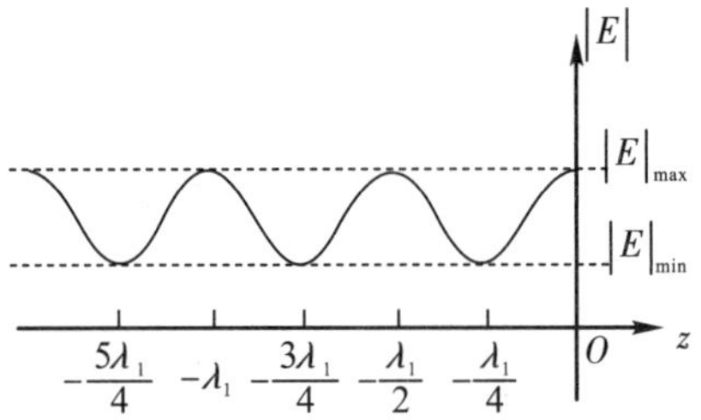

图 5.19 电场驻波的空间分布

驻波比与反射系数的关系也可写为

$$|\Gamma|=\frac{\mathrm{VSWR}-1}{\mathrm{VSWR}+1} \tag{5.119}$$

1 区中的电场可写为

$$E_{1x}(z)=E_{1\mathrm{im}}(\mathrm{e}^{-\mathrm{j}\beta_1 z}+|\Gamma|\mathrm{e}^{\mathrm{j}(\theta+\beta_1 z)})$$

电场瞬时值为

$$\begin{aligned}\boldsymbol{E}_1(z,t)&=\mathrm{Re}(\boldsymbol{e}_x E_{1x}(z)\mathrm{e}^{\mathrm{j}\omega t})=\boldsymbol{e}_x\mathrm{Re}(E_{1\mathrm{im}}(\mathrm{e}^{-\mathrm{j}\beta_1 z}+|\Gamma|\mathrm{e}^{\mathrm{j}(\theta+\beta_1 z)})\mathrm{e}^{\mathrm{j}\omega t})\\&=\boldsymbol{e}_x E_{1\mathrm{im}}(\cos(\omega t-\beta_1 z)+|\Gamma|\cos(\omega t+\theta+\beta_1 z))\end{aligned} \tag{5.120}$$

由式(5.120)可以看出，电场由两部分组成，一部分是向$+z$方向传输的波，如式中最后一个等号右端的第一项，是入射波；另一部分是向$-z$方向传输的波，如式中最后一个等号右端的第二项，这部分是反射波。

同时，可求出 1 区中的入射波磁场和反射波磁场分别为

$$\begin{aligned}\boldsymbol{H}_{1\mathrm{i}}(z)&=\frac{1}{\eta}\boldsymbol{e}_z\times\boldsymbol{E}_{1\mathrm{i}}=\frac{1}{\eta}\boldsymbol{e}_z\times\boldsymbol{e}_x E_{1\mathrm{im}}\mathrm{e}^{-\mathrm{j}\beta_1 z}=\boldsymbol{e}_y\frac{E_{1\mathrm{im}}}{\eta}\mathrm{e}^{-\mathrm{j}\beta_1 z}\\\boldsymbol{H}_{1\mathrm{r}}(z)&=\frac{1}{\eta}(-\boldsymbol{e}_z)\times\boldsymbol{E}_{1\mathrm{r}}=\frac{1}{\eta}(-\boldsymbol{e}_z)\times\boldsymbol{e}_x E_{1\mathrm{im}}|\Gamma|\mathrm{e}^{\mathrm{j}(\theta+\beta_1 z)}=-\boldsymbol{e}_y\frac{|\Gamma|E_{1\mathrm{im}}}{\eta}\mathrm{e}^{\mathrm{j}(\theta+\beta_1 z)}\end{aligned} \tag{5.121}$$

1 区中的合成磁场为

$$\boldsymbol{H}_1(z)=\boldsymbol{H}_{1\mathrm{i}}(z)+\boldsymbol{H}_{1\mathrm{r}}(z)=\boldsymbol{e}_y\frac{E_{1\mathrm{im}}}{\eta}\mathrm{e}^{-\mathrm{j}\beta_1 z}-\boldsymbol{e}_y\frac{|\Gamma|E_{1\mathrm{im}}}{\eta}\mathrm{e}^{\mathrm{j}(\theta+\beta_1 z)} \tag{5.122}$$

1 区中的磁场瞬时值为

$$\boldsymbol{H}_1(z,t)=\boldsymbol{e}_y\frac{E_{1\mathrm{im}}}{\eta}\cos(\omega t-\beta_1 z)-\boldsymbol{e}_y\frac{|\Gamma|E_{1\mathrm{im}}}{\eta}\cos(\omega t+\theta+\beta_1 z) \tag{5.123}$$

(3) 媒质 1、2 均为均匀理想介质时，η_1 和 η_2 皆为实数，若 μ 相同而 ε 不同，则

① 当 $\varepsilon_2<\varepsilon_1$，$\eta_2>\eta_1$ 时，$\Gamma>0$，反射波电场与入射波电场同相相加，在分界面上的电场为最大值，磁场为最小值。

② 当 $\varepsilon_2>\varepsilon_1$，$\eta_2<\eta_1$ 时，$\Gamma<0$，反射波电场与入射波电场反相相减，在分界面上的电场为最小值，磁场为最大值。

(4) 当 2 区为理想导体时，$\eta_2=\sqrt{\mathrm{j}\omega\mu/\sigma}=0$，有 $\Gamma=-1$，$T=0$，则 $E_{1\mathrm{rm}}=-E_{1\mathrm{im}}$，$E_{2\mathrm{im}}=0$，即入射波被全部反射回来，在 1 区形成驻波。这与 5.5 节的分析相同。

(5) 当 1 区为空气，2 区为良导体时，我们在 5.3 节已经讨论过，此时存在趋肤效应。

综上所述，对于不同的反射波，在第 1 区域中获得的电磁波有不同的传播状态，主要有以下几种情况：

(1) 当反射系数 $\Gamma=0$ 时，此时电磁波没有反射，全部向前传播，此时电磁波为行波状态。

(2) 当反射系数 $|\Gamma|=1$ 时，此时电磁波全部反射，没有向前行进的波，此时反射波和入射波的合成波是驻波。

(3) 当 $0<|\Gamma|<1$ 时，此时电磁波部分反射，这时候的合成波为行驻波。

当电磁波穿过媒质分界面时，其入射波、反射波、透射波的功率密度分别为

$$\begin{cases} \boldsymbol{S}_{\mathrm{av1,i}}=\dfrac{1}{2}\mathrm{Re}[\boldsymbol{E}_{1\mathrm{i}}\times\boldsymbol{H}_{1\mathrm{i}}^{*}]=\boldsymbol{e}_z\dfrac{1}{2\eta_1}(E_{1\mathrm{im}})^2 \\ \boldsymbol{S}_{\mathrm{av1,r}}=\dfrac{1}{2}\mathrm{Re}[\boldsymbol{E}_{1\mathrm{r}}\times\boldsymbol{H}_{1\mathrm{r}}^{*}]=-\boldsymbol{e}_z\dfrac{1}{2\eta_1}|\Gamma|^2(E_{1\mathrm{im}})^2 \\ \boldsymbol{S}_{\mathrm{av2,i}}=\dfrac{1}{2}\mathrm{Re}[\boldsymbol{E}_{2\mathrm{i}}\times\boldsymbol{H}_{2\mathrm{i}}^{*}]=\boldsymbol{e}_z\dfrac{1}{2\eta_2}|T|^2(E_{1\mathrm{im}})^2 \end{cases} \tag{5.124}$$

媒质 1 中的平均坡印廷矢量为

$$\boldsymbol{S}_{\mathrm{av1}}=\boldsymbol{S}_{\mathrm{av1,i}}+\boldsymbol{S}_{\mathrm{av1,r}}=\boldsymbol{e}_z\frac{(E_{1\mathrm{im}})^2}{2\eta_1}(1-|\Gamma|^2) \tag{5.125}$$

例 5.11 均匀平面电磁波自空气中垂直入射到半无限大(即在 $z\geqslant 0$ 的区域内)的无耗介质表面上，已知合成波的电压驻波比为 3，介质内透射波的波长是空气中波长的 1/6，且介质表面上为合成波电场的最小点，求介质的相对磁导率和相对介电常数。

解 由式(5.119)可得

$$|\Gamma|=\frac{\mathrm{VSWR}-1}{\mathrm{VSWR}+1}=\frac{1}{2}$$

由于介质表面上为合成波电场的最小点，故 $\Gamma=-\dfrac{1}{2}$，又由于 $\Gamma=\dfrac{\eta_2-\eta_1}{\eta_2+\eta_1}$，且 $\eta_1=\eta_0=120\pi$，可求得

$$\eta_2=\frac{1}{3}\eta_0=\sqrt{\frac{\mu_2}{\varepsilon_2}}=\sqrt{\frac{\mu_r}{\varepsilon_r}}\eta_0$$

所以

$$\frac{\mu_r}{\varepsilon_r}=\frac{1}{9}$$

又由介质内透射波的波长是空气中波长的 1/6 可得

$$\lambda_2=\frac{2\pi}{k_2}=\frac{2\pi}{\omega\sqrt{\mu_2\varepsilon_2}}=\frac{2\pi}{\omega\sqrt{\mu_r\varepsilon_r\mu_0\varepsilon_0}}=\frac{\lambda_0}{\sqrt{\mu_r\varepsilon_r}}=\frac{1}{6}\lambda_0$$

所以

$$\varepsilon_r\mu_r=36$$

联立$\dfrac{\mu_r}{\varepsilon_r}=\dfrac{1}{9}$和 $\varepsilon_r\mu_r=36$，可得

$$\mu_r=2，\varepsilon_r=18$$

5.6 电磁波对多层介质分界面的垂直入射

电磁波在传播过程中经常穿过多层介质，如墙体或天线罩等，这时电磁波将从空气到一种介质再到另外一种介质。当电磁波经过此介质的两个界面时，就会产生多次反射和透射。对于移动通信，我们希望电磁波穿过墙体时，墙体对电磁波的影响越小越好；对于天线罩，理想的状态是对天线辐射的电磁波不产生干扰，因此我们需要适当地选择天线罩的材料、设计天线罩的结构尺寸等。下面我们对多层介质平面的垂直入射进行分析。

5.6.1　多层介质分界面的垂直入射

对于图 5.20 所示的情况，其中的 1 区($z\leqslant 0$)为介质 1，是电磁波的入射区域，2 区($0<z\leqslant d$)、3 区($z>d$)分别为介质 2 和介质 3。分析方法是先求出各区域中的电场和磁场的表达式，而后在边界上利用边界条件，联立方程求出场的分布。

假设电磁波的传输方向为$+z$方向，电场为 x 方向，在 1 区中，入射波的电场和磁场分别为

$$\boldsymbol{E}_{1i}=\boldsymbol{e}_x E_{1ix}=\boldsymbol{e}_x E_{1im}\mathrm{e}^{-j\beta_1 z}$$

$$\boldsymbol{H}_{1i}=\boldsymbol{e}_y H_{1iy}=\boldsymbol{e}_y\frac{E_{1ix}}{\eta_1}=\boldsymbol{e}_y\frac{E_{1im}}{\eta_1}\mathrm{e}^{-j\beta_1 z}$$

式中，β_1、η_1 分别为 1 区中的相移常数和本征阻抗。

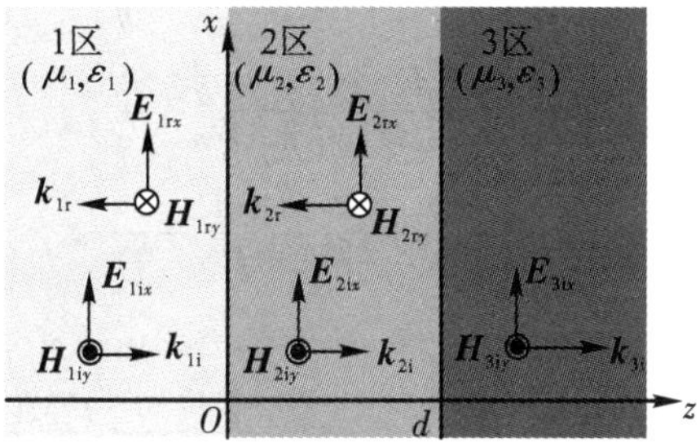

图 5.20　对三层不同介质的垂直入射

当电磁波垂直入射到介质 1 和介质 2 的界面后，会产生反射波和透射波。1 区中的反射波为

$$\boldsymbol{E}_{1r}=\boldsymbol{e}_x E_{1rm}\mathrm{e}^{j\beta_1 z}=\boldsymbol{e}_x\Gamma_1 E_{1im}\mathrm{e}^{j\beta_1 z}$$

$$\boldsymbol{H}_{1r}=-\boldsymbol{e}_z\times\frac{\boldsymbol{E}_{1r}}{\eta_1}=-\boldsymbol{e}_y\frac{E_{1rm}}{\eta_1}\mathrm{e}^{j\beta_1 z}=-\boldsymbol{e}_y\frac{\Gamma_1 E_{1im}}{\eta_1}\mathrm{e}^{j\beta_1 z}$$

式中，Γ_1 为 1 区和 2 区分界面的反射系数。

则 1 区中的合成场为入射波和反射波的叠加，即

$$\begin{cases}\boldsymbol{E}_1=\boldsymbol{E}_{1i}+\boldsymbol{E}_{1r}=\boldsymbol{e}_x E_{1im}(\mathrm{e}^{-j\beta_1 z}+\Gamma_1\mathrm{e}^{j\beta_1 z})\\ \boldsymbol{H}_1=\boldsymbol{H}_{1i}+\boldsymbol{H}_{1r}=\boldsymbol{e}_y\dfrac{E_{1im}}{\eta_1}(\mathrm{e}^{-j\beta_1 z}-\Gamma_1\mathrm{e}^{j\beta_1 z})\end{cases}\tag{5.126}$$

同理，2 区中的合成波为

$$\begin{cases}\boldsymbol{E}_2=\boldsymbol{e}_x E_{2im}(\mathrm{e}^{-j\beta_2(z-d)}+\Gamma_2\mathrm{e}^{j\beta_2(z-d)})\\ \quad=\boldsymbol{e}_x T_1 E_{1im}(\mathrm{e}^{-j\beta_2(z-d)}+\Gamma_2\mathrm{e}^{j\beta_2(z-d)})\\ \boldsymbol{H}_2=\boldsymbol{e}_y\dfrac{T_1 E_{1im}}{\eta_2}(\mathrm{e}^{-j\beta_2(z-d)}-\Gamma_2\mathrm{e}^{j\beta_2(z-d)})\end{cases}\tag{5.127}$$

式中，β_2、η_2 分别为 2 区中的相移常数和本征阻抗；T_1 为电磁波从 1 区到 2 区的分界面($z=0$)处的透射系数；Γ_2 为 2 区和 3 区分界面($z=d$)处的反射系数。

在 3 区中，只有由介质 2 透射过来的波，则透射波的电场和磁场分别为

$$\begin{cases}\boldsymbol{E}_3=\boldsymbol{E}_{3i}=\boldsymbol{e}_x E_{3ix}=\boldsymbol{e}_x E_{3im}\mathrm{e}^{-j\beta_3(z-d)}=\boldsymbol{e}_x T_1 T_2 E_{1im}\mathrm{e}^{-j\beta_3(z-d)}\\ \boldsymbol{H}_3=\boldsymbol{H}_{3i}=\boldsymbol{e}_y H_{3iy}=\boldsymbol{e}_y\dfrac{E_{3ix}}{\eta_3}=\boldsymbol{e}_y\dfrac{T_1 T_2 E_{1im}}{\eta_3}\mathrm{e}^{-j\beta_3(z-d)}\end{cases}\tag{5.128}$$

式中，β_3、η_3 分别为 3 区中的相移常数和本征阻抗；T_2 为 2 区到 3 区分界面($z=d$)处的透射系数。

由无源边界条件，在分界面上电场和磁场的切向分量相等，即

$$\begin{cases} E_{1x}=E_{2x} \\ H_{1y}=H_{2y} \end{cases} \quad (z=0\text{ 处})$$

$$\begin{cases} E_{2x}=E_{3x} \\ H_{2y}=H_{3y} \end{cases} \quad (z=d\text{ 处})$$

把式(5.126)～式(5.128)代入上式求解并整理可得

$$\Gamma_2=\frac{E_{2\mathrm{rm}}}{E_{2\mathrm{im}}}=\frac{\eta_3-\eta_2}{\eta_3+\eta_2} \tag{5.129}$$

$$T_2=1+\Gamma_2=\frac{E_{3\mathrm{im}}}{E_{2\mathrm{im}}}=\frac{2\eta_3}{\eta_3+\eta_2} \tag{5.130}$$

$$\Gamma_1=\frac{E_{1\mathrm{rm}}}{E_{1\mathrm{im}}}=\frac{\eta_{\mathrm{ef}}-\eta_1}{\eta_{\mathrm{ef}}+\eta_1} \tag{5.131}$$

$$T_1=\frac{E_{2\mathrm{im}}}{E_{1\mathrm{im}}}=\frac{1+\Gamma_1}{\mathrm{e}^{\mathrm{j}\beta_2 d}+\Gamma_2\mathrm{e}^{-\mathrm{j}\beta_2 d}} \tag{5.132}$$

式中

$$\eta_{\mathrm{ef}}=\eta_2\frac{\mathrm{e}^{\mathrm{j}\beta_2 d}+\Gamma_2\mathrm{e}^{-\mathrm{j}\beta_2 d}}{\mathrm{e}^{\mathrm{j}\beta_2 d}-\Gamma_2\mathrm{e}^{-\mathrm{j}\beta_2 d}}=\eta_2\frac{\eta_3+\mathrm{j}\eta_2\tan(\beta_2 d)}{\eta_2+\mathrm{j}\eta_3\tan(\beta_2 d)} \tag{5.133}$$

如果是多层介质，可采用相似的方法求解处理。

5.6.2 四分之一波长匹配层

当介质 2 的厚度 d 为四分之一波长(注意此波长为第 2 个介质中的波长)时，有

$$\tan(\beta_2 d)=\tan\left(\frac{2\pi}{\lambda_2}\frac{\lambda_2}{4}\right)=\tan\left(\frac{\pi}{2}\right)=\infty$$

代入式(5.133)可得

$$\eta_{\mathrm{ef}}=\eta_2\frac{\eta_3+\mathrm{j}\eta_2\tan(\beta_2 d)}{\eta_2+\mathrm{j}\eta_3\tan(\beta_2 d)}=\frac{\eta_2^2}{\eta_3}$$

如果要求介质 1 中无反射，由式(5.131)可得

$$\Gamma_1=\frac{\eta_{\mathrm{ef}}-\eta_1}{\eta_{\mathrm{ef}}+\eta_1}=0$$

所以

$$\eta_{\mathrm{ef}}=\eta_1=\frac{\eta_2^2}{\eta_3}$$

故

$$\eta_2=\sqrt{\eta_1\eta_3} \tag{5.134}$$

此时反射系数为零，我们也称其为匹配状态，这样就消除了反射。这种结构为四分之一波长匹配层。

例如，照相机的镜头上就有这种消除反射的涂层。其中介质 1 为空气，介质 2 为涂层，介质 3 为镜头的玻璃镜片，当涂层为四分之一波长时，则消除了反射，从而达到了增透的目

的。如果 3 个区域介质的导磁率均为 μ_0，又由 $\eta_i=\sqrt{\mu_0/\varepsilon_i}\,(i=1,2,3)$，则式(5.134)变为

$$\varepsilon_2=\sqrt{\varepsilon_1\varepsilon_3} \tag{5.135}$$

但请注意，如果介质 1 和介质 3 均为空气，$\eta_1=\eta_3$，则 $\eta_2=\eta_1=\eta_3$，那么这三个介质是一样的，即没有其他介质，并非此处讨论的多层介质情况。

5.6.3　半波长介质窗

如果 1 区和 3 区介质相同($\eta_3=\eta_1$)，2 区介质的厚度为半个波长，即 $d=\lambda_2/2$，则

$$\tan(\beta_2 d)=\tan\left(\frac{2\pi}{\lambda_2}\frac{\lambda_2}{2}\right)=0$$

代入式(5.133)，可得

$$\eta_{\text{ef}}=\eta_3=\eta_1$$

此时 1 区中的反射系数由式(5.131)可得

$$\Gamma_1=\frac{E_{1\text{rm}}}{E_{1\text{im}}}=\frac{\eta_{\text{ef}}-\eta_1}{\eta_{\text{ef}}+\eta_1}=0$$

1 区中的反射系数为 0，说明 1 区中没有反射。

由式(5.132)可得 1 区到 2 区的透射系数为

$$T_1=\frac{1+\Gamma_1}{\mathrm{e}^{\mathrm{j}\beta_2 d}+\Gamma_2\mathrm{e}^{-\mathrm{j}\beta_2 d}}=\frac{-1}{1+\Gamma_2}$$

由式(5.130)可知 2 区到 3 区的透射系数为 $T_2=1+\Gamma_2$，因此

$$T_1T_2=-1$$

3 区中的透射波场强由式(5.128)可得

$$E_{3\text{im}}=T_1T_2E_{1\text{im}}=-E_{1\text{im}}$$

以天线罩为例，当天线发射的电磁波到达第一个界面时，假设此时电场为 1 V/m，天线罩外侧的电场为 −1 V/m，则说明电磁波的能量无损耗通过。由于 2 区介质的厚度为二分之一波长，故称其为半波长介质窗。需要注意的是，由于介质厚度为半波长，与波长有关，因此这是一个对频率敏感的函数。即在某个频率上天线罩可以满足要求，而在另一个频率上可能就不满足要求。工程上，一般要求反射系数小于某个值即可。

5.7　电磁波对理想导体表面的斜入射

上两节我们讲了电磁波对平面分界面的垂直入射，但我们知道，大部分的入射波不是垂直入射，有可能是有一定角度的入射，即斜入射。本节我们讨论电磁波对于理想导体平面斜入射的情况。

结合图 5.21，理想导体表面置于 xOy 面上，我们首先明确几个定义：分界面的法线 $\boldsymbol{e}_{\text{n}}$ 与入射波射线(简称入射线)的平面定义为入射平面，电场矢量平行于入射平面的电磁波为平行极化波，电场矢量垂直于入射平面的电磁波为垂直极化波。理想导体表面称为反射平面，入射线与反射平面法线之间的夹角称为入射角 θ_{i}，$\boldsymbol{e}_{\text{i}}$ 表示入射线方向(即入射波传播方向)的单位矢量；反射线与反射平面法线之间的夹角称为反射角 θ_{r}，$\boldsymbol{e}_{\text{r}}$ 表示反射线方向(即反射波传播方向)的单位矢量。

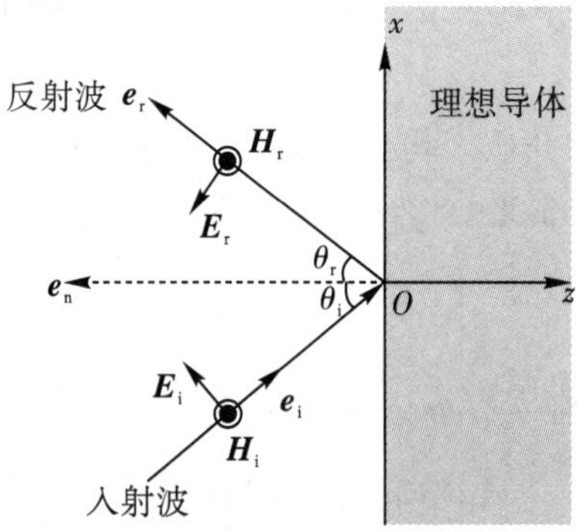

图 5.21　平行极化波对理想导体平面的斜入射

由于任意极化电磁波可分解为平行极化和垂直极化两个分量，因此我们仅对这两种极化波分别进行求解即可。

5.7.1　平行极化波对理想导体平面的斜入射

如图 5.21 所示，其中 $z\leqslant 0$ 的区域为理想介质区域，无限大理想导体平面置于 xOy 面，因此 xOz 面为入射平面，电场矢量和入射平面平行，所以电磁波是平行极化波。由于电磁波不能穿入理想导体，因此当电磁波入射到理想导体平面时，将产生全反射。当斜入射时，从图 5.21 可知，电磁波的入射方向和反射方向的单位矢量分别为

$$\begin{cases} \boldsymbol{e}_i = \boldsymbol{e}_x \sin\theta_i + \boldsymbol{e}_z \cos\theta_i \\ \boldsymbol{e}_r = \boldsymbol{e}_x \sin\theta_r - \boldsymbol{e}_z \cos\theta_r \end{cases} \tag{5.136}$$

这时的入射波电场由式(5.30)可表示为

$$\boldsymbol{E}_i = \boldsymbol{E}_{im} e^{-jk\boldsymbol{e}_i \cdot \boldsymbol{r}} \tag{5.137}$$

式中 E_{im} 为入射波电场复振幅。由图 5.21 中可以看出入射波电场和反射波电场的单位矢量分别为

$$\begin{cases} \boldsymbol{e}_{ei} = \boldsymbol{e}_x \cos\theta_i - \boldsymbol{e}_z \sin\theta_i \\ \boldsymbol{e}_{er} = -\boldsymbol{e}_x \cos\theta_r - \boldsymbol{e}_z \sin\theta_r \end{cases} \tag{5.138}$$

由于位置矢量为 $\boldsymbol{r} = \boldsymbol{e}_x x + \boldsymbol{e}_y y + \boldsymbol{e}_z z$，则有

$$\boldsymbol{e}_i \cdot \boldsymbol{r} = (\boldsymbol{e}_x \sin\theta_i + \boldsymbol{e}_z \cos\theta_i) \cdot (\boldsymbol{e}_x x + \boldsymbol{e}_y y + \boldsymbol{e}_z z) = x\sin\theta_i + z\cos\theta_i \tag{5.139}$$

则由式(5.137)，入射波电场为

$$\begin{aligned} \boldsymbol{E}_i &= \boldsymbol{e}_{ei} E_{im} e^{-jk(x\sin\theta_i + z\cos\theta_i)} = (\boldsymbol{e}_x \cos\theta_i - \boldsymbol{e}_z \sin\theta_i) E_{im} e^{-jk(x\sin\theta_i + z\cos\theta_i)} \\ &= \boldsymbol{e}_x \cos\theta_i E_{im} e^{-jk(x\sin\theta_i + z\cos\theta_i)} - \boldsymbol{e}_z \sin\theta_i E_{im} e^{-jk(x\sin\theta_i + z\cos\theta_i)} \\ &= \boldsymbol{e}_x E_{ix} + \boldsymbol{e}_z E_{iz} \end{aligned} \tag{5.140}$$

由式(5.140)可以看出，入射波电场有 $\boldsymbol{e}_x$ 和 $\boldsymbol{e}_z$ 两个场分量。同理可得反射波电场为

$$\begin{aligned} \boldsymbol{E}_r &= \boldsymbol{E}_{rm} e^{-jk\boldsymbol{e}_r \cdot \boldsymbol{r}} \\ &= -\boldsymbol{e}_x \cos\theta_r E_{rm} e^{-jk(x\sin\theta_r - z\cos\theta_r)} - \boldsymbol{e}_z \sin\theta_r E_{rm} e^{-jk(x\sin\theta_r - z\cos\theta_r)} \\ &= \boldsymbol{e}_x E_{rx} + \boldsymbol{e}_z E_{rz} \end{aligned} \tag{5.141}$$

即反射波电场也有 $\boldsymbol{e}_x$ 和 $\boldsymbol{e}_z$ 两个场分量。

在 1 区中入射波与反射波的合成电场为

$$\boldsymbol{E}=\boldsymbol{E}_{\mathrm{i}}+\boldsymbol{E}_{\mathrm{r}}=\boldsymbol{E}_{\mathrm{im}}\mathrm{e}^{-\mathrm{j}k\boldsymbol{e}_{\mathrm{i}}\cdot\boldsymbol{r}}+\boldsymbol{E}_{\mathrm{rm}}\mathrm{e}^{-\mathrm{j}k\boldsymbol{e}_{\mathrm{r}}\cdot\boldsymbol{r}}=\boldsymbol{e}_xE_x+\boldsymbol{e}_zE_z \tag{5.142}$$

可得电场在 x 和 z 方向上的分量分别为

$$\begin{aligned}E_x(x,z)&=E_{\mathrm{i}x}+E_{\mathrm{r}x}\\&=E_{\mathrm{im}}\cos\theta_{\mathrm{i}}\mathrm{e}^{-\mathrm{j}k(x\sin\theta_{\mathrm{i}}+z\cos\theta_{\mathrm{i}})}-E_{\mathrm{rm}}\cos\theta_{\mathrm{r}}\mathrm{e}^{-\mathrm{j}k(x\sin\theta_{\mathrm{r}}-z\cos\theta_{\mathrm{r}})}\end{aligned} \tag{5.143}$$

$$\begin{aligned}E_z(x,z)&=E_{\mathrm{i}z}+E_{\mathrm{r}z}\\&=-E_{\mathrm{im}}\sin\theta_{\mathrm{i}}\mathrm{e}^{-\mathrm{j}k(x\sin\theta_{\mathrm{i}}+z\cos\theta_{\mathrm{i}})}-E_{\mathrm{rm}}\sin\theta_{\mathrm{r}}\mathrm{e}^{-\mathrm{j}k(x\sin\theta_{\mathrm{r}}-z\cos\theta_{\mathrm{r}})}\end{aligned} \tag{5.144}$$

相应的磁场只有 y 方向分量，在 1 区中的合成磁场为

$$\boldsymbol{H}=\boldsymbol{e}_yH_y(x,z)=\boldsymbol{e}_y\left(\frac{E_{\mathrm{im}}}{\eta}\mathrm{e}^{-\mathrm{j}k(x\sin\theta_{\mathrm{i}}+z\cos\theta_{\mathrm{i}})}+\frac{E_{\mathrm{rm}}}{\eta}\mathrm{e}^{-\mathrm{j}k(x\sin\theta_{\mathrm{r}}-z\cos\theta_{\mathrm{r}})}\right) \tag{5.145}$$

场在边界上应满足边界条件，即在 $z=0$ 的边界平面上，电场的切向分量即 x 方向分量为零，将其代入式(5.143)可得

$$E_x\big|_{z=0}=E_{\mathrm{im}}\cos\theta_{\mathrm{i}}\mathrm{e}^{-\mathrm{j}kx\sin\theta_{\mathrm{i}}}-E_{\mathrm{rm}}\cos\theta_{\mathrm{r}}\mathrm{e}^{-\mathrm{j}kx\sin\theta_{\mathrm{r}}}=0 \tag{5.146}$$

式(5.146)应对所有的自变量 x 都成立，故该式两项的相位因子应相等，即

$$\mathrm{e}^{-\mathrm{j}kx\sin\theta_{\mathrm{i}}}=\mathrm{e}^{-\mathrm{j}kx\sin\theta_{\mathrm{r}}}$$

则有

$$\theta_{\mathrm{r}}=\theta_{\mathrm{i}} \tag{5.147}$$

式(5.147)表明，电磁波的反射角等于入射角，这就是电磁波的反射定律，称为斯涅耳反射定律。

将式(5.147)代回式(5.146)可得

$$E_{\mathrm{rm}}=E_{\mathrm{im}} \tag{5.148}$$

即反射波的电场振幅等于入射波的电场振幅。

将式(5.148)代入式(5.143)和式(5.144)中，可得理想介质中任意一点的电场、磁场分别为

$$\begin{cases}E_x(x,z)=-\mathrm{j}2E_{\mathrm{im}}\cos\theta_{\mathrm{i}}\sin(kz\cos\theta_{\mathrm{i}})\mathrm{e}^{-\mathrm{j}kx\sin\theta_{\mathrm{i}}}\\E_z(x,z)=-2E_{\mathrm{im}}\sin\theta_{\mathrm{i}}\cos(kz\cos\theta_{\mathrm{i}})\mathrm{e}^{-\mathrm{j}kx\sin\theta_{\mathrm{i}}}\\H_y(x,z)=\dfrac{1}{\eta}2E_{\mathrm{im}}\cos(kz\cos\theta_{\mathrm{i}})\mathrm{e}^{-\mathrm{j}kx\sin\theta_{\mathrm{i}}}\\E_y=H_x=H_z=0\end{cases} \tag{5.149}$$

电磁波的能量传播可由平均坡印廷矢量求得，即

$$\begin{aligned}\boldsymbol{S}_{\mathrm{av}}&=\frac{1}{2}\mathrm{Re}[\boldsymbol{E}\times\boldsymbol{H}^*]=\frac{1}{2}\mathrm{Re}[(\boldsymbol{e}_xE_x(x,z)+\boldsymbol{e}_zE_z(x,z))\times\boldsymbol{e}_yH_y^*(x,z)]\\&=\boldsymbol{e}_x\frac{2}{\eta}E_{\mathrm{im}}(\sin\theta_{\mathrm{i}}\cos^2(kz\cos\theta_{\mathrm{i}}))\end{aligned} \tag{5.150}$$

由式(5.149)和式(5.150)可以看出，平行极化波斜入射到理想导体平面时有如下特性：

(1) 在垂直于分界面的传播方向(z 方向)上，对应的场为 E_x 和 H_y，这两个场分量的相位相差 90°，合成波是驻波，无电磁能量传输；由平均坡印廷矢量也可知，没有沿 z 方向传输的电磁波能量。

(2) 在平行于分界面的传播方向(x 方向)上，对应的场应为 E_z 和 H_y，这两个场分量的相位相差 180°，合成波是行波，存在电磁能量传输；由平均坡印廷矢量也可知，有 x 方向

传输的电磁波能量。此时相位因子为 $e^{-jkx\sin\theta_i}$，令 $k_x=k\sin\theta_i$，则 $e^{-jkx\sin\theta_i}=e^{-jk_x x}$，相速为

$$v_x=\frac{\omega}{k_x}=\frac{\omega}{k\sin\theta_i}=\frac{v}{\sin\theta_i} \tag{5.151}$$

式中 $v=\frac{\omega}{k}$是入射波在理想介质中沿 $\boldsymbol{e}_i$ 方向传播的相速。

(3) 波的等振幅面(z 为常数)平行于反射平面，而波的等相位面(x 为常数)垂直于反射平面，故合成波是非均匀平面波。

(4) 当 $\sin(kz\cos\theta_i)=0$ 或 $kz\cos\theta_i=\frac{2\pi}{\lambda}z\cos\theta_i=-n\pi(n=0,1,2,\cdots)$时，$E_x$为零。因此，若在 $z=-\frac{\lambda}{2\cos\theta_i}$处插入一理想导体平板，电场在导体平面上满足边界条件(切向分量等于零)，将不会改变此导体板与原理想导体分界面之间的场分布。这时两个平板构成平行板波导，即电磁波可以在两个导体平板间传输，这也是一种导行波。

(5) 沿电磁波传播的方向(x 方向)不存在磁场分量(即 $H_x=0$)，故称这种波为横磁波(TM 波)。

5.7.2 垂直极化波对理想导体平面的斜入射

垂直极化波入射到理想导体平面的情况如图 5.22 所示。与平行极化波推导类似，由入射波电场和反射波电场可求得合成波电场，并根据边界条件求解，得

$$\begin{cases}\theta_r=\theta_i & (5.152)\\ E_{rm}=-E_{im} & (5.153)\end{cases}$$

即满足斯涅耳反射定律。

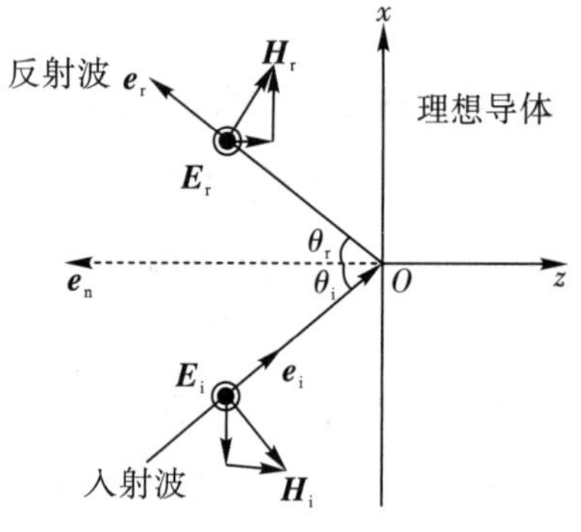

图 5.22 垂直极化波对理想导体平面的斜入射

将此结果代回到合成场中，可得理想介质中任意一点的电场、磁场分量为

$$\begin{cases}E_y(x,z)=-j2E_{im}\sin(kz\cos\theta_i)e^{-jkx\sin\theta_i}\\ H_x(x,z)=-\frac{2E_{im}}{\eta}\cos\theta_i\cos(kz\cos\theta_i)e^{-jkx\sin\theta_i}\\ H_z(x,z)=-j\frac{2E_{im}}{\eta}\sin\theta_i\sin(kz\cos\theta_i)e^{-jkx\sin\theta_i}\\ E_x=E_z=H_y=0\end{cases} \tag{5.154}$$

电磁波的能量传播可由平均坡印廷矢量求得，即

$$S_{av}=\frac{1}{2}\mathrm{Re}[E\times H^*]=\frac{1}{2}\mathrm{Re}[e_yE_y(x,z)\times(e_xH_x^*(x,z)+e_zH_z^*(x,z))]$$

$$=e_x\frac{2}{\eta}E_{im}(\sin\theta_i\sin^2(kz\cos\theta_i)) \tag{5.155}$$

由式(5.154)和式(5.155)可以看出，垂直极化波斜入射到理想导体平面时有如下特性：

(1) 在垂直于分界面的方向(z 方向)上，对应的场为 E_y 和 H_x，这两个场分量的相位相差 90°，合成波是驻波，没有 z 方向传输的电磁波能量。

(2) 在平行于分界面的传播方向(x 方向)上，对应的场应为 E_y 和 H_z，这两个场分量的相位相差 180°，合成波是行波，有 x 方向传输的电磁波能量。此时相位因子为 $e^{-jkx\sin\theta_i}=e^{-jk_xx}$，相速为

$$v_x=\frac{\omega}{k_x}=\frac{\omega}{k\sin\theta_i}=\frac{v}{\sin\theta_i} \tag{5.156}$$

(3) 波的等振幅面(z 为常数)平行于反射平面，而波的等相位面(x 为常数)垂直于反射平面，故合成波是非均匀平面波。

(4) 在 $z=-\frac{\lambda}{2\cos\theta_i}$ 处插入一理想导体板，电场满足边界条件(切向分量等于零)，将不会改变此导体板与原理想导体分界面之间的场分布。

(5) 沿电磁波传播的方向(x 方向)不存在电场分量(即 $E_x=0$)，故称这种波为横电波(TE 波)。

5.8　平面波在理想介质表面的斜入射

当均匀平面电磁波向理想介质表面斜入射时，在分界面上电磁波会发生反射和透射，这时透射波的方向发生偏折，即不按原来的传输路线传播，因此，这种透射波也称为折射波。入射线、反射线及折射线与边界面法线之间的夹角分别称为入射角 θ_i、反射角 θ_r 及折射角 θ_t。入射线、反射线及折射线与边界面法线构成的平面分别称为入射面、反射面及折射面，可以证明，在各向同性介质空间中，反射面、折射面与入射面是一个平面。如图 5.23 所示，$z\leqslant 0$ 的区域为理想介质 1(ε_1，μ_1)，$z>0$ 的区域为理想介质 2(ε_2，μ_2)，两种介质的分界面为 xOy 面。在图 5.23 所示的情形中，电场矢量和入射平面平行，所以入射波是平行极化波。

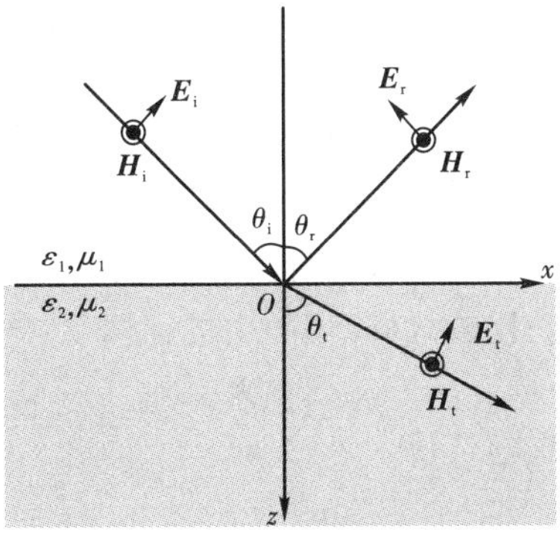

图 5.23　平行极化波对理想介质分界面的斜入射

5.8.1 电磁波斜入射的反射与折射

我们先看一下平行极化波的情况。设入射面位于 xOz 平面内，如图 5.23 所示，入射波、反射波和折射波的传播方向分别为

$$\begin{cases} \boldsymbol{e}_{\mathrm{i}}=\boldsymbol{e}_x\sin\theta_{\mathrm{i}}+\boldsymbol{e}_z\cos\theta_{\mathrm{i}} \\ \boldsymbol{e}_{\mathrm{r}}=\boldsymbol{e}_x\sin\theta_{\mathrm{r}}-\boldsymbol{e}_z\cos\theta_{\mathrm{r}} \\ \boldsymbol{e}_{\mathrm{t}}=\boldsymbol{e}_x\sin\theta_{\mathrm{t}}+\boldsymbol{e}_z\cos\theta_{\mathrm{t}} \end{cases} \tag{5.157}$$

入射波电场、反射波电场和折射波电场的单位矢量分别为

$$\begin{cases} \boldsymbol{e}_{\mathrm{ei}}=\boldsymbol{e}_x\cos\theta_{\mathrm{i}}-\boldsymbol{e}_z\sin\theta_{\mathrm{i}} \\ \boldsymbol{e}_{\mathrm{er}}=-\boldsymbol{e}_x\cos\theta_{\mathrm{r}}-\boldsymbol{e}_z\sin\theta_{\mathrm{r}} \\ \boldsymbol{e}_{\mathrm{et}}=\boldsymbol{e}_x\cos\theta_{\mathrm{t}}-\boldsymbol{e}_z\sin\theta_{\mathrm{t}} \end{cases} \tag{5.158}$$

入射波的电场强度和磁场强度可以分别表示为

$$\begin{cases} \boldsymbol{E}_{\mathrm{i}}=\boldsymbol{E}_{\mathrm{im}}\mathrm{e}^{-\mathrm{j}\boldsymbol{k}_{\mathrm{i}}\cdot\boldsymbol{r}}=\boldsymbol{e}_{\mathrm{ei}}E_{\mathrm{im}}\mathrm{e}^{-\mathrm{j}k_1\boldsymbol{e}_{\mathrm{i}}\cdot\boldsymbol{r}}=(\boldsymbol{e}_x\cos\theta_{\mathrm{i}}-\boldsymbol{e}_z\sin\theta_{\mathrm{i}})E_{\mathrm{im}}\mathrm{e}^{-\mathrm{j}k_1(x\sin\theta_{\mathrm{i}}+z\cos\theta_{\mathrm{i}})} \\ \boldsymbol{H}_{\mathrm{i}}=\boldsymbol{H}_{\mathrm{im}}\mathrm{e}^{-\mathrm{j}\boldsymbol{k}_{\mathrm{i}}\cdot\boldsymbol{r}}=\boldsymbol{e}_yH_{\mathrm{im}}\mathrm{e}^{-\mathrm{j}k_1\boldsymbol{e}_{\mathrm{i}}\cdot\boldsymbol{r}}=\boldsymbol{e}_y\dfrac{E_{\mathrm{im}}}{\eta_1}\mathrm{e}^{-\mathrm{j}k_1(x\sin\theta_{\mathrm{i}}+z\cos\theta_{\mathrm{i}})} \end{cases} \tag{5.159}$$

反射波的电场强度和磁场强度可以分别表示为

$$\begin{cases} \boldsymbol{E}_{\mathrm{r}}=\boldsymbol{E}_{\mathrm{rm}}\mathrm{e}^{-\mathrm{j}\boldsymbol{k}_{\mathrm{r}}\cdot\boldsymbol{r}}=\boldsymbol{e}_{\mathrm{er}}\Gamma_{//}E_{\mathrm{im}}\mathrm{e}^{-\mathrm{j}k_1\boldsymbol{e}_{\mathrm{r}}\cdot\boldsymbol{r}} \\ \quad=(-\boldsymbol{e}_x\cos\theta_{\mathrm{r}}-\boldsymbol{e}_z\sin\theta_{\mathrm{r}})\Gamma_{//}E_{\mathrm{im}}\mathrm{e}^{-\mathrm{j}k_1(x\sin\theta_{\mathrm{r}}-z\cos\theta_{\mathrm{r}})} \\ \boldsymbol{H}_{\mathrm{r}}=\boldsymbol{H}_{\mathrm{rm}}\mathrm{e}^{-\mathrm{j}\boldsymbol{k}_{\mathrm{r}}\cdot\boldsymbol{r}}=\boldsymbol{e}_yH_{\mathrm{rm}}\mathrm{e}^{-\mathrm{j}k_1\boldsymbol{e}_{\mathrm{r}}\cdot\boldsymbol{r}}=\boldsymbol{e}_y\dfrac{E_{\mathrm{rm}}}{\eta_1}\mathrm{e}^{-\mathrm{j}k_1(x\sin\theta_{\mathrm{r}}-z\cos\theta_{\mathrm{r}})} \end{cases} \tag{5.160}$$

折射波的电场强度和磁场强度可以分别表示为

$$\begin{cases} \boldsymbol{E}_{\mathrm{t}}=\boldsymbol{E}_{\mathrm{tm}}\mathrm{e}^{-\mathrm{j}\boldsymbol{k}_{\mathrm{t}}\cdot\boldsymbol{r}}=\boldsymbol{e}_{\mathrm{et}}T_{//}E_{\mathrm{im}}\mathrm{e}^{-\mathrm{j}k_2\boldsymbol{e}_{\mathrm{t}}\cdot\boldsymbol{r}} \\ \quad=(\boldsymbol{e}_x\cos\theta_{\mathrm{t}}-\boldsymbol{e}_z\sin\theta_{\mathrm{t}})T_{//}E_{\mathrm{im}}\mathrm{e}^{-\mathrm{j}k_2(x\sin\theta_{\mathrm{t}}+z\cos\theta_{\mathrm{t}})} \\ \boldsymbol{H}_{\mathrm{t}}=\boldsymbol{H}_{\mathrm{tm}}\mathrm{e}^{-\mathrm{j}\boldsymbol{k}_{\mathrm{t}}\cdot\boldsymbol{r}}=\boldsymbol{e}_yH_{\mathrm{tm}}\mathrm{e}^{-\mathrm{j}k_2\boldsymbol{e}_{\mathrm{t}}\cdot\boldsymbol{r}}=\boldsymbol{e}_y\dfrac{E_{\mathrm{tm}}}{\eta_2}\mathrm{e}^{-\mathrm{j}k_2(x\sin\theta_{\mathrm{t}}+z\cos\theta_{\mathrm{t}})} \end{cases} \tag{5.161}$$

式中，$\Gamma_{//}$ 和 $T_{//}$ 分别为平行极化波入射时的反射系数和透射系数。由边界条件可知，在无源边界上($z=0$)电场强度和磁场强度的切向分量必须连续，即

$$\begin{cases} \boldsymbol{e}_{\mathrm{n}}\times(\boldsymbol{E}_{\mathrm{i}}+\boldsymbol{E}_{\mathrm{r}})\big|_{z=0}=\boldsymbol{e}_{\mathrm{n}}\times\boldsymbol{E}_{\mathrm{t}}\big|_{z=0} \\ \boldsymbol{e}_{\mathrm{n}}\times(\boldsymbol{H}_{\mathrm{i}}+\boldsymbol{H}_{\mathrm{r}})\big|_{z=0}=\boldsymbol{e}_{\mathrm{n}}\times\boldsymbol{H}_{\mathrm{t}}\big|_{z=0} \end{cases} \tag{5.162}$$

此时 $\boldsymbol{e}_{\mathrm{n}}$ 为边界上由介质 2 指向介质 1 的法向方向的单位矢量，即 $\boldsymbol{e}_{\mathrm{n}}=-\boldsymbol{e}_z$，并将式(5.159)、式(5.160)和式(5.161)代入式(5.162)中，由电场分量可得

$$\cos\theta_{\mathrm{i}}E_{\mathrm{im}}\mathrm{e}^{-\mathrm{j}k_1x\sin\theta_{\mathrm{i}}}-\cos\theta_{\mathrm{r}}E_{\mathrm{rm}}\mathrm{e}^{-\mathrm{j}k_1x\sin\theta_{\mathrm{r}}}=\cos\theta_{\mathrm{t}}E_{\mathrm{tm}}\mathrm{e}^{-\mathrm{j}k_2x\sin\theta_{\mathrm{t}}} \tag{5.163}$$

式(5.163)对于任意自变量 x 均应成立，因此等式各项指数中对应的系数应该相等，即有

$$k_1\sin\theta_{\mathrm{i}}=k_1\sin\theta_{\mathrm{r}}=k_2\sin\theta_{\mathrm{t}} \tag{5.164}$$

这表明反射波及折射波的相位沿分界面切向的变化始终与入射波保持一致，因此，式(5.164)又称为相位匹配条件。比较式(5.164)中的前两项，可得

$$\theta_{\mathrm{r}}=\theta_{\mathrm{i}} \tag{5.165}$$

由式(5.164)中的第一项和第三项可得

$$\frac{\sin\theta_{\mathrm{i}}}{\sin\theta_{\mathrm{t}}}=\frac{k_2}{k_1} \tag{5.166}$$

式中，$k_1=\omega\sqrt{\varepsilon_1\mu_1}$，$k_2=\omega\sqrt{\varepsilon_2\mu_2}$。在一般非磁性各向同性介质中，$\mu_1=\mu_2=\mu_0$，则式(5.166)为

$$\frac{\sin\theta_i}{\sin\theta_t}=\sqrt{\frac{\varepsilon_2}{\varepsilon_1}} \tag{5.167}$$

式(5.165)和式(5.166)为折射定律，其相关意义如下：

(1) 入射线、反射线及折射线位于同一平面。

(2) 反射角 θ_r 等于入射角 θ_i。

(3) 折射角 θ_t 与入射角 θ_i 的关系为$\dfrac{\sin\theta_i}{\sin\theta_t}=\dfrac{k_2}{k_1}$。

折射定律描述的电磁波反射和折射规律获得了广泛应用。如美军 B2 及 F117 等隐形轰炸机的底部均为平板形状，致使目标的大部分电磁波被反射到其他方向，发射信号的雷达无法收到回波，从而达到结构隐身的目的，如图 5.24 所示。

图 5.24　B2 隐形轰炸机

介质 1 中的合成场为

$$\begin{cases}\boldsymbol{E}_1=\boldsymbol{e}_x\cos\theta_i E_{im}e^{-jk_1x\sin\theta_i}(e^{-jk_1z\cos\theta_i}-\Gamma_{//}e^{jk_1z\cos\theta_i})\\ \qquad -\boldsymbol{e}_z\sin\theta_i E_{im}e^{-jk_1x\sin\theta_i}(e^{-jk_1z\cos\theta_i}+\Gamma_{//}e^{jk_1z\cos\theta_i})\\ \boldsymbol{H}_1=\boldsymbol{e}_y\dfrac{E_{im}}{\eta_1}e^{-jk_1x\sin\theta_i}(e^{-jk_1z\cos\theta_i}+\Gamma_{//}e^{jk_1z\cos\theta_i})\end{cases} \tag{5.168}$$

由式(5.168)可见，在介质 1 中电场有 x 方向和 z 方向分量，磁场保持 y 方向分量，每个场分量均有行波因子 $e^{-jk_1x\sin\theta_i}=e^{-jk_xx}$，表明有向 x 方向传输的波，而在 z 方向有向 $+z$ 方向和 $-z$ 方向传播的波，由于反射系数的模值不可能大于等于 1，因此在这个方向形成行驻波。即有一部分能量向 $+z$ 方向传播，另一部分波形成驻波。此时在波的传播方向有电场分量，而无磁场分量，因此该传输波为横磁波，即 TM 波。这里需要说明的是，这个传播方向与入射波的传播方向有关。在介质 2 中，波是沿 θ_t 方向传播的行波。

同理分析可获得垂直极化波的合成场，与平行极化波的特性类似，但其传输的波为横电波，即 TE 波。

5.8.2　反射系数与透射系数

反射波和透射波也可以用反射系数和透射系数来描述。注意，斜入射时的反射系数及

透射系数与入射波的极化特性有关。图 5.23 和图 5.25 分别为平行极化波斜入射和垂直极化波斜入射的示意图。

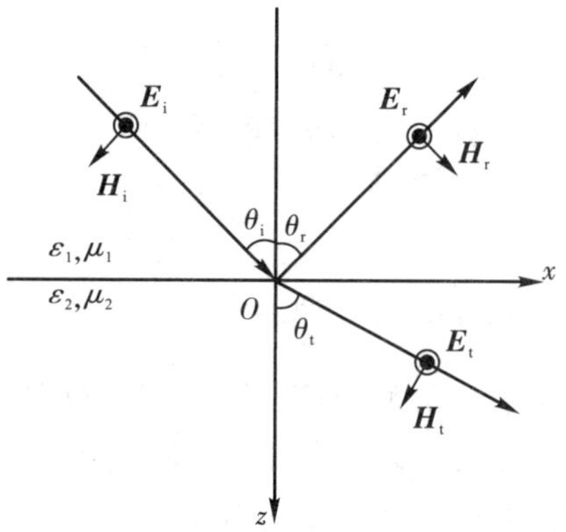

图 5.25　垂直极化波对理想介质分界面的斜入射

由图 5.25 可以看出，在垂直极化波入射到介质界面时产生的反射波及折射波与入射波的电场极化特性相同，都是垂直极化波，反射波和折射波的磁场方向有所变化，但仍与入射平面平行；而当平行极化波入射后(见图 5.23)，由于反射波和折射波的传播方向偏转，因此其电场的极化方向也随之偏转，但仍然是平行极化波。

对于平行极化波，根据边界上电场切向分量必须连续的边界条件，由式(5.163)可得

$$E_{im}\cos\theta_i e^{-jk_1 x\sin\theta_i} - E_{rm}\cos\theta_r e^{-jk_1 x\sin\theta_r} = E_{tm}\cos\theta_t e^{-jk_2 x\sin\theta_t} \tag{5.169}$$

考虑式(5.164)，再根据折射定律，式(5.169)变为

$$E_{im}\cos\theta_i - E_{rm}\cos\theta_r = E_{tm}\cos\theta_t$$

由式(5.162)中边界上磁场切向分量必须连续的边界条件，可得

$$\frac{E_{im}}{\eta_1} + \frac{E_{rm}}{\eta_1} = \frac{E_{tm}}{\eta_2}$$

则平行极化波入射时的反射系数 $\Gamma_{//}$ 及透射系数 $T_{//}$ 分别为

$$\Gamma_{//} = \frac{E_{rm}}{E_{im}} = \frac{\eta_1\cos\theta_i - \eta_2\cos\theta_t}{\eta_1\cos\theta_i + \eta_2\cos\theta_t} \tag{5.170}$$

$$T_{//} = \frac{E_{tm}}{E_{im}} = \frac{2\eta_2\cos\theta_i}{\eta_1\cos\theta_i + \eta_2\cos\theta_t} \tag{5.171}$$

同理，垂直极化波入射时的反射系数 $\Gamma_\perp$ 及透射系数 $T_\perp$ 分别为

$$\Gamma_\perp = \frac{\eta_2\cos\theta_i - \eta_1\cos\theta_t}{\eta_2\cos\theta_i + \eta_1\cos\theta_t} \tag{5.172}$$

$$T_\perp = \frac{2\eta_2\cos\theta_i}{\eta_2\cos\theta_i + \eta_1\cos\theta_t} \tag{5.173}$$

当入射角 θ_i 趋于 0，即垂直入射时，θ_t 也趋于 0，这时有 $\Gamma_{//} = -\Gamma_\perp$。

此外，入射角 θ_i 趋于 $\pi/2$ 时，或入射角及反射角的仰角小于 1°时(称为掠入射)，此时无论何种极化以及何种媒质，反射系数 $\Gamma_{//} = \Gamma_\perp$ 趋于 -1，透射系数 $T_{//} = T_\perp$ 趋于 0。这表明，入射波全被反射，且反射波同入射波大小相等，但相位相反。

当我们大倾角观察任何物体表面时，物体表面显得比较明亮，与镜面反射类似。这种

现象也是地面雷达存在低空盲区的原因，导致地面雷达难以发现低空目标。基于上述原理，某国曾组织军用飞机编队低空飞行，骗过了对方的雷达系统，轰炸了另一个国家的核设施。

5.8.3　全透射与全反射

考虑到大多数非磁性媒质的磁导率相同，即 $\mu_1=\mu_2=\mu_0$，则平行极化波和垂直极化波的反射系数和透射系数分别为

$$\Gamma_{//}=\frac{\dfrac{\varepsilon_2}{\varepsilon_1}\cos\theta_i-\sqrt{\dfrac{\varepsilon_2}{\varepsilon_1}-\sin^2\theta_i}}{\dfrac{\varepsilon_2}{\varepsilon_1}\cos\theta_i+\sqrt{\dfrac{\varepsilon_2}{\varepsilon_1}-\sin^2\theta_i}} \tag{5.174}$$

$$T_{//}=\frac{2\sqrt{\dfrac{\varepsilon_2}{\varepsilon_1}}\cos\theta_i}{\dfrac{\varepsilon_2}{\varepsilon_1}\cos\theta_i+\sqrt{\dfrac{\varepsilon_2}{\varepsilon_1}-\sin^2\theta_i}} \tag{5.175}$$

$$\Gamma_{\perp}=\frac{\cos\theta_i-\sqrt{\dfrac{\varepsilon_2}{\varepsilon_1}-\sin^2\theta_i}}{\cos\theta_i+\sqrt{\dfrac{\varepsilon_2}{\varepsilon_1}-\sin^2\theta_i}} \tag{5.176}$$

$$T_{\perp}=\frac{2\cos\theta_i}{\cos\theta_i+\sqrt{\dfrac{\varepsilon_2}{\varepsilon_1}-\sin^2\theta_i}} \tag{5.177}$$

下面针对几种常用的情况进行讨论。

1. 全透射

我们首先看一下平行极化波的情况，平行极化波的反射系数见式(5.174)，若入射角满足下列关系：

$$\frac{\varepsilon_2}{\varepsilon_1}\cos\theta_i=\sqrt{\frac{\varepsilon_2}{\varepsilon_1}-\sin^2\theta_i}\quad\left(\sqrt{\frac{\varepsilon_2}{\varepsilon_1}}>\sin\theta_i\right) \tag{5.178}$$

则反射系数 $\Gamma_{//}=0$，此时没有反射波，因此称为全透射(无反射)状态。发生无反射时的入射角称为布鲁斯特角，以 θ_B 表示。由式(5.178)可得

$$\theta_B=\arcsin\sqrt{\frac{\varepsilon_2}{\varepsilon_1+\varepsilon_2}}\quad\left(\sqrt{\frac{\varepsilon_2}{\varepsilon_1}}>\sin\theta_i\right) \tag{5.179}$$

即当电磁波以布鲁斯特角入射到两媒质交界面时，会产生无反射的状态，此时电磁波全部透射到第二个媒质中。

我们再分析一下垂直极化波的情况。垂直极化波的反射系数见式(5.176)，只有当 $\cos\theta_i=\sqrt{(\varepsilon_2/\varepsilon_1)-\sin^2\theta_i}$ 时，反射系数 $\Gamma_{\perp}=0$，此时 $\varepsilon_1=\varepsilon_2$，由于我们已设定其磁导率相同，因此，垂直极化波不可能在两媒质分界面上发生无反射的现象。

任意极化的平面波总可以分解为一个平行极化波与一个垂直极化波。当一个无固定极化方向的光波以布鲁斯特角向边界斜投射时，由于平行极化波不会被反射，因此，反射波

中只剩下垂直极化波。可见，采用这种方法即可获得具有一定极化特性的偏振光。

2. 全反射

两种极化平面波的反射系数分别如式(5.174)和式(5.176)所示。由此可知，若入射角 θ_i 满足 $\sin^2\theta_i=\dfrac{\varepsilon_2}{\varepsilon_1}$，则无论何种极化，$\Gamma_{//}=\Gamma_{\perp}=1$，这种现象称为全反射。

根据折射定律 $\dfrac{\sin\theta_i}{\sin\theta_t}=\sqrt{\dfrac{\varepsilon_2}{\varepsilon_1}}$，当入射角满足 $\sin\theta_i=\sqrt{\dfrac{\varepsilon_2}{\varepsilon_1}}$ 时，折射角已增至 $\dfrac{\pi}{2}$，即当入射角大于发生全反射的角度时，全反射现象继续存在。

开始发生全反射时的入射角称为临界角，以 θ_c 表示，则

$$\theta_c=\arcsin\sqrt{\frac{\varepsilon_2}{\varepsilon_1}} \tag{5.180}$$

由于函数 $\sin\theta_c<1$，故有 $\varepsilon_1>\varepsilon_2$，即针对理想介质，只有当平面波由介电常数较大的光密媒质进入介电常数较小的光疏媒质时，才可能发生全反射现象。

下面我们分析一下发生全反射时的透射波特性。已知透射波电场可以表示为

$$E_t=E_{tm}e^{-j\boldsymbol{k}_t\cdot\boldsymbol{r}}=E_{tm}e^{-jk_2(x\sin\theta_t+z\cos\theta_t)}$$

故得

$$E_t=E_{tm}e^{-jk_2x\sqrt{\varepsilon_1/\varepsilon_2}\sin\theta_i}e^{-jk_2z\sqrt{1-(\varepsilon_1/\varepsilon_2)\sin^2\theta_i}} \tag{5.181}$$

由式(5.181)可见，透射波沿 x 方向为传输状态，其相位随 x 的增加连续滞后；而沿 z 方向，由于 $\theta_i>\theta_c$，因此 $(\varepsilon_1/\varepsilon_2)\sin^2\theta_i>1$，则 $\sqrt{1-(\varepsilon_1/\varepsilon_2)\sin^2\theta_i}$ 为虚数，式(5.181)的第二项为 $e^{-jk_2z\sqrt{1-(\varepsilon_1/\varepsilon_2)\sin^2\theta_i}}=e^{-\alpha z}$，表示波沿 z 方向为衰减状态，且比值 $\varepsilon_1/\varepsilon_2$ 愈大或入射角愈大，振幅沿正 z 方向衰减愈快。因此，透射波是沿 x 方向即两介质的分界面传播的波，我们也称之为表面波。

光导纤维即是由两种介电常数不同的介质层形成的，其内部芯线的介电常数大于外层介电常数。当光束以大于临界角的入射角度自芯线内部向边界投射时，即可发生全反射，光波局限在芯线内部传播，这就是光导纤维的导波原理，如图 5.26 所示。

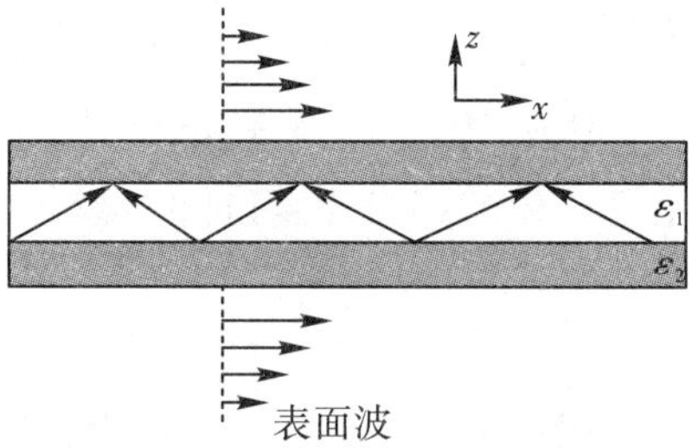

图 5.26 光导纤维的导波原理

由于光导纤维的介质外层表面存在表面波，因此，必须加装金属外壳给予电磁屏蔽，这就形成了光缆。

请注意，上述全部结论均在 $\mu_1=\mu_2$ 的前提下成立。当两个介质为磁性介质，且 $\mu_1\neq\mu_2$ 时，根据媒质的介电常数的不同可分为下面两种情况：① $\varepsilon_1=\varepsilon_2$，只有垂直极化波才会发生无反射现象；② $\varepsilon_1\neq\varepsilon_2$，两种极化波均会发生无反射现象。

习　题

5.1　写出均匀平面电磁波的定义，判断下列电磁波中哪个是均匀平面电磁波，并给出等相位面和等振幅面。

(1) $\boldsymbol{E}(z,t)=\boldsymbol{e}_y5.6\sin(\omega t-\beta z)$ V/m；

(2) $\boldsymbol{E}(y)=\boldsymbol{e}_x10\mathrm{e}^{-\mathrm{j}ky}$ V/m；

(3) $\boldsymbol{E}(\boldsymbol{r},t)=\boldsymbol{e}_yE_0\sin\left(\dfrac{\pi}{d}z\right)\cos(\omega t-k_xx)$。

5.2　在自由空间中，已知电场 $\boldsymbol{E}(z,t)=\boldsymbol{e}_y20\sin(2\pi\times10^8t-\beta z)$ V/m，试求：

(1) 传播相速 v_p 和相位系数 β；

(2) 磁场强度 $\boldsymbol{H}(z,t)$。

5.3　理想介质(参数为 $\mu=\mu_0$，$\varepsilon=\varepsilon_\mathrm{r}\varepsilon_0$，$\sigma=0$)中有一均匀平面电磁波，已如其电场强度为 $\boldsymbol{E}(x,t)=\boldsymbol{e}_y120\cos(2\pi\times10^9t-5x)$ V/m，试求：

(1) 该理想介质的相对介电常数；

(2) 介质及自由空间中的波长；

(3) 与 $\boldsymbol{E}(x,t)$ 相伴的磁场 $\boldsymbol{H}(x,t)$；

(4) 该平面波的平均功率密度。

5.4　频率为 500 MHz 的均匀平面电磁波在空气中沿 $\boldsymbol{e}_z$ 方向传播。当 $z=0.2$ m，$t=0.2$ ns 时，电场强度 $\boldsymbol{E}$ 为其最大值 100 V/m，表征其方向的单位矢量为 $\boldsymbol{e}_x0.15+\boldsymbol{e}_y0.8$，试求：

(1) 电场 $\boldsymbol{E}$ 和磁场 $\boldsymbol{H}$ 的瞬时表示式；

(2) 电磁波的相速度、波长和本征阻抗；

(3) $t=1$ ms，$z=0$ 时的电场 $\boldsymbol{E}(0,0)$ 值和能量密度。

5.5　理想介质($\varepsilon_\mathrm{r}=4$，$\mu_\mathrm{r}=1$)中，有一均匀平面电磁波沿 y 方向传播，其频率为 1 GHz。当 $t=0$ 时，在 $y=0$ 处，电场强度的振幅 $E_0=2$ mV/m。求当 $t=1$ μs 时，在 $y=62$ m处的电场强度矢量、磁场强度矢量和坡印廷矢量。

5.6　理想介质中的均匀平面电磁波的电场为 $\boldsymbol{E}=\boldsymbol{e}_x100\cos(4\pi\times10^8t-16.75z)$ V/m，并已知磁场的振幅为$\dfrac{5}{3\pi}$，试求该介质的相对介电常数 ε_r 和相对磁导率 μ_r。

5.7　在自由空间传播的均匀平面电磁波的磁场强度复矢量为 $\boldsymbol{H}=\boldsymbol{e}_y8\mathrm{e}^{-\mathrm{j}10\pi x}+\boldsymbol{e}_z8\mathrm{j}\mathrm{e}^{-\mathrm{j}10\pi x}$ (A/m)，试求：

(1) 平面波的传播方向和频率；

(2) 波的极化方式；

(3) 电场强度瞬时值；

(4) 平均坡印廷矢量。

5.8　频率为 2.4 GHz 的均匀平面电磁波在理想介质中传播，测得其波长为 8 cm，此时的 $\boldsymbol{E}$ 和 $\boldsymbol{H}$ 的振幅分别为 10 V/m 和 0.2 A/m，求：

(1) 该平面电磁波的相对磁导率和相对介电常数；

(2) 波在理想介质中的传播速度。

5.9 频率 $f=500$ kHz 的正弦均匀平面电磁波在理想介质中传播，其电场振幅矢量为 $\boldsymbol{E}_{\mathrm{m}}=\boldsymbol{e}_x2-\boldsymbol{e}_y5+\boldsymbol{e}_z(\mathrm{kV/m})$，磁场振幅矢量为 $\boldsymbol{H}_{\mathrm{m}}=\boldsymbol{e}_x4+\boldsymbol{e}_y13-\boldsymbol{e}_z2(\mathrm{A/m})$，试求：

(1) 波的传播方向；

(2) 介质的相对介电常数 ε_{r}；

(3) 波的波长和传播速度；

(4) 电场 $\boldsymbol{E}$ 和磁场 $\boldsymbol{H}$ 的复数表达式。

5.10 在空气中，一均匀平面电磁波沿 $\boldsymbol{e}_y$ 方向传播，其磁场强度的瞬时表达式为

$$\boldsymbol{H}(y,t)=\boldsymbol{e}_z4\times10^{-6}\cos\left(10^7\pi t-\beta y+\frac{\pi}{4}\right)\mathrm{V/m}$$

(1) 求相位系数 β 和 $t=3$ ms 时 $\boldsymbol{H}_z=0$ 的位置；

(2) 求电场强度的瞬时表达式 $\boldsymbol{E}(y,t)$ 。

5.11 请写出波的极化的分类，并判断下列波的极化形式。

(1) $\boldsymbol{E}=10[\boldsymbol{e}_x\mathrm{e}^{-\mathrm{j}\beta z}-\boldsymbol{e}_y\mathrm{j}\mathrm{e}^{-\mathrm{j}\beta z}]$；

(2) $\boldsymbol{E}=E_0\left[\boldsymbol{e}_x\sin(\omega t+\beta z)+\boldsymbol{e}_y\cos\left(\omega t+\beta z-\frac{\pi}{2}\right)\right]$；

(3) $\boldsymbol{E}=\boldsymbol{e}_y4.5\cos(\omega t-\beta x)+\boldsymbol{e}_z7\sin\left(\omega t-\beta x+\frac{\pi}{2}\right)$；

(4) $\boldsymbol{E}=\boldsymbol{e}_xE_{0x}\mathrm{e}^{-\mathrm{j}\beta z}+\boldsymbol{e}_y\mathrm{j}E_{0x}\mathrm{e}^{-\mathrm{j}\left(\beta z-\frac{\pi}{4}\right)}$ 。

5.12 已知在自由空间传播的频率为 300 MHz 的均匀平面电磁波的磁场强度为

$$\boldsymbol{H}(z)=\boldsymbol{e}_x5.6\mathrm{e}^{-\mathrm{j}2\pi z}+\boldsymbol{e}_y\mathrm{j}5.6\mathrm{e}^{-\mathrm{j}\pi z}$$

(1) 求该均匀平面电磁波的频率、波长、相位系数和相速；

(2) 求与磁场相伴的电场强度 $\boldsymbol{E}(z,t)$；

(3) 计算瞬时坡印延矢量和下半场坡印廷矢量。

5.13 试证明：一个椭圆极化波可以分解为两个旋向相反的圆极化波。

5.14 自由空间中均匀平面电磁波的电场表达式为

$$\boldsymbol{E}(r,t)=10(\boldsymbol{e}_x+\boldsymbol{e}_y2+\boldsymbol{e}_zE_z)\cos(\omega t+3x-y-z)\mathrm{A/m}$$

式中的 E_z 为待定量。试由该表达式确定波的传播方向、角频率 ω 、极化状态，并求与 $\boldsymbol{E}(r,t)$相伴的磁场 $\boldsymbol{H}(r,t)$。

5.15 已知一右旋圆极化波的波矢量为 $\boldsymbol{k}=\omega\sqrt{\mu\varepsilon/2}(\boldsymbol{e}_x+\boldsymbol{e}_z)$，且 $t=0$ 时，坐标原点处的电场为 $\boldsymbol{E}(0)=\boldsymbol{e}_xE_0$，试求此有旋圆极化波的电场、磁场表达式。

5.16 电磁波在导电媒质中传播与在理想介质中传播有什么相同点和不同点，写出导电媒质中电场和磁场的一般表达式。如何判断是弱导电媒质还是强导电媒质？

5.17 何为色散效应？简述色散效应对信号传播产生的影响有哪些？

5.18 有一频率为 150 Hz 的线极化均匀平面电磁波在海水($\varepsilon_{\mathrm{r}}=81$，$\mu_{\mathrm{r}}=1$，$\sigma=4$ S/m)中沿 $+y$ 方向传播，其电场强度在 $y=0$ 处为 100 V/m，试求：

(1) 衰减常数、相位系数、本征阻抗、相速、波长及透入深度；

(2) $\boldsymbol{H}$ 的振幅为 0.01 A/m 时的位置；

(3) $\boldsymbol{E}(y,t)$和 $\boldsymbol{H}(y,t)$的表示式。

5.19 在相对介电常数 $\varepsilon_r=2.5$、损耗角正切值为 2×10^{-2} 的非磁性媒质中，频率为 3 GHz，电场的极化方向为 $\boldsymbol{e}_y$ 方向的均匀平面电磁波沿 $\boldsymbol{e}_z$ 方向传播。

(1) 求波的振幅衰减一半时传播的距离；

(2) 求媒质的本征阻抗、波的波长和相速。

(3) 设在 $x=0$ 处的 $\boldsymbol{E}(0,t)=\boldsymbol{e}_y 20\sin\left(6\pi\times10^9 t+\frac{\pi}{4}\right)$，写出 $\boldsymbol{H}(x,t)$ 的表达式。

5.20 频率为 150 MHz 的均匀平面电磁波在损耗媒质中传播，已知 $\varepsilon_r=2.25$，$\mu_r=1$，$\tan\delta=2\times10^{-4}$，问电磁波在该媒质中传播几米后，波的相位改变 90°？

5.21 频率为 150 MHz 的均匀平面电磁波在损耗媒质中传播，已知 $\varepsilon_r=1.4$，$\mu_r=1$，$\tan\delta=10^{-4}$，问电磁波在该媒质中传播多少米后，波的相位分别改变 45°和 90°？

5.22 请写出相速度和群速度的定义及表达式。请写出在理想介质中的相速度和群速度的关系。

5.23 什么是驻波？它与行波有何区别？请分别写出行波和驻波的电场强度和磁场强度的一般复矢量表达式和瞬时表达式。

5.24 有一频率为 100 MHz、沿 y 方向极化的均匀平面电磁波从空气($x<0$ 区域)中垂直入射到位于 $x=0$ 的理想导体板上。设入射波电场 $\boldsymbol{E}_i$ 的振幅为 10 V/m，试求：

(1) 入射波电场 $\boldsymbol{E}_i$ 和磁场 $\boldsymbol{H}_i$ 的复矢量；

(2) 反射波电场 $\boldsymbol{E}_r$ 和磁场 $\boldsymbol{H}_r$ 的复矢量；

(3) 合成波电场 $\boldsymbol{E}_1$ 和磁场 $\boldsymbol{H}_1$ 的复矢量；

(4) 距离导体平面最近的合成波电场 $\boldsymbol{E}_1$ 为 0 的位置；

(5) 距离导体平面最近的合成波磁场 $\boldsymbol{H}_1$ 为 0 的位置。

5.25 一频率为 3 GHz 的均匀平面电磁波在自由空间中沿 $+z$ 方向传播，其电场强度矢量为

$$\boldsymbol{E}_i=\boldsymbol{e}_x 100\sin(\omega t-\beta z)+\boldsymbol{e}_y 100\cos(\omega t-\beta z)\ \text{V/m}$$

(1) 求该入射波的极化方式、相位系数，应用麦克斯韦方程求相伴的磁场 $\boldsymbol{H}_i$；

(2) 若在被传播方向上 $z=0$ 处，放置一无限大的理想导体板，求反射波的电场强度 $\boldsymbol{E}_r$ 和磁场强度 $\boldsymbol{H}_r$，并判断反射波的极化方式；

(3) 求 $z<0$ 区域中的总场 $\boldsymbol{E}_1$ 和 $\boldsymbol{H}_1$、平均坡印廷矢量，并分析此时电磁波的传播状态；

(4) 求理想导体板表面的电流密度。

5.26 均匀平面电磁波的频率为 16 GHz，在聚苯乙烯($\sigma_1=0$，$\varepsilon_{r1}=2.55$，$\mu_{r1}=1$)中沿 $\boldsymbol{e}_z$ 方向传播，在 $z=0.82$ cm 处遇到理想导体，试求：

(1) 电场 $E=0$ 的位置；

(2) 聚苯乙烯中的 E_{max} 和 H_{max}。

5.27 频率为 3 GHz、向 x 方向传播的均匀平面波的电场强度振幅为 100 V/m，从空气中垂直入射到位于 $x=0$ 的无损耗媒质平面上(媒质的 $\sigma_2=0$，$\varepsilon_{r2}=3.3$，$\mu_{r2}=1$)，求：

(1) 反射系数和透射系数；

(2) 反射波与透射波的电场强度；

(3) 两区域中电场和磁场的瞬时形式。

5.28 设有两种无耗非磁性介质，均匀平面电磁波自介质 1 垂直投射到其界面。如果：① 在 1 区中测得相邻最大值幅值之间的距离为 6 cm；② 在 2 区中测得相邻零点之间的距离为 4 cm；③ 介质 1 中的合成电场的最小值为最大值的 1/3。试分别确定 ε_{r1} 和 ε_{r2}。

5.29 均匀平面电磁波从媒质 1 垂直入射到媒质 2 的平面分界面上，已知 $\sigma_1=\sigma_2=0$，$\mu_1=\mu_2=\mu_0$。求使入射波的平均功率的 10％被反射时的$\dfrac{\varepsilon_{r2}}{\varepsilon_{r1}}$ 的值，并求此时的反射系数和透射系数。

第六章　导行电磁波

在第五章讨论电磁波反射时我们看到，当电磁波斜入射到导体或介质界面时，会形成一个沿分界面传播的电磁波。换言之，在一定条件下，导体或介质可以约束和引导电磁波传输。在实际应用中，电磁波除了在空间自由传播之外，还经常被约束在有限截面范围内实现定向传输，例如，发射机发出的电磁波通过电缆送到架设在高处的天线，微波信号通过波导传送到负载。更广泛地说，我们常见的电话线、闭路电视线、网线、光纤等线缆结构，都是为了实现电磁波信号的定向传输。本章通过分析几例典型的电磁波定向传输装置，讨论导行电磁波的分布特点及传播特性。

6.1　导行电磁波与导波系统

被约束在有限截面内按照确定方向传输的电磁波称为导行电磁波(简称“导行波”或“导波”)。能够传输导波的装置称为导波系统(或传输系统)。

导波系统一般由金属或介质材料构成。常用的导波系统按照其材料和结构可大致分为三种类型：第一类是金属波导管，主要有矩形波导、圆形波导、椭圆波导、脊形波导等；第二类是双导体结构传输线，主要有平行双导线、同轴线、带状线、微带线等；第三类是介质波导，主要有介质波导线、镜像线、光纤等。常见导波系统的结构如图 6.1 所示。

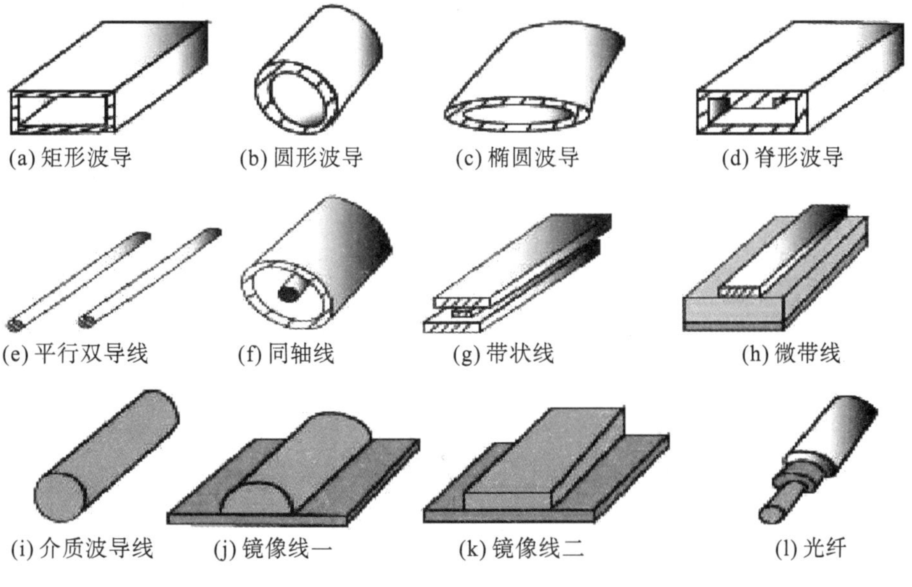

图 6.1　常见导波系统的结构

6.1.1 导行波的一般分析方法

电磁波在导波系统中的传输问题属于电磁场的边值问题。在给定边界条件下，通过求解电磁波动方程，可以得到电磁场在导波系统中的横向分布特性及沿纵向的传输特性。

我们先来讨论规则导波系统，即横截面边界形状、尺寸以及内部填充的介质沿系统纵向不变的导波系统。为了讨论方便，作如下设定：① 波导管内填充的介质是均匀、无耗、线性、各向同性的；② 波导管内无自由电荷和传导电流存在，即 $\rho=0$，$\boldsymbol{J}=0$；③ 波导管可视为无限长；④ 波导壁电导率很高，可视为理想导体。

对于规则导波系统，通常采用如图 6.2 所示的广义的正交柱坐标系，其中 z 轴与规则导波系统的轴线相重合；u、v 是根据规则导波系统横截面结构形状选取的正交曲线坐标(例如直角坐标系、圆柱坐标系等)。在波导中，时谐电磁场满足齐次亥姆霍兹方程，即

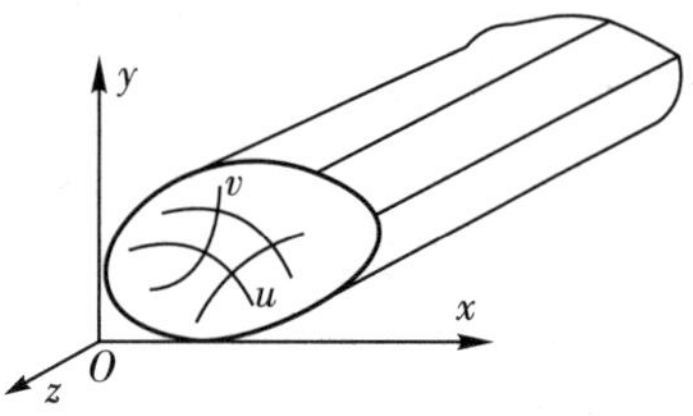

图 6.2 任意截面的均匀波导

$$\begin{cases}\nabla^2 \boldsymbol{E}(u,v,z)+k^2\boldsymbol{E}(u,v,z)=0\\ \nabla^2 \boldsymbol{H}(u,v,z)+k^2\boldsymbol{H}(u,v,z)=0\end{cases} \tag{6.1}$$

式中 $k^2=\omega^2\mu\varepsilon$。一个矢量方程可以分解成三个坐标方向上的标量方程，要得到电磁波的场分布，需要求解六个特定边值的标量方程。当然，我们知道 $\boldsymbol{E}$ 和 $\boldsymbol{H}$ 的各个分量并非彼此独立，它们是通过麦克斯韦方程联系在一起的。对于正交柱坐标系下的这类边值问题，通常可以用纵向场法或赫兹矢量法来进行求解。

下面仅介绍纵向场法。纵向场法的基本思路是：将导波系统中的电磁场矢量分解为纵向分量和横向分量，由亥姆霍兹方程得出纵向分量满足的微分方程，求解该微分方程得到纵向分量；再根据麦克斯韦方程组，获得横向分量与纵向分量之间的关系，求解出横向分量。

将 $\boldsymbol{E}$ 和 $\boldsymbol{H}$ 的纵向分量分别记为 E_z 和 H_z，横向分量分别记为 $\boldsymbol{E}_t$ 和 $\boldsymbol{H}_t$，代入式(6.1)，则电场和磁场的纵向分量满足标量亥姆霍兹方程，横向分量满足二维矢量的亥姆霍兹方程，即

$$\begin{cases}\nabla^2 E_z(u,v,z)+k^2E_z(u,v,z)=0\\ \nabla^2 H_z(u,v,z)+k^2H_z(u,v,z)=0\end{cases} \tag{6.2}$$

$$\begin{cases}\nabla^2 \boldsymbol{E}_t(u,v,z)+k^2\boldsymbol{E}_t(u,v,z)=0\\ \nabla^2 \boldsymbol{H}_t(u,v,z)+k^2\boldsymbol{H}_t(u,v,z)=0\end{cases} \tag{6.3}$$

式(6.2)与式(6.3)同是从式(6.1)分解得到的，一般情况下，只需要先通过式(6.2)求出纵向分量 E_z 和 H_z，然后再由 E_z 和 H_z 求出横向分量 $\boldsymbol{E}_t$ 和 $\boldsymbol{H}_t$。

式(6.2)的两个方程在数学形式上完全一致，我们仅以电场方程为例进行讨论。将电场的纵向分量 E_z 分离变量，令 $E_z(u,v,z)=E_{zt}(u,v)Z(z)$，将其代入式(6.2)的第一式可得

$$(\nabla^2+k^2)E_{zt}(u,v)Z(z)=\left(\nabla_t{}^2+\frac{\partial^2}{\partial z^2}+k^2\right)E_{zt}(u,v)Z(z)=0 \tag{6.4}$$

式中，$\nabla^2=\nabla_t^2+\frac{\partial^2}{\partial z^2}$，$\nabla_t^2$是对横向变量进行微分运算的算符，称为横向拉普拉斯算子。将式(6.4)展开，两边同除以 $E_{zt}(u,v)Z(z)$，整理可得

$$-\frac{1}{E_{zt}(u,v)}(\nabla_t^2+k^2)E_{zt}(u,v)=\frac{1}{Z(z)}\frac{\partial^2 Z(z)}{\partial z^2} \tag{6.5}$$

式(6.5)左、右两端是变量彼此独立的函数，显然只有两端都等于某一常数时该式才能成立。令此常数为 γ^2，则式(6.5)可以分解为

$$\nabla_t^2 E_{zt}(u,v)+(k^2+\gamma^2)E_{zt}(u,v)=0 \tag{6.6}$$

$$\frac{d^2 Z(z)}{dz^2}-\gamma^2 Z(z)=0 \tag{6.7}$$

式(6.7)是二阶齐次常微分方程，其通解为

$$Z(z)=C_1 e^{-\gamma z}+C_2 e^{\gamma z} \tag{6.8}$$

式中，$C_1 e^{-\gamma z}$表示沿 z 的正向传输的波，而 $C_2 e^{\gamma z}$表示沿 z 的负向传输的波；γ 为传播常数，一般情况下，$\gamma=\alpha+j\beta$，α 为衰减系数，β 为相移常数。对于理想无耗传输系统，$\alpha=0$，$\gamma=j\beta$。若 γ 为实数($\gamma=\alpha$)，则意味着场强沿$+z$ 方向或$-z$ 方向按照指数衰减，并未形成波动传输。

对于无耗的规则导波系统，沿$+z$ 方向传播的电磁波，在时谐电磁场情况下，利用传播因子 $e^{-j\beta z}$，电场的 z 向分量可以表示为

$$E_z(u,v,z)=E_{zt}(u,v)e^{-j\beta z}$$

同样，磁场的 z 向分量可以用传播因子 $e^{-j\beta z}$表示为

$$H_z(u,v,z)=H_{zt}(u,v)e^{-j\beta z}$$

在广义柱坐标系中，将麦克斯韦方程$\nabla\times\boldsymbol{E}=-j\omega\mu\boldsymbol{H}$ 和$\nabla\times\boldsymbol{H}=j\omega\varepsilon\boldsymbol{E}$ 展开可得

$$\nabla\times\boldsymbol{E}=\frac{1}{h_u h_v h_z}\begin{vmatrix} h_u\boldsymbol{e}_u & h_v\boldsymbol{e}_v & h_z\boldsymbol{e}_z \\ \frac{\partial}{\partial u} & \frac{\partial}{\partial v} & \frac{\partial}{\partial z} \\ h_u E_u & h_v E_v & h_z E_z \end{vmatrix}=-j\omega\mu\boldsymbol{H} \tag{6.9}$$

$$\nabla\times\boldsymbol{H}=\frac{1}{h_u h_v h_z}\begin{vmatrix} h_u\boldsymbol{e}_u & h_v\boldsymbol{e}_v & h_z\boldsymbol{e}_z \\ \frac{\partial}{\partial u} & \frac{\partial}{\partial v} & \frac{\partial}{\partial z} \\ h_u H_u & h_v H_v & h_z H_z \end{vmatrix}=j\omega\varepsilon\boldsymbol{E} \tag{6.10}$$

其中，h_u、h_v、h_z分别是三个坐标变量 u、v、z 的拉梅系数。显然，在柱坐标系中，z 是长度变量，$h_z=1$。

将式(6.9)和式(6.10)写成六个标量方程式，整理即可求得导波系统中的横向分量 E_u、E_v、H_u、H_v和纵向分量 E_z、H_z之间的关系，即

$$\begin{cases} E_u=-\dfrac{1}{k_c^2}\left(\dfrac{\gamma}{h_u}\dfrac{\partial E_z}{\partial u}+\dfrac{j\omega\mu}{h_v}\dfrac{\partial H_z}{\partial v}\right) \\ E_v=-\dfrac{1}{k_c^2}\left(\dfrac{\gamma}{h_v}\dfrac{\partial E_z}{\partial v}-\dfrac{j\omega\mu}{h_u}\dfrac{\partial H_z}{\partial u}\right) \\ H_u=-\dfrac{1}{k_c^2}\left(\dfrac{\gamma}{h_u}\dfrac{\partial H_z}{\partial u}-\dfrac{j\omega\varepsilon}{h_v}\dfrac{\partial E_z}{\partial v}\right) \\ H_v=-\dfrac{1}{k_c^2}\left(\dfrac{\gamma}{h_v}\dfrac{\partial H_z}{\partial v}+\dfrac{j\omega\varepsilon}{h_u}\dfrac{\partial E_z}{\partial u}\right) \end{cases} \tag{6.11}$$

式中，$k_c^2=\gamma^2+k^2$，$k^2=\omega^2\mu\varepsilon$。只要求解出纵向分量 E_z 和 H_z，将其代入式(6.11)即可得到场的横向分量。

6.1.2 TEM 波/TE 波/TM 波

电磁波在导波系统中传播，电磁场受该系统边界条件的限定，具有特定的分布形式，这种特定的场分布形式称为波型或模式(简称“模”)。电磁场的模式通常按纵向场分量的存在状态分为如下三大类。

1. 横电磁波(TEM 波)

在横电磁波中，只有横向电磁场分量，无纵向电磁场分量，即 $E_z=0$，$H_z=0$。TEM 波的电力线、磁力线处于传输系统的横截面内，横截面内的场与静态场类似，可用二维静态场分析法求出。只有能够建立静态场的导波系统才能传输 TEM 波，因此 TEM 波模式只能存在于多导体传输系统中，如平行双导线、平行导体板、同轴线和带状线等。

2. 横磁波(TM 波)

在横磁波中，仅电场有纵向分量，磁场无纵向分量。由于 $E_z\neq0$，$H_z=0$，故称为横磁波(TM 波)，又称为电波(E 波)。由式(6.11)，TM 波的所有横向场分量可由纵向电场分量 E_z 求出，对于理想导体边界，E_z 满足的边界条件是切向分量为 0，即$E_z|_s=0$(下标 s 表示波导边界)。该类模式的磁力线是在传输系统横截面内的闭合曲线，而电力线则为空间曲线。

3. 横电波(TE 波)

在横电波中，仅磁场有纵向分量，电场无纵向分量。由于 $E_z=0$，$H_z\neq0$，故称为横电波(TE 波)，又称为磁波(H 波)。对于理想金属边界，H_z 满足的边界条件是法向分量为 0，即$H_{zn}|_s=0$。该类模式的电力线是传输系统横截面内的曲线，而磁力线则为空间曲线。

当然，也会有 $E_z\neq0$，$H_z\neq0$ 的模式，这类模式称为混合模或混合波，可以看成 TE 模和 TM 模的线性叠加模式，电磁模(简记为 EH 模)和磁电模(简记为 HE 模)等都是混合模。应指出的是，TE 模和 TM 模可以单独存在于由理想光滑导体壁面构成的柱形波导中，而混合模则存在于开放式波导和非规则波导中。

6.2 平行板波导

前面提到的导波系统实际上是利用导体或介质将电磁波能量约束在有限截面范围内并引导它沿指定路径传输。我们先来讨论一种简单的波导模型，用两块平行导体板将电磁波限制在导体板之间进行传输，这样的导波系统称为平行板波导。平行板波导是一种典型的双导体结构波导，由它演变形成的微带线在微波电路中应用非常广泛。如图 6.3 所示，建立直角坐标系。为讨论简洁，忽略边缘效应，假设导体板无限大。

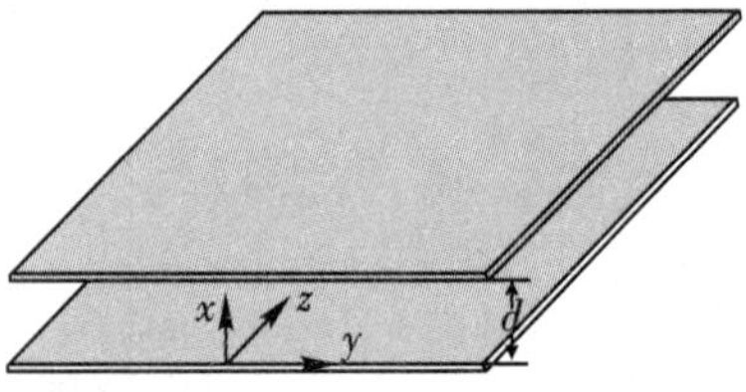

图 6.3 无限大平行板波导

6.2.1　平行板波导中的 TEM 波

作为双导体结构，平行板波导能够支持 TEM 波传输。

直角坐标系中，式(6.3)所表示的电磁场横向分量所满足的亥姆霍兹方程可以进一步分解成式(6.2)形式的标量方程。若电磁波沿 z 向传输，则电场和磁场可表示为

$$\boldsymbol{E}(x,y,z)=\boldsymbol{E}(x,y)\mathrm{e}^{-\gamma z}$$

$$\boldsymbol{H}(x,y,z)=\boldsymbol{H}(x,y)\mathrm{e}^{-\gamma z}$$

当 $E_z=0, H_z=0$(即 TEM 波)时，由式(6.11)，电磁场的其他分量要得到非零解，需要满足

$$k_c^2=\gamma^2+k^2=0 \tag{6.12}$$

因为无耗，所以传播常数为 $\gamma=\mathrm{j}k=\mathrm{j}\beta=\mathrm{j}\omega\sqrt{\mu\varepsilon}$。

由麦克斯韦方程 $\nabla\times\boldsymbol{E}=-\mathrm{j}\omega\mu\boldsymbol{H}$，$\nabla\times\boldsymbol{H}=\mathrm{j}\omega\varepsilon\boldsymbol{E}$ 可得

$$\begin{cases}E_y=-\sqrt{\dfrac{\mu}{\varepsilon}}H_x\\[2ex]E_x=\sqrt{\dfrac{\mu}{\varepsilon}}H_y\end{cases} \tag{6.13}$$

$$\begin{cases}\dfrac{\partial E_x}{\partial y}=\dfrac{\partial E_y}{\partial x}\\[2ex]\dfrac{\partial H_y}{\partial x}=\dfrac{\partial H_x}{\partial y}\end{cases} \tag{6.14}$$

不计边缘效应，波导沿 y 方向无限长，则场在 xOy 平面内均匀分布；由边界条件，在导体板表面 $x=0$，$x=d$ 处，电场的切向分量 $E_t=E_y=0$，磁场的法向分量 $H_n=H_x=0$。因此平行板波导中传输的 TEM 波是均匀平面波，电场仅有 E_x 极化分量，磁场仅有 H_y 分量。电场可表示为

$$\boldsymbol{E}=\boldsymbol{e}_xE_x(z)=\boldsymbol{e}_xE_0\mathrm{e}^{-\mathrm{j}\beta z} \tag{6.15}$$

与此相伴的磁场可表示为

$$\boldsymbol{H}=\boldsymbol{e}_yH_y(z)=\boldsymbol{e}_y\frac{E_0}{\eta}\mathrm{e}^{-\mathrm{j}\beta z} \tag{6.16}$$

导体板的内侧表面分布有表面电流和表面电荷。在 $x=0$ 处，表面电流和表面电荷分别为

$$\boldsymbol{J}_s=\boldsymbol{e}_x\times\boldsymbol{H}=\boldsymbol{e}_z\frac{E_0}{\eta}\mathrm{e}^{-\mathrm{j}\beta z} \tag{6.17}$$

$$\rho_s=\boldsymbol{e}_x\cdot\boldsymbol{D}=\varepsilon E_0\mathrm{e}^{-\mathrm{j}\beta z} \tag{6.18}$$

在 $x=d$ 处，表面电流和表面电荷分别为

$$\boldsymbol{J}_s=-\boldsymbol{e}_x\times\boldsymbol{H}=-\boldsymbol{e}_z\frac{E_0}{\eta}\mathrm{e}^{-\mathrm{j}\beta z} \tag{6.19}$$

$$\rho_s=-\boldsymbol{e}_x\cdot\boldsymbol{D}=-\varepsilon E_0\mathrm{e}^{-\mathrm{j}\beta z} \tag{6.20}$$

式(6.17)～式(6.20)表明表面电流和表面电荷的分布沿 z 方向波动变化，在 z 为常数的每一个横截面处两个极板上的电荷与电流大小相等、符号相反，与电路中的一个端口类

似。均匀平面电磁波在波导中的传输状态如图 6.4 所示。

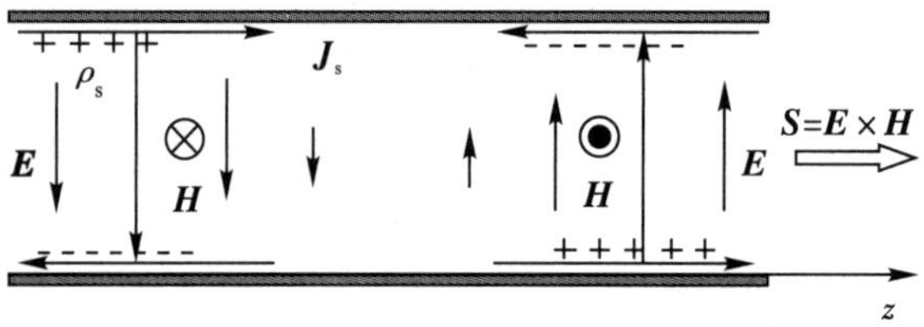

图 6.4　TEM 波沿平行板波导传输

在平行板波导中传输的 TEM 波与第五章讨论的均匀平面电磁波完全一致，当不计损耗时，波的相速度、波阻抗分别为

$$v_p=\frac{\omega}{\beta}=\frac{1}{\sqrt{\varepsilon\mu}} \tag{6.21}$$

$$\eta=\frac{E_x}{H_y}=\sqrt{\frac{\mu}{\varepsilon}} \tag{6.22}$$

作为传输系统，在许多工程问题中，只需要关注电磁波沿纵向传输的状态和规律，而无须关注场沿波导的横向分布状态，通常将这样的导波系统称为传输线。传输线的工作状态可以用电路参数和电路方法来进行分析。

对于实际的平行板波导，设沿 y 方向的宽度为 w，忽略边缘效应，则导体板表面电流为

$$I(z)=\int_0^w \boldsymbol{J}_s\cdot\boldsymbol{e}_z\mathrm{d}y=w\frac{E_0}{\eta}\mathrm{e}^{-\mathrm{j}\beta z} \tag{6.23}$$

两导体板之间的等效电压为

$$U(z)=\int_0^d \boldsymbol{E}\cdot\boldsymbol{e}_x\mathrm{d}x=dE_0\mathrm{e}^{-\mathrm{j}\beta z} \tag{6.24}$$

此时，波导沿 z 向单位长度上的分布电容为

$$C_1=\frac{q_1}{U}=\frac{\rho_s w}{U}=\varepsilon\frac{w}{d} \tag{6.25}$$

单位长度上的分布电感为

$$L_1=\frac{\psi}{I}=\frac{\mu Hd}{U}=\mu\frac{d}{w} \tag{6.26}$$

当传输系统仅传输一列单向的电磁波时，将沿波传播方向看进去的阻抗值定义为特性阻抗。宽度为 w 的平行板传输线的特性阻抗为

$$Z_c=\frac{U(z)}{I(z)}=\frac{d}{w}\eta \tag{6.27}$$

传输系统的特性参数可以由它的分布参数表示，其特性阻抗、相移常数、相速度分别表示为

$$Z_c=\frac{U(z)}{I(z)}=\sqrt{\frac{L_1}{C_1}} \tag{6.28}$$

$$\beta=\omega\sqrt{\varepsilon\mu}=\omega\sqrt{L_1C_1} \tag{6.29}$$

$$v_p=\frac{\omega}{\beta}=\frac{1}{\sqrt{L_1C_1}} \tag{6.30}$$

6.2.2 平行板波导中的 TM 波

对于沿 z 向传输的 TM 波，$H_z=0$，$E_z(u,v,z)=E_{zt}(u,v)\mathrm{e}^{-\mathrm{j}\beta z}$。在直角坐标系中展开式(6.6)，可继续利用分离变量法求解 $E_{zt}(x,y)$。实际上，由于假设导体板沿 y 方向无限长，场沿 y 方向没有变化，$E_{zt}(x,y)=E_{zt}(x)$，因此式(6.6)化为

$$\frac{\mathrm{d}^2E_{zt}(x)}{\mathrm{d}x^2}+(k^2+\gamma^2)E_{zt}(x)=\frac{\mathrm{d}^2E_{zt}(x)}{\mathrm{d}x^2}+k_c^2E_{zt}(x)=0 \tag{6.31}$$

式(6.31)与式(6.7)的形式完全相同，为二阶齐次常微分方程，其通解为

$$E_{zt}(x)=C_1\mathrm{e}^{-\mathrm{j}k_cx}+C_2\mathrm{e}^{\mathrm{j}k_cx} \tag{6.32}$$

其中，$C_1\mathrm{e}^{-\mathrm{j}k_cx}$、$C_2\mathrm{e}^{\mathrm{j}k_cx}$分别表示沿 x 的正负方向传输的波。在无耗的平行板波导中，这两列波幅度相同，二者叠加形成驻波分布，由欧拉公式，通解的形式是正弦或者余弦函数，可表示为

$$E_{zt}(x)=\begin{pmatrix}C_1\sin(k_cx)\\C_2\cos(k_cx)\end{pmatrix} \tag{6.33}$$

考虑到边界条件，在 $x=0$ 处，电场在边界的切向分量 $E_z=0$，因此解的形式为正弦函数，于是

$$E_{zt}(x)=E_n\sin(k_cx) \tag{6.34}$$

其中，振幅常数 E_n 由激励强度确定，k_c 可由边界条件确定，在 $x=d$ 处

$$E_{zt}=E_n\sin(k_cd)=0$$

故有

$$k_c=\frac{n\pi}{d}\quad(n\text{ 为正整数}) \tag{6.35}$$

这样，电场的纵向分量 E_z 可以表示为

$$E_z(x,z)=E_n\sin\left(\frac{n\pi}{d}x\right)\mathrm{e}^{-\mathrm{j}\beta z} \tag{6.36}$$

将式(6.36)所示的纵向分量代入式(6.11)可得

$$\begin{cases}E_x=-\dfrac{\gamma}{k_c^2}\dfrac{\partial E_z}{\partial x}=-\dfrac{\mathrm{j}\beta}{k_c}E_n\cos(k_cx)\mathrm{e}^{-\mathrm{j}\beta z}\\[2ex] E_y=-\dfrac{\gamma}{k_c^2}\dfrac{\partial E_z}{\partial y}=0\\[2ex] H_x=\dfrac{\mathrm{j}\omega\varepsilon}{k_c^2}\dfrac{\partial E_z}{\partial y}=0\\[2ex] H_y=-\dfrac{\mathrm{j}\omega\varepsilon}{k_c^2}\dfrac{\partial E_z}{\partial x}=-\dfrac{\mathrm{j}\omega\varepsilon}{k_c}E_n\cos(k_cx)\mathrm{e}^{-\mathrm{j}\beta z}\end{cases} \tag{6.37}$$

k_c的数值包含正整数 n，n 取不同值对应不同的场分布形式(模式)，这些不同模式彼此独立。因此平行板波导中 TM 波的一般解可表示为

$$
\begin{cases}
E_z(x,z)=\sum\limits_{n=1}^{\infty}E_n\sin\left(\dfrac{n\pi}{d}x\right)\mathrm{e}^{-\mathrm{j}\beta z}\\
E_x(x,z)=\sum\limits_{n=1}^{\infty}\dfrac{-\mathrm{j}\beta}{k_c}E_n\cos\left(\dfrac{n\pi}{d}x\right)\mathrm{e}^{-\mathrm{j}\beta z}\\
H_y(x,z)=\sum\limits_{n=1}^{\infty}\dfrac{-\mathrm{j}\omega\varepsilon}{k_c}E_n\cos\left(\dfrac{n\pi}{d}x\right)\mathrm{e}^{-\mathrm{j}\beta z}\\
E_y(x,z)=0\\
H_x(x,z)=0\\
H_z(x,z)=0
\end{cases}
\tag{6.38}
$$

TM 波的每一个 n 所对应的模式可记为 TM_n。图 6.5 和图 6.6 所示为平行板波导中 TM_1 模式的场的分布。

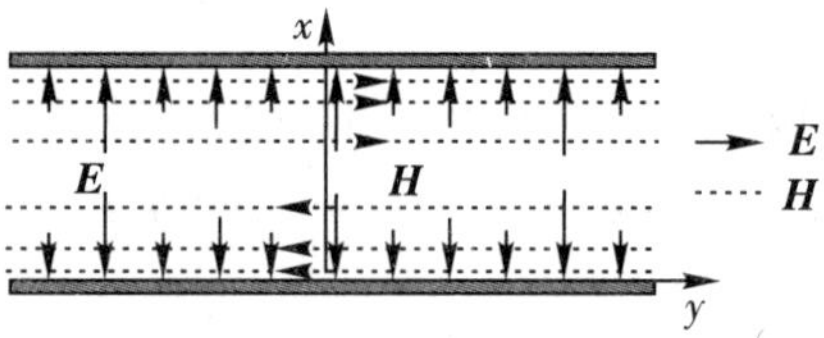

图 6.5 TM_1 波在横截面的分布

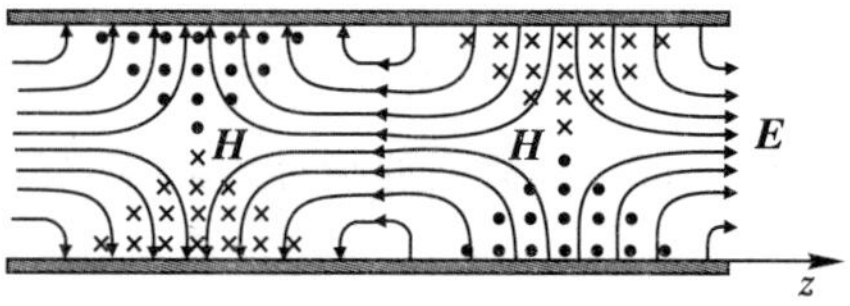

图 6.6 TM_1 波沿平行板波导传输

平行板波导中 TM 模式的传输波可以看成是斜入射的平面波在导体板之间来回反射相互叠加而形成的。在第五章电磁波对导体的斜入射一节中，我们看到，当平面电磁波以 θ 角度入射到导体平面时，导体平面对波全反射，反射波与入射波相叠加，沿导体平面的法向会形成驻波，而沿导体平面的切向会形成传输波。对于平行极化波(电场矢量平行于入射面)，如图 6.7 所示，入射波与反射波叠加后的场表示为

$$
\begin{cases}
E_x(x,z)=2\sin\theta\cos(kx\cos\theta)E_m\mathrm{e}^{-\mathrm{j}kz\sin\theta}\\
E_z(x,z)=\mathrm{j}2\cos\theta\sin(kx\cos\theta)E_m\mathrm{e}^{-\mathrm{j}kz\sin\theta}\\
H_y(x,z)=\dfrac{2}{\eta}\cos(kx\cos\theta)E_m\mathrm{e}^{-\mathrm{j}kz\sin\theta}
\end{cases}
\tag{6.39}
$$

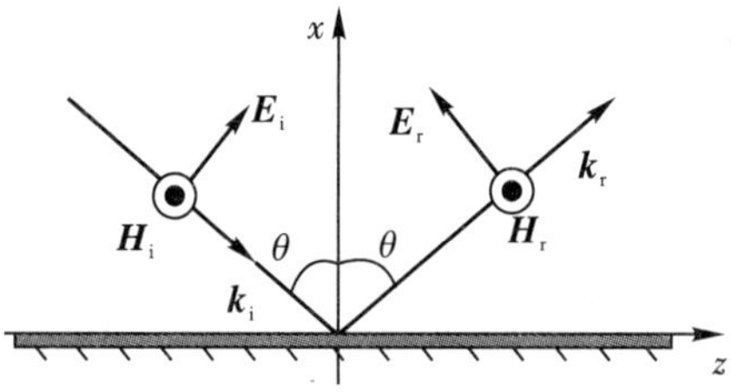

图 6.7 平行极化波对导体平面的斜入射

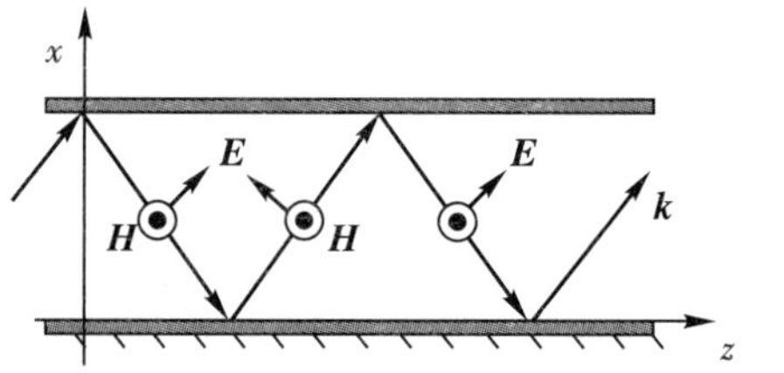

图 6.8 平行极化波在两导体板之间叠加形成 TM 波

在 x 方向驻波的波节点处插入一块导体板，就构成了平行板波导，而两个导体板之间的场分布并不会变化，如图 6.7 和图 6.8 所示。

比较式(6.36)、式(6.37)和式(6.39)，可以得到

$$\beta=k\sin\theta$$

$$k_c=k\cos\theta$$

在这里，β 和 k_c 可以分别看作平面波的波矢量 $\boldsymbol{k}$ 在 z 方向和 x 方向的分量。考虑到 $k_c^2=\gamma^2+k^2$，$\gamma=\alpha+j\beta=j\beta$，这种几何叠加分析与方程求解的结果是一致的。

在两个导体板之间，电场和磁场沿 x 方向按照驻波形式分布。根据边界条件，在导体板表面处必然是切向电场或法向磁场的波节点，n 的数值表示两导体板之间驻波波腹的个数。因此，在波导中，TM 波只能以特定的模式进行传导，其模式必须满足式(6.37)、式(6.38)，即电场仅有 E_z 和 E_x 极化分量，磁场仅有 H_y 分量，并且这三个场分量沿 z 轴方向为传输波，沿 x 轴方向按照正弦(或余弦)形式构成驻波。n 的数值不同代表不同的模式，表示场分量沿 x 方向在两个平板之间有 n 个波腹点(或波节点)。例如，$n=1$ 时，对应 TM_1 模式，在两平板之间 E_z 有一个波腹点，E_x 和 H_y 有一个波节点(在中点 $x=d/2$ 处)，如图 6.6 所示。

由 $\beta=\sqrt{k^2-k_c^2}$ 可以看出，只有当 $k>k_c$ 时，相移常数 β 才为实数，在波导中电磁场沿 z 方向形成波动传输；然而，当 $k<k_c$ 时，相移常数 β 为虚数，波导中电磁场沿 z 方向按指数衰减，电磁波不能沿 z 方向传输，这种情况称为截止；当 $k=k_c$ 时，$\beta=0$ 是波导传输状态与截止状态的分界，称为临界状态，通常把 k_c 称为截止波数。从平面波反射的角度看，临界状态对应的是 $\beta=k\sin\theta=0$，即入射角 $\theta=0$，此时波矢量 $\boldsymbol{k}$ 在 z 方向没有分量，电磁波只能在导体板之间振荡，形成驻波。

截止参数经常用截止波长 $\lambda_c=2\pi/k_c$，或截止频率 $f_c=k_c/(2\pi\sqrt{\mu\varepsilon})$ 表示。不同的模式具有不同的截止参数。在平行板波导中，对于给定模式 TM_n，截止波数为

$$k_c=k\cos\theta=\frac{n\pi}{d}\quad(n=1,\ 2,\ \cdots)\tag{6.40}$$

对应的截止波长、截止频率分别为

$$\lambda_c=\frac{2\pi}{k_c}=\frac{2d}{n}\tag{6.41}$$

$$f_c=\frac{k_c}{2\pi\sqrt{\mu\varepsilon}}=\frac{n}{2d\sqrt{\mu\varepsilon}}\tag{4.42}$$

在平行板波导中，只有工作频率 $f>f_c=n/(2d\sqrt{\varepsilon\mu})$，或者说工作波长 $\lambda<\lambda_c=2d/n$ 的电磁波，才能以模式 TM_n 的形式存在和传输。特别地，当 $n=1$ 时，对应的截止频率最低，截止波长最长，当电磁波的波长大于 $\lambda_{cTM1}=2d$ 时，平行板波导中不能传输任何 TM 波。

对于波导中的传输波，各个模式彼此独立，每一种模式都有它自己的传输参数。TM_n 模式的相移常数为

$$\beta=k\sin\theta=\sqrt{k^2-k_c^2}=\sqrt{\omega^2\mu\varepsilon-\left(\frac{n\pi}{d}\right)^2}\tag{6.43}$$

为讨论方便，可定义波导因子 g：

$$g=\sin\theta=\frac{\sqrt{k^2-k_c^2}}{k}=\sqrt{1-\left(\frac{k_c}{k}\right)^2}=\sqrt{1-\left(\frac{f_c}{f}\right)^2}=\sqrt{1-\left(\frac{\lambda}{\lambda_c}\right)^2}\tag{6.44}$$

注意，波导因子与截止参数相关，不同的模式对应不同的波导因子。

波导中传输波的波阻抗定义为横向电场与横向磁场的复振幅的比值，由式(6.37)或式(6.39)可得平行板波导中 TM_n 模式的波阻抗为

$$Z_{TM}=\frac{E_x}{H_y}=\frac{\beta}{\omega\varepsilon}=g\sqrt{\frac{\mu}{\varepsilon}}=g\eta \tag{6.45}$$

传输波在波导中的波长、相速度、群速度可分别表示为

$$\lambda_g=\frac{2\pi}{\beta}=\frac{2\pi}{gk}=\frac{\lambda}{g} \tag{6.46}$$

$$v_p=\frac{\omega}{\beta}=\frac{1}{g\sqrt{\mu\varepsilon}}=\frac{v_0}{g} \tag{6.47}$$

$$v_g=\frac{d\omega}{d\beta}=\frac{\beta}{\omega\mu\varepsilon}=\frac{gk}{\omega\mu\varepsilon}=gv_0 \tag{6.48}$$

其中 λ、v_0 分别为波在波导所填充的无耗媒质中自由传播时的波长和相速度。若导体板之间填充空气，则 v_0 等于光速 c。

在波导中，TM 波的传输波长 $\lambda_g>\lambda_0$，相速度 $v_p>c$，这仅仅是因为观察的角度不同所致，如图 6.9 所示，沿 TEM 波传播方向看去，相邻两个等相面的间距为 λ_0，而沿 z 向看去，相邻两个等相面的间距为 $\lambda_g=\lambda_0/\sin\theta$，故而沿 z 向看去导波的相速度 $v_p=c/\sin\theta$。而实际上一个波长内电磁波能量沿 z 向的传输距离为 $l=\lambda_0\sin\theta$，导波的群速度为 $v_g=c\sin\theta$。

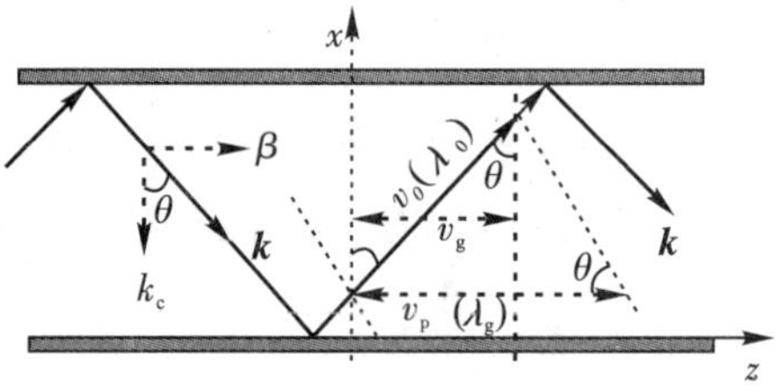

图 6.9　波导中的相速度与群速度

6.2.3　平行板波导中的 TE 波

对于 TE 波，$E_z=0$，$H_z(x,y,z)=H_{zt}(x,y)e^{-j\beta z}$。与 TM 波的分析方法一样，先利用分离变量法求解 $H_{zt}(x,y)$。

由于导体板沿 y 方向无限长，场沿 y 方向没有变化，因此式(6.6)化为

$$\frac{d^2H_z(x)}{dx^2}+k_c^2H_z(x)=0 \tag{6.49}$$

式(6.49)与式(6.31)的形式完全相同，它的解也与式(6.33)完全相同，即

$$H_{zt}(x)=H_{m1}\sin(k_cx)+H_{m2}\cos(k_cx)$$

考虑到边界条件，在导体表面 $x=0$ 处，电场的切向分量为

$$E_y=\frac{j\omega\mu}{k_c^2}\frac{dH_z}{dx}=0$$

则有 $H_{m1}=0$，因此有

$$H_z(x)=H_m\cos(k_cx) \tag{6.50}$$

其中，振幅 H_m 由激励强度确定，k_c 由边界条件确定。在 $x=d$ 处有

$$E_y=\frac{j\omega\mu}{k_c^2}\frac{\partial H_z}{\partial x}=-\frac{j\omega\mu}{k_c}H_m\sin(k_cx)=0$$

故有

$$k_c=\frac{n\pi}{d}\quad (n\text{ 为正整数}) \tag{6.51}$$

这样，磁场的纵向分量 H_z 可以表示为

$$H_z(x,z)=H_m\cos\left(\frac{n\pi}{d}x\right)e^{-j\beta z} \tag{6.52}$$

将式(6.52)与 $E_z=0$ 代入式(6.11)可得

$$\begin{cases} E_y=\dfrac{j\omega\mu}{k_c^2}\dfrac{\partial H_z}{\partial x}=-\dfrac{j\omega\mu}{k_c}H_m\sin\left(\dfrac{n\pi}{d}x\right)e^{-j\beta z} \\ H_x=\dfrac{\gamma}{k_c^2}\dfrac{\partial H_z}{\partial x}=\dfrac{\gamma}{k_c}H_m\sin\left(\dfrac{n\pi}{d}x\right)e^{-j\beta z} \\ E_x=-\dfrac{j\omega\mu}{k_c^2}\dfrac{\partial H_z}{\partial y}=0 \\ H_y=-\dfrac{\gamma}{k_c^2}\dfrac{\partial H_z}{\partial y}=0 \end{cases} \tag{6.53}$$

在平行板波导中，TE 波仅有 E_y、H_x、H_z 三个分量，它们沿 x 方向按照驻波分布，导体表面处($x=0$，$x=d$)是切向电场 E_y 和法向磁场 H_x 的波节点，也是切向磁场 H_z 的波腹点。式(6.53)中，当 $n=1$ 时，对应 TE_1 模式，TE_1 波的场分布如图 6.10 所示。与 TM 波一样，这种分布形式可以看作是斜入射的平面波在导体板之间来回反射相互叠加而形成的，只是 TE 波是由垂直极化波(电场方向垂直于入射面 xOz 的平面波)叠加而成的，如图 6.11 所示；而 TM 波是由平行极化波(电场方向平行于入射面 xOz 的平面波)叠加而成的，如图 6.8 所示。利用叠加观点写出 TE 波的场表达式为

$$\begin{cases} E_y(x,z)=j2E_m\sin(kx\cos\theta)e^{-jkz\sin\theta} \\ H_x(x,z)=-j\,\dfrac{2E_m}{\eta}\sin\theta\sin(kx\cos\theta)e^{-jkz\sin\theta} \\ H_z(x,z)=-\dfrac{2E_m}{\eta}\cos\theta\cos(kx\cos\theta)e^{-jkz\sin\theta} \end{cases} \tag{6.54}$$

比较式(6.51)和式(6.54)，同样可以得到 $\beta=k\sin\theta$，$k_c=k\cos\theta$。

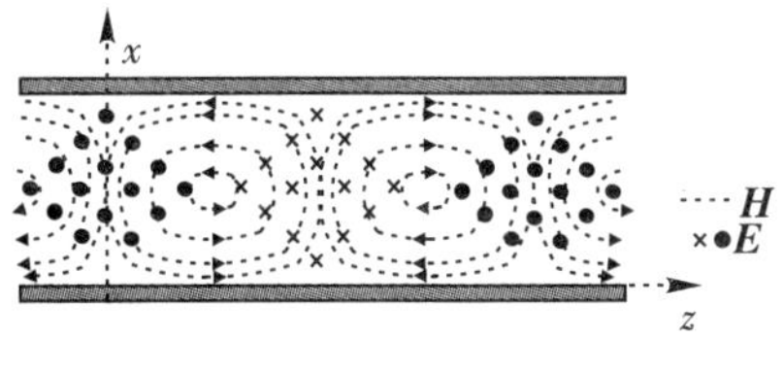

图 6.10 平行板波导中 TE_1 波的场分布

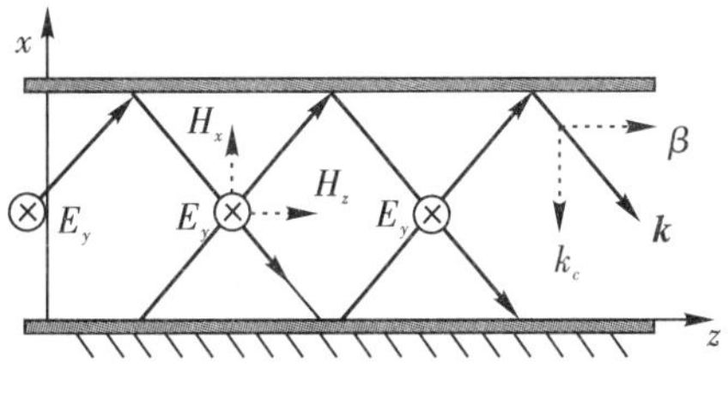

图 6.11 垂直极化波在两导体之间叠加形成 TE 波

由式(6.51)可以看到，TE_n 模式和 TM_n 模式具有相同的截止波数，二者的截止波长和截止频率自然也相同。在波导中具有相同截止参数的模式称为简并模式，所以平行板波导中的 TE_n 和 TM_n 是简并模式。对于某一频率的电磁波，在同一平行板波导中，如果它能够以 TE_n 模式传输，则它也能够以 TM_n 模式传输。

同时可以看到，TE_n 模式和 TM_n 模式具有相同的波导因子，即

$$g=\sqrt{1-\left(\frac{k_c}{k}\right)^2}=\sqrt{1-\left(\frac{f_c}{f}\right)^2}=\sqrt{1-\left(\frac{\lambda}{\lambda_c}\right)^2}=\sin\theta$$

因此，平行板波导中 TE 波的传输波长、相速度、群速度同样由式(6.46)、式(6.47)、式(6.48)表示，将不再区分。

而 TE_n 模式的波阻抗可表示为

$$Z_{TE}=-\frac{E_y}{H_x}=\frac{j\omega\mu}{j\beta}=\frac{\eta}{g} \tag{6.55}$$

在平行板波导结构中，电磁场被约束在两个导体板之间，可以看成电磁波在两平面间来回反射，其中反射波与入射波均视为 TEM 波，通常也被称为部分波。部分波相叠加形成沿 z 方向的传输波，这种传输波可能是 TE 波，也可以是 TM 波。当然，入射波和反射波也可能是其他极化形式，叠加后形成混合模式的传输波，但是它们总可以被分解成 TE 波和 TM 波。

6.3 矩形波导

6.3.1 矩形波导的场分布

矩形波导是一种最常见的金属波导，其横截面为矩形。矩形波导既可以传输 TE 波，也可以传输 TM 波。

如图 6.12 所示，建立直角坐标系，采用"纵向场法"先求解 E_z、H_z，进而利用式(6.11)求出所有场分量，并依此讨论电磁波在波导中的传播特性。

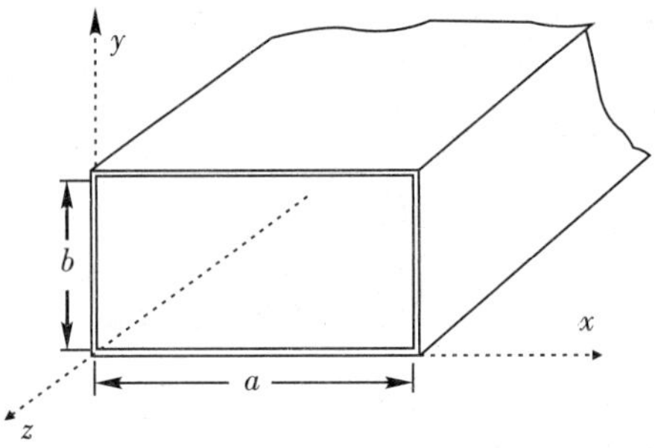

图 6.12 矩形波导

1. TM 波

对于 TM 波，$H_z=0$，$E_z(x,y,z)=E_{zt}(x,y)\mathrm{e}^{-j\beta z}$，利用分离变量法求解 $E_{zt}(x,y)$。令

$$E_{zt}(x,y)=X(x)Y(y) \tag{6.56}$$

将式(6.56)代入式(6.6)，可得

$$\frac{1}{X}\frac{\mathrm{d}^2X}{\mathrm{d}x^2}+\frac{1}{Y}\frac{\mathrm{d}^2Y}{\mathrm{d}y}=-k_c^2 \tag{6.57}$$

式(6.57)等号左边的两项分别只与 x 和 y 相关，可令

$$\begin{cases}\dfrac{1}{X}\dfrac{\mathrm{d}^2X}{\mathrm{d}x^2}=-k_x^2\\[2ex]\dfrac{1}{Y}\dfrac{\mathrm{d}^2Y}{\mathrm{d}y^2}=-k_y^2\end{cases} \tag{6.58}$$

式中 $k_x^2+k_y^2=k_c^2$。整理式(6.58)可得

$$\begin{cases}\dfrac{d^2X}{dx^2}+k_x^2X=0\\ \dfrac{d^2Y}{dy^2}+k_y^2Y=0\end{cases}\tag{6.59}$$

式(6.59)是二阶齐次常微分方程，与式(6.31)和式(6.7)一致。注意到波导的内壁边界条件限制，切向电场在导体边界面应等于0，场量沿 x、y 方向均为驻波形式，因此式(6.59)的通解可表示为

$$\begin{aligned}X(x)&=A_1\sin(k_xx)+A_2\cos(k_xx)\\ Y(y)&=A_3\sin(k_yy)+A_4\cos(k_yy)\end{aligned}\tag{6.60}$$

由边界面 $x=0$ 处 $E_z=0$，则有

$$\begin{aligned}A_2&=0\\ X(x)&=A_1\sin(k_xx)\end{aligned}\tag{6.61}$$

又由边界面 $x=a$ 处 $E_z=0$，即 $X(a)=A_1\sin(k_xa)=0$，则 $k_xa=m\pi$，因此

$$k_x=\frac{m\pi}{a}\quad(m\text{ 为正整数})\tag{6.62}$$

同理，由边界面 $y=0$ 和 $y=b$ 处 $E_z=0$，可得

$$Y(y)=A_3\sin(k_yy)\tag{6.63}$$

$$k_y=\frac{n\pi}{b}\quad(n\text{ 为正整数})\tag{6.64}$$

因此，纵向分量 E_z 的基本解为

$$E_z(x,y,z)=X(x)Y(y)e^{-j\beta z}=E_{mn}\sin\left(\frac{m\pi}{a}x\right)\sin\left(\frac{n\pi}{b}y\right)e^{-j\beta z}\tag{6.65}$$

其中，振幅常数 E_{mn} 由激励强度确定；$k_c^2=k_x^2+k_y^2=(m\pi/a)^2+(n\pi/b)^2$ 是矩形波导中的截止波数，电磁场沿波导横向按照驻波形式分布，m 表示在 x 方向驻波波腹的数目，n 表示在 y 方向驻波波腹的数目，每一组 m 和 n 取值对应一种电磁场的分布模式，可记为 TM_{mn} 模。不同的模式彼此独立存在，具有不同的截止参数。因此 E_z 的一般解可表示为

$$E_z(x,y,z)=\sum_{m=1}^{\infty}\sum_{n=1}^{\infty}E_{mn}\sin(k_xx)\sin(k_yy)e^{-j\beta z}\tag{6.66}$$

将式(6.66)代入式(6.11)，即可求得 TM 模的横向分量 E_x、E_y、H_x 和 H_y。整理后可得 TM 模电磁场的一般解为

$$\begin{cases}E_x=\displaystyle\sum_{m=1}^{\infty}\sum_{n=1}^{\infty}\frac{-j\beta k_x}{k_c^2}E_{mn}\cos\left(\frac{m\pi}{a}x\right)\sin\left(\frac{n\pi}{b}y\right)e^{-j\beta z}\\ E_y=\displaystyle\sum_{m=1}^{\infty}\sum_{n=1}^{\infty}\frac{-j\beta k_y}{k_c^2}E_{mn}\sin\left(\frac{m\pi}{a}x\right)\cos\left(\frac{n\pi}{b}y\right)e^{-j\beta z}\\ E_z=\displaystyle\sum_{m=1}^{\infty}\sum_{n=1}^{\infty}E_{mn}\sin\left(\frac{m\pi}{a}x\right)\sin\left(\frac{n\pi}{b}y\right)e^{-j\beta z}\\ H_x=\displaystyle\sum_{m=1}^{\infty}\sum_{n=1}^{\infty}\frac{j\omega\varepsilon k_y}{k_c^2}E_{mn}\sin\left(\frac{m\pi}{a}x\right)\cos\left(\frac{n\pi}{b}y\right)e^{-j\beta z}\\ H_y=\displaystyle\sum_{m=1}^{\infty}\sum_{n=1}^{\infty}\frac{-j\omega\varepsilon k_x}{k_c^2}E_{mn}\cos\left(\frac{m\pi}{a}x\right)\sin\left(\frac{n\pi}{b}y\right)e^{-j\beta z}\\ H_z=0\end{cases}\tag{6.67}$$

2. TE 波

对于 TE 波，$E_z=0$，$H_z(x,y,z)=H_{zt}(x,y)\mathrm{e}^{-\mathrm{j}\beta z}$。

与 TM 波的分析方法类似，首先利用分离变量法求解 $H_{zt}(x,y)$，结合边界条件可求得

$$H_{zt}(x,y)=X(x)Y(y)=H_{mn}\cos\left(\frac{m\pi}{a}x\right)\cos\left(\frac{n\pi}{b}y\right) \tag{6.68}$$

其中，振幅 H_{mn} 由激励强度确定，$k_x=m\pi/a$ 为沿 x 方向的截止波数，$k_y=n\pi/b$ 为沿 y 方向的截止波数，可以看出，矩形波导中可以存在无穷多种 TE 模，以 TE_{mn} 表示。TE_{mn} 模式的截止波数为

$$k_c^2=k_x^2+k_y^2=\left(\frac{m\pi}{a}\right)^2+\left(\frac{n\pi}{b}\right)^2 \tag{6.69}$$

考虑到 m 和 n 的取值，H_z 的一般解可表示为

$$H_z(x,y,z)=\sum_{m=0}^{\infty}\sum_{n=0}^{\infty}H_{mn}\cos(k_xx)\cos(k_yy)\mathrm{e}^{-\mathrm{j}\beta z} \tag{6.70}$$

将式(6.70)代入式(6.11)，即可求得横向分量 E_x、E_y、H_x、H_y。整理后可得 TE 模电磁场的一般解为

$$\begin{cases}
E_x=\displaystyle\sum_{m=0}^{\infty}\sum_{n=0}^{\infty}\frac{\mathrm{j}\omega\mu k_y}{k_c^2}H_{mn}\cos\left(\frac{m\pi}{a}x\right)\sin\left(\frac{n\pi}{b}y\right)\mathrm{e}^{-\mathrm{j}\beta z}\\
E_y=\displaystyle\sum_{m=0}^{\infty}\sum_{n=0}^{\infty}\frac{-\mathrm{j}\omega\mu k_x}{k_c^2}H_{mn}\sin\left(\frac{m\pi}{a}x\right)\cos\left(\frac{n\pi}{b}y\right)\mathrm{e}^{-\mathrm{j}\beta z}\\
E_z=0\\
H_x=\displaystyle\sum_{m=0}^{\infty}\sum_{n=0}^{\infty}\frac{\mathrm{j}\beta k_x}{k_c^2}H_{mn}\sin\left(\frac{m\pi}{a}x\right)\cos\left(\frac{n\pi}{b}y\right)\mathrm{e}^{-\mathrm{j}\beta z}\\
H_y=\displaystyle\sum_{m=0}^{\infty}\sum_{n=0}^{\infty}\frac{\mathrm{j}\beta k_y}{k_c^2}H_{mn}\cos\left(\frac{m\pi}{a}x\right)\sin\left(\frac{n\pi}{b}y\right)\mathrm{e}^{-\mathrm{j}\beta z}\\
H_z=\displaystyle\sum_{m=0}^{\infty}\sum_{n=0}^{\infty}H_{mn}\cos\left(\frac{m\pi}{a}x\right)\cos\left(\frac{n\pi}{b}y\right)\mathrm{e}^{-\mathrm{j}\beta z}
\end{cases} \tag{6.71}$$

式(6.67)和式(6.71)两组解，构成了矩形波导内向 $+z$ 方向传播的波的所有可能性，实际矩形波导内传输的波必然是上述一种或几种模式的叠加。

讨论：

(1) 矩形波导中的 TM 波和 TE 波对应于 m 和 n 的每一种组合定义为一种模式，这种模式称为 TM_{mn} 模和 TE_{mn} 模。

(2) 不同的模式对应不同的本征值(截止波数)k_{cmn}。

(3) 对相同的 m 和 n，TM_{mn} 模和 TE_{mn} 模的本征值 k_c 相同，它们是简并模式。

(4) 对于 TE_{mn}，其 m 和 n 可以为 0(但不能同时为 0)；而对于 TM_{mn} 模，其 m 和 n 不能为 0，故不存在 TM_{0n} 和 TM_{m0} 模。

6.3.2 矩形波导的模式

矩形波导中可能存在无穷多个 TE_{mn} 模和 TM_{mn} 模，各个模式彼此独立，每个模式具有

各自的分布特点和约束条件。最基本的场结构模式是 TE_{10}、TE_{01}、TE_{11} 和 TM_{11} 这四个模，其他模式与基本模式相比具有类似的场结构特点。

1. TE_{10} 模与 TE_{m0} 模

1）主模 TE_{10} 的场结构

在矩形波导的各种传输模式中，TE_{10} 模的截止频率最低，称为主模。它对应的截止波长最长，当工作波长一定时，传输 TE_{10} 模的波导尺寸最小，最易于实现单模工作状态，并且实现单模传输的频带最宽。

将 $m=1$ 和 $n=0$ 代入式(6.71)可得 TE_{10} 波的场分量表达式为

$$\begin{cases} H_z = H_{10}\cos\left(\dfrac{\pi}{a}x\right)e^{-j\beta z} \\ H_x = \dfrac{j\beta a}{\pi}H_{10}\sin\left(\dfrac{\pi}{a}x\right)e^{-j\beta z} \\ E_y = -\dfrac{j\omega\mu a}{\pi}H_{10}\sin\left(\dfrac{\pi}{a}x\right)e^{-j\beta z} \\ E_x = H_y = E_z = 0 \end{cases} \tag{6.72}$$

可以看到，TE_{10} 模的场只有 E_y、H_x 和 H_z 三个分量，其他场分量都为零；电磁场沿 y 方向没有变化，呈均匀分布；电场只有 E_y 分量，电场线是连接波导两个宽边内壁的直线段；磁场只有 H_x 和 H_z 两个分量，磁场线与电场线正交，是在 xOz 平面内的闭合曲线，呈环形轨迹；电磁场沿 x 方向(波导的宽边)呈正弦变化，为半个驻波的分布，其中波导壁的切向电场 E_y 和法向磁场 H_x 在边界 $x=0$ 和 $x=a$ 处为 0(波节)，在 $x=a/2$ 处出现最大值(波腹)；切向磁场 H_z 在 $x=0$ 和 $x=a$ 处为波腹，而在 $x=a/2$ 处为波节。图 6.13 中给出了矩形波导 TE_{10} 波的场量分布示意图。考虑到电磁场的时变规律，此分布状态会整体以相速 v_p 沿 z 轴移动。

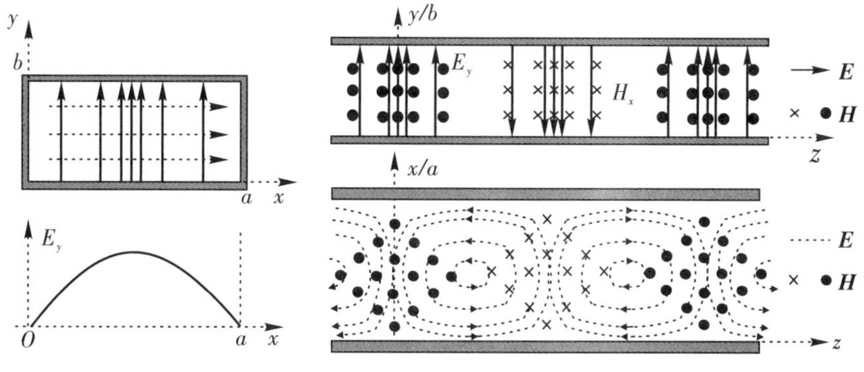

图 6.13　矩形波导中的 TE_{10} 波型

2）TE_{m0} 模的场结构

与 TE_{10} 模类似，TE_{m0} 模的场也仅有 E_y、H_x 和 H_z 三个分量，场量均与 y 无关，沿 x 轴按照驻波分布，其中切向电场 E_y 和法向磁场 H_x 按正弦驻波分布，波腹点的个数为 m，切向磁场 H_z 按余弦驻波分布(波节点的个数为 m)。TE_{m0} 模的场结构可以看成是将 m 个 TE_{10} 模的场结构沿 a 边并排拓展，图 6.14 中给出了 TE_{20} 模的场结构示意图。

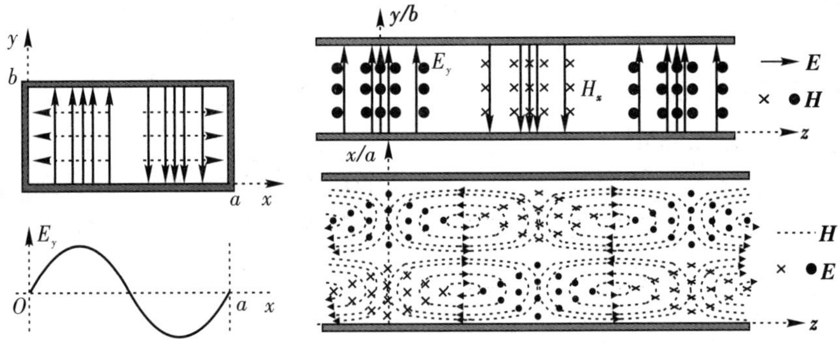

图 6.14 矩形波导中的 TE_{20} 波型

2. TE_{01} 模与 TE_{0n} 模

1) TE_{01} 模的场结构

在矩形波导中 TE_{01} 模同样只有三个分量，除了纵向分量 H_z，两个横向分量分别为 E_x 和 H_y。TE_{01} 模与 TE_{10} 模的场结构具有对称关系，二者的区别只是波的极化面旋转了 90°，把 a 边和 b 边调换而已，即 TE_{01} 模场沿 a 边无变化，沿 b 边有半个驻波分布，如图 6.15 所示。由式(6.71)可得 TE_{01} 波的场分量表达式为

$$\begin{cases} H_z = H_{01}\cos\left(\dfrac{\pi}{b}y\right)e^{-j\beta z} \\ E_x = \dfrac{j\omega\mu b}{\pi}H_{01}\sin\left(\dfrac{\pi}{b}y\right)e^{-j\beta z} \\ H_y = -\dfrac{j\beta b}{\pi}H_{01}\sin\left(\dfrac{\pi}{b}y\right)e^{-j\beta z} \\ E_y = H_x = E_z = 0 \end{cases} \tag{6.73}$$

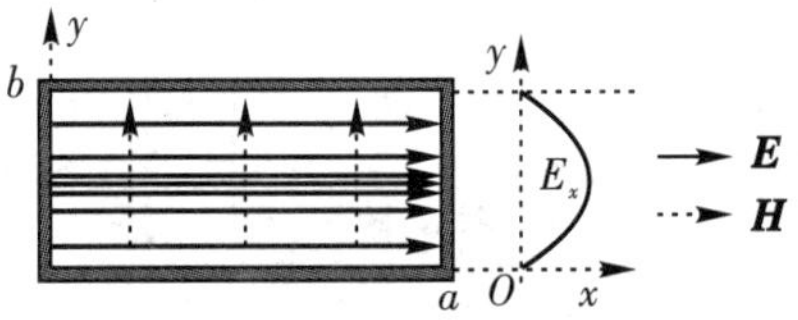

图 6.15 矩形波导中的 TE_{01} 波型

2) TE_{0n} 模的场结构

TE_{0n} 模的场也仅有 E_x、H_y 和 H_z 三个分量，各场量与 x 无关，沿 b 边按照驻波分布，驻波的波腹点(或波节点)的数目是 n。TE_{0n} 模的场结构可以看成是将 n 个 TE_{01} 模的场结构沿 b 边并排拓展而成，图 6.16 中给出了 TE_{02} 模的场结构示意图。

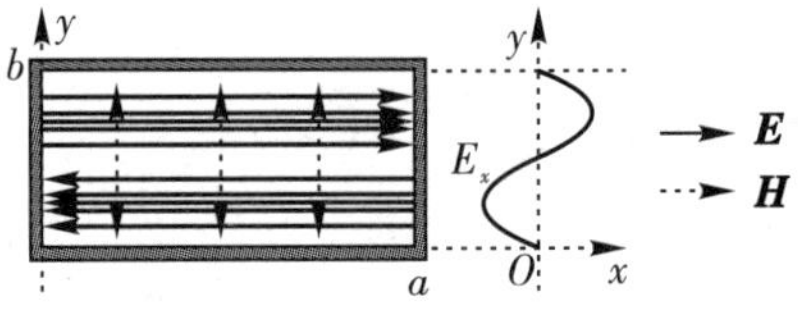

图 6.16 矩形波导中的 TE_{02} 波型

3. TE_{11}模与TE_{mn}模的场结构

TE_{11}模的场沿 a 边和 b 边都有半个驻波分布，如图 6.17 所示。以 TE_{11}模的场结构为基本单元，TE_{mn}模的场结构可看作是沿 a 边分布有 m 个 TE_{11}模的场结构单元，沿 b 边分布有 n 个 TE_{11}模的场结构单元。TE_{21}模与 TE_{12}模的场结构如图 6.18 所示。

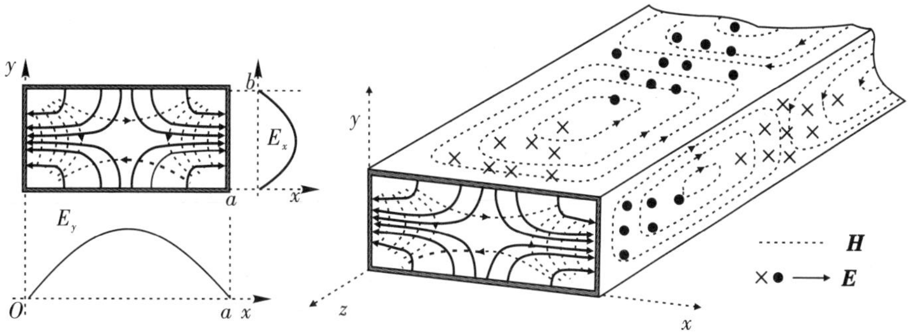

图 6.17　矩形波导中的 TE_{11}波型

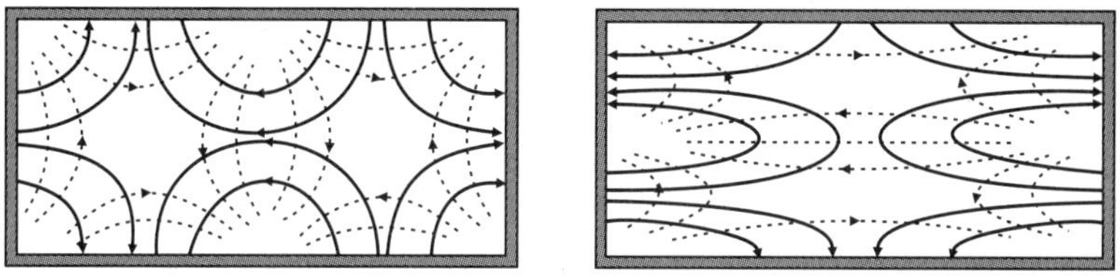

TE_{21}模　　TE_{12}模

图 6.18　矩形波导中的 TE_{21}与 TE_{12}波型

4. TM_{11}模与TM_{mn}模的场结构

TM 模的磁力线完全分布在横截面内，且为闭合曲线，电力线则会有 z 方向的分量。TM_{11}模是 TM 模的最低模式，其场沿 a 边和 b 边均有半个驻波分布，如图 6.19 所示。

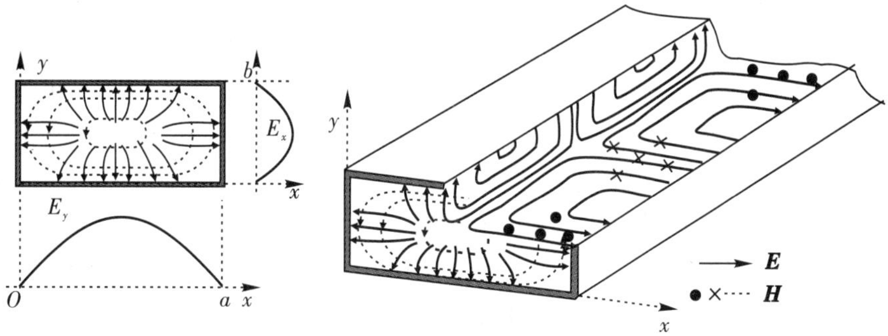

图 6.19　矩形波导中的 TM_{11}波型

TM_{mn}模的场结构与 TM_{11}模类似。以 TM_{11}模的场结构为基本单元，TM_{mn}模的场结构是沿 a 边分布有 m 个 TM_{11}模的场结构单元，沿 b 边分布有 n 个 TM_{11}模的场结构单元。TM_{21}模与 TM_{12}模的场结构如图 6.20 所示。

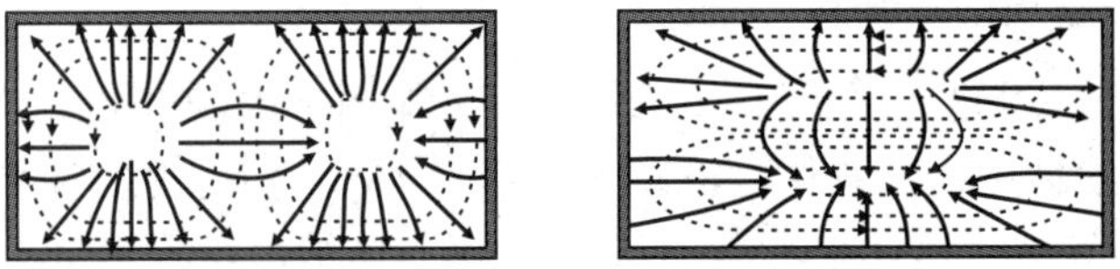

TM_{21}模　　TM_{12}模

图 6.20　矩形波导中的 TM_{21} 与 TM_{12} 波型

6.3.3　矩形波导的传输特性

1. 导模的传输条件

电磁波在波导中按照特定模式分布，然而并非所有模式的波都可以在波导内传播。波的传输特性与传播常数 γ 密切相关。矩形波导中传播常数 γ 为

$$\gamma=\sqrt{k_c^2-k^2}=\sqrt{k_x^2+k_y^2-\omega^2\mu\varepsilon}=\sqrt{\left(\frac{m\pi}{a}\right)^2+\left(\frac{n\pi}{b}\right)^2-\omega^2\mu\varepsilon} \tag{6.74}$$

(1) 当 $k_c<k$，即 $(m\pi/a)^2+(n\pi/b)^2<\omega^2\mu\varepsilon$ 时，$\gamma=j\beta$ 为纯虚数，式(6.67)和式(6.71)表示沿 z 向传播的波。

(2) 当 $k<k_c$，即 $\omega^2\mu\varepsilon<(m\pi/a)^2+(n\pi/b)^2$ 时，$\gamma=\alpha$ 为实数，式(6.67)和式(6.71)表示沿 z 向按指数衰减的场分布，相应模式的波不能在波导中传输，称为截止模式。

(3) 当 $k=k_c$ 时，$\gamma=0$，此时

$$k=k_c=\omega_c\sqrt{\mu\varepsilon}=\sqrt{\left(\frac{m\pi}{a}\right)^2+\left(\frac{n\pi}{b}\right)^2} \tag{6.75}$$

这种情况为电磁波能否在波导中传输的临界状态，故 k_c 称为截止波数，对应的截止波长和截止频率为

$$\lambda_c=\frac{2\pi}{k_c}=\frac{2\pi}{\sqrt{\left(\frac{m\pi}{a}\right)^2+\left(\frac{n\pi}{b}\right)^2}} \tag{6.76}$$

$$f_c=\frac{1}{2\pi\sqrt{\mu\varepsilon}}\sqrt{\left(\frac{m\pi}{a}\right)^2+\left(\frac{n\pi}{b}\right)^2} \tag{6.77}$$

频率低于截止频率的波将不能被传播，只有 $f>f_c$(或 $\lambda<\lambda_c$)的电磁波才能在波导中传播。从这个意义上说，矩形波导具有“高通滤波”的特性。

特别注意到，电磁波的截止频率是与波导模式 m、n 相关的，不同的模式的截止波长并不相同。m、n 取值越小，对应的截止频率越低。由于矩形波导的结构尺寸 $a>b$，因此，当 $m=1$，$n=0$ 时，TE_{10} 所对应的截止频率最低。图 6.21 所示是 BJ-100 标准波导(口径尺寸 $a\times b=22.86$ mm$\times10.16$ mm)的截止波长与模式之间的关系。

矩形波导中传播的 TE 波或者 TM 波，也可视为 TEM 波在波导的金属壁之间不断反射叠加所形成。入射波和反射波相叠加，沿波导纵向形成传输波，而沿波导横向形成驻波。在波导内壁处，作为理想导体边界面，电场的切向分量 $E_t=0$，磁场的法向分量 $H_n=0$，沿着波导横截面的宽边 a 和窄边 b，切向电场和法向磁场分量波腹点的数目分别是 m 和 n。

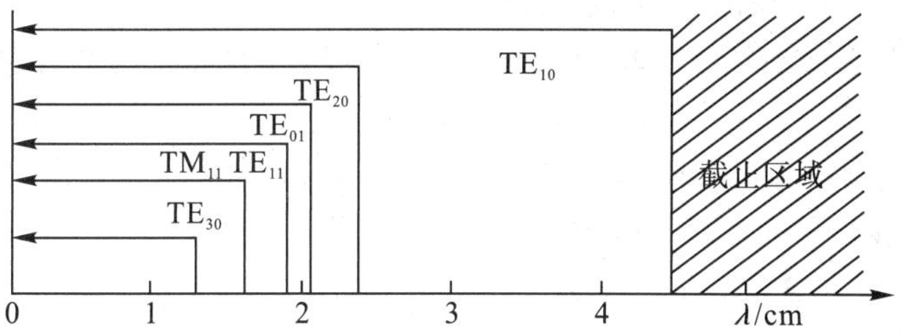

图 6.21　矩形波导中截止波长分布图(以 BJ-100 为例)

2. 导模的传播参数

对于传导模式，$k_c<k$，此时的相移常数为

$$\beta=\sqrt{k^2-k_c^2}=\sqrt{\omega^2\mu\varepsilon-\left(\frac{m\pi}{a}\right)^2-\left(\frac{n\pi}{b}\right)^2} \tag{6.78}$$

可以看出，导波的相移常数与模式的截止参数相关，不同模式具有不同的相移常数。矩形波导中的波导因子 g 仍然可表示为

$$g=\frac{\sqrt{k^2-k_c^2}}{k}=\sqrt{1-\left(\frac{k_c}{k}\right)^2}=\sqrt{1-\left(\frac{f_c}{f}\right)^2}=\sqrt{1-\left(\frac{\lambda}{\lambda_c}\right)^2}$$

类似于平行板波导，在矩形波导中，$\beta=gk$ 同样可以看作是电磁波自由传播时波矢量 $\boldsymbol{k}$ 沿波导的纵向的分量。

利用波导因子，矩形波导中导波的波长、相速度、群速度可分别表示为

$$\lambda_g=\frac{2\pi}{\beta}=\frac{2\pi}{\sqrt{\omega^2\mu\varepsilon-\left(\frac{m\pi}{a}\right)^2-\left(\frac{n\pi}{b}\right)^2}}=\frac{2\pi}{gk}=\frac{\lambda}{g} \tag{6.79}$$

$$v_p=\frac{\omega}{\beta}=\frac{\omega}{\sqrt{\omega^2\mu\varepsilon-\left(\frac{m\pi}{a}\right)^2-\left(\frac{n\pi}{b}\right)^2}}=\frac{1}{g\sqrt{\mu\varepsilon}}=\frac{v_0}{g} \tag{6.80}$$

$$v_g=\frac{d\omega}{d\beta}=\frac{\beta}{\omega\mu\varepsilon}=\frac{gk}{\omega\mu\varepsilon}=gv_0 \tag{6.81}$$

其中，$\lambda=2\pi/k$，$v_0=c/\sqrt{\mu_r\varepsilon_r}$ 分别为电磁波在波导所填充的无耗媒质中自由传播时的波长和相速度；若导体板之间填充空气，则 v_0 等于真空光速 c。可以看到，在矩形波导中，导波的传输波长 $\lambda_g>\lambda_0$，相速度 $v_p>v_0$，这仅仅是因为观察的角度不同所致，正如在平行板波导中所讨论的情况。实际上，我们知道电磁波信号在波导中沿 z 向传输的速度用群速度表示，电场能量实际传输速度 $v_g=gv_0<v_0$。

6.3.4　矩形波导的管壁电流

电磁波在波导管内传输时，在波导管的金属内壁会产生感应电流。对于高频电磁波，由于趋肤效应，感应出的高频电流集中在很薄的金属表层(例如 $f=30$ GHz 时，铜的趋肤深度 $\delta=0.38$ μm)，可视为面电流。

波导管壁面电流的分布取决于波导内壁表面附近的磁场分布，面电流密度

$$\boldsymbol{J}_s=\boldsymbol{e}_n\times\boldsymbol{H}_s$$

式中，$\boldsymbol{e}_n$ 为波导内壁表面法线方向的单位矢量，$\boldsymbol{H}_s$ 是波导内壁表面处的磁场强度。这说明面电流密度 $\boldsymbol{J}_s$ 和表面磁场强度 $\boldsymbol{H}_s$ 大小相等、方向互相垂直并与导体表面的法向构成右手螺旋关系。

矩形波导一般是以主模 TE_{10} 模工作，下面以 TE_{10} 模为例写出矩形波导的管壁面电流。如图 6.22 所示，在波导左右两个侧壁上，$\boldsymbol{e}_n=\pm\boldsymbol{e}_x$，表面电流分别为

$$\begin{aligned}\boldsymbol{J}_s|_{x=0}&=\boldsymbol{e}_n\times\boldsymbol{H}|_{x=0}=\boldsymbol{e}_x\times(\boldsymbol{e}_xH_x+\boldsymbol{e}_zH_z)|_{x=0}\\&=-\boldsymbol{e}_yH_{10}\cos(\omega t-\beta z)\end{aligned}\tag{6.82}$$

$$\begin{aligned}\boldsymbol{J}_s|_{x=a}&=\boldsymbol{e}_n\times\boldsymbol{H}|_{x=a}=-\boldsymbol{e}_x\times(\boldsymbol{e}_xH_x+\boldsymbol{e}_zH_z)|_{x=a}\\&=-\boldsymbol{e}_yH_{10}\cos(\omega t-\beta z)\end{aligned}\tag{6.83}$$

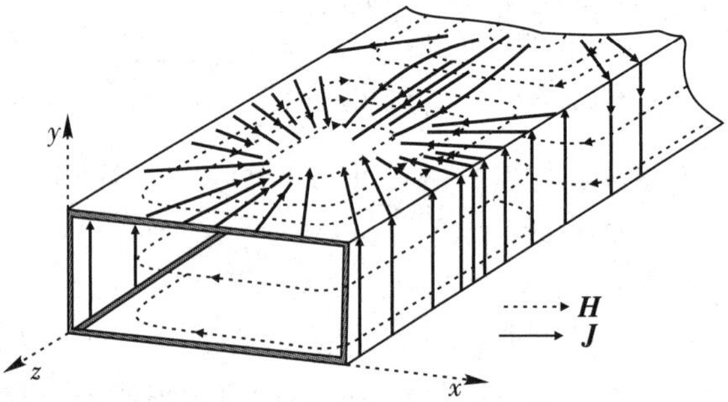

图 6.22 矩形波导内壁的面电流

可以看到，波导中传输 TE_{10} 模时，左右两侧内壁上的面电流只有沿横向 $\boldsymbol{e}_y$ 方向的分量，而且大小相等，相位相同。在波导下面和上面两个面内壁上，$\boldsymbol{e}_n=\pm\boldsymbol{e}_y$，表面电流分别为

$$\begin{aligned}\boldsymbol{J}_s|_{y=0}&=\boldsymbol{e}_y\times\boldsymbol{H}|_{y=0}=\boldsymbol{e}_y\times(\boldsymbol{e}_xH_x+\boldsymbol{e}_zH_z)|_{y=0}\\&=\boldsymbol{e}_xH_{10}\cos\left(\frac{\pi x}{a}\right)\cos(\omega t-\beta z)-\boldsymbol{e}_z\frac{\beta a}{\pi}H_{10}\sin\left(\frac{\pi x}{a}\right)\cos(\omega t-\beta z)\end{aligned}\tag{6.84}$$

$$\begin{aligned}\boldsymbol{J}_s|_{y=b}&=-\boldsymbol{e}_y\times\boldsymbol{H}|_{y=b}=-\boldsymbol{e}_y\times(\boldsymbol{e}_xH_x+\boldsymbol{e}_zH_z)|_{y=b}\\&=-\boldsymbol{e}_xH_z(x,b,z,t)+\boldsymbol{e}_zH_x(x,b,z,t)|_{y=b}=-\boldsymbol{J}_s|_{y=0}\end{aligned}\tag{6.85}$$

由式(6.84)和式(6.85)可见，波导上、下壁内表面上的面电流由两个分量构成，总的电流是这两部分电流的叠加，而上、下壁内表面上的电流大小相等，方向相反，如图 6.22 所示。

实际金属导体的电导率是有限值，波导壁的电流必然会产生热损耗，研究波导损耗首先得了解波导壁的面电流。当然，波导壁上的分布电流作为边界条件，对分析和设计传输系统以及相关的微波元器件具有重要的意义。例如，在微波传输线测量时，经常需要在波导壁上开缝(或孔)以进行微波信号的耦合，此时，波导的接头或在波导壁上的开槽(或孔)的位置是不能沿切割电流方向的，以免破坏其电流通路，从而影响到波导内本来的电磁场分布；但是在设计波导裂缝天线时，则开槽缝隙必须要切割内壁电流，以有效地向外辐射电磁波。

例 6.1 已知空气填充的 BJ-100 型矩形波导，$a=2.286$ cm，$b=1.016$ cm。

(1) 传输工作频率为 15 GHz 的电磁波时，波导中会存在哪些模式?

(2) 此波导单模传输的频率范围为多少?

(3) 若传输工作频率为 10 GHz 的电磁波，求传输波的相速度 v_p、波导波长 λ_g、波阻抗 Z。

解　(1) 15 GHz 的电磁波的工作波长为

$$\lambda_0=\frac{c}{f_0}=\frac{3\times10^8}{15\times10^9}=2\ (\text{cm})$$

模式能够传输的条件是 $\lambda_c>\lambda_0=2$ cm。矩形波导模式的截止波长计算公式为

$$\lambda_c=\frac{2\pi}{k_c}=\frac{2\pi}{\sqrt{\left(\frac{m\pi}{a}\right)^2+\left(\frac{n\pi}{b}\right)^2}}$$

按照由长至短的顺序计算各导模的截止波长如下：

$$\lambda_c(\text{TE}_{10})=2a=4.572\ (\text{cm})$$

$$\lambda_c(\text{TE}_{20})=a=2.286\ (\text{cm})$$

$$\lambda_c(\text{TE}_{01})=2b=2.032\ (\text{cm})$$

$$\lambda_c(\text{TE}_{11}、\text{TM}_{11})=1.857\ (\text{cm})$$

可见，此波导中能够传输 TE_{10}、TE_{20}、TE_{01} 共三种模式的电磁波。

(2) 由波导导模的截止特性可知，要实现单模传输，电磁波的工作波长必须小于主模的截止波长且大于次高模式的截止波长，BJ-100 型矩形波导的主模是 TE_{10} 模，次高模是 TE_{20} 模，因此波导单模传输的波长范围为 $a<\lambda<2a$，相应的单模传输的频率范围为 $c/(2a)<f<c/a$，代入 $a=22.86$ mm，$b=10.16$ mm，可得此矩形波导单模传输的频率范围为 6.56 GHz$<f<$13.1 GHz。

(3) 工作频率为 $f=10$ GHz 时，对应的工作波长为 $\lambda=3$ cm，波导只能传输 TE_{10} 模，则有

$$\text{相速度 } v_p=\frac{v}{\sqrt{1-\left(\frac{\lambda}{2a}\right)^2}}=\frac{3\times10^8}{\sqrt{1-\left(\frac{3}{4.572}\right)^2}}=3.976\times10^8\ (\text{m/s})$$

$$\text{波导波长 } \lambda_g=\frac{\lambda}{\sqrt{1-\left(\frac{\lambda}{2a}\right)^2}}=\frac{3}{\sqrt{1-\left(\frac{3}{4.572}\right)^2}}=3.976\ (\text{cm})$$

$$\text{波阻抗 } Z_{\text{TE}_{10}}=\frac{\eta}{\sqrt{1-\left(\frac{\lambda}{2a}\right)^2}}=\frac{120\pi}{\sqrt{1-\left(\frac{3}{4.572}\right)^2}}=499.58\ (\Omega)$$

6.3.5　矩形波导的传输功率

由坡印廷定理，矩形波导中 TE 波和 TM 波的传输功率可通过计算穿过波导口面的坡印廷矢量的通量得到，即

$$P=\frac{1}{2}\text{Re}\int_S(\boldsymbol{E}\times\boldsymbol{H}^*)\cdot\text{d}S=\frac{1}{2Z}\int_S|E_t|^2\text{d}S=\frac{Z}{2}\int_S|H_t|^2\text{d}S \tag{6.86}$$

式中，Z 为相应模式的波阻抗。对于 TE_{mn} 波，$Z=Z_{\text{TE}}$；对于 TM_{mn} 波，$Z=Z_{\text{TM}}$。

对于 TE_{10} 波，其传输功率为

$$P=\frac{1}{2Z_{\text{TE}_{10}}}\int_0^a\int_0^b E_m^2\sin^2\left(\frac{\pi}{a}\right)\text{d}x\text{d}y=\frac{ab}{4Z_{\text{TE}_{10}}}E_m^2 \tag{6.87}$$

式中，$E_m=\frac{\omega\mu a}{\pi}H_m$，是 E_y 分量在波导宽边中心处的振幅值。

若波导的击穿电场为 E_{br}，则波导传输 TE_{10} 波时的功率容量为

$$P_{br}=\frac{ab}{4Z_{TE_{10}}}E_{br}^2 \tag{6.88}$$

当矩形波导以空气填充时，因空气的击穿场强为 30 kV/cm，所以可得

$$P_{br}=\frac{abE_{br}^2}{4\eta}\sqrt{1-\left(\frac{\lambda}{2a}\right)^2}=0.6ab\sqrt{1-\left(\frac{\lambda}{2a}\right)^2}\ (\text{MW}) \tag{6.89}$$

式中，a、b 和 λ 的单位均为 cm。

从式(6.88)可见，对于 TE_{10} 波，波导截面尺寸越大，频率越高，则功率容量就越大；而当 $\lambda/\lambda_c<0.5$ 时，则可能出现高次模式 TE_{20} 波。因此，为保证单模传输 TE_{10} 波，又兼顾到功率容量，一般选取

$$a<\lambda<1.8a \tag{6.90}$$

实际上，波导传输电磁波时可能会有反射波存在，引起功率容量下降。因此，在实际应用中一般传输容许功率不超过击穿功率的 1/3 至 1/4。为保证波导的功率容量，波导内壁表面要求光洁干净，波导内空间保持干燥，同时要尽可能地实现负载与波导的匹配，减少反射功率。

6.4 圆 波 导

圆波导是截面为圆形的空心金属波导，它具有结构对称、加工方便、损耗低等优点，是一种较为常用的规则金属波导。不同截面形状的波导都可看作是由矩形波演变而来的，因此，它们的性质与矩形波导类似，仍然只能传播 TE 模或者 TM 模，并且可以同时存在多种传输模式。

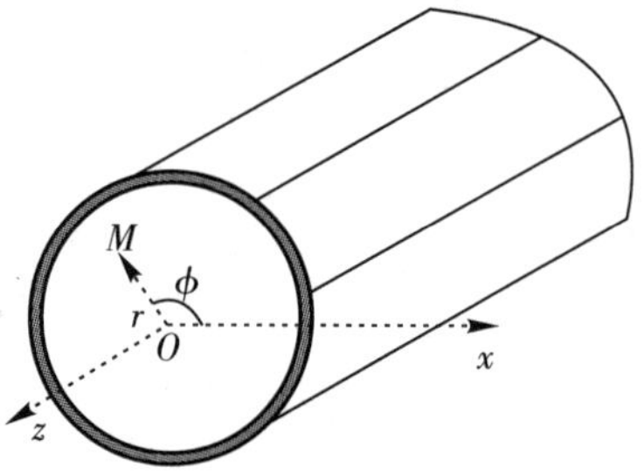

图 6.23 圆波导

设圆波导的内半径为 a，并建立如图 6.23 所示的圆柱坐标。求圆波导场分量的方法与求矩形波导场分量的方法完全一样。利用式(6.9)和式(6.10)，在圆柱坐标系中展开麦克斯韦方程，写出横向、纵向场量的关系式如下：

$$\begin{cases}E_r=-\frac{1}{k_c^2}\left(\gamma\frac{\partial E_z}{\partial r}+\mathrm{j}\frac{\omega\mu}{r}\frac{\partial H_z}{\partial\phi}\right)\\E_\phi=\frac{1}{k_c^2}\left(-\frac{\gamma}{r}\frac{\partial E_z}{\partial\phi}+\mathrm{j}\omega\mu\frac{\partial H_z}{\partial r}\right)\\H_r=\frac{1}{k_c^2}\left(\mathrm{j}\frac{\omega\varepsilon}{r}\frac{\partial E_z}{\partial\phi}-\gamma\frac{\partial H_z}{\partial r}\right)\\H_\phi=-\frac{1}{k_c^2}\left(\mathrm{j}\omega\varepsilon\frac{\partial E_z}{\partial r}+\frac{\gamma}{r}\frac{\partial H_z}{\partial\phi}\right)\end{cases} \tag{6.91}$$

式中，$k_c^2=\gamma^2+k^2$，$k^2=\omega^2\mu\varepsilon$。

圆波导同样是单导体结构的传输系统，如前所述，它不能传输 TEM 波，式(6.91)中的纵向分量 H_z、E_z 不能都为 0。

在圆柱坐标下写出 H_z 和 E_z 的波动方程如下：

$$\left(\frac{1}{r}\frac{\partial}{\partial r}\left(r\frac{\partial}{\partial r}\right)+\frac{1}{r^2}\frac{\partial^2}{\partial\phi^2}+k_c^2\right)\begin{Bmatrix}E_z(r,\phi)\\H_z(r,\phi)\end{Bmatrix}=0 \tag{6.92}$$

圆波导的边界条件为

$$\begin{cases}E_\phi(r,\phi)\big|_{r=a}=0 & (\text{TE 波})\\E_z(r,\phi)\big|_{r=a}=0 & (\text{TM 波})\\E\big|_{r=0}\neq\infty\end{cases} \tag{6.93}$$

和求解矩形波导的方法一样，利用分离变量法求解式(6.92)的纵向分量 H_z 和 E_z，代入式(6.91)并结合边界条件式(6.93)，即可得到圆波导中电磁场分布的通解。

6.4.1　圆波导中的场分布

1. TE 波

对于 TE 模式，$E_z=0$，$H_z(r,\ \phi,\ z)=H_z(r,\ \phi)\mathrm{e}^{-\mathrm{j}\beta z}\neq0$。应用分离变量法，令 $H_z(r,\ \phi)=R(r)\Phi(\phi)$，将其代入式(6.92)且方程中各项都除以 $R(r)\Phi(\phi)$ 可得

$$\frac{1}{R(r)}\left(r^2\frac{\partial^2R(r)}{\partial r^2}+r\frac{\partial R(r)}{\partial r}+r^2k_c^2R(r)\right)=-\frac{1}{\Phi(\phi)}\frac{\partial^2}{\partial\phi^2}\Phi(\phi) \tag{6.94}$$

式中，左右两边分别是 $R(r)$ 和 $\Phi(\phi)$ 的函数，要使等式成立，二者必须为常数，设常数为 k_ϕ^2，则有

$$r^2\frac{\mathrm{d}^2R(r)}{\mathrm{d}r^2}+r\frac{\mathrm{d}R(r)}{\mathrm{d}r}+(r^2k_c^2-k_\phi^2)R(r)=0 \tag{6.95}$$

$$\frac{\mathrm{d}^2}{\mathrm{d}\phi^2}\Phi(\phi)+k_\phi^2\Phi(\phi)=0 \tag{6.96}$$

式(6.96)与式(6.7)、式(6.31)和式(6.59)的形式一样，是一个二阶齐次微分方程，其解的形式也相同，ϕ 是角度变量，可得 $\Phi(\phi)=B_1\cos(k_\phi\phi)+B_2\sin(k_\phi\phi)$。

注意到解随 ϕ 变化应具有 2π 的周期性(单值条件)，故 k_ϕ 必须为整数，记为 m。则

$$\Phi(\phi)=B_1\cos(m\phi)+B_2\sin(m\phi)=\begin{Bmatrix}B_1\cos(m\phi)\\B_2\sin(m\phi)\end{Bmatrix}\quad m=0,\ 1,\ 2,\ \cdots \tag{6.97}$$

由于圆波导结构具有轴对称性，场的极化方向具有不确定性，使导波场在 ϕ 方向存在 $\cos(m\phi)$ 和 $\sin(m\phi)$ 两种可能的分布，它们独立存在，相互正交，截止波长相同(构成简并模式)。在同一波导中由于极化不同所形成的不同模式，具有相同的截止参数，这种情况称为极化简并。

式(6.95)所示的方程被称为贝塞尔方程，其解为

$$R(r)=A_1J_m(k_cr)+A_2Y_m(k_cr) \tag{6.98}$$

式中，$J_m(k_cr)$ 为 m 阶第一类贝塞尔函数(简称贝塞尔函数)，$Y_m(k_cr)$ 为 m 阶第二类贝塞尔函数(或称诺曼函数)。贝塞尔函数是一种特殊函数，它随变量 r 变化且在 0 值上下具有振荡衰减特性，图 6.24 绘出了几条低阶的贝塞尔函数的曲线图像。

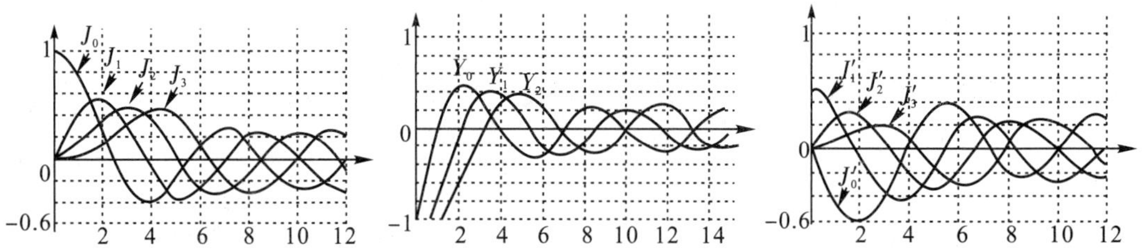

(a) 第一类贝塞尔函数　(b) 第二类贝塞尔函数　(c) 贝塞尔导函数

图 6.24　贝塞尔函数

当 $r\to 0$ 时，$Y_m(k_c r)\to -\infty$，而波导中场为有限值，因此 $Y_m(k_c r)\to -\infty$ 项不可能存在，即有 $A_2=0$。式(6.92)的基本解为

$$H_z(r,\phi,z)=H_m J_m(k_c r)\begin{Bmatrix}\cos(m\phi)\\ \sin(m\phi)\end{Bmatrix}e^{-j\beta z} \tag{6.99}$$

式中，H_m 为合并后的系数，表示纵向磁场的振幅，由激励条件确定。

当 $r=a$ 时，由金属壁边界条件，电场切向分量为 0，应满足

$$\left.\frac{\partial H_z}{\partial r}\right|_{r=a}=0$$

将式(6.99)代入此边界条件，可得 $J_m'(k_c a)=0$，则其根为

$$k_c a=u_{mn}',\quad n=1,\ 2,\ \cdots \tag{6.100}$$

这里，$J_m'(k_c a)$ 为 m 阶的贝塞尔函数的导数(函数曲线如图 6.24(c)所示)，u_{mn}' 是它的第 n 个根。由式(6.100)可确定 TE_{mn} 模式的本征值为

$$k_{cmn}=\frac{u_{mn}'}{a},\quad n=1,\ 2,\ \cdots \tag{6.101}$$

将式(6.101)代入式(6.99)，即可得到 $H_z(r,\phi,z)$ 的基本解为

$$H_z(r,\phi,z)=H_{mn}J_m\left(\frac{u_{mn}'}{a}r\right)\begin{Bmatrix}\cos(m\phi)\\ \sin(m\phi)\end{Bmatrix}e^{-j\beta z} \tag{6.102}$$

将式(6.102)代入式(6.91)，并结合 $E_z=0$，可得 TE 模的其他各场分量为

$$\begin{cases}E_r=\dfrac{j\omega\mu m a^2}{u_{mn}'^2 r}H_{mn}J_m\left(\dfrac{u_{mn}'}{a}r\right)\begin{Bmatrix}\sin(m\phi)\\ \cos(m\phi)\end{Bmatrix}e^{j(\omega t-\beta z)}\\[2ex] E_\phi=\dfrac{j\omega\mu a}{u_{mn}'}H_{mn}J_m'\left(\dfrac{u_{mn}'}{a}r\right)\begin{Bmatrix}\cos(m\phi)\\ \sin(m\phi)\end{Bmatrix}e^{j(\omega t-\beta z)}\\[2ex] H_r=\dfrac{-j\beta a}{u_{mn}'}H_{mn}J_m'\left(\dfrac{u_{mn}'}{a}r\right)\begin{Bmatrix}\cos(m\phi)\\ \sin(m\phi)\end{Bmatrix}e^{j(\omega t-\beta z)}\\[2ex] H_\phi=\dfrac{j\beta m a^2}{u_{mn}'^2 r}H_{mn}J_m\left(\dfrac{u_{mn}'}{a}r\right)\begin{Bmatrix}\sin(m\phi)\\ \cos(m\phi)\end{Bmatrix}e^{j(\omega t-\beta z)}\end{cases} \tag{6.103}$$

如图 6.24 所示，一般而言，使贝塞尔函数及其导函数取 0 值的根有无穷多个，不同的 m、n 有不同的根，也就对应不同的 TE 波模式，表示为 TE_{mn}。与矩形波导中的 m、n 的含义类似，m 表示场沿角度 ϕ 方向按照正弦(或余弦)函数分布的周期个数；n 表示场沿径向 r 按照贝塞尔函数(或其导函数)变化出现的 0 值的个数(不含 $r=0$ 处)。每一个 m 和 n 对应的模式 TE_{mn} 都是方程的解，因此可得圆波导中 TE 波的一般解为

$$
\left\{
\begin{aligned}
E_r &= \pm \sum_{m=0}^{\infty}\sum_{n=1}^{\infty} \frac{\mathrm{j}\omega\mu m a^2}{u'^2_{mn} r} H_{mn} J_m\left(\frac{u'_{mn}}{a}r\right)\begin{Bmatrix}\sin(m\phi)\\ \cos(m\phi)\end{Bmatrix}\mathrm{e}^{\mathrm{j}(\omega t-\beta z)}\\
E_\phi &= \sum_{m=0}^{\infty}\sum_{n=1}^{\infty} \frac{\mathrm{j}\omega\mu a}{u'_{mn}} H_{mn} J'_m\left(\frac{u'_{mn}}{a}r\right)\begin{Bmatrix}\cos(m\phi)\\ \sin(m\phi)\end{Bmatrix}\mathrm{e}^{\mathrm{j}(\omega t-\beta z)}\\
E_z &= 0\\
H_r &= \sum_{m=0}^{\infty}\sum_{n=1}^{\infty} \frac{-\mathrm{j}\beta a}{u'_{mn}} H_{mn} J'_m\left(\frac{u'_{mn}}{a}r\right)\begin{Bmatrix}\cos(m\phi)\\ \sin(m\phi)\end{Bmatrix}\mathrm{e}^{\mathrm{j}(\omega t-\beta z)}\\
H_\phi &= \pm \sum_{m=0}^{\infty}\sum_{n=1}^{\infty} \frac{\mathrm{j}\beta m a^2}{u'^2_{mn} r} H_{mn} J_m\left(\frac{u'_{mn}}{a}r\right)\begin{Bmatrix}\sin(m\phi)\\ \cos(m\phi)\end{Bmatrix}\mathrm{e}^{\mathrm{j}(\omega t-\beta z)}\\
H_z &= \sum_{m=0}^{\infty}\sum_{n=1}^{\infty} H_{mn} J_m\left(\frac{u'_{mn}}{a}r\right)\begin{Bmatrix}\cos(m\phi)\\ \sin(m\phi)\end{Bmatrix}\mathrm{e}^{\mathrm{j}(\omega t-\beta z)}
\end{aligned}
\right.
\tag{6.104}
$$

2. TM 波

对于 TM 模式，$H_z=0$，$E_z(r,\phi,z)=E_z(r,\phi)\mathrm{e}^{-\mathrm{j}\beta z}\neq 0$。同 TE 模式的分析方法一样，应用分离变量法，令 $E_z(r,\phi)=R(r)\Phi(\phi)$，将其代入波动方程即式(6.92)，结合边界条件 $E_z|_{r=a}=0$，可求得

$$
E_z(r,\phi,z)=E_{mn}J_m\left(\frac{u_{mn}}{a}r\right)\begin{Bmatrix}\cos(m\phi)\\ \sin(m\phi)\end{Bmatrix}\mathrm{e}^{-\mathrm{j}\beta z}
\tag{6.105}
$$

式中，u_{mn} 是 m 阶贝塞尔函数 $J_m(k_c a)$的第 n 个根。对于场分布模式，m 和 n 的含义与 TE 模相同。因此，TM_{mn} 模式的本征值为

$$
k_{cmn}=\frac{u_{mn}}{a},\quad n=1,\ 2,\ \cdots
\tag{6.106}
$$

将式(6.105)代入式(6.91)，结合 $H_z=0$，可得 TM 模的其他各场分量。考虑到每一个 m 和 n 对应的模式 TM_{mn} 都是方程的解，因此圆波导中 TM 模的一般解可以表示为

$$
\left\{
\begin{aligned}
E_r &= \sum_{m=0}^{\infty}\sum_{n=1}^{\infty} \frac{-\mathrm{j}\beta a}{u_{mn}} E_{mn} J'_m\left(\frac{u_{mn}}{a}r\right)\begin{Bmatrix}\cos(m\phi)\\ \sin(m\phi)\end{Bmatrix}\mathrm{e}^{\mathrm{j}(\omega t-\beta z)}\\
E_\phi &= \pm \sum_{m=0}^{\infty}\sum_{n=1}^{\infty} \frac{\mathrm{j}\beta a^2}{u^2_{mn} r} E_{mn} J_m\left(\frac{u_{mn}}{a}r\right)\begin{Bmatrix}\sin(m\phi)\\ \cos(m\phi)\end{Bmatrix}\mathrm{e}^{\mathrm{j}(\omega t-\beta z)}\\
E_z &= \sum_{m=0}^{\infty}\sum_{n=1}^{\infty} E_{mn} J_m\left(\frac{u_{mn}}{a}r\right)\begin{Bmatrix}\cos(m\phi)\\ \sin(m\phi)\end{Bmatrix}\mathrm{e}^{\mathrm{j}(\omega t-\beta z)}\\
H_r &= \mp \sum_{m=0}^{\infty}\sum_{n=1}^{\infty} \frac{\mathrm{j}\omega\varepsilon a^2}{u^2_{mn} r} E_{mn} J_m\left(\frac{u_{mn}}{a}r\right)\begin{Bmatrix}\sin(m\phi)\\ \cos(m\phi)\end{Bmatrix}\mathrm{e}^{\mathrm{j}(\omega t-\beta z)}\\
H_\phi &= \sum_{m=0}^{\infty}\sum_{n=1}^{\infty} \frac{-\mathrm{j}\omega\varepsilon a}{u_{mn}} E_{mn} J'_m\left(\frac{u_{mn}}{a}r\right)\begin{Bmatrix}\cos(m\phi)\\ \sin(m\phi)\end{Bmatrix}\mathrm{e}^{\mathrm{j}(\omega t-\beta z)}\\
H_z &= 0
\end{aligned}
\right.
\tag{6.107}
$$

6.4.2　圆波导中电磁波的传播特性

电磁波在圆波导中传播，同样要受到边界条件的约束，由式(6.101)和式(6.106)可知，圆波导中，TE 波和 TM 波的截止波数为

$$k_{cmn}=\begin{cases}\dfrac{u'_{mn}}{a} & (\text{TE 波})\\[2ex] \dfrac{u_{mn}}{a} & (\text{TM 波})\end{cases}$$

对应的截止波长和截止频率分别为

$$\lambda_{cmn}=\frac{2\pi}{k_{cmn}}=\begin{cases}\dfrac{2\pi a}{u'_{mn}} & (\text{TE 波})\\[2ex] \dfrac{2\pi a}{u_{mn}} & (\text{TM 波})\end{cases} \tag{6.108}$$

$$f_{cmn}=\frac{k_{cmn}}{2\pi\sqrt{\mu\varepsilon}}=\begin{cases}\dfrac{u'_{mn}}{2\pi a\sqrt{\mu\varepsilon}} & (\text{TE 波})\\[2ex] \dfrac{u_{mn}}{2\pi a\sqrt{\mu\varepsilon}} & (\text{TM 波})\end{cases} \tag{6.109}$$

和矩形波导一样，圆波导也具有“高通滤波”的特性，只有频率高于相应截止频率的模式才能够在波导中传播。

对于传导模式，圆波导中的传播常数、波导波长、相速度等传播参数可以直接由截止参数得到，其定义和计算公式与矩形波导的一致，可分别表示为

$$\beta_{mn}=\sqrt{k^2-k_{cmn}^2}=\begin{cases}\sqrt{k^2-\left(\dfrac{u'_{mn}}{a}\right)^2} & (\text{TE 波})\\[2ex] \sqrt{k^2-\left(\dfrac{u_{mn}}{a}\right)^2} & (\text{TM 波})\end{cases} \tag{6.110}$$

$$\lambda_{gmn}=\frac{2\pi}{\beta_{mn}}=\frac{2\pi}{k\sqrt{1-\left(\dfrac{\lambda}{\lambda_{cmn}}\right)^2}}=\frac{\lambda}{\sqrt{1-\left(\dfrac{\lambda}{\lambda_{cmn}}\right)^2}} \tag{6.111}$$

$$v_p=\frac{\omega}{\beta_{mn}}=\frac{v}{\sqrt{1-\left(\dfrac{\lambda}{\lambda_{cmn}}\right)^2}} \tag{6.112}$$

在圆波导中，对于沿纵向传导的电磁波模式，其波阻抗同样定义为相互正交的横向电场与横向磁场复振幅的比值，即

$$Z=\frac{E_r}{H_\phi}=\frac{-E_\phi}{H_r}=\begin{cases}\dfrac{\eta}{\sqrt{1-\left(\dfrac{\lambda}{\lambda_{cmn}}\right)^2}} & (\text{TE 波})\\[2ex] \eta\sqrt{1-\left(\dfrac{\lambda}{\lambda_{cmn}}\right)^2} & (\text{TM 波})\end{cases} \tag{6.113}$$

由式(6.108)和式(6.109)可以看出，对应贝塞尔函数不同的根，不同模式传输波的截止波长和截止频率不相同。贝塞尔函数的根 u'_{mn} 或 u_{mn} 取值越小，所对应的截止频率越低。图 6.25 给出了较低模式的截止波长示意图。贝塞尔函数根中的最小值 $u'_{11}=1.841$，对应的是圆波导的最低模式(TE_{11} 模)，其截止波长 $\lambda_c=3.41a$；其次是 $u_{01}=2.405$，对应的是 TM 模式中的最低模式(TM_{01} 模)，其截止波长 $\lambda_c=2.62a$；而 $u'_{01}=3.823$ 所对应的是 TE_{01} 模，其截止波长 $\lambda_c=1.64a$。

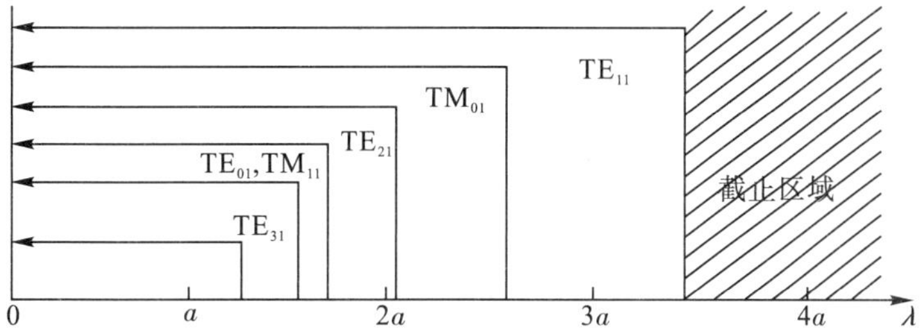

图 6.25 圆波导中截止波长分布图

前面提到，由于圆波导中场沿 ϕ 方向的极化方向具有不确定性，存在极化简并，故有 $\cos(m\phi)$ 和 $\sin(m\phi)$ 两种可能的分布。由于在圆波导的加工中总会存在一定的椭圆度，波在传播过程中圆波导结构细微的不均匀即会引起极化旋转，分裂出与原电场方向垂直的极化简并模，从而导致不能单模传输。因此圆波导一般不用作远距离微波传输。

当然，圆波导的极化简并特性也有其特殊应用，例如可以用它构成双极化元器件，如极化分离器、极化衰减器等。

圆波导中除了极化简并，同时也并存着模式简并。可以看到 TE_{0n} 模与 TM_{1n} 模具有相同的截止波长，它们是简并模式。这是由贝塞尔函数的特性所决定的，零阶贝塞尔函数的导数是负的一阶贝塞尔函数，即 $J_0'(x)=-J_1(x)$，零阶贝塞尔函数的导数与一阶贝塞尔函数同根，即 $u_{0n}'=u_{1n}$，因此有 $\lambda_{cTE_{0n}}=\lambda_{cTM_{1n}}$。

6.4.3 圆波导的主要模式

圆波导中常用的工作模式是 TE_{11}、TM_{01} 和 TE_{01} 三种模式，下面分别介绍。

1. 主模式——TE_{11} 模

由式(6.104)可得，圆波导中 TE_{11} 模的场分量为

$$\begin{cases} E_r=\dfrac{-j\omega\mu}{k_c^2 r}H_{11}\cos\phi J_1(k_c r)e^{-j\beta z} \\ E_\phi=\dfrac{j\omega\mu}{k_c}H_{11}\sin\phi J_1'(k_c r)e^{-j\beta z} \\ E_z=0 \\ H_r=\dfrac{-j\beta}{k_c}H_{11}\sin\phi J_1'(k_c r)e^{-j\beta z} \\ H_\phi=\dfrac{-j\beta}{k_c^2 r}H_{11}\cos\phi J_1(k_c r)e^{-j\beta z} \\ H_z=H_{11}\sin\phi J_1(k_c r)e^{-j\beta z} \end{cases} \tag{6.114}$$

TE_{11} 模的截止波长最长，是圆波导的主模。它的场结构分布如图 6.26 所示。由图可见，圆波导中 TE_{11} 模的场分布与矩形波导中 TE_{10} 模的场分布很相似，因此在工程上容易通过矩形波导的横截面逐渐过渡变为圆波导。实际应用中圆波导 TE_{11} 模是由矩形波导 TE_{10} 模激励的。

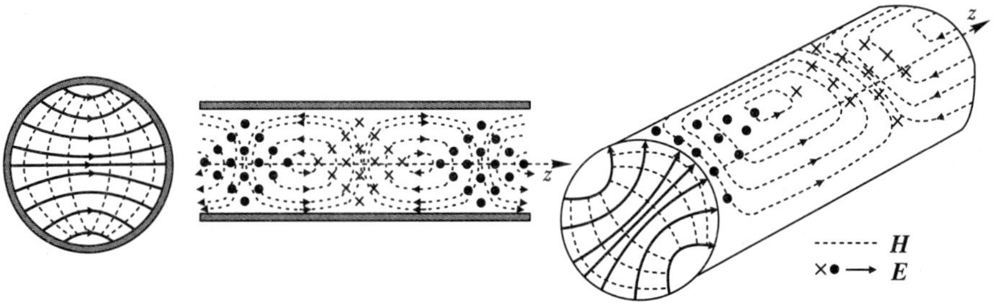

图 6.26 圆波导中 TE_{11} 模的场分布

2. 对称模式——TM_{01} 模

旋转对称结构是圆波导的主要特点。圆波导不仅在结构上适用于旋转关节，而且它的一些特定分布的场型也具有轴对称特性，在工程应用中具有重要作用。常用的对称模式有 TM_{01} 模和 TE_{01} 模。

TM_{01} 模是圆波导的第一个高次模，当 $m=0$，$n=1$ 时，由式(6.107)可得 TM_{01} 模的场分量为

$$\begin{cases} E_r = \dfrac{-2.405\beta}{\varepsilon a} J_1\left(\dfrac{2.405}{a}r\right)e^{-j\beta z} \\ E_\phi = j\dfrac{1}{\varepsilon}\left(\dfrac{-2.405}{a}\right)^2 J_0\left(\dfrac{2.405}{a}r\right)e^{-j\beta z} \\ H_\phi = \dfrac{-2.405\omega}{a} J_1\left(\dfrac{2.405}{a}r\right)e^{-j\beta z} \\ H_z = H_r = E_\phi = 0 \end{cases} \tag{6.115}$$

其场分布具有对称结构，如图 6.27 所示。TM_{01} 模的切向磁场 H_ϕ 沿圆周没有任何变化($m=0$)，沿半径方向最密集点出现一次($n=1$)。TM_{01} 模的场分布具有圆对称性，故不存在极化简并模，因此适合用作天线与馈线的旋转关节。另外，因其磁场只有 H_ϕ 分量，故波导内壁电流只有纵向分量，可以有效地和轴向流动的电子流交换能量，因此在微波电子管的谐振腔及直线电子加速器中常采用此种工作模式。

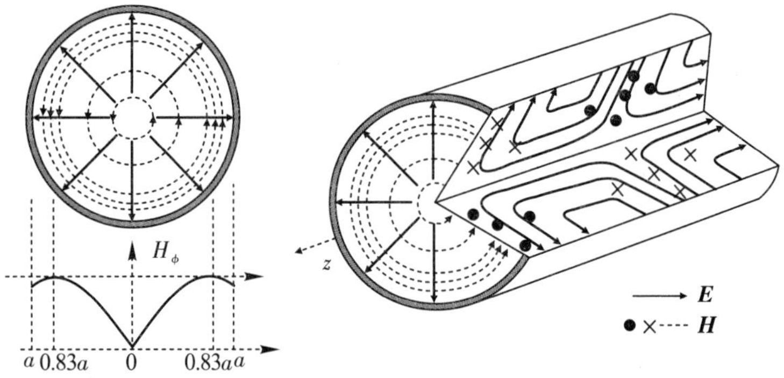

图 6.27 圆波导中 TM_{01} 模的场分布

3. 对称模式——TE_{01} 模

在式(6.104)中，令 $m=0$，$n=1$，可得到 TE_{01} 模的所有场分量为

$$\begin{cases} E_{\phi}=\dfrac{-3.832\omega}{a}J_1\left(\dfrac{3.832}{a}r\right)e^{-j\beta z} \\ H_r=\dfrac{\beta}{\mu}\dfrac{3.832}{a}J_1\left(\dfrac{3.832}{a}r\right)e^{-j\beta z} \\ H_z=-j\dfrac{1}{\mu}\left(\dfrac{3.832}{a}\right)^2 J_0\left(\dfrac{3.832}{a}r\right)e^{-j\beta z} \\ E_r=E_z=H_{\phi}=0 \end{cases} \tag{6.116}$$

其场结构如图 6.28 所示。由图可见，TE_{01}模的场呈轴对称分布，其特点为：电场只有 E_{ϕ} 分量且沿 ϕ 方向是均匀的，在横截面内形成闭合电力线，因而称为圆电模式；在波导壁上其磁场只有 H_z 分量，波导内壁电流只有 ϕ 向分量，利用这一特性，可以在壁上沿周向开窄缝来抑制其他波型；TE_{01}模随着工作频率的升高，其波导壁的热损耗单调地减小，因此在毫米波波段，用 TE_{01}模可实现大容量的多路通信或制作高 Q 值的谐振腔。TE_{01}模是高次模式，同时，它与 TM_{11}模简并，使用时应注意对其他模式的抑制问题。

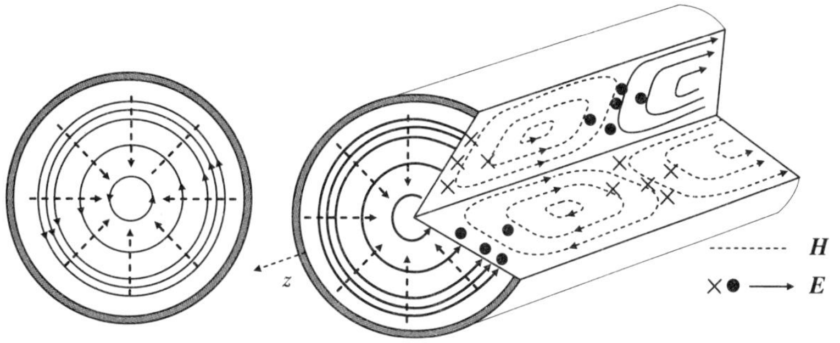

图 6.28　圆波导中 TE_{01}模的场分布

由式(6.108)和式(6.113)可得，TE_{01}波的截止波长与波阻抗分别为

$$\lambda_c=\frac{2\pi a}{u_{01}}=1.64a$$

$$Z=\frac{E_{\phi}}{H_r}=\frac{\eta}{\sqrt{1-\left(\dfrac{\lambda}{1.64a}\right)^2}}$$

6.5　TEM 波传输线

6.5.1　同轴线

同轴线是应用最为广泛的射频传输线缆，其结构如图 6.29 所示。图中内、外导体的半径分别为 a、b，内、外导体间一般填充低损耗的介质，如聚乙烯或聚四氟乙烯等。同轴线也是双导体结构，它可以看成是双导线的一种变形，即：为了克服双导线的辐射损耗，把其中一根导线延展成圆柱环面，然后把另一根导线包围起来，让电磁波在两根

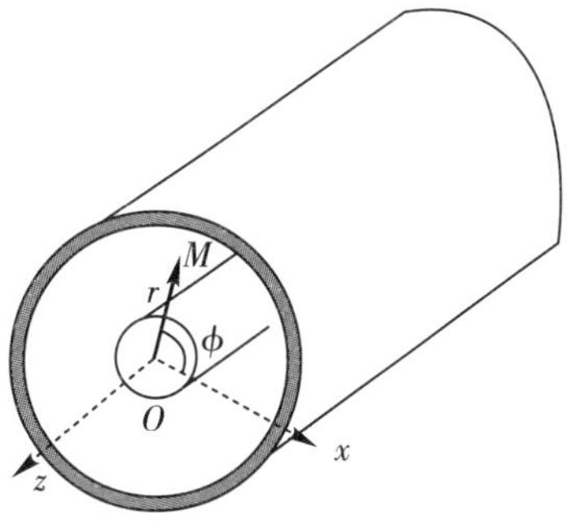

图 6.29　同轴线

导线之间形成的封闭区间内传播，从而消除辐射损耗。作为双导体传输系统，同轴线传输的主波型为 TEM 波，是无色散波，具有宽频带的特性，其截止频率 $f_c=0$，能够传输从直流到毫米波波段的电磁波。但当同轴线的横截面尺寸与工作波长可相比拟时，将会出现高次模式 TE 和 TM 波。因此，为了保证同轴线中 TEM 波单模传输，必须抑制高次模的产生。

1. 同轴线中 TEM 模的场分布

TEM 模没有纵向场分量，$E_z=H_z=0$，因此不能采用纵向分量法求解场分布。电场和磁场仅有横向分量，由 6.2 节可知，横截面上电磁场的二维分布与静态场非常类似，只要用求解静态场的方法求出其横向分布函数以后，再乘上纵向传输的波动传播因子 $\mathrm{e}^{-\mathrm{j}kz}$，便可得到全部的场结构。

如图 6.29 所示，建立圆柱坐标系，因为电磁场量只有横向分量，而且磁场线必须是闭合回路，故磁场仅有 H_ϕ 分量；又因为电场、磁场相互垂直，所以电场只有 E_r 分量。由于同轴线的结构对称性，E_r 和 H_ϕ 都是轴对称分布，因此电磁场可表示为

$$\begin{cases} E(r,z)=E_r(r)\mathrm{e}^{-\mathrm{j}kz} \\ H(r,z)=H_\phi(r)\mathrm{e}^{-\mathrm{j}kz} \end{cases} \tag{6.117}$$

将式(6.117)代入麦克斯韦方程

$$\begin{cases} \nabla\times\boldsymbol{H}=\mathrm{j}\omega\varepsilon\boldsymbol{E} \\ \nabla\times\boldsymbol{E}=-\mathrm{j}\omega\mu\boldsymbol{H} \end{cases} \tag{6.118}$$

在柱坐标系下，$\boldsymbol{H}$ 的旋度方程展开为

$$\nabla\times\boldsymbol{H}=\frac{1}{r}\begin{vmatrix} \boldsymbol{e}_r & r\boldsymbol{e}_\phi & \boldsymbol{e}_z \\ \dfrac{\partial}{\partial r} & \dfrac{\partial}{\partial\phi} & \dfrac{\partial}{\partial z} \\ 0 & rH_\phi & 0 \end{vmatrix}=\mathrm{j}\omega\varepsilon\boldsymbol{E} \tag{6.119}$$

展开可得

$$-\frac{\partial H_\phi}{\partial z}=\mathrm{j}kH_\phi=\mathrm{j}\omega\varepsilon E_r \tag{6.120}$$

$$\frac{1}{r}\frac{\partial(rH_\phi)}{\partial r}=\mathrm{j}\omega\varepsilon E_z=0 \tag{6.121}$$

由式(6.121)可得 rH_ϕ 为常数，令 $rH_\phi=H_\mathrm{m}$，得

$$H_\phi=\frac{H_\mathrm{m}}{r}\mathrm{e}^{-\mathrm{j}kz} \tag{6.122}$$

由式(6.120)可得

$$E_r=\frac{\mathrm{j}k}{\mathrm{j}\omega\varepsilon}\frac{H_\mathrm{m}}{r}\mathrm{e}^{-\mathrm{j}kz}=\eta\frac{H_\mathrm{m}}{r}\mathrm{e}^{-\mathrm{j}kz} \tag{6.123}$$

同轴线中 TEM 模的场分布如图 6.30 所示，电力线和磁力线都是横截面内的二维曲线，其中电力线起止于内外导体，呈辐条状对称分布在内外导体之间，磁力线以内导体为轴形成同心圆环闭合线。显然，越靠近内导体，电磁场强越大，电磁能量越集中。

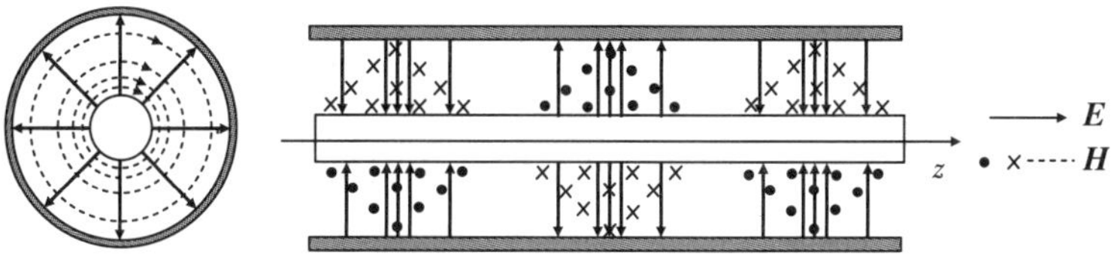

图 6.30　同轴线中 TEM 模的场分布

2. 同轴线中 TEM 波的传输特性

不考虑导体损耗和介质损耗，同轴线中 TEM 波与均匀平面波的传输参数是一致的，其传播系数、相速度、波长、波阻抗等参数分别为

$$\gamma=\mathrm{j}\beta=\mathrm{j}\omega\sqrt{\varepsilon\mu} \tag{6.124}$$

$$v_{\mathrm{p}}=\frac{\omega}{\beta}=\frac{1}{\sqrt{\varepsilon\mu}} \tag{6.125}$$

$$\lambda_{\mathrm{p}}=\frac{2\pi}{\beta}=\frac{\lambda_0}{\sqrt{\varepsilon_{\mathrm{r}}}} \tag{6.126}$$

$$Z_{\mathrm{TEM}}=\frac{E_r}{H_\phi}=\frac{\mathrm{j}k}{\mathrm{j}\omega\varepsilon}=\sqrt{\frac{\mu}{\varepsilon}}=\eta \tag{6.127}$$

实际上，TEM 波满足横向似稳条件(横截面尺寸远小于 λ)，可以直接利用静态场分析方法来求解电场和磁场分布(参考第二章中高斯定律和第三章中安培环路定理等相关内容)。工程上一般用电路方法进行分析。设同轴线内外导体之间的电压为 U，内导体电流为 I，则有

$$\begin{cases} I=\oint_l H_\phi \mathrm{d}l=\int_0^{2\pi} H_\phi r\,\mathrm{d}\phi = 2\pi H_{\mathrm{m}}\mathrm{e}^{-\gamma z} \\ U=\int_a^b E_r\mathrm{d}r=\int_a^b \eta\,\dfrac{H_{\mathrm{m}}}{r}\mathrm{e}^{-\gamma z}\mathrm{d}r = \eta H_{\mathrm{m}}\mathrm{e}^{-\gamma z}\ln\dfrac{b}{a} \end{cases} \tag{6.128}$$

3. 同轴线中的高次模

若同轴线的横截面尺寸与波长能够相比拟，则同轴线的内外导体之间有可能形成 TE 模式或 TM 模式。对于同轴线内的 TE 或 TM 高次模的求解方法，与分析圆波导中的 TE 或 TM 波类似，区别在于同轴线中变量 r 的变化范围是从 a 到 b，因此其径向分布的贝塞尔方程的解除了第一类贝塞尔函数以外，还允许保留第二类贝塞尔函数。其解的形式为

$$R(r)=A_1J_m(k_{\mathrm{c}}r)+A_2Y_m(k_{\mathrm{c}}r)$$

相应的截止波数、截止波长所满足的方程都为超越方程，一般采用数值方法近似求解。这里仅给出同轴线中高次模的截止波长的近似计算公式。图 6.31 所示是同轴线中 TE_{01} 模的场分布示意图，可以看出，它与圆波导中 TE_{01} 模的分布有些类似。

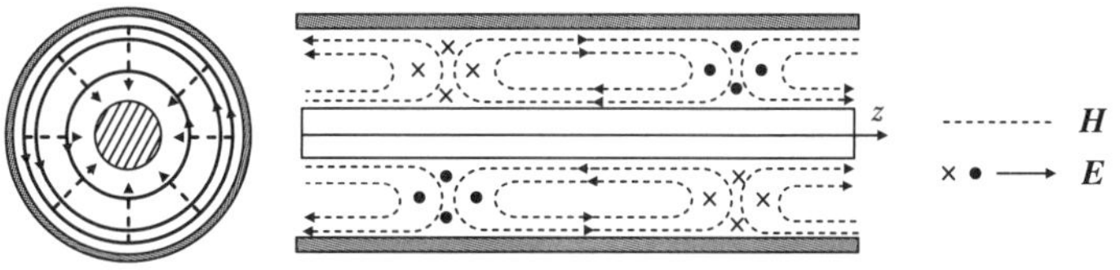

图 6.31　同轴线中 TE_{01} 模的场分布

对于 TM 模，有

$$\lambda_c \approx \frac{2}{n}(b-a) \tag{6.129}$$

TM 模的截止波长与 m 无关，因此同轴线中的高次模会存在多个简并模式。最低次的 TM 模为 TM_{01} 模，其截止波长为 $\lambda_{cTM_{01}} \approx 2(b-a)$。

对 TE 模，有

$$\lambda_c \approx \begin{cases} \dfrac{\pi}{m}(b+a) & m=1,\ 2,\ \cdots \quad (TE_{m1}\text{模}) \\ \dfrac{2}{n}(b-a) & n=1,\ 2,\ \cdots \quad (TE_{0n}\text{模}) \end{cases} \tag{6.130}$$

TE 模中最低次模式为 TE_{11}，其截止波长为 $\lambda_{cTE_{11}}=\pi(a+b)$。

图 6.32 列出了几个较低模式的截止波长分布，由图可以看出，TE_{11} 是同轴线中最低次的高次模式，因此，保证同轴线单模(TEM 模)传输的条件为

$$\lambda_{min} > \lambda_{cTE_{11}} = \pi(a+b) \tag{6.131}$$

另外，通过分析可知，当填充空气的同轴线内外半径比为 3.59 时，同轴线的损耗是最小的；而当内外半径比为 1.65 时，同轴线的功率容量是最大的。因此，实际中最常用的同轴线的特性阻抗是综合这两方面因素来考虑的，从而选取内外半径比为 1∶2.3，此时同轴线对应的特性阻抗约为 50 Ω。

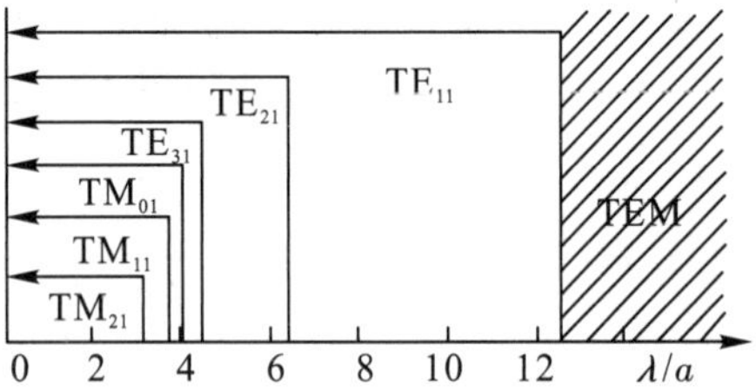

图 6.32 同轴线高次模截止波长($b=3a$)

例 6.2 一同轴线的内、外导体的半径分别为 $a=0.5$ mm，$b=1.5$ mm，内、外导体之间填充聚乙烯($\varepsilon_r=2.25$)。在工作频率为 3 GHz 的情况下，忽略聚乙烯的损耗，求：

(1) 同轴线的分布电容、分布电感及特性阻抗；

(2) 此同轴线最高可用的频率。

解 (1) 由第二章式(2.92)，单位长度的电容为

$$C_1=\frac{q_1}{U}=\frac{2\pi\varepsilon}{\ln(b/a)}=5.057\times10^{-2}(\text{pF/m})$$

设同轴线上的电流为 I，由安培环路定理，同轴线内外导体之间的磁场强度可表示为

$$H_\phi=\frac{I}{2\pi r}$$

同轴线单位长度上的磁通为

$$\psi=\int_S \boldsymbol{B}\cdot d\boldsymbol{S}=\frac{\mu I}{2\pi}\ln\frac{b}{a}$$

单位长度的电感为

$$L_1=\frac{\psi}{I}=\frac{\mu}{2\pi}\ln\frac{b}{a}=0.22\ (\mu\text{H/m})$$

同轴线的特性阻抗为

$$Z_0=\sqrt{\frac{L}{C}}=\sqrt{\frac{\mu}{\varepsilon}}\frac{\ln(b/a)}{2\pi}=43.94\ (\Omega)$$

(2) 同轴线 TE_{11}模的截止频率为

$$f_{cTE_{11}}=\frac{v}{\lambda_{cTE_{11}}}=\frac{c}{\pi(a+b)\sqrt{\varepsilon_r}}=21.22\ (\text{GHz})$$

实际应用时取 5%的余量，此同轴线最高可用频率为

$$f_{max}=f_{cTE_{11}}\times 0.95=20.16\ (\text{GHz})$$

6.5.2 双导线

双导体传输线也是一种基本的电磁波传输线，它的最一般形式就是平行双导线结构，如图 6.33 所示。这是一种开放系统，只有其长度与无线电波的工作波长能够相比拟或超过工作波长时，电磁场的波动现象才能显现出来，表现为电流和电压以波动形式沿线传输。但是当频率较高，且工作波长减小到可以与双导线截面尺寸及双线间距离可相比拟时，传输线两导线上的电荷、电流分布所产生的场在远处将不能完全抵消，导线的辐射损耗急剧增加，传输效果明显变差。为了避免在高频情况下因电磁场波动性显著而出现的辐射损耗，必须保持双导体传输线的间距远小于工作波长，因此双导线适合于使用在较低的工作频率上。

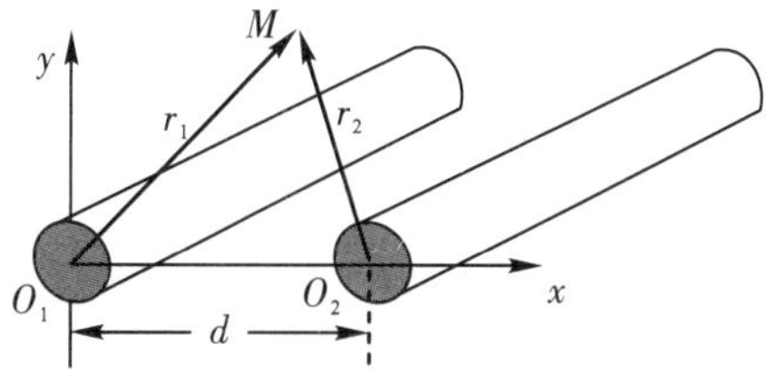

图 6.33 平行双导线

双导线是典型的导行 TEM 波的传输线。由于其为双导体结构，任一时刻的电场可看作是由一个导体的正电荷与另一导体的负电荷来支持，电力线不必是闭合线，而其磁场则可看成是由导体上的电流产生的。这样，在传输线中，同一截面上的电场和磁场相位相同，矢量方向相互垂直且垂直于传输方向，形成 TEM 波传输，即在传输线横截面内，电磁波的电场、磁场的二维分布和静态场的分布完全一样。在双导线中可以方便地分别把电压与电场、电流与磁场联系起来，得到用电压和电流表示的传输线方程，因此可采用电路的方式进行讨论分析。

按照静态场分析方法，设两根导体单位长度上的分布电荷分别为 q_1 和 $-q_1$，电流分别为 I 和 $-I$，则由叠加原理可得到平行双导线的横截面分布电场和磁场。平行双导线的电场和磁场的分布如图 6.34 所示，电磁波场量集中于双导线附近空间，场量幅值为不均匀分布，因此平行双导体传输线导引的是非均匀平面电磁波，在两根导线中间沿纵向传播，如图 6.35 所示。

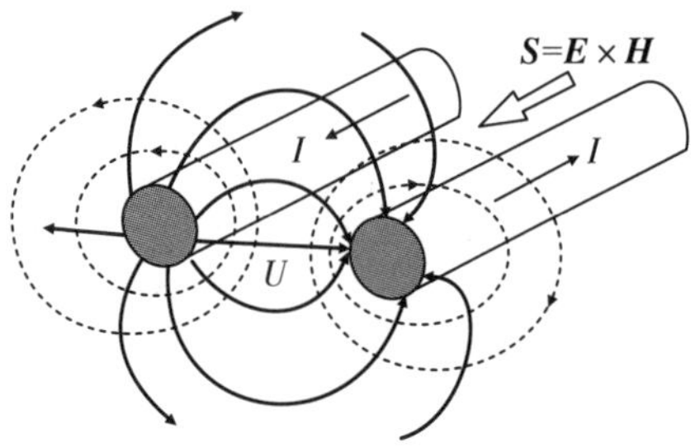

图 6.34 双导线间的场分布

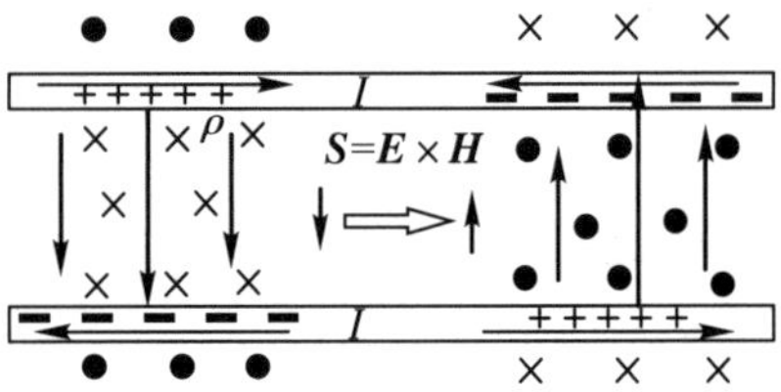

图 6.35 TEM 波沿平行双导线传播

在两根导体中间的连线上，有

$$E=\frac{q_1}{2\pi\varepsilon r_1}-\frac{q_1}{2\pi\varepsilon(d-r_1)} \tag{6.132}$$

$$H=\frac{I}{2\pi r_1}+\frac{I}{2\pi(d-r_1)} \tag{6.133}$$

则两导体之间的电压为

$$U=\int_a^{d-a}\boldsymbol{E}\cdot \mathrm{d}\boldsymbol{r}=\frac{q_1}{\pi\varepsilon}\ln\left(\frac{d-a}{a}\right) \tag{6.134}$$

因此分布电容为

$$C_1=\frac{q_1}{U}=\frac{\pi\varepsilon}{\ln\left(\frac{d-a}{a}\right)} \tag{6.135}$$

对于平行双导体传输线，线间介质多为空气或优良绝缘支撑物，当不计损耗时，平行双导体传输线的相移常数为

$$\beta=\omega\sqrt{\varepsilon\mu}=\omega\sqrt{\varepsilon_0\mu_0} \tag{6.136}$$

导行波的相速度为

$$v_\mathrm{p}=\frac{\omega}{\beta}=\frac{1}{\sqrt{\varepsilon_0\mu_0}}=c \tag{6.137}$$

习　题

6.1 双导线、同轴线、金属波导、介质波导各有什么特点？其导波的基本原理分别是什么？说明它们各自的应用范围。

6.2 为了实现电磁波沿导波系统传输，简述作为导波系统应满足的基本要求，分析这些要求是电磁波的哪些特性所导致的。

6.3 何谓截止频率？TEM 模式的传输系统是否存在截止频率？如果 TEM 模式的传输系统不存在截止频率，理论上可以传输何种频率的电磁波？实际上是否可行？

6.4 为什么空心金属波导中不能传输 TEM 波？

6.5 矩形波导截面尺寸为 $a\times b=23\ \mathrm{cm}\times 10\ \mathrm{cm}$，若传输 10^4 MHz 的 TE_{10}模，求截止波长 λ_c、波导波长 λ_g、相速度 v_p和波阻抗 $Z_{\mathrm{TE}_{10}}$。

6.6 采用 BJ - 100 波导（口径尺寸为 $a\times b=22.86\ \mathrm{mm}\times 10.16\ \mathrm{mm}$）以主模传输

10 GHz的微波信号。

(1) 求 λ_c、λ_g、β 和 Z_w；

(2) 若波导宽边尺寸增大一倍，问上述各量如何变化？

(3) 若波导窄边尺寸增大一倍，上述各量又将如何变化？

(4) 若尺寸不变，工作频率变为 15 GHz，上述各量如何变化？

6.7　矩形波导中填充 $\varepsilon_r=9$ 的理想介质，波导尺寸为 $a\times b=23\ \text{mm}\times 10\ \text{mm}$。

(1) 求 TE_{10}、TE_{20}、TM_{11}、TE_{11} 模的截止波长 λ_c；

(2) 若要求只传输 TE_{10} 模，则工作波长 λ_0 的范围应为多少？

6.8　一空气填充的矩形波导的尺寸为 $a\times b=72.14\ \text{mm}\times 30.4\ \text{mm}$，当信号源的波长分别为 6 cm、10 cm、32 cm 时，哪些波长的波可以通过此波导，波导内可传输哪些模式？

6.9　频率为 30×10^9 Hz 的波，在 0.7 cm×0.4 cm 的矩形波导管中能以什么波模传播？在 0.7 cm×0.6 cm 的矩形波导管中能以什么波模传播？

6.10　频率为 $f=7$ GHz 的电磁波在尺寸为 $a\times b=5\ \text{cm}\times 2\ \text{cm}$ 空气填充的矩形波导中传输。

(1) 分别求 TE_{10}、TE_{20}、TE_{01} 三种模式的波阻抗和向 z 方向的复功率流密度；

(2) 求传导模的相速和波导波长。

6.11　矩形波导截面尺寸为 $a\times b=23\ \text{cm}\times 10\ \text{cm}$，将波长为 2 cm、3 cm、5 cm 的微波信号接入这个波导，问这三种信号是否能传输？可能出现哪些波型？

6.12　为什么可以在矩形波导宽边的中心线上开槽而不会干扰导波传输？

6.13　矩形波导中的 v_p 和 v_g、λ_g 和 λ_0 有何区别？它们与哪些因素有关？

6.14　论证矩形波导管内不存在 TM_{m0} 或 TM_{0n} 波。

6.15　频率为 $f=14$ GHz 的电磁波在 $a=22.86$ mm、$b=10.16$ mm 的矩形波导中传输，分别求：

(1) 当波导中填充空气时，有哪些模式是传导模？

(2) 当波导填充 $\varepsilon_r=2$、$\mu_r=1$ 的介质时，有哪些模式是传导模？

6.16　圆波导中 TE_{11}、TM_{01} 和 TE_{01} 模的特点是什么？有何应用？

6.17　直径为 6 cm 的空气圆波导以 TE_{11} 模工作，求频率为 3 GHz 时的 f_c、λ_g 和 Z_w。

6.18　什么是波导的简并？矩形波导和圆波导中的简并有何异同？

6.19　周长为 25.1 cm 的空气填充圆波导，其工作频率为 3 GHz，问能传输哪些模？

6.20　同轴线的主模是什么？其电磁场结构有何特点？

6.21　空气同轴线的尺寸为 $a=1$ cm，$b=4$ cm，计算最低次波导模的截止波长；为保证只传输 TEM 模，工作波长至少应该是多少？

6.22　同轴线尺寸选择的依据是什么？为什么？已知工作波长为 10 cm，传输功率为 300 kW，设计此同轴线的尺寸。

6.23　设同轴线的内、外导体的半径分别为 a 和 b，填充给定介质，保持 b 不变，确定使同轴线的功率容量为最大时 b/a 的值。

6.24　设计一同轴线，其传输的最短工作波长为 10 cm，要求其特性阻抗为 50 Ω，计算硬的(空气填充)和软的(聚乙烯填充)两种同轴线的尺寸。

6.25　简述为什么双导线不能用于电视信号的传输。

第七章　电 磁 辐 射

前面主要对电磁波的空间传播特性进行了讨论，并没有涉及如何产生空间电磁波，这正是本章需要解决的问题。在自由空间中辐射电磁波的源是时变的电荷和电流，一般可由天线产生。求解天线辐射问题的方法有两种，一是严格方法，即求出满足天线边界条件的麦克斯韦方程的解，然而由于部分天线结构和辐射环境复杂，求解天线的边值问题的解析解极为困难，甚至无法求解；二是采用数值分析方法，即利用现代计算机技术，采用数值分析方法进行求解，目前已有一些较为成熟的电磁仿真软件。本章从电磁辐射的最基本机理问题出发，学习基本元的辐射和一些基本的天线及阵列的原理，最后介绍一些常用天线。

7.1　基本元的辐射

所谓基本元，是指能够产生辐射的基本单元。基本元主要有三种形式，一是电流元，也称为电基本振子；二是磁流元，也称为磁基本振子；三是面元。在本节中，我们把重点放在电流元的辐射上。所谓电流元，可以认为是一小段高频电流，它可以被视为构成天线的基本单元。下面将利用滞后位求解电基本振子的辐射，并利用对偶定理求解磁基本振子的辐射。

7.1.1　滞后位

在第四章中，我们学习了空间的辐射场可以由动态标量位 φ 和动态矢量位 $\boldsymbol{A}$ 求得，即

$$\begin{cases}\boldsymbol{E}=-\nabla\varphi-\dfrac{\partial\boldsymbol{A}}{\partial t}\\[2ex]\boldsymbol{H}=\dfrac{1}{\mu}\nabla\times\boldsymbol{A}\end{cases}\tag{7.1}$$

式中，动态标量位 φ 和动态矢量位 $\boldsymbol{A}$ 在洛伦兹规范 $\nabla\cdot\boldsymbol{A}=-\mu\varepsilon\dfrac{\partial\varphi}{\partial t}$ 下，满足达朗贝尔方程，即

$$\begin{cases}\nabla^2\varphi-\mu\varepsilon\dfrac{\partial^2\varphi}{\partial t^2}=-\dfrac{\rho}{\varepsilon}\\[2ex]\nabla^2\boldsymbol{A}-\mu\varepsilon\dfrac{\partial^2\boldsymbol{A}}{\partial t^2}=-\mu\boldsymbol{J}\end{cases}\tag{7.2}$$

用严格的方法可以解出式(7.2)，但这种方法十分繁杂。在此我们将用较为简单的方法求解，并把重点放在理解所得解的物理含义上。设标量位 φ 是由足够小的体积 $\Delta V'$ 内的电荷元 $\Delta q=\rho\Delta V'$ 产生的，因此在 $\Delta V'$ 之外不存在电荷，式(7.2)的第一式变为齐次波动方程，即

$$\nabla^2\varphi-\mu\varepsilon\frac{\partial^2\varphi}{\partial t^2}=0 \tag{7.3}$$

可将 Δq 视为点电荷，利用点电荷周围空间的场具有球对称性的特点，得知标量位在球坐标系中仅与 r 有关，即 $\varphi=\varphi(r,t)$，故式(7.3)可在球坐标系下简化为

$$\frac{1}{r^2}\frac{\partial}{\partial r}\left(r^2\frac{\partial\varphi}{\partial r}\right)-\mu\varepsilon\frac{\partial^2\varphi}{\partial t^2}=0 \tag{7.4}$$

若设 $\varphi(r,t)=\frac{1}{r}U(r,t)$，则式(7.4)变为

$$\frac{\partial^2 U}{\partial r^2}-\frac{1}{v^2}\frac{\partial^2 U}{\partial t^2}=0 \tag{7.5}$$

式中的 $v=\frac{1}{\sqrt{\mu\varepsilon}}$。该方程是一维波动方程，其通解为

$$U(r,t)=f_1\left(t-\frac{r}{v}\right)+f_2\left(t+\frac{r}{v}\right) \tag{7.6}$$

式中的 $f_1\left(t-\frac{r}{v}\right)$ 和 $f_2\left(t+\frac{r}{v}\right)$ 分别表示以 $t-\frac{r}{v}$ 和 $t+\frac{r}{v}$ 为变量的任何函数，具体的函数形式需要由定解条件来确定。我们先讨论 $f_1\left(t-\frac{r}{v}\right)$，此时

$$\varphi(r,t)=\frac{1}{r}f_1\left(t-\frac{r}{v}\right) \tag{7.7}$$

我们知道，静态场是时变场的特例。位于坐标原点的静止电荷 $\rho\Delta V'$ 产生的标量电位为

$$\Delta\varphi(r)=\frac{\rho\Delta V'}{4\pi\varepsilon r} \tag{7.8}$$

比较式(7.7)和式(7.8)可以看出，时变场的标量位应为

$$\Delta\varphi(r,t)=\frac{\rho\left(t-\frac{r}{v}\right)\Delta V'}{4\pi\varepsilon r} \tag{7.9}$$

如果电荷元位于空间任意一点 $\boldsymbol{r}'$，则在场点 $\boldsymbol{r}$ 所产生的场为

$$\Delta\varphi(r,t)=\frac{\rho\left(t-\frac{|\boldsymbol{r}-\boldsymbol{r}'|}{v}\right)\Delta V'}{4\pi\varepsilon|\boldsymbol{r}-\boldsymbol{r}'|} \tag{7.10}$$

由场的叠加原理可知，由体积 V' 内产生的标量位为

$$\varphi(r,t)=\frac{1}{4\pi\varepsilon}\int_{V'}\frac{\rho\left(t-\frac{|\boldsymbol{r}-\boldsymbol{r}'|}{v}\right)}{|\boldsymbol{r}-\boldsymbol{r}'|}\mathrm{d}V' \tag{7.11}$$

此式表明，距离源 $|\boldsymbol{r}-\boldsymbol{r}'|$ 处 t 时刻的标量位不是由此时刻体积 V' 内的电荷密度决定的，而是由 $t-\frac{|\boldsymbol{r}-\boldsymbol{r}'|}{v}$ 时刻的电荷密度决定的。也就是说，观察点的位场变化滞后于源的变化，滞后的时间 $\frac{|\boldsymbol{r}-\boldsymbol{r}'|}{v}$ 正好是源的变动以速度 $v=\frac{1}{\sqrt{\mu\varepsilon}}$ 传播距离 r 所需要的时间。故式(7.11)表示的标量位 $\varphi(r,t)$ 称为标量滞后位。

按照上面的分析，式(7.6)中的另一项 $f_2\left(t+\frac{r}{v}\right)$ 的含义就清楚了。若采用这个解就意

味着位于远处的观察点在源变动前就感受到了其影响，这显然是不可能的，因此，这项无实际意义。

同理，动态矢量位 $\mathbf{A}(r,t)$ 与恒定磁场中的矢量位对应，可得

$$\mathbf{A}(r,t)=\frac{\mu}{4\pi}\int_{V'}\frac{\boldsymbol{J}\left(t-\frac{|\boldsymbol{r}-\boldsymbol{r}'|}{v}\right)}{|\boldsymbol{r}-\boldsymbol{r}'|}\mathrm{d}V' \tag{7.12}$$

对于正弦电磁波，动态标量位 φ 和动态矢量位 $\mathbf{A}$ 的复数解为

$$\varphi(r)=\frac{1}{4\pi\varepsilon}\int_{V'}\frac{\rho\mathrm{e}^{-\mathrm{j}k|\boldsymbol{r}-\boldsymbol{r}'|}}{|\boldsymbol{r}-\boldsymbol{r}'|}\mathrm{d}V' \tag{7.13}$$

$$\mathbf{A}(r)=\frac{\mu}{4\pi}\int_{V'}\frac{\boldsymbol{J}\mathrm{e}^{-\mathrm{j}k|\boldsymbol{r}-\boldsymbol{r}'|}}{|\boldsymbol{r}-\boldsymbol{r}'|}\mathrm{d}V' \tag{7.14}$$

求出 φ 和 $\mathbf{A}$ 后，就可以由式(7.1)求出电场和磁场。事实上，由于 φ 和 $\mathbf{A}$ 之间的关系已经由洛伦兹规范给出，因此不必把 φ 和 $\mathbf{A}$ 都解出来，只要求出 $\mathbf{A}$ 就可求得电场强度 $\boldsymbol{E}$ 和磁场强度 $\boldsymbol{H}$。

7.1.2 电基本振子的辐射

电基本振子是一种基本的辐射单元。它是一段远小于波长、长度为 $\mathrm{d}l$ 的直线电流元，线上电流为均匀的，且相位也相同，这个小电流元就称为电基本振子，也称为电偶极子。设该电流元 $I\mathrm{d}l$ 沿 z 轴放置，如图 7.1 所示，我们将用矢量位 $\mathbf{A}$ 来计算它的电磁场。

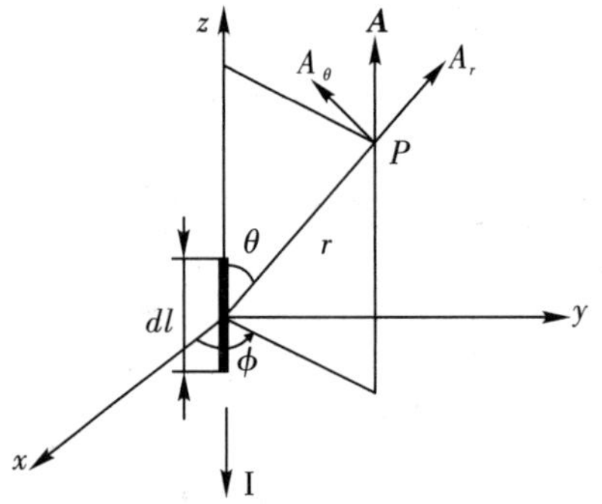

图 7.1 电流元的辐射场

对于电流元，已知

$$I\mathrm{d}\boldsymbol{l}=\boldsymbol{e}_zI\mathrm{d}l=\boldsymbol{e}_z\frac{I}{S}S\mathrm{d}l=\boldsymbol{J}\mathrm{d}V \tag{7.15}$$

式中，S 为电流元的横截面积，于是根据式(7.14)可求得矢量位为

$$\mathbf{A}=\boldsymbol{e}_z\frac{\mu}{4\pi r}I\mathrm{d}l\mathrm{e}^{-\mathrm{j}kr} \tag{7.16}$$

矢量位 $\mathbf{A}$ 在球坐标系下的三个分量为

$$\begin{cases}A_r=A_z\cos\theta\\A_\theta=-A_z\sin\theta\\A_\phi=0\end{cases} \tag{7.17}$$

式(7.17)中，第二式中的负号表明 A_θ 的方向是沿 θ 减小的方向。基于式(7.17)就可以由

式(7.1)求出空间辐射磁场强度为

$$\boldsymbol{H}=\frac{1}{\mu}(\nabla\times\boldsymbol{A})=\boldsymbol{e}_{\phi}\frac{I\mathrm{d}l\mathrm{e}^{-\mathrm{j}kr}}{4\pi r}\left(\mathrm{j}k+\frac{1}{r}\right)\sin\theta \tag{7.18}$$

即相应分量为

$$\begin{cases}H_{\phi}=\dfrac{I\mathrm{d}l\mathrm{e}^{-\mathrm{j}kr}}{4\pi r}\left(\mathrm{j}k+\dfrac{1}{r}\right)\sin\theta\\ H_r=H_{\theta}=0\end{cases} \tag{7.19}$$

而电场可由安培环路定理求得，即

$$\begin{cases}E_r=-\mathrm{j}\dfrac{I\mathrm{d}l}{2\pi\omega\varepsilon}\cdot\dfrac{\mathrm{e}^{-\mathrm{j}kr}}{r^2}\left(\mathrm{j}k+\dfrac{1}{r}\right)\cos\theta\\ E_{\theta}=-\mathrm{j}\dfrac{I\mathrm{d}l}{4\pi\omega\varepsilon}\cdot\dfrac{\mathrm{e}^{-\mathrm{j}kr}}{r}\left(-k^2+\dfrac{\mathrm{j}k}{r}+\dfrac{1}{r^2}\right)\sin\theta\\ E_{\phi}=0\end{cases} \tag{7.20}$$

式(7.19)和式(7.20)给出了电流元辐射的电磁场计算公式，它们是关于 r 的复杂函数。一般情况下，按天线辐射的区域，场空间可分为近区场、中间区场和远区场，其中研究最多的是远区场，但有时为了研究天线周围环境的影响，也需分析近区场。近年来随着应用的增多，对中间区场的分析也越来越多。

1. 近区场

在靠近电流元或天线的区域，当 $kr=\dfrac{2\pi}{\lambda}r\ll1$，即 $r\ll\dfrac{\lambda}{2\pi}$时，为天线的近区场，此时 $\mathrm{e}^{-\mathrm{j}kr}\approx1$，且满足$\dfrac{1}{r}\ll\dfrac{1}{r^2}$，则式(7.19)和式(7.20)可以近似为

$$\begin{cases}H_{\phi}\approx\dfrac{I\mathrm{d}l}{4\pi r^2}\sin\theta\\ E_r\approx-\mathrm{j}\dfrac{I\mathrm{d}l}{2\pi\omega\varepsilon r^3}\cos\theta\\ E_{\theta}\approx-\mathrm{j}\dfrac{I\mathrm{d}l}{4\pi\omega\varepsilon r^3}\sin\theta\\ H_r=H_{\theta}=E_{\phi}=0\end{cases} \tag{7.21}$$

式(7.21)中的第一式为近区场的磁场分布表达式，与恒定磁场中的毕奥一萨伐尔公式几乎相同。另外，由时域中电流与电荷的关系 $i=\dfrac{\partial q}{\partial t}$，可得在频域中电流与电荷的关系为 $I=\mathrm{j}\omega q$，将其代入式(7.21)中的电场表达式中，可得

$$\begin{cases}E_r=\dfrac{q\mathrm{d}l}{2\pi\varepsilon r^3}\cos\theta\\ E_{\theta}=\dfrac{q\mathrm{d}l}{2\pi\varepsilon r^3}\sin\theta\end{cases} \tag{7.22}$$

此结果与正负二电荷 q 相距 $\mathrm{d}l$ 所构成的偶极子的静电场分量相同。

分析近区场可得：

(1) 近区场与静态场相似，是似稳场，电流元相当于静电场中的电偶极子。

(2) 场强与 $1/r$ 的高次方成正比，即近区场的场强随着距离的增加而快速减少。

(3) 由式(7.21)所示的电场和磁场表达式可以看出，电场和磁场的相位相差 90°，其平均坡印廷矢量为

$$\boldsymbol{S}_{\mathrm{av}}=\frac{1}{2}\mathrm{Re}[\boldsymbol{E}\times\boldsymbol{H}^{*}]=0$$

即平均坡印廷矢量为零，因此能量在电场和磁场之间互相交换，这个区域的场称为感应场。

应注意，上述结果为近区场的结果，实际中是有辐射场向近区场之外辐射的，只是这部分场与上述近区场相比太小，即在这个区域内感应场起主导作用。

2. 远区场

在远离电流元的区域，即当 $kr\gg1$ 时，为天线的远区场。此时，在式(7.19)中可略去包含 $1/r^2$ 在内的高阶小项，而在式(7.20)中，E_r 与 E_θ 相比较也可忽略不计，于是可得

$$\begin{cases}H_{\phi}=\mathrm{j}\,\dfrac{I\mathrm{d}l}{2\lambda r}\sin\theta\mathrm{e}^{-\mathrm{j}kr}\\ E_{\theta}=\mathrm{j}\,\dfrac{I\mathrm{d}l}{2\lambda r}\dfrac{k}{\omega\varepsilon}\sin\theta\mathrm{e}^{-\mathrm{j}kr}\\ H_r=H_\theta=E_\phi=E_r=0\end{cases}\tag{7.23}$$

分析式(7.23)所示的远区场可得：

(1) 远区场仅有 E_θ 和 H_φ 两个场分量，二者均与 $\mathrm{e}^{-\mathrm{j}kr}/r$ 成正比，即场强与 r 成反比(即场强随距离的增加而减小)，等相位面只与 r 有关，是一个球面；且二者与位置矢量 $\boldsymbol{r}$ 三者方向相互垂直，符合右手螺旋法则。由于该波是向 $\boldsymbol{r}$ 方向传播的波，因此由电基本振子产生的电磁波在远区是球面波，所以 $\mathrm{e}^{-\mathrm{j}kr}/r$ 也称为球面波因子。

(2) 电场分量 E_θ 和磁场分量 H_ϕ 的比值为

$$\frac{E_\theta}{H_\phi}=\frac{k}{\omega\varepsilon}=\eta\tag{7.24}$$

η 为媒质的本征阻抗。因此可以看出，在分析远区辐射场时只讨论一个场分量即可。

(3) E_θ 和 H_ϕ 两者在时间上同相，在空间中相互垂直，其平均坡印廷矢量为

$$\boldsymbol{S}_{\mathrm{av}}=\frac{1}{2}\mathrm{Re}[\boldsymbol{E}\times\boldsymbol{H}^{*}]=\boldsymbol{e}_r\eta\left(\frac{I\mathrm{d}l}{2\lambda r}\right)^2\sin^2\theta\tag{7.25}$$

即平均坡印廷矢量是实数，为有功功率且指向 r 增加的方向，表示有能量向外辐射。电基本振子的远区场是沿径向向外传播的横电磁波，电磁能量离开场源向空间辐射，因此称为辐射场。

(4) 远区场在方位上与 θ 有关，在不同的 θ 方向上，其辐射强度是不同的。当 $\theta=90°$ 方向时，辐射最强；当 $\theta=0°$ 方向时，辐射为零。

7.1.3 电磁对称性与磁基本振子

我们知道，在稳态电磁场中，静止的电荷产生电场，恒定的电流产生磁场。那么，是否有静止的磁荷产生磁场，恒定的磁流产生电场呢？迄今为止我们还不能肯定在自然界中

有孤立的磁荷和磁流存在。但是，如果我们引入这种假想的磁荷与磁流的概念，将一部分原来由电荷和电流产生的电磁场用能够产生同样电磁场的等效磁荷和等效磁流来取代，即将“电源”换成等效的“磁源”，则可以大大简化计算工作。稳态场有这种对偶特性，时变场也有这种对偶特性。例如，小电流环的辐射场与磁偶极子的辐射场相同，我们就可用假想的磁偶极子来取代实际的小电流环，而计算磁偶极子的辐射场就比计算小电流环的辐射场简单得多。

引入磁荷和磁流的概念之后，磁场各物理量就和电场各物理量一一对应起来了，麦克斯韦方程组和许多场方程都将以对称的形式呈现。此时麦克斯韦方程组为

$$\begin{cases}\nabla\times\boldsymbol{H}=\dfrac{\partial\boldsymbol{D}}{\partial t}+\boldsymbol{J}_{e}\\[2ex]\nabla\times\boldsymbol{E}=-\dfrac{\partial\boldsymbol{B}}{\partial t}-\boldsymbol{J}_{m}\\[2ex]\nabla\cdot\boldsymbol{B}=\rho_{m}\\[1ex]\nabla\cdot\boldsymbol{D}=\rho_{e}\end{cases}\tag{7.26}$$

式中，下标 m 表示磁量，下标 e 表示电量；$\boldsymbol{J}_m$ 是磁流密度，它的量纲是 V/m^2（伏/平方米）；ρ_m 是磁荷密度，它的量纲是 Wb/m^3（韦[伯]/立方米）。

假使我们将电场(或磁场)写成是由电源产生的电场 $\boldsymbol{E}_e$（或磁场 $\boldsymbol{H}_e$）与由磁源产生的电场 $\boldsymbol{E}_m$（或磁场 $\boldsymbol{H}_m$）二者之和，则

$$\begin{cases}\boldsymbol{E}=\boldsymbol{E}_{e}+\boldsymbol{E}_{m}\\\boldsymbol{D}=\boldsymbol{D}_{e}+\boldsymbol{D}_{m}\\\boldsymbol{H}=\boldsymbol{H}_{e}+\boldsymbol{H}_{m}\\\boldsymbol{B}=\boldsymbol{B}_{e}+\boldsymbol{B}_{m}\end{cases}\tag{7.27}$$

由电源产生的场和由磁源产生的场所满足的麦克斯韦方程组见表 7.1。由表 7.1 中的两组麦克斯韦方程组可以看出电场和磁场的对偶性，或称二重性。从数学的角度看，相同的方程应有相同的解。因此，基于电源的方程组及其解，我们可以求出对应磁源方程组的解。

表 7.1 不同场源时的麦克斯韦方程组

	只有电荷和电流	只有磁荷和磁流
麦克斯韦方程组	$\nabla\times\boldsymbol{H}=\dfrac{\partial\boldsymbol{D}}{\partial t}+\boldsymbol{J}_e$ $\nabla\times\boldsymbol{E}=-\dfrac{\partial\boldsymbol{B}}{\partial t}$ $\nabla\cdot\boldsymbol{B}=0$ $\nabla\cdot\boldsymbol{D}=\rho_e$	$\nabla\times\boldsymbol{H}=\dfrac{\partial\boldsymbol{D}}{\partial t}$ $\nabla\times\boldsymbol{E}=-\dfrac{\partial\boldsymbol{B}}{\partial t}-\boldsymbol{J}_m$ $\nabla\cdot\boldsymbol{B}=\rho_m$ $\nabla\cdot\boldsymbol{D}=0$

根据上面的对偶关系，可以找到它们的互换规则：将原式中的 $\boldsymbol{E}$、$\boldsymbol{H}$、$\boldsymbol{J}_e$、ε、μ、ρ_e、η 分别用 $\boldsymbol{H}$、$-\boldsymbol{E}$、$\boldsymbol{J}_{sm}$、μ、ε、ρ_m、$1/\eta$ 来代替。这样，利用电基本振子的解和对偶定理可以直接得到磁基本振子的解。

根据基本方程的对偶性，并根据分界面上的边界条件，可得表面电流密度为

$$\boldsymbol{J}_{\mathrm{s}}=\boldsymbol{e}_{\mathrm{n}}\times(\boldsymbol{H}_1-\boldsymbol{H}_2) \tag{7.28}$$

同理，可得表面磁流密度为

$$\boldsymbol{J}_{\mathrm{sm}}=-\boldsymbol{e}_{\mathrm{n}}\times(\boldsymbol{E}_1-\boldsymbol{E}_2) \tag{7.29}$$

例 7.1 已知面积为 S、载有电流 I 的小电流环可以等效成长度为 $\mathrm{d}l$ 的磁流，其等效关系为 $I_{\mathrm{m}}\mathrm{d}l=\mathrm{j}\omega\mu SI$，求远区辐射场。

解 利用电磁对偶原理，将电流对换为磁流，电场对换为磁场，磁场对换为电场，则远区辐射场可由式(7.23)利用互换规则直接得

$$E_{\phi}=-\mathrm{j}\,\frac{I_{\mathrm{m}}\mathrm{d}l}{2\lambda r}\sin\theta\mathrm{e}^{\mathrm{j}kr}$$

$$H_{\theta}=\mathrm{j}\,\frac{I_{\mathrm{m}}\mathrm{d}l}{2\lambda r}\frac{k}{\omega\mu}\sin\theta\mathrm{e}^{-\mathrm{j}kr}$$

代入磁流等效关系 $I_{\mathrm{m}}\mathrm{d}l=\mathrm{j}\omega\mu SI$，可得小电流环的场分布为

$$\begin{cases}E_{\phi}=\dfrac{IS\omega\mu}{2\lambda r}\sin\theta\mathrm{e}^{\mathrm{j}kr}\\[2ex] H_{\theta}=-\dfrac{ISk}{2\lambda r}\sin\theta\mathrm{e}^{-\mathrm{j}kr}\end{cases} \tag{7.30}$$

图 7.2(a)表示一厚度很薄、宽度为 w 的磁偶极子在垂直于磁偶极子轴线的平面上电场线的分布图。在 $a-a$ 面上电场线处处与它垂直，因此我们可以在该面上放置一理想金属板而不致改变电场线的分布。现在假设我们将磁偶极子抽出，在由此生成的槽缝上用外加横向电场来代替磁偶极子表面的纵向磁流，在磁偶极子两端电场为零的地方，放置理想金属板以短路，则电场在空间的分布不会改变，这样就构成了开槽天线，如图 7.2(b)所示。唯一的差别是开槽天线在金属板两端的电场不连续，但辐射的方向图却是相同的。

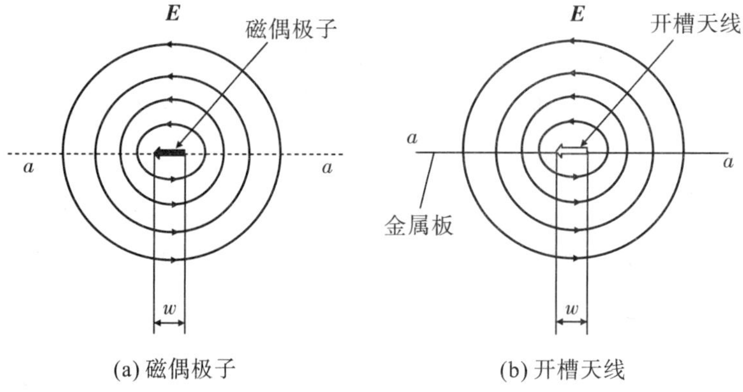

图 7.2 磁偶极子与开槽天线的电场分布

开槽天线可以用对磁偶极子的分析方法来进行研究，如图 7.3 所示，以导体片的端点 $F-F$ 为馈电端。对于磁偶极子的场分布，可以利用电偶极子的结果。由此，我们得到一个非常重要的结论：在无限大理想金属板上，开槽天线所产生的方向图和具有与槽口相同面积的金属板天线(称为开槽天线的互补天线)在无限大空间的方向图分布形式相同，它们的差别在于：① 电场和磁场互换；② 开槽天线在金属板两面的场量不连续，它们大小相等，方向相反。因此，磁流经常被引入来处理带有缝隙或开口的辐射问题。

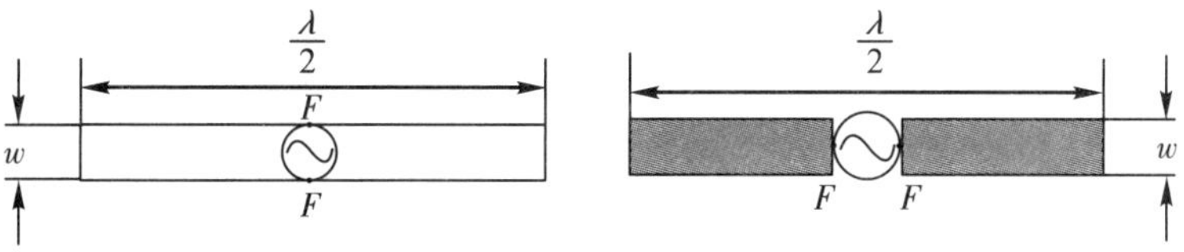

图 7.3 半波开槽天线及其互补天线

7.2 天线辐射的基本电特性参数

天线是将导行电磁能量与空间自由传播电磁波进行转换的器件，其主要作用是电磁能量的转换和空间电磁能量的分配。针对不同的功能有相应的天线特性参数，在能量转换方面有输入阻抗、辐射电阻、效率、增益系数等参数，而在能量分配方面有方向性函数、方向图、主瓣宽度、旁瓣电平、方向性系数等参数。天线既可以用作发射，也可以用作接收，一般情况下，发射天线和接收天线的参数是一样的，即发射和接收具有互易性，但定义稍有不同。本节主要介绍发射天线参数。

7.2.1 天线的方向特性参数

1. 方向性函数

已知电基本振子的远区辐射电场，由于天线可分解为多个电基本振子，因此天线的远区场为多个电基本振子的场的叠加，则一般天线的电场强度可写为

$$E(r,\theta,\phi)=\frac{60I_A}{r}f(\theta,\phi)e^{-jkr} \tag{7.31}$$

式中，I_A 为激励电流(复数)，辐射场的电场强度与激励电流成正比；辐射场的电场强度与球面波因子(e^{-jkr}/r)成正比，表明辐射场的电场强度随距离的增加而减小，相位随距离的增加而连续滞后；$f(\theta,\phi)$则与空间电磁波传播的方向有关，决定天线辐射的方向特性，称为方向性函数(或方向函数)。

为便于对各种天线辐射的方向特性相互比较，一般取天线方向性函数的最大值为 1，即归一化方向性函数，记为

$$F(\theta,\phi)=\frac{f(\theta,\phi)}{f_{max}} \tag{7.32}$$

式中，f_{max}是方向性函数 $f(\theta, \phi)$的最大值。注意，此时式(7.31)中的方向性函数是场强方向性函数，但有时需要讨论辐射功率密度的空间分布，则归一化功率密度方向性函数 $F_p(\theta, \phi)$为

$$F_p(\theta, \phi)=F^2(\theta, \phi)$$

对于任意一个天线，如果已知天线的归一化方向性函数 $F(\theta, \phi)$，并已知距离天线为 r 的球面上天线辐射的最大场强 E_{max}，则空间任意一点的场强为

$$E(r, \theta, \phi)=E_{max}F(\theta, \phi) \tag{7.33}$$

2. 方向图

根据方向性函数绘制的图形称为天线的方向图，它表示距离天线相同距离而在不同方

向上各点的电场强度或功率密度的相对关系。表示辐射(或接收)场强振幅方向特性的方向图称为场强振幅方向图，表示辐射(或接收)功率方向特性的方向图称为功率方向图。如果不做特殊说明，一般情况下方向图是指场强振幅方向图。

根据归一化方向性函数绘制的图形称为归一化方向图，其空间场强或功率的最大值等于1。

天线方向图是三维空间的方向图形，但三维图形不方便读出具体数值。工程上为了方便，常采用两个相互正交的主平面上的剖面图来描述天线的方向性，称为主平面波瓣图(或称方向图)。主平面波瓣图通常取E面或H面，E面是与辐射电场相平行的面，而H面是与磁场相平行的面。绘制主平面方向图时可采用极坐标系或直角坐标系。

在任意一个球面上所产生的电场强度都一样的天线称为无方向性天线，或称为理想点源。此天线的辐射功率密度为平均功率密度，它的方向性函数为1，即 $F(\theta,\phi)=1$。

天线的方向图有很多种，如全向波束方向图(即在 $\phi=0\sim360°$ 的方向上均有辐射)、定向性方向图(见图7.4)、笔形波束方向图、扇形波束方向图以及赋形波束方向图等。

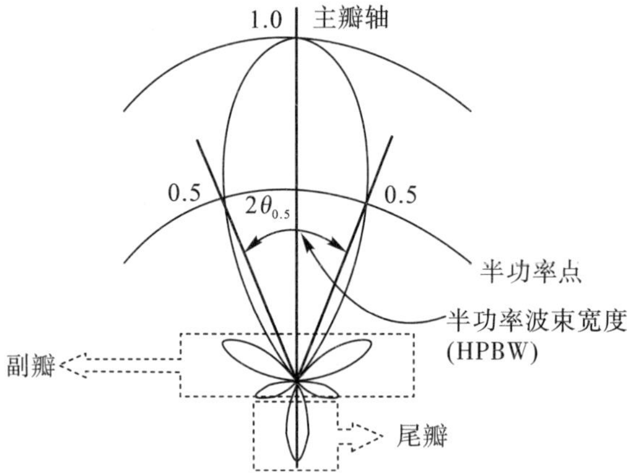

图7.4 典型场强振幅方向图

3. 主瓣宽度、副瓣电平和前后比

天线的辐射方向图一般具有多瓣性，辐射的最大方向所在的波瓣称为主瓣；与主瓣方向相反的波瓣称为尾瓣；其他方向的波瓣称为副瓣、旁瓣或栅瓣，见图7.4。

用于描述主瓣的参数是主瓣宽度，有3 dB(半功率点)波瓣宽度、10 dB波瓣宽度和零功率波瓣宽度。对于方向图对称的情况，3 dB(半功率点)波瓣宽度是归一化方向图主瓣场强在1到0.707之间的角度的两倍，用HPBW或 $2\theta_{3\mathrm{dB}}$ 或 $2\theta_{0.5}$ 表示；对于不对称的方向图，则应为最大方向两边归一化场强为0.707之间的夹角。10 dB波瓣宽度为归一化方向图主瓣场强在1到0.1之间的角度的两倍，常用于反射面天线馈源的要求中。

天线的副瓣电平(SLL)定义为天线最大辐射强度与天线最大副瓣的辐射强度之比，通常天线的最大副瓣都是主瓣两边的第一副瓣，因此常用第一副瓣电平即FSLL表示，以分贝数表示为

$$\mathrm{FSLL}=10\lg\frac{p_{\max}}{p_{1\max}}=20\lg\left[\frac{|E_{\max}|}{|E_{1\max}|}\right] \tag{7.34}$$

式中，p_{max}和E_{max}分别是主瓣的最大辐射功率密度和场强，p_{1max}和E_{1max}分别是第一副瓣的最大辐射功率密度和场强。

前后比是指最大辐射方向的场强值与尾瓣最大场强之比，通常用F/B表示：

$$\frac{F}{B}=10\lg\frac{p_{max}}{p_{Rmax}}=20\lg\left[\frac{|E_{max}|}{|E_{Rmax}|}\right] \tag{7.35}$$

式中，p_{Rmax}和E_{Rmax}分别是尾瓣的最大辐射功率密度和场强。

4. 方向性系数

天线向外辐射电磁波能量时，是以天线为中心、以球面波的方式向四周辐射的。单位时间内天线向围绕它的整个球面辐射的总能量为辐射功率，用P_Σ表示。

方向性系数是表征天线辐射能量集中的程度，其定义为：在同一距离及相同辐射功率P_Σ的条件下，某天线在最大辐射方向上辐射的功率密度p_{max}与无方向性天线的辐射功率密度p_0之比。天线的方向性系数可用数学形式表示为

$$D=\left.\frac{p_{max}}{p_0}\right|_{P_\Sigma=\text{const}}=\left.\frac{|E_{max}|^2}{|E_0|^2}\right|_{P_\Sigma=\text{const}} \tag{7.36}$$

方向性系数还可定义为：在最大辐射方向上同一距离处，若得到相同的电场强度，某有方向性天线较无方向性点源天线辐射功率节省的倍数即为此有方向性天线的方向性系数。即

$$D=\left.\frac{P_{\Sigma_0}(\text{点源})}{P_\Sigma}\right|_{E=\text{const}} \tag{7.37}$$

天线的方向性系数表征该天线在其最大辐射方向上相比无方向性天线辐射功率密度增大的倍数。天线方向性的强弱取决于工作波长、天线的形式和尺寸。方向性系数经常用分贝数表示，即

$$D(\text{dB})=10\lg D \tag{7.38}$$

接下来我们分析一下方向性系数与辐射场之间的关系。对于无方向性天线，它所产生的辐射功率密度为在球面上的平均功率密度，同时也是平均坡印廷矢量，即

$$p_0=\frac{P_\Sigma}{4\pi r^2}=\text{Re}\left[\frac{1}{2}(\boldsymbol{E}\times\boldsymbol{H}^*)\right]=\frac{|E_0|^2}{240\pi} \tag{7.39}$$

假设辐射功率已知，则在远区的场强值为

$$|E_0|^2=\frac{60P_\Sigma}{r^2} \tag{7.40}$$

代入方向性系数的定义式，则有

$$D=\frac{r^2\ |E_{max}|^2}{60P_\Sigma} \tag{7.41}$$

式中的P_Σ为天线的辐射功率。对于已知天线(即已知其方向性系数)，可求出空间最大方向的辐射场强为

$$|E_{max}|=\frac{\sqrt{60DP_\Sigma}}{r} \tag{7.42}$$

对于所讨论的天线，设其归一化方向性函数为$F(\theta,\phi)$，则其任意方向的场强与功率密度分别为

$$|E(\theta,\phi)|=|E_{max}|\cdot|F(\theta,\phi)| \tag{7.43}$$

$$p(\theta,\phi)=\frac{|E(\theta,\phi)|^2}{240\pi}=\frac{|E_{\max}|^2}{240\pi}|F(\theta,\phi)|^2 \tag{7.44}$$

天线的辐射功率为功率密度的球面积分，即

$$P_\Sigma=\frac{1}{240\pi}\int_0^{2\pi}\int_0^{\pi}|E_{\max}|^2\cdot|F(\theta,\phi)|^2r^2\sin\theta\mathrm{d}\theta\mathrm{d}\phi \tag{7.45}$$

将式(7.45)代入式(7.41)，可得天线的方向性系数为

$$D=\frac{4\pi}{\displaystyle\int_0^{2\pi}\int_0^{\pi}|F(\theta,\phi)|^2\sin\theta\mathrm{d}\theta\mathrm{d}\phi} \tag{7.46}$$

由式(7.46)可以看出，如天线主瓣越宽，则方向性系数就越小。对于理想点源，$F(\theta,\phi)=1$，则 $D=1$。

例 7.2 电基本振子沿 z 轴放置，计算电偶极子的方向性系数、主瓣宽度，并画出方向图。

解 电基本振子的远区辐射电场为

$$E_\theta=\mathrm{j}\frac{I\mathrm{d}l\,k}{2\lambda r\omega\varepsilon}\sin\theta \mathrm{e}^{-\mathrm{j}kr}$$

可得归一化方向性函数为

$$|F(\theta,\phi)|=\sin\theta$$

当 $|F(\theta,\phi)|=\sin\theta=0.707$ 时，$\theta_{3\mathrm{dB}}=45°$，故主瓣宽度为 $2\theta_{3\mathrm{dB}}=90°$。

电基本振子的三维方向图见图 7.5(a)，其只有一个主瓣，E 面方向图和 H 面方向图分别见图 7.5(b)和图 7.5(c)，其主辐射方向为 $\theta=90°$方向，而在 $\theta=0°$和 $\theta=180°$的方向上没有辐射。

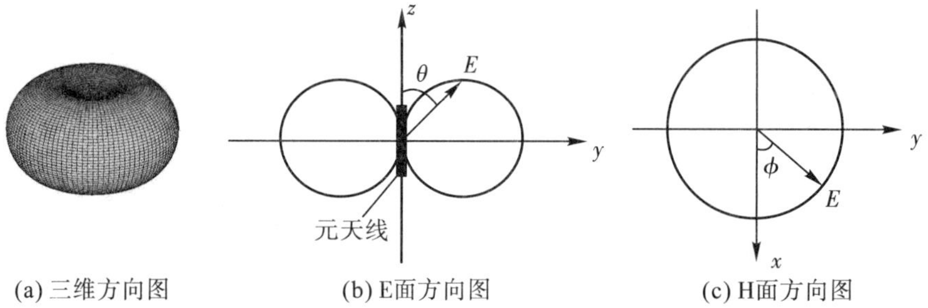

图 7.5 电基本振子的方向图

电基本振子的方向性系数为

$$D=\frac{4\pi}{\displaystyle\int_0^{2\pi}\int_0^{\pi}|F(\theta,\phi)|^2\sin\theta\mathrm{d}\theta\mathrm{d}\phi}=\frac{4\pi}{\displaystyle\int_0^{2\pi}\int_0^{\pi}\sin^2\theta\sin\theta\mathrm{d}\theta\mathrm{d}\phi}=1.5$$

若用分贝表示，则为 $D=10\lg1.5=1.76(\mathrm{dB})$。

7.2.2 天线的阻抗特性

1. 辐射电阻

为了比较不同的天线辐射能力的相对大小，一般不采用辐射功率的大小来说明，因为

辐射功率与发射机的输入功率有关，而采用辐射电阻参量来描述天线的辐射能力。

将天线所辐射的功率等效为一个电阻所吸收的功率，这个等效电阻就是天线的辐射电阻。辐射电阻的大小代表天线辐射能力或接收能力的强弱，可表示为

$$R_\Sigma=\frac{P_\Sigma}{I^2} \tag{7.47}$$

式中，P_Σ 为该天线的辐射功率，R_Σ 为辐射电阻，I 为天线上的电流值。

2. 输入阻抗

天线的主要作用是将高频电流能量转化为电磁波能量发射出去，若要从馈线上获取较大的能量，则需要使天线的输入阻抗与馈线的波阻抗匹配。若不匹配，则会引起馈线中产生驻波，天线所获取的功率就会减小。

天线的输入阻抗的定义为输入端点或馈电点所呈现的阻抗，以 Z_{in} 表示(见图 7.6)，即

$$Z_{in}=\frac{U_{in}}{I_{in}}=\frac{P_{in}}{|I_{in}|^2}=R_{in}+jX_{in} \tag{7.48}$$

式中，R_{in} 为输入电阻，X_{in} 为输入电抗。

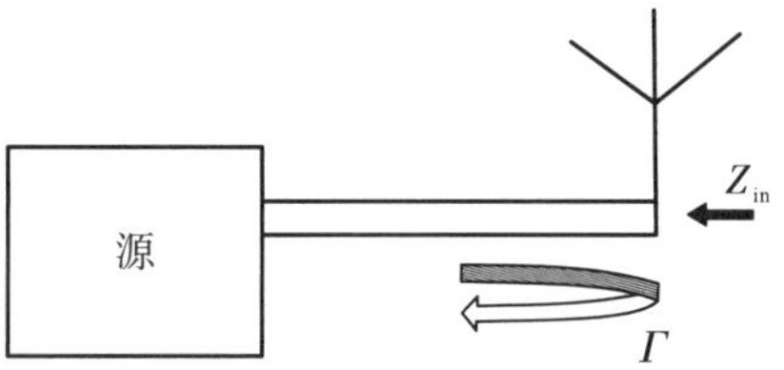

图 7.6　天线输入阻抗示意图

天线的输入阻抗取决于天线本身的材料、结构和尺寸、工作频率以及天线周围物体的影响等。由于天线结构中的导体和介质材料均存在一些损耗，这些损耗功率 P_l 亦可以用等效电阻来描述，即存在损耗电阻 R_l。损耗电阻可表示为

$$R_l=\frac{P_l}{I^2} \tag{7.49}$$

则天线的输入电阻为辐射电阻和损耗电阻之和，即有

$$R_{in}=R_\Sigma+R_l \tag{7.50}$$

当阻抗中电阻部分等于辐射电阻时，天线无损耗，此时天线为理想状态。

7.2.3　天线的效率和增益

1. 天线的效率

天线的效率定义为天线的辐射功率与输入功率之比，即

$$\eta_A=\frac{P_\Sigma}{P_{in}}=\frac{R_\Sigma}{R_{in}}=\frac{R_\Sigma}{R_\Sigma+R_l}$$

式中，R_Σ 为辐射电阻，R_l 为天线的损耗电阻。

当天线的电尺寸 l/λ 很小(中长波的天线)时，辐射电阻较小，地面及邻近物体的吸收所造成的损耗电阻较大，因此天线效率很低，只有百分之几。而天线的电尺寸较大(针对毫米波、微波的天线)时，其辐射电阻较大，辐射能力强，其效率可接近于 1。

2. 增益系数

发射天线增益系数的定义为在相同输入功率的条件下，天线在最大辐射方向某点产生的功率密度 p_{max}（或$|E_{max}|^2$）与理想点源(效率 100%)同一点产生的功率密度 p_0（或$|E_0|^2$)的比值，即

$$G=\left.\frac{p_{max}}{p_0}\right|_{p_{in}\text{相同}}=\left.\frac{|E_{max}|^2}{|E_0|^2}\right|_{p_{in}\text{相同}} \tag{7.51}$$

增益系数与方向性系数的不同点：① 方向性系数是从辐射功率出发，而增益系数则是以输入功率作参考；② 在增益系数中点源是理想的，即天线效率等于 1。如果与天线辐射时的平均功率密度 $p_{0\text{有耗}}$ 相比，即有

$$G=\left.\frac{p_{\Sigma max}}{p_0}\right|_{p_{in}\text{相同}}=\frac{p_{\Sigma max}}{p_{0\text{有耗}}}\cdot\frac{p_{0\text{有耗}}}{p_0}=\frac{p_{\Sigma max}}{p_{0\text{有耗}}}\cdot\frac{P_{0\text{有耗}}}{P_0}=D\cdot\eta_A \tag{7.52}$$

式(7.52)也为天线增益系数与方向性系数的关系。增益经常用分贝数表示，即

$$G(\mathrm{dB})=10\lg G \tag{7.53}$$

G 也称为最大方向的增益系数。用理想点源作基准，为绝对增益，用 dBi 表示。若与其他天线对比，则为相对增益，如相对于半波对称阵子天线的增益为 dBd，其关系为 1 dBi=1 dBd+2.15。

由式(7.42)可得最大方向的辐射场强为

$$|E_{max}|=\frac{\sqrt{60DP_\Sigma}}{r}=\frac{\sqrt{60D\eta_A P_{in}}}{r}=\frac{\sqrt{60GP_{in}}}{r} \tag{7.54}$$

由式(7.54)可知，相同的条件下，增益越高，信号传播的距离越远。

7.2.4 极化

发射天线的极化是指在最大辐射方向上辐射电波的极化，其定义为在最大辐射方向上电场矢量端点运动的轨迹。

天线的极化方式主要有线极化、圆极化和双极化等方式。其中，线极化波常用的有水平极化(电场方向与地面平行)、垂直极化(电场方向与地面垂直)、+45°极化和−45°极化四种形式；圆极化波主要有右旋圆极化和左旋圆极化，由于信号不是单频点的，因此天线很难在整个信号频带内都满足严格的圆极化条件，这时电磁波为椭圆极化波，工程上，当椭圆极化波的长轴和短轴的比值(称为轴比)小于某个设定值时(一般为 3 dB)即可认为是圆极化波；双极化天线是指可同时发射水平极化和垂直极化、或+45°极化和−45°极化、或右旋圆极化和左旋圆极化两种极化波的天线。

天线辐射极化形式的选择与电磁波的应用状态和应用环境有关。另请注意，当辐射方向偏离最大辐射方向时，天线的极化通常随之改变。

7.2.5 工作频带宽度

天线的所有电参数都与工作频率有关，当工作频率偏离设计的中心频率时，往往要引起电参数的变化。例如，工作频率改变时，将会引起方向图畸变、增益系数降低、输入阻抗改变等。

当频率改变时，若天线的电参数能保持在规定的技术要求范围内，则将对应的频率变

化范围称为该天线的频带宽度，简称带宽。根据应用需要可定义天线电参数的相关带宽，例如阻抗带宽、增益带宽、方向图带宽等。

阻抗带宽为能满足天线阻抗要求(或归一化输入电流为 0.707 时)的频带宽度。如中心频率为 f_0，归一化输入电流为 0.707 或输入功率为一半时，频率为 $f_0+\Delta f$，则称 $2\Delta f$ 为 3 dB带宽。

7.3 对称振子天线

对称振子是一种最基本的、也是常用的天线，它由两根大小相同的导线或金属棒组成，如图 7.7 对称振子结构示意图所示。若在振子相对的两个内端点加上电源电压，则振子受到激励，在天线上产生电流，并在空间产生电磁波的辐射。

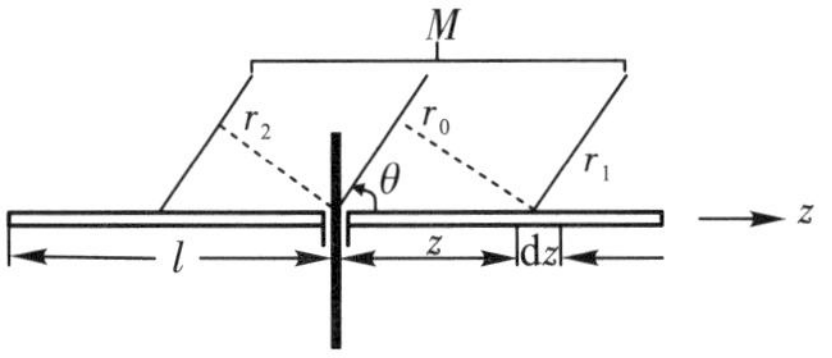

图 7.7 对称振子结构示意图

这种通有电流的导线所构成的线性天线的研究方法是将线天线分为多个小的电基本振子，电基本振子之间首尾相接，将这些电基本振子的空间辐射场进行叠加即可得到天线的辐射场。

7.3.1 对称振子的电流分布

设有双线传输线传输高频电流，其终端为开路状态，用等效电流分析，当传输线终端开路时，其电流为零，由高频电流特性，在传输线上电流在一个波长内的分布如图 7.8(a)所示。将传输线的开路终端张开 180°，即可得到对称振子天线，此时振子上的电流分布如图 7.8(b)所示，应有如下特性：

(1) 除馈电点外，电流分布应是连续的，振子终端应为电流节点。

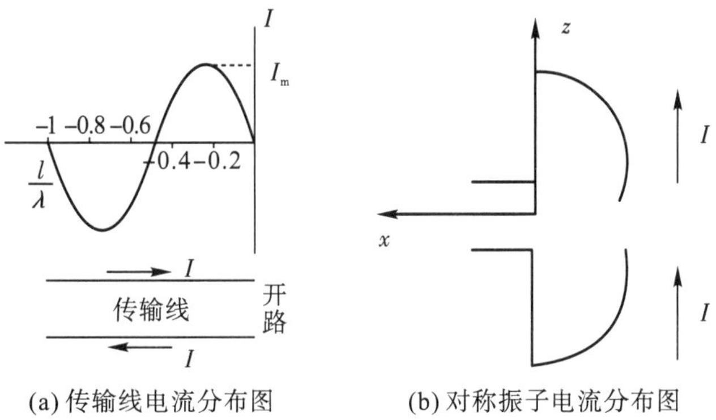

图 7.8 对称振子天线电流分布图

(2) 由于终端开路，故形成驻波状态，电流应为正弦分布，每变化一周期的长度为一个波长。

(3) 振子两臂上电流分布对称，即两臂上相对应点的电流振幅相同、相位相同、电流方向同向。

将振子放置在 z 轴上，则电流的表达式为

$$I_z=\begin{cases} I_{\mathrm{m}}\sin\beta(l-z) & z\geqslant 0 \\ I_{\mathrm{m}}\sin\beta(l+z) & z<0 \end{cases} \tag{7.55}$$

式中，I_{m} 为振子上驻波波腹点的电流振幅值；l 为对称振子单个臂的长度；β 为振子上电流的相移常数，$\beta\approx k=\dfrac{2\pi}{\lambda_0}$。式(7.55)亦可写为

$$I_z=I_{\mathrm{m}}\sin k(l-|z|) \quad z\in(-l,l) \tag{7.56}$$

当对称振子长度 $2l$ 分别为 $\lambda/2$、λ 和 2λ 时，振子上的电流分布如图 7.9 所示。

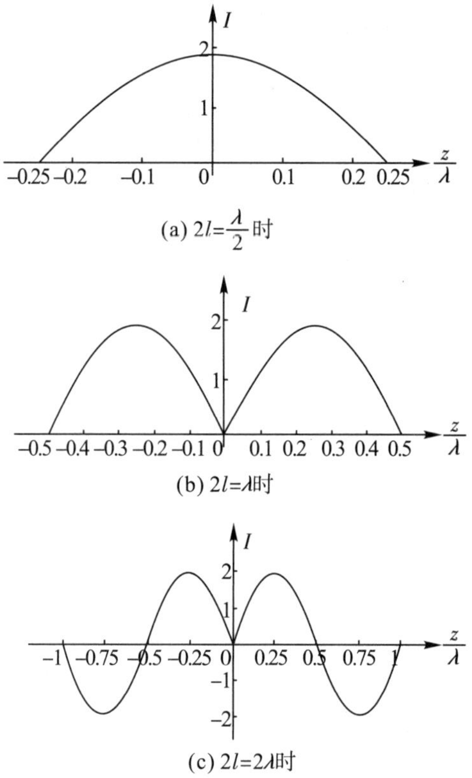

图 7.9　对称振子上的电流分布

上述计算没有考虑振子的直径效应，一般情况下，如果振子的直径 $d<\lambda/100$，则上述正弦分布较准确。如果利用此电流分布计算天线的远场方向图，则可满足精度要求；但如果用于计算天线的输入阻抗，由于端口馈电和振子直径效应的影响，则需对电流分布进行修正，才能满足计算精度要求。

7.3.2　对称振子的辐射场与方向性

已知天线上电流的分布，可将整个振子分割成无限多个首尾相接的电基本振子，则空间任意一点的场是由这些电基本振子所产生的场在空间矢量叠加的结果。

由电基本振子的远场区公式，将对称振子的电流分布代入，可写出对称振子上线元 dz 在远区的辐射电场为

$$\mathrm{d}E_\theta=\mathrm{j}\,\frac{60\pi I_\mathrm{m}\sin k(l-|z|)\,\mathrm{d}z}{\lambda r}\cdot\sin\theta\mathrm{e}^{-\mathrm{j}kr}\tag{7.57}$$

式中，θ 为场点与天线振子轴的夹角(见图 7.7)。

设 r_0 为振子中心点到场点 M 的距离，r_1、r_2 分别为在对称振子两臂上的对应线段上 dz 到观察点的距离，由于是远区场，可近似认为 r_1、r_2 和 r_0 是平行的。则有

$$\begin{cases}r_1=r_0-|z|\cos\theta\\ r_2=r_0+|z|\cos\theta\end{cases}\tag{7.58}$$

由于 $r_0\gg 2l$，因此振幅中的 $\dfrac{1}{r_1}\approx\dfrac{1}{r_0}$，$\dfrac{1}{r_2}\approx\dfrac{1}{r_0}$，即行程差对辐射场的振幅影响较小，但对于相位的影响则不能忽略。由左右两臂对称元所产生的场为

$$\mathrm{d}E_\theta=\mathrm{d}E_{\theta1}+\mathrm{d}E_{\theta2}=\mathrm{j}\,\frac{120\pi I_\mathrm{m}}{r_0\lambda}\sin k(l-|z|)\sin\theta\mathrm{e}^{-\mathrm{j}kr_0}\cos(k|z|\cos\theta)\,\mathrm{d}z\tag{7.59}$$

则对称振子总的辐射场为

$$E_\theta=\int_0^l\mathrm{d}E_\theta=\mathrm{j}\,\frac{120\pi I_\mathrm{m}}{r_0\lambda}\sin\theta\mathrm{e}^{-\mathrm{j}kr_0}\int_0^l\sin k(l-|z|)\cos(k|z|\cos\theta)\,\mathrm{d}z\tag{7.60}$$

对式(7.60)进行积分可得

$$E_\theta=\int_0^l\mathrm{d}E_\theta=\mathrm{j}\,\frac{60I_\mathrm{m}}{r_0}\,\frac{\cos(kl\cos\theta)-\cos(kl)}{\sin\theta}\mathrm{e}^{-\mathrm{j}kr_0}\tag{7.61}$$

由式(7.61)可以看出，对称振子辐射的波是球面波。它具有球面波函数 $\mathrm{e}^{-\mathrm{j}kr_0}/r_0$，球心为对称振子的中心点，此点称为对称振子的相位中心。

电场强度的振幅值为

$$|E_\theta|=\left|\mathrm{j}\,\frac{60I_\mathrm{m}}{r_0}\,\frac{\cos(kl\cos\theta)-\cos(kl)}{\sin\theta}\right|=\frac{60I_\mathrm{m}}{r_0}|f(\theta)|\tag{7.62}$$

式中，$f(\theta)$为对称振子的方向性函数，可表示为

$$|f(\theta)|=\left|\frac{\cos(kl\cos\theta)-\cos(kl)}{\sin\theta}\right|\tag{7.63}$$

则对称振子的归一化方向性函数为

$$|F_\theta|=\frac{|f(\theta)|}{|f_\mathrm{max}|}=\frac{1}{|f_\mathrm{max}|}\left|\frac{\cos(kl\cos\theta)-\cos(kl)}{\sin\theta}\right|\tag{7.64}$$

式中，f_max是 $f(\theta)$的最大值。

7.3.3　半波对称振子

当对称振子的单臂长度为四分之一波长，即 $l=\lambda/4$ 时，振子全长为半波长，称为半波振子。半波振子是一种最常用的线天线。此时 $kl=\pi/2$，振子上的电流分布为

$$I_z = I_m \sin\left(\frac{\pi}{2} - \frac{2\pi}{\lambda}|z|\right) \quad z \in (-l, l) \tag{7.65}$$

将 $l=\lambda/4$ 代入式(7.64)中，可得半波振子的归一化方向性函数为

$$|F_\theta| = \left|\frac{\cos\left(\frac{\pi}{2}\cos\theta\right)}{\sin\theta}\right| \tag{7.66}$$

半波振子的方向图如图 7.10 所示，可见其只有一个主瓣，最大的辐射方向为 $\theta=90°$，在 $\theta=0°$ 的方向上，其辐射为零，其三维方向图见图 7.10(a)。它的 E 面方向图(当 $\phi=$ const 时)为“8”字形，半功率波瓣宽度为 $2\theta_{0.5}\approx 78°$，如图 7.10(b)所示；它的 H 面方向图(当 $\theta=90°$ 时，$|F(\theta)|=1$)是以振子为中心的圆，即为全向性的方向图，如图 7.10(c)所示。能在某一个面上产生全向性方向图的天线也称为全向天线。

由图 7.10 和图 7.5 可以看出，半波振子的方向图与电基本振子的方向图相似，但主瓣宽度略小一点。

半波振子的辐射电阻可通过辐射功率求得：

$$R_\Sigma = 73.1\ (\Omega) \tag{7.67}$$

半波振子的输入阻抗为

$$Z_{in} = 73.1 + j42\ (\Omega) \tag{7.68}$$

由式(7.68)可以看出，半波振子天线的输入阻抗呈感性。已知半波振子的方向性函数，由式(7.46)可求得半波振子的方向性系数为

$$D = 1.65 \tag{7.69}$$

由式(7.69)可以看出，半波振子天线的方向性系数比电基本振子的方向性系数大。

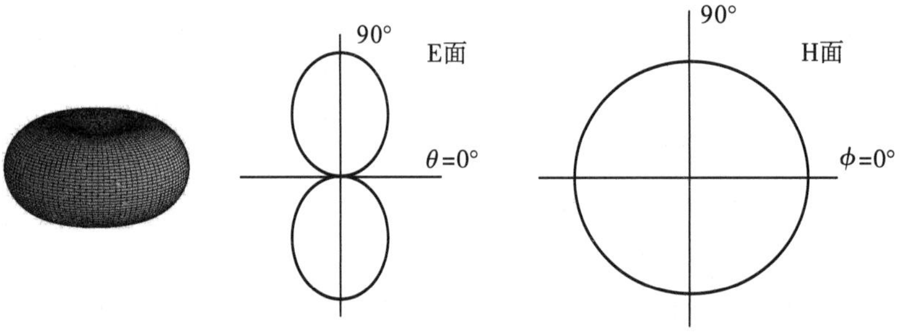

(a) 三维方向图　(b) E面方向图　(c) H面方向图

图 7.10　半波振子的方向图

7.4　天　线　阵

在许多情况下，一个天线单元是不能满足系统要求的。如需要较强的方向性或得到所需的方向图，可用多个单元天线按一定的方式排列起来构成一个辐射系统，称为天线阵列。构成天线阵列的单元天线称为阵元。天线阵可以有直线阵、曲线阵、平面阵、曲面阵、共形阵、立体阵等。均匀平面阵可视为由直线阵阵元组成的另一直线阵。

天线阵列的辐射特性取决于阵元的类型、指向、阵元的数目、阵元在空间的位置(排列

方式）以及阵列中各阵元的激励电流的幅度和相位分布等因素。本节只讨论由相似元组成的直线阵，相似元是指各天线阵元的结构形状和尺寸相同，而且其排列取向亦相同，也就是说，每个阵元具有相同的方向性函数、增益系数等特性参数。

7.4.1　方向图乘积定理

我们先讨论二元阵列天线，如图 7.11 所示，有天线单元 1 和天线单元 2，沿 z 轴放置，则 z 轴称为阵轴；两个天线阵元的结构及尺寸相同。两阵元之间的距离为 d，激励电流分别为 I_1 和 I_2，其中

$$I_2 = mI_1 e^{j\beta} \tag{7.70}$$

式中，m 为两个激励电流的振幅比，β 为两电流的相位差。

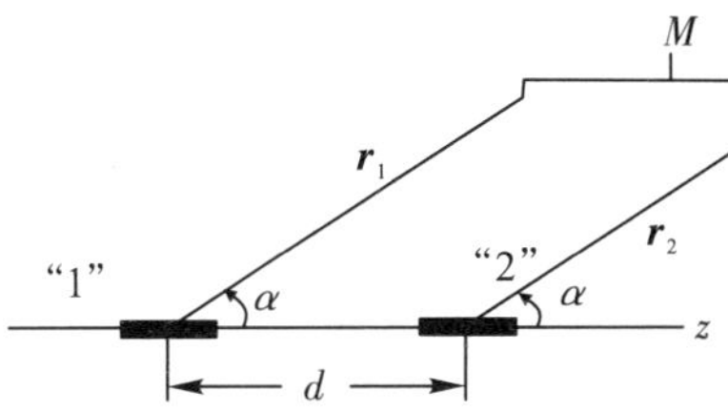

图 7.11　二元阵列天线示意图

由天线远场电场强度的表达式(7.31)可得第一个阵元在 M 点产生的场强为

$$E_1(r,\theta,\phi) = \frac{60I_1}{r_1} f(\theta,\phi) e^{-jkr_1} = E_{1m} F(\theta,\phi) \tag{7.71}$$

式中，E_{1m} 为阵元 1 在最大辐射方向上辐射场强的振幅值。

由于阵元是相似元，因此，阵元的方向性函数相同。第二个振元在 M 点产生的场强为

$$E_2(r,\theta,\phi) = \frac{60I_2}{r_2} f(\theta,\phi) e^{-jkr_2} = E_{2m} F(\theta,\phi) \tag{7.72}$$

对于距离天线很远的观察点 M 而言，天线阵元间的距离为 d，有 $r_1 \gg d$，$r_2 \gg d$，阵元 1 和 2 到 M 点的射线 r_1 和 r_2 相互平行，因此有

$$\begin{cases} \dfrac{1}{r_2} \approx \dfrac{1}{r_1} \\ r_2 = r_1 - d\cos\alpha \end{cases} \tag{7.73}$$

式中，α 为射线 r 与阵轴之间的夹角。

两个阵元在 M 点所产生的场为两个阵元所产生场的和，同时考虑式(7.71)和式(7.72)，可得

$$\begin{aligned} E &= E_1(r,\theta,\phi) + E_2(r,\theta,\phi) = \frac{60I_1}{r_1} f(\theta,\phi) e^{-jkr_1} + \frac{60I_2}{r_2} f(\theta,\phi) e^{-jkr_2} \\ &= \frac{60I_1}{r_1} f(\theta,\phi) e^{-jkr_1} + \frac{60mI_1 e^{j\beta}}{r_1} f(\theta,\phi) e^{-jk(r_1 - d\cos\alpha)} \\ &= E_{1m} F(\theta,\phi)(1 + m e^{j(\beta + kd\cos\alpha)}) \end{aligned}$$

式中的指数项表示的是由激励电流的相位差和由行程差所引起的相位差的和，设

$$\psi = \beta + kd\cos\alpha \tag{7.74}$$

式中 $kd\cos\alpha$ 为阵元 1 和 2 到观察点 M 两射线行程差所引起的相位差。则合成场可以写为

$$E=E_1(1+me^{j\psi})=E_{1m}F(\theta,\phi)(1+me^{j\psi}) \tag{7.75}$$

其中$(1+me^{j\psi})=(1+me^{j(\beta+kd\cos\alpha)})$项是与阵元无关的项，它与两个阵元之间的相对位置、激励电流的幅度比和相位差及由两阵元到观察点的行程差有关，即这一项是由于阵列所引起的，因此我们称这一项为阵因子，用$f_a(\alpha)$表示为

$$f_a(\alpha)=1+me^{j\psi} \tag{7.76}$$

观察点M上的总场强也可写为

$$E=E_{1m}F(\theta,\phi)f_a(\alpha)=E_{1m}f_{array}(\alpha) \tag{7.77}$$

式中，$f_{array}(\alpha)$为整个阵列的方向性函数。因此可得

$$f_{array}(\alpha)=F(\theta,\phi)f_a(\alpha) \tag{7.78}$$

式(7.78)为方向图乘积定理，即由相似元所构成的天线阵列的方向性函数$f_{array}(\alpha)$等于各阵元单独存在时的方向性函数$F(\theta,\ \phi)$(元因子)和阵元的方向性函数$f_a(\alpha)$(阵因子)的乘积。

应用方向图乘积定理应注意：① 阵元为相似元且放置方向一致；② 阵元的方向性函数$F(\theta,\phi)$中的θ、ϕ与α的关系取决于单元放置的方向；③ 方向图乘积定理适用于多元阵；④ 如果阵元为无方向性天线即理想点源，其方向性函数$F(\theta,\ \phi)=1$，则$f_{array}(\alpha)=f_a(\alpha)$。

7.4.2 均匀直线阵的辐射

如果一个天线阵是由N个相同阵元等距同向排列在一条直线上，且各阵元的激励电流振幅相等、相位依次等量递增或递减，则称为均匀直线阵。

如图7.12所示，N个阵元沿z轴排列，两相邻单元的间距为d；激励电流的振幅相同，均为I；相邻激励电流的相位差为β；M为远场区的一个场点，其射线与阵轴(z轴)之间的夹角为α。

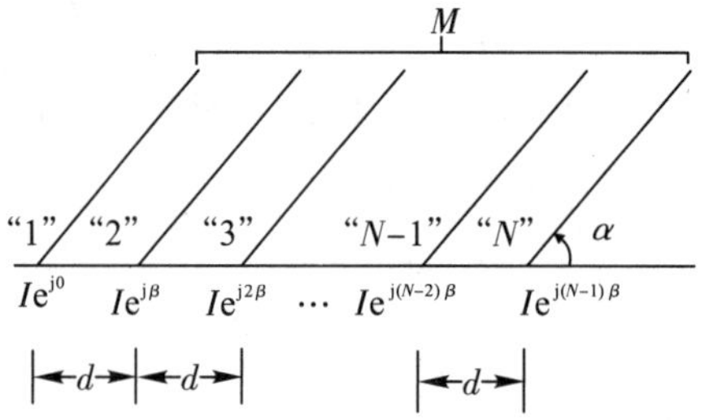

图7.12 均匀直线阵天线示意图

由于M点距离天线较远，因此可认为由M点到各阵元的射线为平行射线。与两元阵分析相似，由于阵列在M点所产生的场是由N个阵元共同贡献的，因此总场由叠加定理可得

$$\boldsymbol{E}=\sum_{i=1}^{N}\boldsymbol{E}_i \tag{7.79}$$

由于阵元的结构一致，各阵元在M点所产生的辐射场的方向一致，因此

$$\boldsymbol{E}=\sum_{i=1}^{N}\boldsymbol{E}_i=\boldsymbol{E}_1[1+e^{j\psi}+e^{j2\psi}+\cdots+e^{j(N-1)\psi}]=\boldsymbol{E}_1f_a(\alpha) \tag{7.80}$$

式中，$\psi=\beta+kd\cos\alpha$，$\boldsymbol{E}_1$为第1个天线阵元在M点所产生的场。由式(7.80)可见阵因子

是等比级数，即

$$f_{a}(\alpha)=1+e^{j\psi}+e^{j2\psi}+\cdots+e^{j(N-1)\psi}=\sum_{n=0}^{N-1}e^{jn\psi}=\frac{\sin\frac{N\psi}{2}}{\sin\frac{\psi}{2}}e^{j\frac{1}{2}(N-1)\psi}$$

式中，指数项中的$(N-1)\psi/2$为总场强的相位因子，这项是由于我们推导上述公式时是以阵元1为基准而造成的，如以阵的中心点作为参考点，则此因子为零，也说明该直线阵的相位中心在阵轴的中点。工程上主要关心天线辐射场的幅度分布，即阵列的阵因子为

$$|f_{a}(\alpha)|=\left|\frac{\sin\frac{N\psi}{2}}{\sin\frac{\psi}{2}}\right| \tag{7.81}$$

当$\psi=0$时，阵元在M点所产生的场同相叠加，故场强最大。对式(7.81)取极限可得

$$|f_{\max}|=\lim_{\psi\to 0}\left|\frac{\sin\frac{N\psi}{2}}{\sin\frac{\psi}{2}}\right|=N$$

故N元均匀直线阵的归一化阵因子为

$$|F_{a}(\alpha)|=\frac{|f_{a}(\alpha)|}{|f_{\max}|}=\frac{1}{N}\left|\frac{\sin\frac{N\psi}{2}}{\sin\frac{\psi}{2}}\right| \tag{7.82}$$

由式(7.82)可见，均匀直线阵的归一化阵因子$F_{a}(\alpha)$是ψ的周期函数，周期为2π。图7.13中给出了当N分别等于2、3、4、5、10和20时阵因子$F_{a}(\alpha)$的曲线图。

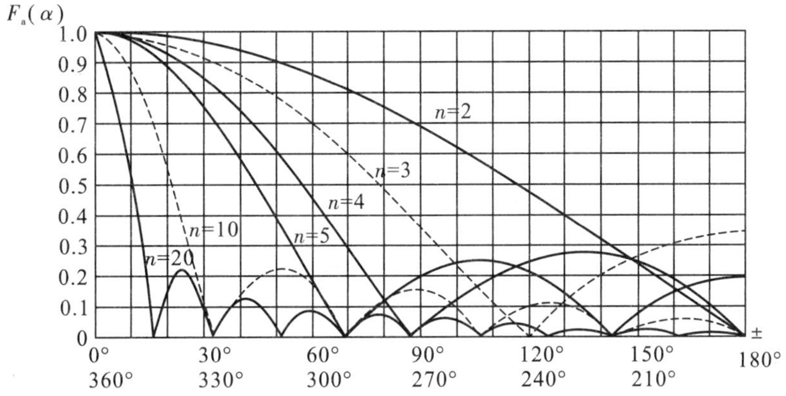

图7.13　$F_{a}(\alpha)$的曲线图

由图7.13可以看出，在$0\sim\pi$的区间内，阵因子方向图将出现主瓣和多个副瓣。最大辐射方向即主瓣出现在$\psi=0$处，假设此时的最大辐射方向为$\alpha=\alpha_{m}$，则有

$$\psi=\beta+kd\cos\alpha_{m}=0$$

则最大辐射角为

$$\alpha_{m}=\arccos\left(-\frac{\beta}{kd}\right) \tag{7.83}$$

由式(7.83)可以看出，对于固定阵元间距的阵列，当改变阵元的激励电流相位时可以

改变辐射的最大方向 α_m。如当 $\beta=0$ 时，$\alpha_m=90°$，即最大辐射方向在垂直于阵轴的方向，称为边射阵或侧射式天线阵；当 $\beta=\pm kd$ 时，$\alpha_m=0°$ 或 $\alpha_m=180°$，即最大辐射方向在阵轴的方向(z 轴的正方向或负方向)，称为端射式天线阵或端射阵。若控制阵元激励电流相位 β，使之在 0 到 kd 之间变化，则天线阵最大辐射方向将从边射方向扫描到端射方向，这就是常说的相控阵。

例 7.3 已知四元均匀直线阵 $d=\lambda/2$，$\beta=\pi$，求该直线阵的阵因子。

解 由于有四个阵元，由图 7.13 可以查到，在 0～π 的区间内阵因子应该有一个主瓣和一个副瓣。由于

$$\psi=\beta+kd\cos\alpha=\pi+\frac{2\pi}{\lambda}\cdot\frac{\lambda}{2}\cos\alpha=\pi(1+\cos\alpha)$$

故四元均匀直线阵的阵因子为

$$|F_a(\alpha)|=\frac{1}{N}\left|\frac{\sin\frac{N\psi}{2}}{\sin\frac{\psi}{2}}\right|=\frac{1}{4}\left|\frac{\sin[2\pi(1+\cos\alpha)]}{\sin\left[\frac{\pi}{2}(1+\cos\alpha)\right]}\right|$$

阵因子见图 7.14，可以看出其有两个主瓣，两个副瓣。

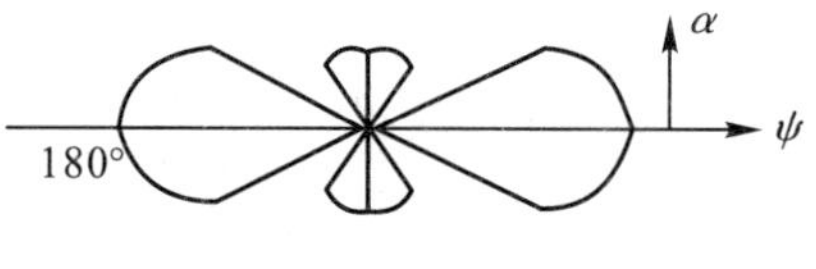

图 7.14 均匀四元直线阵因子图

7.5 口径场辐射

在电磁波远距离传输时，需要高增益的天线，一般采用口径面天线或阵列天线。由于面天线的口径尺寸远大于波长，边界条件复杂，求满足麦克斯韦方程组和边界条件的严格解十分困难，因此通常采用一些近似方法求解。常用的有口径场法，即先作一个包围场源的封闭面，由给定的场源求出此封闭面上的场分布(称为解内场问题)，然后再利用该封闭面上的场分布求出外部空间的辐射场(称为解外场问题)。

7.5.1 面元的辐射

下面简单介绍惠更斯-菲涅尔原理：围绕振荡源 A 作一封闭面，封闭面外任一点 M 处的场可认为是将封闭面上每一点都看作为新的小辐射源，每个小辐射源在点 M 处产生的辐射场的总和构成了点 M 处的总辐射场强，如图 7.15 所示。

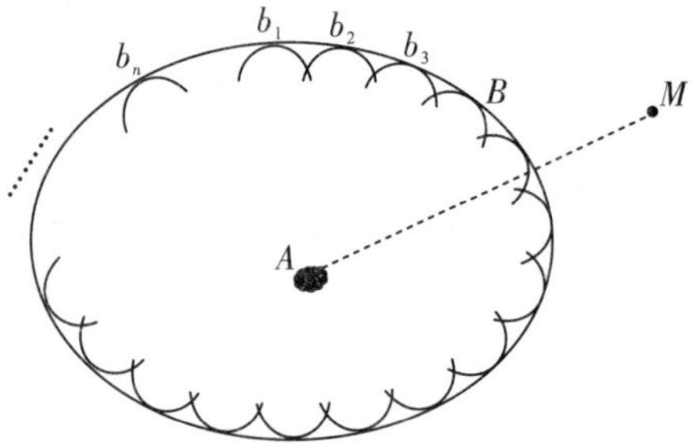

图 7.15 惠更斯原理图

在电磁波辐射中，对于空间任意一点 M 处的场，其是包围天线的封闭曲面上各点的电磁扰动产生的次辐射在点 M 处叠加的

结果。

求解辐射场时，根据惠更斯-菲涅尔原理，将口径面分解成许多个小面元，称为惠更斯元，先求每个惠更斯元的辐射场，再在整个口径面上进行积分，即可求得整个口径面的辐射场。

惠更斯元是分析面天线的基本辐射单元，由等效原理，惠更斯元上的磁场与电场可分别用等效电流元与等效磁流元来代替，口径面所产生的辐射场就是口径面上这些等效电流元(等效电基本振子)与等效磁流元(等效磁基本振子)所产生的场的叠加。

在口径面界面上，将内外分成了两个区域，两区域的媒质相同。口径面上磁场的切向分量可等效为电流元，即

$$\boldsymbol{J}_{\mathrm{s}}=\boldsymbol{e}_{\mathrm{n}}\times\boldsymbol{H} \tag{7.84}$$

即在保持口径面外侧磁场切向分量不变的前提下，可以用口径面上的面电流密度来取代口径面内侧的磁场分量。其口径面上的等效电流为

$$I=J_{\mathrm{s}}\mathrm{d}l=H_{\mathrm{t}}\mathrm{d}l \tag{7.85}$$

同理，由边界条件，电场的切向分量可等效为

$$\boldsymbol{J}_{\mathrm{m}}=\boldsymbol{e}_{\mathrm{n}}\times\boldsymbol{E} \tag{7.86}$$

式中，$\boldsymbol{J}_{\mathrm{m}}$为等效磁基本振子的磁流密度。等效磁流为

$$I_{\mathrm{m}}=J_{\mathrm{m}}\mathrm{d}l=E_{\mathrm{t}}\mathrm{d}l \tag{7.87}$$

由于在空中传播的电场和磁场相互垂直，其切向分量也相互垂直，即如果电场为 x 方向，则磁场为 y 方向，如图 7.16 所示。此时所产生的电流与磁场垂直，磁流与电场垂直，因此面元上的电流与磁流是相互垂直的。

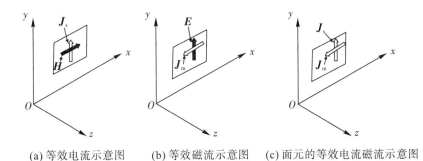

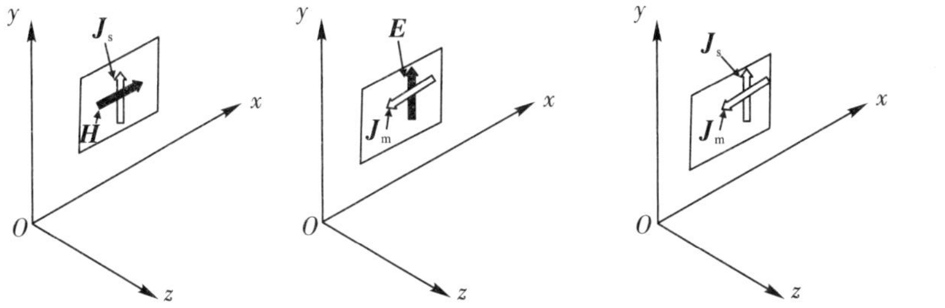

(a) 等效电流示意图　(b) 等效磁流示意图　(c) 面元的等效电流磁流示意图

图 7.16　等效电流磁流示意图

在 xOy 平面的面元 $\mathrm{d}x\mathrm{d}y$ 上，若分布有电场 $\boldsymbol{E}_{\mathrm{s}}=\boldsymbol{e}_yE_y$ 与磁场 $\boldsymbol{H}_{\mathrm{s}}=\boldsymbol{e}_xH_x$，则可等效为长度为 $\mathrm{d}y$、电流大小为 $H_x\mathrm{d}x$、沿 y 轴放置的等效电基本振子和长度为 $\mathrm{d}x$、磁流大小为 $E_y\mathrm{d}y$、沿 x 轴放置的等效磁基本振子的共同辐射。

由电基本振子的辐射场(见式(7.23))，可得等效电基本振子的辐射场为

$$\mathrm{d}\boldsymbol{E}_{\mathrm{e}}=\mathrm{j}\,\frac{60\pi(H_x\mathrm{d}x)\mathrm{d}y}{r\lambda}\sin\alpha_1\,\mathrm{e}^{-\mathrm{j}kr}\boldsymbol{e}_\alpha \tag{7.88}$$

式中，α_1 为面元 $\mathrm{d}x\mathrm{d}y$ 到点 M 的位置矢量 $\boldsymbol{r}$ 与 y 轴的夹角，$\boldsymbol{e}_\alpha$ 为角 α_1 增加的方向上的单位矢量。

等效磁基本振子的辐射场为

$$\mathrm{d}\boldsymbol{E}_{\mathrm{m}}=-\mathrm{j}\,\frac{1}{2r\lambda}\cdot(E_y\mathrm{d}y)\mathrm{d}x\sin\alpha_2\,\mathrm{e}^{-\mathrm{j}kr}\boldsymbol{e}_\delta \tag{7.89}$$

式中，α_2 为 $\boldsymbol{r}$ 与 x 轴的夹角，$\boldsymbol{e}_\delta$ 为与 $\boldsymbol{J}_{\mathrm{m}}$ 成右手螺旋关系的方向上的单位矢量。

惠更斯元在远区的辐射场为两个基本振子的合成场，即有

$$\mathrm{d}\boldsymbol{E}=\mathrm{d}\boldsymbol{E}_{\mathrm{e}}+\mathrm{d}\boldsymbol{E}_{\mathrm{m}} \tag{7.90}$$

将式(7.88)和式(7.89)代入到式(7.90)，并整理可得惠更斯元在 M 点所产生的远区辐射场为

$$\mathrm{d}\boldsymbol{E}=-\mathrm{j}\,\frac{1}{2r\lambda}(1+\cos\theta)\boldsymbol{E}_{\mathrm{s}}\mathrm{e}^{-\mathrm{j}kr}\mathrm{d}S \tag{7.91}$$

式中，$\boldsymbol{E}_{\mathrm{s}}$ 为口径面惠更斯元上的电场。

从式(7.91)中可以看出惠更斯元的归一化方向性函数为

$$F(\theta)=\left|\frac{1}{2}(1+\cos\theta)\right|$$

惠更斯元的归一化方向图如图 7.17 所示，可以看出惠更斯元的最大辐射方向为 $\theta=0°$ 的方向，与面元相垂直。

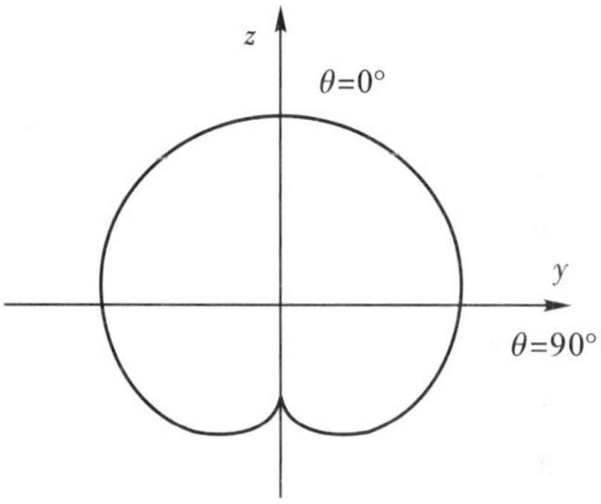

图 7.17 惠更斯元的归一化方向图

7.5.2 平面口径的辐射

由惠更斯-菲涅尔原理，空间任意一点 M 处的场，是包围天线的封闭曲面上各点的电磁扰动产生的次辐射在点 M 处叠加的结果。即天线在远区场中 M 点的总场为

$$\boldsymbol{E}_M=\frac{\mathrm{j}}{2\lambda}\oint\!\!\!\oint_S\boldsymbol{E}_{\mathrm{s}}[1+\cos(\boldsymbol{e}_r,\boldsymbol{e}_{\mathrm{n}})]\frac{\mathrm{e}^{-\mathrm{j}kr}}{r}\mathrm{d}S \tag{7.92}$$

式(7.92)称为克希荷夫公式。其中，$\boldsymbol{E}_{\mathrm{s}}$ 为闭合面上的场，k 为自由空间相移常数，$\boldsymbol{r}$ 为面元到 M 点的位置矢量，$\boldsymbol{e}_r$ 为面元到 M 点的单位矢量，$\boldsymbol{e}_{\mathrm{n}}$ 为外法线单位矢量，$(\boldsymbol{e}_r,\boldsymbol{e}_{\mathrm{n}})$ 为 $\boldsymbol{e}_r$ 和 $\boldsymbol{e}_{\mathrm{n}}$ 之间的夹角。注意积分应在整个二次源所在的封闭面上进行。

一般情况下，封闭面包括金属导体反射面 S_1 和虚线表示的口径面 S，如图 7.18 所示。由于在金属导体面 S_1 的外表面上场量为零，因此求解外场时就可只由口径面 S 上的场量进行计算。

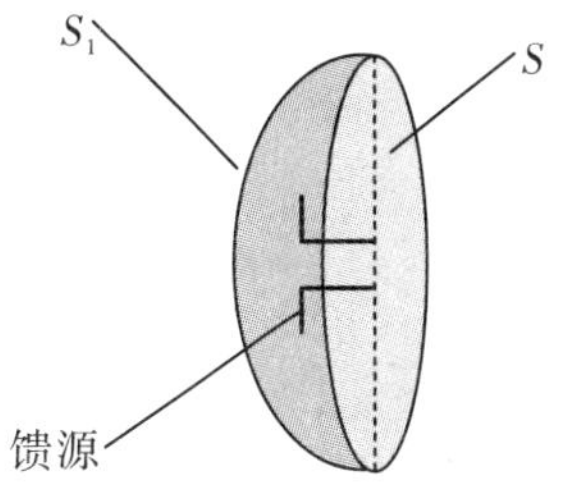

图 7.18 面天线示意图

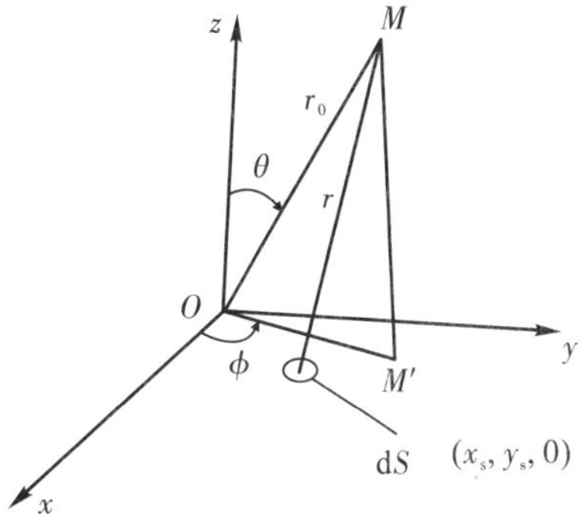

图 7.19 惠更斯元辐射示意图

如果 S 为平面口面，如喇叭天线、抛物面天线等，则对惠更斯元的积分只需在 S 平面上进行。假设口径平面为 xOy 面，如图 7.19 所示，口径面源点坐标为$(x_s, y_s, 0)$，场点坐标为$M(x,y,z)$，场点到惠更斯元的距离为 r，场点到坐标原点的距离为 r_0，此时$(\boldsymbol{e}_r, \boldsymbol{e}_n)=\theta$，则式(7.92)变为

$$\boldsymbol{E}_M = \frac{\mathrm{j}}{\lambda}\frac{1+\cos\theta}{2}\iint_S \boldsymbol{E}_s \frac{\mathrm{e}^{-\mathrm{j}kr}}{r}\mathrm{d}S \tag{7.93}$$

式中：

$$r=\sqrt{(x-x_s)^2+(y-y_s)^2+z^2} \tag{7.94}$$

$$\begin{cases} x=r_0\sin\theta\cos\phi \\ y=r_0\sin\theta\sin\phi \\ z=r_0\cos\theta \end{cases} \tag{7.95}$$

将式(7.95)代入式(7.94)，按二项式定理展开，并略去高阶小量，则有

$$r\approx r_0-(x_s\sin\theta\cos\phi+y_s\sin\theta\sin\phi) \tag{7.96}$$

由于求解的是远区场，同时源的大小有限，口径面上不同点到 M 上的距离 r 变化较小，因此在振幅部分的$\frac{1}{r}$可用$\frac{1}{r_0}$代替，但注意相位项(即指数项)不可替换，则克希荷夫公式变为

$$\boldsymbol{E}_M = \mathrm{j}\frac{\mathrm{e}^{-\mathrm{j}kr_0}}{\lambda r_0}\frac{1+\cos\theta}{2}\iint_S \boldsymbol{E}_s \mathrm{e}^{\mathrm{j}k(x_s\sin\theta\cos\phi+y_s\sin\theta\sin\phi)}\mathrm{d}S \tag{7.97}$$

如果口面上电场为 y 方向，即 $\boldsymbol{E}_s=\boldsymbol{E}_{sy}=\boldsymbol{e}_y E_{sy}$，则 M 点上 E 面(yOz 平面，$\phi=90°$)的场为

$$\boldsymbol{E}_E = \boldsymbol{e}_y\mathrm{j}\frac{\mathrm{e}^{-\mathrm{j}kr_0}}{\lambda r_0}\frac{1+\cos\theta}{2}\iint_S E_{sy}\mathrm{e}^{\mathrm{j}ky_s\sin\theta}\mathrm{d}S \tag{7.98}$$

H 面(xOy 平面，$\phi=0°$)的场为

$$\boldsymbol{E}_H = \boldsymbol{e}_y\mathrm{j}\frac{\mathrm{e}^{-\mathrm{j}kr_0}}{\lambda r_0}\frac{1+\cos\theta}{2}\iint_S E_{sy}\mathrm{e}^{\mathrm{j}kx_s\sin\theta}\mathrm{d}S \tag{7.99}$$

1. 矩形口面场的辐射

如果口面为矩形口面，边长分别为 D_1 和 D_2，如图 7.20 所示，克希荷夫公式(7.97)变为

$$\boldsymbol{E}_M=\boldsymbol{e}_y\mathrm{j}\frac{\mathrm{e}^{-\mathrm{j}kr_0}}{\lambda r_0}\frac{1+\cos\theta}{2}\int_{-\frac{D_1}{2}}^{\frac{D_1}{2}}\int_{-\frac{D_2}{2}}^{\frac{D_2}{2}}E_{sy}\mathrm{e}^{\mathrm{j}k(x_s\sin\theta\cos\phi+y_s\sin\theta\sin\phi)}\mathrm{d}x\mathrm{d}y \tag{7.100}$$

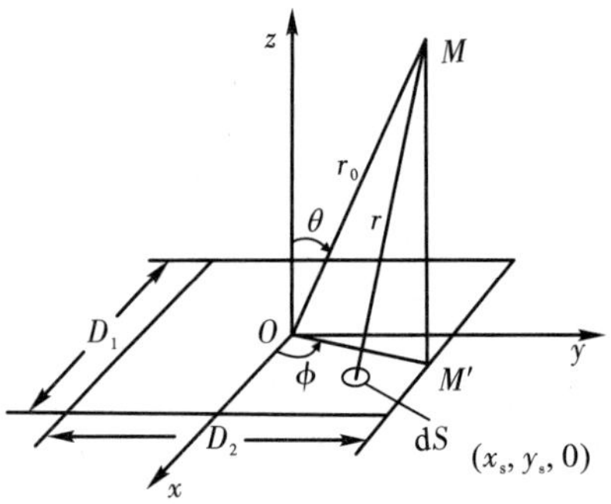

图 7.20 矩形口面场示意图

如果口面上的场是均匀分布的，即在口面上场的振幅与相位处处相同，有 $E_{sy}=E_0$，则式(7.100)变为

$$\boldsymbol{E}_M=\boldsymbol{e}_y\mathrm{j}\frac{\mathrm{e}^{-\mathrm{j}kr_0}}{\lambda r_0}\frac{1+\cos\theta}{2}E_0\int_{-\frac{D_1}{2}}^{\frac{D_1}{2}}\int_{-\frac{D_2}{2}}^{\frac{D_2}{2}}\mathrm{e}^{\mathrm{j}k(x_s\sin\theta\cos\phi+y_s\sin\theta\sin\phi)}\mathrm{d}x\mathrm{d}y \tag{7.101}$$

此时 M 点上 E 面和 H 面的场分别为

$$\boldsymbol{E}_\mathrm{E}=\mathrm{j}\frac{\mathrm{e}^{-\mathrm{j}kr_0}}{\lambda r_0}\frac{1+\cos\theta}{2}E_0\int_{-\frac{D_1}{2}}^{\frac{D_1}{2}}\mathrm{d}x_s\int_{-\frac{D_2}{2}}^{\frac{D_2}{2}}\mathrm{e}^{\mathrm{j}ky_s\sin\theta}\mathrm{d}y_s$$

$$\boldsymbol{E}_\mathrm{H}=\mathrm{j}\frac{\mathrm{e}^{-\mathrm{j}kr_0}}{\lambda r_0}\frac{1+\cos\theta}{2}E_0\int_{-\frac{D_1}{2}}^{\frac{D_1}{2}}\mathrm{d}x_s\int_{-\frac{D_2}{2}}^{\frac{D_2}{2}}\mathrm{e}^{\mathrm{j}kx_s\sin\theta}\mathrm{d}y_s$$

积分可得

$$E_\mathrm{E}=AS\frac{1+\cos\theta}{2}\frac{\sin\psi_2}{\psi_2} \tag{7.102}$$

$$E_\mathrm{H}=AS\frac{1+\cos\theta}{2}\frac{\sin\psi_1}{\psi_1} \tag{7.103}$$

式中：

$$\begin{cases}A=\mathrm{j}E_0\dfrac{\mathrm{e}^{-\mathrm{j}kr_0}}{\lambda r_0}\\ S=D_1D_2\\ \psi_1=k\dfrac{D_1}{2}\sin\theta\\ \psi_2=k\dfrac{D_2}{2}\sin\theta\end{cases} \tag{7.104}$$

由于口面天线一般为微波波段，其口径尺寸远大于传播频率的波长，故天线方向图是较尖锐的，呈笔状波束，一般主瓣宽度 $\theta_{3\mathrm{dB}}$ 较小，故振幅值 $(1+\cos\theta)/2\approx1$。此时 E 面和 H 面的方向性函数分别为

$$\begin{cases}|F_\mathrm{E}(\theta)|=\left|\dfrac{\sin\psi_2}{\psi_2}\right|\\ |F_\mathrm{H}(\theta)|=\left|\dfrac{\sin\psi_1}{\psi_1}\right|\end{cases} \tag{7.105}$$

由式(7.105)可以看出，均匀分布的矩形口面场的 E 面和 H 面方向图是同类函数，这个函数的曲线见图 7.21，由半功率点，得 $\psi=k\dfrac{D}{2}\sin\theta_{3dB}=1.39$，波瓣宽度为 $2\sin\theta_{3dB}=0.89\dfrac{\lambda}{D}$，相应的 E 面和 H 面的波瓣宽度分别为

$$2\theta_{3dB,E}=2\arcsin\left(0.443\frac{\lambda}{D_2}\right) \tag{7.106}$$

$$2\theta_{3dB,H}=2\arcsin\left(0.443\frac{\lambda}{D_1}\right) \tag{7.107}$$

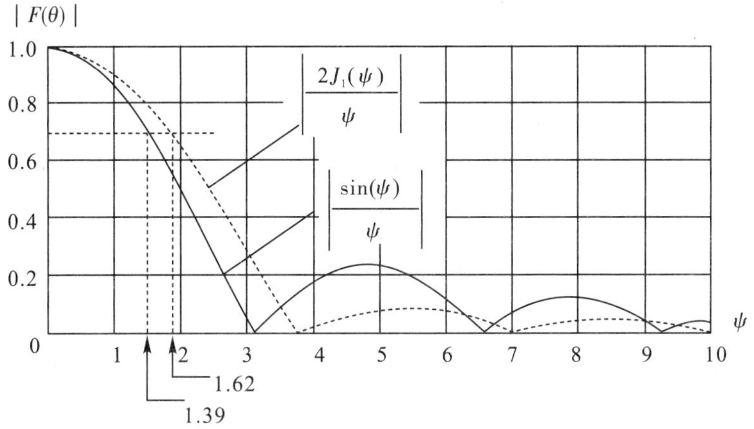

图 7.21　口面辐射的函数曲线

当口面电尺寸较大时，θ 很小，有 $\sin\theta\approx\theta$，此时 E 面和 H 面的波瓣宽度可分别近似为

$$2\theta_{3dB,E}=0.89\frac{\lambda}{D_2}(\text{rad})=51^\circ\frac{\lambda}{D_2} \tag{7.108}$$

$$2\theta_{3dB,H}=0.89\frac{\lambda}{D_1}(\text{rad})=51^\circ\frac{\lambda}{D_1} \tag{7.109}$$

由式(7.108)和式(7.109)可见，口面电尺寸 D/λ 越大，天线的主瓣越窄，增益越高。由图 7.21 可查得离主瓣最近的第一个副瓣的峰值为 0.214，故第一旁瓣电平 FSLL 为

$$\text{FSLL}=20\lg 0.214=-13.4(\text{dB}) \tag{7.110}$$

下面我们看一下均匀分布的矩形口面的方向性系数。由式(7.41)可得

$$D_s=\frac{r_0^2\ |E_{max}|^2}{60P_\Sigma} \tag{7.111}$$

当 $\theta=0$ 时，由式(7.93)和式(7.95)可得

$$E_{max}=|AS|=\frac{E_0 S}{\lambda r_0} \tag{7.112}$$

式中，P_Σ 为口面的辐射功率，由坡印廷矢量的积分可得

$$P_\Sigma=\iint_S\frac{E_0^2}{240\pi}\mathrm{d}S=\frac{E_0^2 S}{240\pi} \tag{7.113}$$

将式(7.112)和式(7.113)代入式(7.111)可得均匀分布的矩形口面的方向性系数为

$$D_s=4\pi\frac{S}{\lambda^2} \tag{7.114}$$

2. 圆形口面场的分布

对于圆形喇叭天线或旋转抛物面天线，其口面场均为圆形口面场，假设口面半径为 a，口面场为均匀分布，即有

$$E_{sy}=E_0 \tag{7.115}$$

采用圆柱坐标系，则有

$$x_s=\rho_s\cos\phi_s$$
$$y_s=\rho_s\sin\phi_s$$

此时 M 点上 E 面和 H 面的场分别为

$$E_E=\mathrm{j}\frac{\mathrm{e}^{-\mathrm{j}kr_0}}{\lambda r_0}\frac{1+\cos\theta}{2}E_0\int_0^a\rho_s\mathrm{d}\rho_s\int_0^{2\pi}\mathrm{e}^{\mathrm{j}k\rho_s\sin\theta\sin\phi_s}\mathrm{d}\phi_s \tag{7.116}$$

$$E_H=\mathrm{j}\frac{\mathrm{e}^{-\mathrm{j}kr_0}}{\lambda r_0}\frac{1+\cos\theta}{2}E_0\int_0^a\rho_s\mathrm{d}\rho_s\int_0^{2\pi}\mathrm{e}^{\mathrm{j}k\rho_s\sin\theta\cos\phi_s}\mathrm{d}\phi_s \tag{7.117}$$

由于口面场具有轴对称性，由式(7.116)和式(7.117)可以看出 E 面和 H 面的场也具有轴对称性，即两者相等，因此我们只需要分析 E 面场分布即可。由于积分

$$\int_0^{2\pi}\mathrm{e}^{\mathrm{j}k\rho_s\sin\theta\sin\phi_s}\mathrm{d}\phi_s=2\pi J_0(k\rho_s\sin\theta)$$

将其代入式(7.116)中，可得 E 面的远区场为

$$E_E=\mathrm{j}\frac{\mathrm{e}^{-\mathrm{j}kr_0}}{\lambda r_0}\frac{1+\cos\theta}{2}E_0\int_0^a 2\pi\rho_s J_0(k\rho_s\sin\theta)\mathrm{d}\rho_s \tag{7.118}$$

式中 J_0 为零阶贝塞尔函数，又由 $\int_0^a tJ_0(t)\mathrm{d}t=aJ_1(a)$，式(7.118) 变为

$$E_E=AS\frac{1+\cos\theta}{2}\cdot\frac{2J_1(\psi_3)}{\psi_3} \tag{7.119}$$

式中：

$$\begin{cases}A=\mathrm{j}E_0\dfrac{\mathrm{e}^{-\mathrm{j}kr_0}}{\lambda r_0}\\ S=\pi a^2\\ \psi_3=ka\sin\theta\end{cases} \tag{7.120}$$

远区场的方向性函数为

$$|F_E(\theta)|=|F_H(\theta)|=\left|\frac{2J_1(\psi_3)}{\psi_3}\right| \tag{7.121}$$

式(7.106)所示函数的曲线见图 7.21，由半功率点可得主瓣宽度和第一旁瓣电平分别为

$$2\theta_{3\mathrm{dB,E}}=2\theta_{3\mathrm{dB,H}}=1.04\frac{\lambda}{2a}(\mathrm{rad})=61^\circ\frac{\lambda}{2a} \tag{7.122}$$

$$\mathrm{FSLL_E}=\mathrm{FSLL_H}=-17.6(\mathrm{dB}) \tag{7.123}$$

即均匀分布圆形口面场的辐射场的第一副瓣电平是一个定值，它比均匀分布矩形口面场的第一副瓣电平还要低 4.2 dB。均匀分布圆形口面场的方向性系数为

$$D_s=4\pi\frac{S}{\lambda^2} \tag{7.124}$$

可见其与均匀分布矩形口面场的方向性系数相同。

7.6　常用天线简述

自十九世纪末期赫兹证实电磁波存在之后，随着无线技术的发展，天线技术得到了长足的进步，形成了尺寸、形态、结构、材料各异的天线产品，其中小的天线可以使用半导体工艺在芯片上刻蚀出来，尺寸以微米计量；而目前世界上最大的单口径天线是建于贵州大窝凼的中国天眼，直径达到 500 m 左右。日常生活中常见的天线，也在形态上发生着显著的变化，从最初突出于设备外面的杆状结构，逐渐倾向于与设备结构共形或隐藏在设备内部。限于篇幅，本节将介绍一些日常生活或无线工程中常见的天线，并简单介绍其技术参数特点，以使读者加深对天线的了解与认识。

7.6.1　拉杆天线及其他全向天线

拉杆天线常见于 2000 年以前的收音机、电视机、对讲机、电话等设备的顶部，现在一些遥控设备尤其是遥控玩具控制器上，仍可以看到拉杆天线。典型的拉杆天线如图 7.22 所示，这种天线使用可变长度的金属杆作为天线辐射体。拉杆天线一般被称作单极天线，即只有一根金属拉杆作为主辐射体实现天线的功能，这是相对于类似 7.3 节介绍的有明显的两根金属臂的对称阵子天线来说的。

图 7.22　拉杆天线

单极子天线的原理如图 7.23 所示，微波功率源被施加在单极辐射体与一个无限大接地面之间。对这种结构来说，无限大地面以下，可以形成与单极辐射体上电流方向一致的镜像电流，因此，可以在保留镜像电流的情况下，去掉无限大地面，来构成单极天线的等效问题。此时会发现，单极辐射体上的电流与其镜像电流构成的电流分布在形式上与竖直放置的对称阵子完全一致，如图 7.23(b)所示，在无限大地面上的上半空间，单极天线具有与竖直放置的对称阵子上半空间完全一致的辐射场分布。实际上，对单极天线来说，往往是设备的金属壳体或其他电路上的“接地部分”充当了类似“无限大地面”的作用。

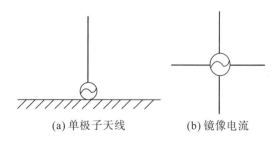

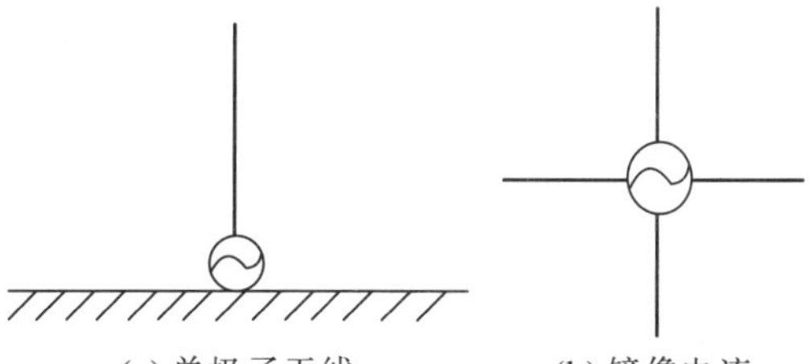

(a) 单极子天线　(b) 镜像电流

图 7.23　单极子天线的原理

这种天线，拥有近似全向辐射的方向图特性，一般阻抗带宽在 10%以内。在实际天线工程中，单极天线的辐射体会变化成各种形式，以便实现更好的天线性能。比如加宽辐射体的宽度，往往可以获得更好的阻抗匹配带宽，而通过在天线顶端加载金属叶片状或盘状结构，可以在增加带宽的同时，显著降低单极子的高度。

7.6.2 八木天线与对数周期天线

前面介绍的单极子天线几乎是最简单的线天线，其他一些线天线比单极子天线复杂得多，下面介绍两种典型的复杂线天线，即八木天线与对数周期天线。

八木天线是二十世纪初由日本人宇田太郎和八木秀次二人共同发明的，如图 7.24(a)所示。八木天线是将一些长短不同的振子排成一列构成的，振子数目为 3～12 个，其中一端有一个最长的振子，为反射器；相邻第二个振子连接馈线，为有源阵子；其余的振子长度比有源振子略短，为引向振子。距离有源振子远的引向振子，其长度小于或等于距离有源振子近的振子的长度。

馈线施加在有源振子上的功率，在反射器一端所在的方向上会被反射器遮挡，从而在这个方向上辐射减弱；而朝引向器发出的功率，则会依次激励各个引向阵子。当尺寸设计合适时，反射器反射的电磁波、有源振子发出的电磁波，及每个引向振子受激励后二次辐射的电磁波会通过叠加而得到加强，从而在有引向振子的方向上得到显著的增强。因此，八木天线是一种典型的定向天线，即八木天线可以朝着引向振子所在方向集中辐射能量，从而在此方向上获得比半波阵子高得多的天线增益。八木天线的主切面上的典型方向图如图 7.24(b)所示，可见其具有良好的定向性。一般情况下，3 个单元的八木天线可以实现 6～8 dB的天线增益，而 5 个单元的八木天线可以实现 10～11 dB 的增益。此后随着振子的增加，增益变化变得缓慢，使用 10 个以上振子的八木天线就比较少见了，一般很少有八木天线增益超过 16 dB 的情况。

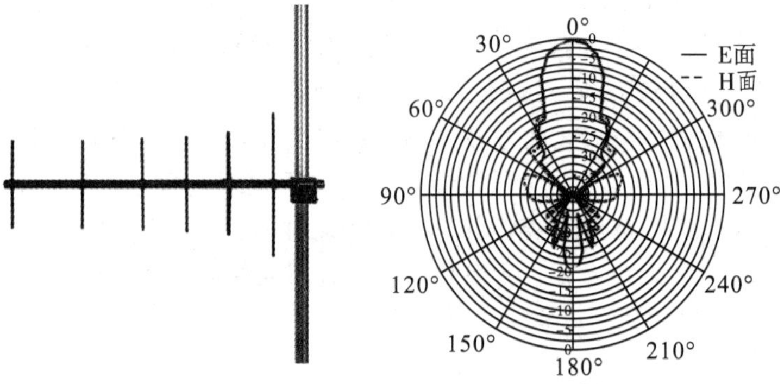

(a) 八木天线结构　　(b) 辐射方向图

图 7.24　八木天线及辐射方向图

实际工程中，为更好地实现八木天线与馈线的阻抗匹配，有源振子一般使用折合振子的形式。所谓折合振子，是将金属导线弯折成宽边较长、窄边较短的矩形，并从一个宽边的中间馈电的振子形式，其金属导线的总长度大约为一个波长。折合振子可以具有比半波振子带宽略宽些的谐振特性，同时其输入阻抗大约为半波振子的 4 倍左右。

另一种稍微复杂的线天线为对数周期天线，如图 7.25 所示。这种天线是一种典型的宽带天线，也被称为“非频变天线”。所谓“非频变”，是指天线的性能在相当宽的带宽范围内，例如在几个倍频程(最高频率与最低频率之比)内，保持大致不变。由于这一特点，这种天线被广泛应用于 HF、VHF、UHF 频段的通信、广播、电视等各种业务中。

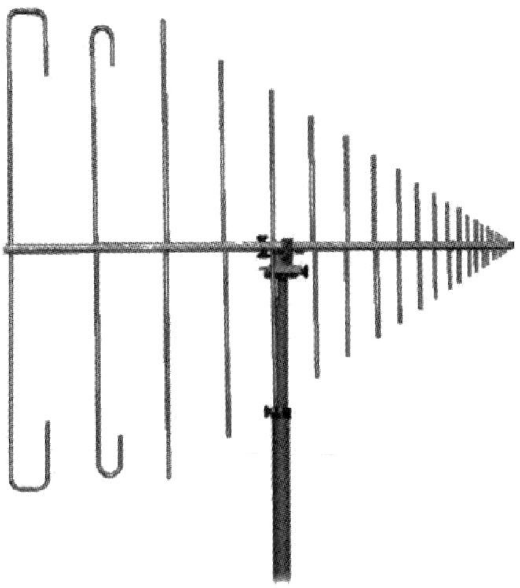

图 7.25　对数周期天线

振子的等比例关系决定了这种天线具备宽带特性。其工作原理可以简单理解为，天线上不同尺寸的部分负责对应频率的微波信号的辐射或接收，即小尺寸的区域实现了大部分高频能量的接收或发射，而大尺寸的区域则实现了大部分低频能量的接收或发射。这种天线的工作原理充分体现了天线尺寸与工作频率的强相关性。同时，对某一频率对应的主辐射区域来说，其他振子尺寸小的区域起到引向器作用，而振子尺寸大的区域则体现为反射器的作用。因此，与八木天线类似，这种天线也显示出一定的定向性。一般来说，对数周期天线的增益大致在 7～9 dB 之间，其主切面的波束宽度大约在 60°左右。

7.6.3　微带天线

微带天线一般是使用印制电路板(PCB)工艺实现的。一般的印制电路板是一块两面覆铜的薄介质基片，对微波电路来说，所选用的介质基片往往在微波波段具有低损耗的特点，因此称为微带板。最简单的矩形微带天线，即是根据天线工作频率，将微波板的一面上的金属刻蚀成特定尺寸的矩形，并引出微带线作为馈线，而另一面一般保留覆铜，称之为天线的“地板”，其结构和工作原理示意图见图 7.26。

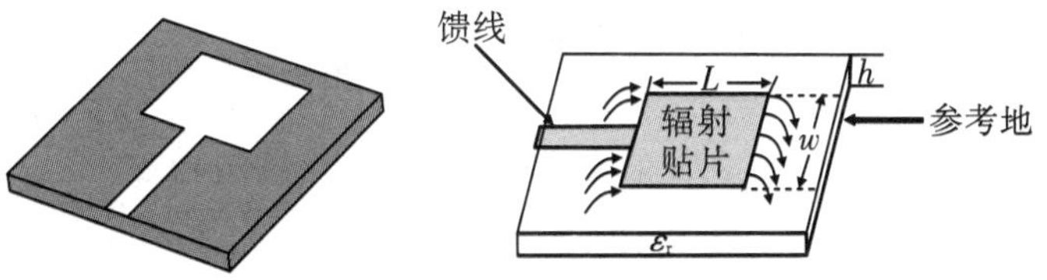

(a) 矩形贴片　　(b) 原理示意图

图 7.26　微带矩形贴片天线结构及原理示意图

由于矩形微带贴片的长度一般大约为半个波长，因此，考察长度方向的两个边缘上的电场时，会发现其中一边的电场是从接地面指向贴片边缘的，而另一边是从贴片边缘指向接地面的，即两边电场相差 180°。这样的电场分布，会使得在两个边缘上，垂直方向上电场相反，而水平方向上电场则刚好沿着一个方向。按照惠更斯原理，这两个边缘上的辐射场会产生辐射，而且，在微带天线正面垂直于天线的方向上，会同相叠加，因此，微带天线的辐射方向为与微带板垂直的方向，而在接地板背后，由于电磁波被接地板挡住，一般只有很小的辐射。所以，单个微带天线一般也是单侧辐射的定向天线，其主切面波束宽度一般为 60°～80°左右。微带天线最大的优势是其厚度非常薄，一般只有几十分之一波长，但这也导致电场被束缚在两层金属间，形成强谐振结构，使得其带宽一般小于百分之几。同时，微带天线也往往存在介质损耗等多种损耗，其辐射效率低于纯金属谐振天线，最终表现在最大辐射方向上的单元增益一般为 5～8 dB。微带天线很容易组成阵列，以提高增益。

7.6.4 基站天线及其他阵列天线

随着移动通信技术的发展，在建筑物屋顶，基站天线越来越常见，其外形如图 7.27 所示，图 7.28 为某基站天线的内部结构。

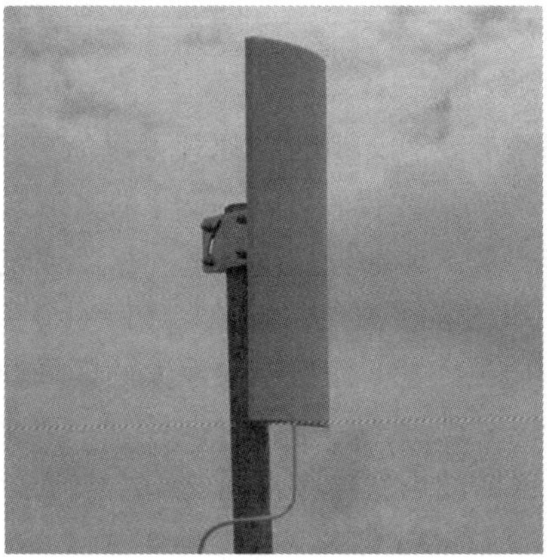

图 7.27 基站天线

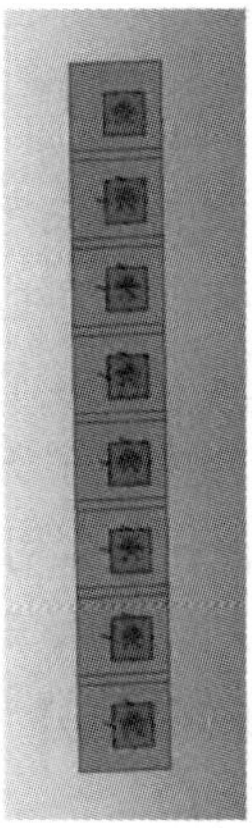

图 7.28 基站天线内部结构

基站天线由若干天线单元排成阵列构成，天线单元可以实现两个极化，即相对地面的＋45°极化与－45°极化。图 7.28 中每列振子连接了两根同轴线，每根同轴线对应一种极化状态。基站天线一般是将振子沿俯仰面排成线阵，这样，按照方向图乘积定理，在方位面上，基站天线可以保持较宽的波束，一般为 60°左右、90°左右或 120°左右，从而实现对方位上的扇形覆盖，而对应的，用 6 根、4 根或 3 根基站天线实现 360°的覆盖。在俯仰面上，基站天线可以获得较窄的波束宽度(一般为十几度的波束宽度)。同时，通过对每个单元馈电的幅度与相位的调整，可以实现对朝向地面的方向上，填充俯仰面方向图的零点，从而实现一定距离上的波束覆盖。应指出的是，要实现对地面一定区域的覆盖时，不同俯仰角上所需的天线增益是不同的。如图 7.29 所示，方向图的主瓣，即增益最高的方向，指向距离基站远的地方，而距离基站近的地方，则允许此方向上天线增益更低，这是因为天线在距离 r 处辐射的功率密度总是与 r^2 成反比的。

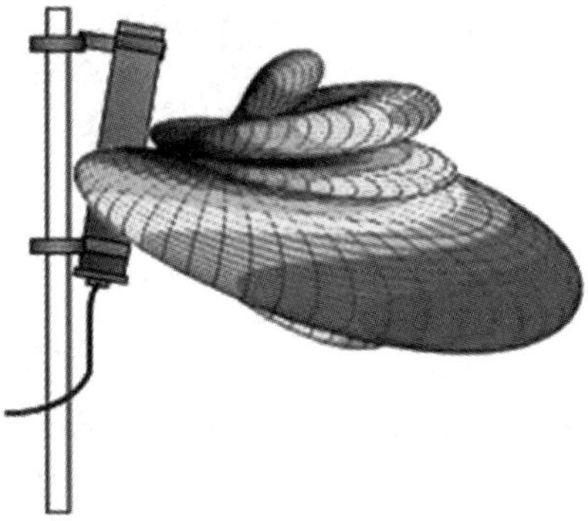

图 7.29 基站天线辐射方向图

一般来说，基站天线的增益在 16 dB 左右。

7.6.5　喇叭天线与抛物面天线

7.5.1 节介绍了面源的辐射，这种方法常用于分析口面天线。口面天线的典型代表是喇叭天线与抛物面天线。

若矩形波导口呈喇叭状张开，就得到了矩形喇叭天线。喇叭的宽边张开，称为 E 面喇叭天线，如图 7.30 所示；喇叭的窄边张开，称为 H 面喇叭天线；两个边均张开，则称为角锥喇叭天线。喇叭天线的设计思想其实是非常直观的，即通过渐张结构，实现电磁波从波导的封闭状态过渡到自由空间的全开放状态。从前面的分析已经可以得知喇叭天线辐射特性的基本特点。显然，喇叭天线也是一种定向天线。一般来说，喇叭天线的增益在 10～25 dB之间。对同一频率来说，喇叭口径越大，增益越高，但口径越大，需要的过渡段则越长，唯有如此，才能保证喇叭内的电场平稳过渡到球面波模式。

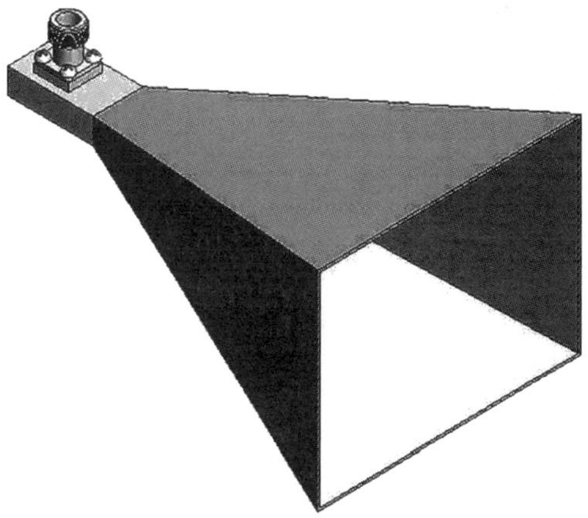

图 7.30　喇叭天线示意图

除矩形喇叭外，圆锥喇叭也很常见。使用圆锥喇叭时，一般会引入更复杂的模式来实现特定的方向图特性。典型的喇叭天线，带宽一般在 25%以上。由于矩形喇叭结构简单，增益较高且易于理论分析，因此一般用作天线测试的标准天线，以标定其他待测天线的增益。

喇叭天线的另一种用途是用作反射面天线的馈源。在远程无线电通信和雷达中，反射面天线是应用非常广泛的一种高增益天线。最简单的反射面天线是由一个馈源和一个抛物面作反射面构成的抛物面天线，这种天线的一个实际产品如图 7.31 所示。这种天线利用了抛物面的几何特性，使得馈源发出的电磁波经过抛物面反射后，形成一个等相位的口面场。按照 7.5 节的分析，这样的等相位面辐射场可以获得的天线增益与口面电尺寸相关，口面电尺寸越大，则波束越窄，增益越高。一般常见抛物面天线的增益范围在 30～60 dB。实际工程中，也可以用多个反射面来构成天线，其中最常见的是卡塞格伦天线，如图 7.32 所示，这种天线将馈源放置在主反射面的后方，电磁波照射到被称之为“副反射面”的双曲面并反射后，再照射到被称为“主反射面”的抛物面反射面上。其基本原理是，利用双曲面的几何特性，使得馈源照射的电磁波等效为双曲面的“虚焦点”发出的电磁波。从而，相比同口径的单反射抛物面来说，可以显著减少整个结构的尺寸，但代价是天线的效率一般比同口径的单反射面要低。

反射面天线的反射系统一般是遵循光学原理设计的，只要其尺寸大于波长的十倍以上，即可保证其大致遵循光学原理，因此，反射系统一般不受带宽的限制，其带宽主要由馈源决定。

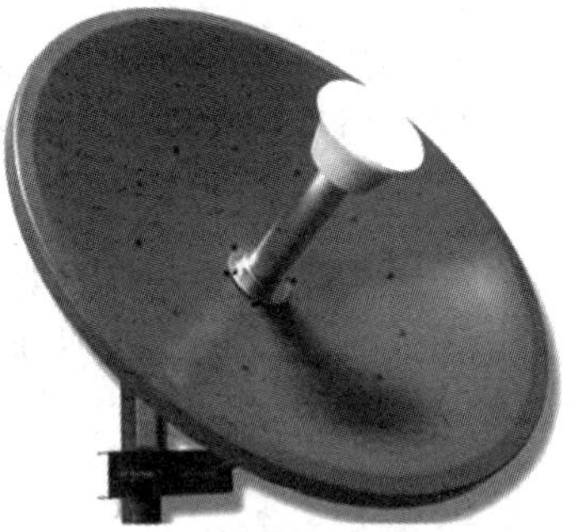

图 7.31　抛物面天线

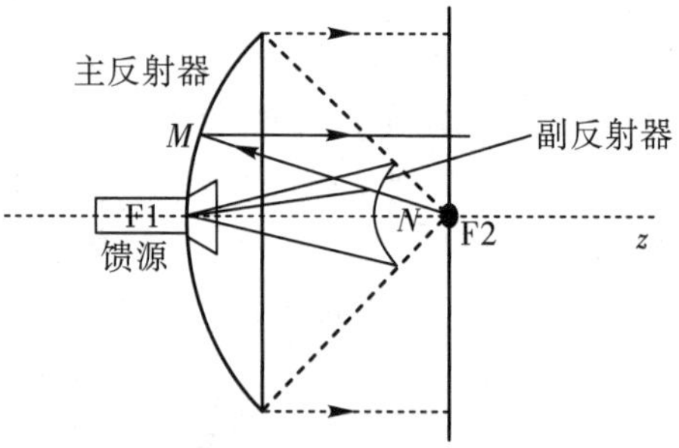

图 7.32　卡塞格伦天线示意图

7.6.6　螺旋天线及其他圆极化天线

圆极化天线最常见的应用场景为卫星通信，这是因为电磁波在通过大气的电离层时会发生“法拉第旋转效应”，这种效应会使线极化波的极化角度发生偏转，而标准的圆极化波则不存在极化旋转问题。这样，卫星通信使用圆极化天线就不必过多考虑天线的极化匹配问题。

螺旋天线是一种典型的圆极化天线，如图 7.33 所示。它的结构非常简单，其主要结构由一段绕制成螺旋线的金属导线构成，此金属导线连接同轴馈线的内导体，一般会附带一个金属圆盘，用来连接同轴馈线的外导体。一种被广泛接受的说法是，这种天线是美国人约翰·克劳斯在 1964 年发明的。螺旋天线的外形在直观上似乎很容易与圆极化波产生联系，但详细的电磁分析已经证明，要实现圆极化辐射，螺旋线的周长应大致在一个波长附近。螺旋天线的极化与其绕制方向是一致的，最大辐射方向朝向其轴向，且表现出较好的定向辐射特性。对特定螺距的螺旋天线来说，其增益与螺旋线的圈数相关，圈数越多，增益越高，一般来说，螺旋天线的增益为 9～18 dB。

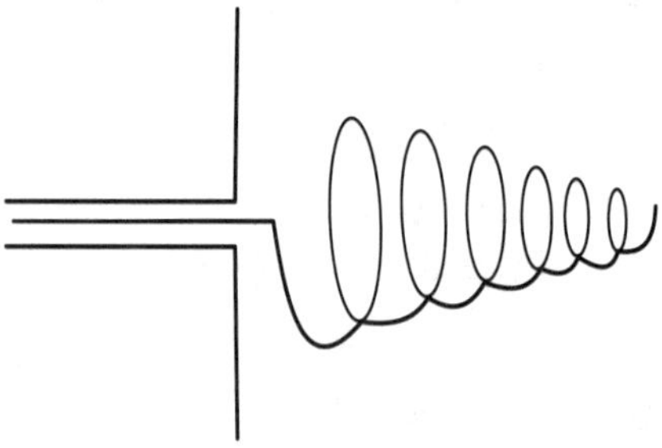

图 7.33　螺旋天线

除螺旋天线外，还有其他一些实现圆极化的天线形式，如阿基米德螺旋天线。这是一种平面结构的非频变天线，一般可以实现 4 个倍频程以上的阻抗带宽，且在很宽的范围内保持方向图特性基本不变。这种天线一般由印刷在介质板上的两条套在一起的螺旋线构成，馈电时，可用同轴线的内外导体分别连接这两条金属螺旋线，如图 7.34 所示。

图 7.34　阿基米德螺旋天线

另外，还可以用微带天线或振子天线实现圆极化天线，其基本原理是通过激发两个正交的线极化模式，并使其相位相差 90°来实现圆极化。

习　题

7.1　请写出天线的作用。天线的基本单元有哪几种？

7.2　请分别写出表明天线辐射能力的参数和表明能量分配的参数。

7.3　试用对偶原理，由电基本振子场强，推导出磁基本振子的场表示式。

7.4　若已知电基本振子辐射电场强度大小为 $E_\theta=\frac{\pi}{2\lambda r}\eta_0\sin\theta$，天线辐射功率可按穿过以源为球心处于远区的封闭球面的功率密度的总和计算，即 $P_\Sigma=\int_S S(r,\theta,\phi)\mathrm{d}S$，$\mathrm{d}S=r^2\sin\theta\mathrm{d}\theta\mathrm{d}\phi$ 为面积元，试计算该电基本振子的辐射功率和辐射电阻。

7.5　若已知电基本振子辐射场公式为 $E_\theta=\frac{\pi}{2\lambda r}\eta_0\sin\theta$，试利用方向性系数的定义求其方向性系数。

7.6　试证明电基本振子远区辐射场幅值 E_θ 与辐射功率 P_Σ 之间的关系为 $E_\theta\approx 9.49\sqrt{P_\Sigma}\frac{\sin\theta}{r}$。

7.7　试求证方向性系数的另一种定义：在最大辐射方向上远区同一点具有相同电场强度的条件下，无方向天线的辐射功率与有方向天线的辐射功率之比，记为 $D=\frac{P_{\Sigma0}}{P_\Sigma}$。

7.8　一个电基本振子和一个小电流环同时放置在坐标原点，如图 7.35 所示，若 $I_1 l=$

$\frac{2\pi}{\lambda}I_2 S$，试证明远区任意点的辐射场均是圆极化的。

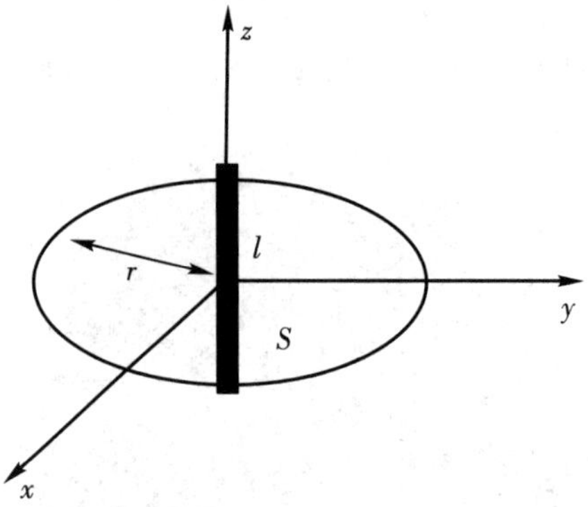

图 7.35 题 7.8 参考图

7.9 设对称振子臂长 l 分别为$\frac{\lambda}{2}$、$\frac{\lambda}{4}$、$\frac{\lambda}{8}$，若电流为正弦分布，试简绘对称振子上的电流分布。

7.10 试利用公式 $D=\frac{120f_{\max}^2}{R_\Sigma}$，求半波振子的方向性系数。

7.11 图 7.36 所示为间距 $d=0.75\lambda$ 的二元阵，阵元为半波振子，平行排列，电流 $I_2=I_1 e^{-j\pi/2}$，简绘二元阵 E 面与 H 面的方向图。

7.12 如图 7.37 所示，四元半波振子并列放置，构成等幅同相阵，间距为 $\lambda/2$，试求该天线阵的阵因子，并用方向图乘法定理画出它的 E 面和 H 面方向图。

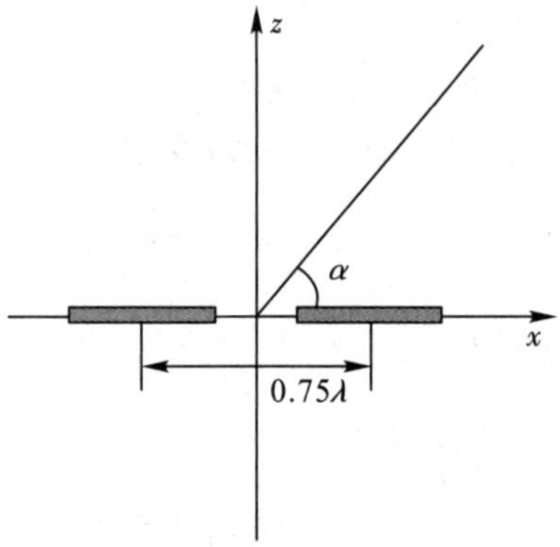

图 7.36 题 7.11 参考图

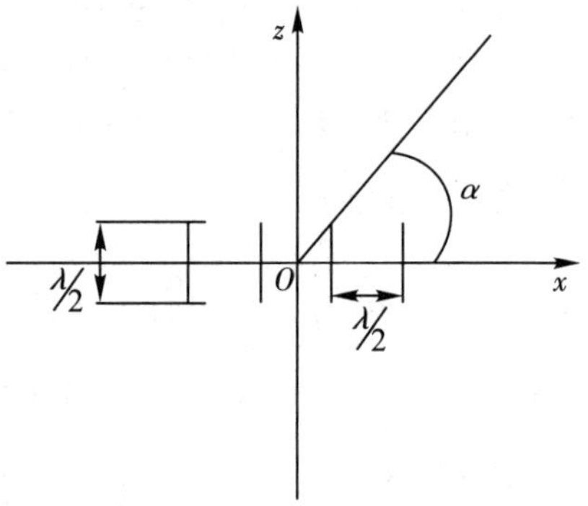

图 7.37 题 7.12 参考图

附　　录

附录 1　重要的矢量公式

1. 矢量恒等式

$\boldsymbol{A}\cdot(\boldsymbol{B}\times\boldsymbol{C})=\boldsymbol{B}\cdot(\boldsymbol{C}\times\boldsymbol{A})=\boldsymbol{C}\cdot(\boldsymbol{A}\times\boldsymbol{B})$

$\boldsymbol{A}\times(\boldsymbol{B}\times\boldsymbol{C})=\boldsymbol{B}(\boldsymbol{A}\cdot\boldsymbol{C})-\boldsymbol{C}(\boldsymbol{A}\cdot\boldsymbol{B})$

$\nabla(uv)=u\nabla v+v\nabla u$

$\nabla\cdot(u\boldsymbol{A})=u\nabla\cdot\boldsymbol{A}+\boldsymbol{A}\cdot\nabla u$

$\nabla\times(u\boldsymbol{A})=u\nabla\times\boldsymbol{A}+\nabla u\times\boldsymbol{A}$

$\nabla\cdot(\boldsymbol{A}\times\boldsymbol{B})=\boldsymbol{B}\cdot\nabla\times\boldsymbol{A}-\boldsymbol{A}\cdot\nabla\times\boldsymbol{B}$

$\nabla(\boldsymbol{A}\cdot\boldsymbol{B})=(\boldsymbol{A}\cdot\nabla)\boldsymbol{B}+(\boldsymbol{B}\cdot\nabla)\boldsymbol{A}+\boldsymbol{A}\times\nabla\times\boldsymbol{B}+\boldsymbol{B}\times\nabla\times\boldsymbol{A}$

$\nabla\times(\boldsymbol{A}\times\boldsymbol{B})=\boldsymbol{A}\nabla\cdot\boldsymbol{B}-\boldsymbol{B}\nabla\cdot\boldsymbol{A}+(\boldsymbol{B}\cdot\nabla)\boldsymbol{A}-(\boldsymbol{A}\cdot\nabla)\boldsymbol{B}$

$\nabla\times(\nabla u)=0$

$\nabla\cdot(\nabla\times\boldsymbol{A})=0$

$\nabla\cdot(\nabla u)=\nabla^2 u$

$\nabla\times(\nabla\times\boldsymbol{A})=\nabla(\nabla\cdot\boldsymbol{A})-\nabla^2\boldsymbol{A}$

$\int_V \nabla\cdot\boldsymbol{A}\,\mathrm{d}V=\oint_S \boldsymbol{A}\cdot\mathrm{d}\boldsymbol{S}$（高斯散度定理）

$\int_S \nabla\times\boldsymbol{A}\cdot\mathrm{d}\boldsymbol{S}=\oint_C \boldsymbol{A}\cdot\mathrm{d}\boldsymbol{l}$（斯托克斯定理）

$\int_V \nabla\times\boldsymbol{A}\,\mathrm{d}V=\oint_S \boldsymbol{e}_\mathrm{n}\times\boldsymbol{A}\,\mathrm{d}S$

$\int_V \nabla u\,\mathrm{d}V=\oint_S \boldsymbol{e}_\mathrm{n}u\,\mathrm{d}S$

$\int_S \boldsymbol{e}_\mathrm{n}\times\nabla u\,\mathrm{d}S=\oint_C u\,\mathrm{d}\boldsymbol{l}$

$\int_V (u\nabla^2 v+\nabla u\cdot\nabla v)\,\mathrm{d}V=\oint_S u\frac{\partial v}{\partial n}\mathrm{d}S$（格林第一恒等式）

$\int_V (u\nabla^2 v-v\nabla^2 u)\,\mathrm{d}V=\oint_S\left(u\frac{\partial v}{\partial n}-v\frac{\partial u}{\partial n}\right)\mathrm{d}S$（格林第二恒等式）

2. 三种坐标系的梯度、散度、旋度和拉普拉斯运算

1）直角坐标系

$\nabla u=\boldsymbol{e}_x\frac{\partial u}{\partial x}+\boldsymbol{e}_y\frac{\partial u}{\partial y}+\boldsymbol{e}_z\frac{\partial u}{\partial z}$

$$\nabla \cdot \boldsymbol{A}=\boldsymbol{e}_x \frac{\partial \boldsymbol{A}_x}{\partial x}+\boldsymbol{e}_y \frac{\partial \boldsymbol{A}_y}{\partial y}+\boldsymbol{e}_z \frac{\partial \boldsymbol{A}_z}{\partial z}$$

$$\nabla \times \boldsymbol{A}=\begin{vmatrix} \boldsymbol{e}_x & \boldsymbol{e}_y & \boldsymbol{e}_z \\ \dfrac{\partial}{\partial x} & \dfrac{\partial}{\partial y} & \dfrac{\partial}{\partial z} \\ \boldsymbol{A}_x & \boldsymbol{A}_y & \boldsymbol{A}_z \end{vmatrix}$$

$$\nabla^2 u=\frac{\partial^2 u}{\partial x^2}+\frac{\partial^2 u}{\partial y^2}+\frac{\partial^2 u}{\partial z^2}$$

2）圆柱坐标系

$$\nabla u=\boldsymbol{e}_\rho \frac{\partial u}{\partial \rho}+\boldsymbol{e}_\phi \frac{\partial u}{\rho \partial \phi}+\boldsymbol{e}_z \frac{\partial u}{\partial z}$$

$$\nabla \cdot \boldsymbol{A}=\frac{1}{\rho} \frac{\partial}{\partial \rho}(\rho \boldsymbol{A}_\rho)+\frac{1}{\rho} \frac{\partial \boldsymbol{A}_\phi}{\partial \phi}+\frac{\partial \boldsymbol{A}_z}{\partial z}$$

$$\nabla \times \boldsymbol{A}=\frac{1}{\rho}\begin{vmatrix} \boldsymbol{e}_\rho & \rho \boldsymbol{e}_\phi & \boldsymbol{e}_z \\ \dfrac{\partial}{\partial \rho} & \dfrac{\partial}{\partial \phi} & \dfrac{\partial}{\partial z} \\ \boldsymbol{A}_\rho & \rho \boldsymbol{A}_\phi & \boldsymbol{A}_z \end{vmatrix}$$

$$\nabla^2 u=\frac{1}{\rho} \frac{\partial}{\partial \rho}\left(\rho \frac{\partial u}{\partial \rho}\right)+\frac{1}{\rho^2} \frac{\partial^2 u}{\partial \phi^2}+\frac{\partial^2 u}{\partial z^2}$$

3）球坐标系

$$\nabla u=\boldsymbol{e}_r \frac{\partial u}{\partial r}+\boldsymbol{e}_\theta \frac{1}{r} \frac{\partial u}{\partial \theta}+\boldsymbol{e}_\phi \frac{1}{r \sin\theta} \frac{\partial u}{\partial \phi}$$

$$\nabla \cdot \boldsymbol{A}=\frac{1}{r^2} \frac{\partial}{\partial r}(r^2 \boldsymbol{A}_r)+\frac{1}{r \sin\theta} \frac{\partial}{\partial \theta}(\sin\theta \boldsymbol{A}_\theta)+\frac{1}{r \sin\theta} \frac{\partial \boldsymbol{A}_\phi}{\partial \phi}$$

$$\nabla \times \boldsymbol{A}=\frac{1}{r^2 \sin\theta}\begin{vmatrix} \boldsymbol{e}_r & r \boldsymbol{e}_\theta & r \sin\theta\, \boldsymbol{e}_\phi \\ \dfrac{\partial}{\partial r} & \dfrac{\partial}{\partial \theta} & \dfrac{\partial}{\partial \phi} \\ \boldsymbol{A}_r & r \boldsymbol{A}_\theta & r \sin\theta \boldsymbol{A}_\phi \end{vmatrix}$$

$$\nabla^2 u=\frac{1}{r^2} \frac{\partial}{\partial r}\left(r^2 \frac{\partial u}{\partial r}\right)+\frac{1}{r^2 \sin\theta} \frac{\partial}{\partial \theta}\left(\sin\theta \frac{\partial u}{\partial \theta}\right)+\frac{1}{r^2 \sin^2\theta} \frac{\partial^2 u}{\partial \phi^2}$$

附录 2　电磁学常用的物理量及单位

物理量	单位名称	单位符号
电荷	库[仑]	C
电流	安[培]	A
电荷密度	库[仑]/米^3	C/m^3
电流密度	安[培]/米^2	A/m^2
电场强度	伏[特]/米	V/m
电位移矢量(电通密度)	库[仑]/米^2	C/m^2
极化强度	库[仑]/米^2	C/m^2
磁化强度	安[培]/米	A/m
磁场强度	安[培]/米	A/m
磁感应强度或磁通密度	特斯拉	T
电位	伏[特]	V
矢量磁位	韦[伯]/米	Wb/m
电通量	库[仑]	C
磁通量	韦[伯]	Wb
电偶极矩	库[仑]·米	C·m
磁偶极矩	韦[伯]·米	Wb·m
介电系数、电容率	法[拉]/米	F/m
磁导率	亨[利]/米	H/m
电导率	西门子/米	S/m
坡印廷矢量	瓦[特]/米^2	W/m^2
平均坡印廷矢量	瓦[特]/米^2	W/m^2
波数	弧度/米	rad/m
传播常数	米$^{-1}$	m^{-1}
相移常数	弧度/米	rad/m
衰减常数	奈培/米	Np/m
能量密度	焦[耳]/米^3	J/m^3
波阻抗、本征阻抗	欧[姆]	Ω
角频率	弧度/秒	rad/s
相速度	米/秒	m/s
波长	米	m
趋肤深度	米	m

参 考 文 献

[1] 谢处方，饶克谨．电磁场与电磁波[M]．4 版．北京：高等教育出版社，2006.
[2] 冯慈璋，马西奎．工程电磁场导论[M]．北京：高等教育出版社，2000.
[3] CHENG D K．电磁场与电磁波[M]．2nd ed．北京：清华大学出版社，2007.
[4] GURU B S，HIZIROGLU H R．Electromagnetic field theory fundamentals[M]．2nd ed．Cambridge：Cambridge University Press，2009.
[5] 毕德显．电磁场理论[M]．北京：电子工业出版社，1985.
[6] 全泽松．电磁场理论[M]．成都：电子科技大学出版社，1995.
[7] 王为民．电磁场理论[M]．华中工学院出版社，1986.
[8] RAO N N．电磁场基础[M]．邵小桃，郭勇，王国栋，译．北京：电子工业出版社，2017.
[9] 梁昆淼．数学物理方法[M]．4 版．北京：高等教育出版社，2010.
[10] 葛德彪，魏兵．电磁波理论[M]．北京：科学出版社，2011.
[11] 郑宏兴，王莉．电磁波工程基础[M]．武汉：华中科技大学出版社，2020.
[12] 周希朗．微波技术与天线[M]．南京：东南大学出版社，2009.
[13] 赵家升．电磁场与电磁波典型题解析及自测试题[M]．西安：西北工业大学出版社，2002.
[14] KONG J A．电磁波理论[M]．吴季，等译．北京：电子工业出版社，2003.
[15] 倪光正．工程电磁场原理[M]．2 版．北京：高等教育出版社，2009.
[16] 杨儒贵．电磁场与电磁波[M]．北京：高等教育出版社，2003.
[17] STUTZMAN W L，THIELE G A．天线理论与设计[M]．2 版．朱守正，安同一，译．北京：人民邮电出版社，2006.
[18] 刘学观，郭辉萍．微波技术与天线[M]．西安：西安电子科技大学出版社，2001.